JN274548

コスメティックス 安全度 事典

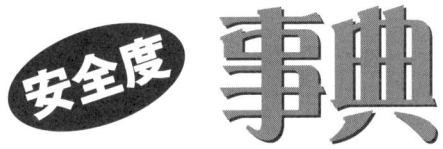

家族が安心して使える化粧品・トイレタリー製品の安全ガイド。家庭に一冊の決定版。

ステファン・アントザク博士
ジーナ・アントザク 共著

小澤 王春 編集協力

岩田 佳代子 訳

目　次

本書を著すきっかけと目的 ……… 6

1章 はじめに
成分名の統一表示 ……………… 9
無意味な成分表示 ……………… 10
不完全な情報 …………………… 11
本当に安全？ …………………… 11
すべてのコスメティックス
　　製品は危険？ ……………… 12
本書の目的 ……………………… 13

2章 マーケティング：
　　その俗説と魔法
製品開発 ………………………… 15
新たな市場 ……………………… 17
宣伝文句 ………………………… 19
コスメティックス？
　　それとも医薬品？ ………… 22
無添加及び低刺激性を
　　謳った広告 ………………… 22
「天然」素材って？ …………… 26
●ハーバルシャンプーと
　ヘアリンスの成分 …………… 26
無添加の方がいい？ …………… 28
たんぱく質のききめ …………… 29
ビタミンのききめ ……………… 29
●一般的な成分―アクティブ
　モイスチャーミルク ………… 31
有効成分 ………………………… 33
成分を選択する ………………… 34

3章 着色料と香料
着色料 …………………………… 35
コールタール染料／アゾ染料／
着色料はどの程度安全か／安全
な染料／色の一覧

香料 ……………………………… 42
●ラズベリーの合成香料 …… 42
ムスクの秘密／ムスクの代替品

4章 保存料
細菌とコスメティックス製品… 47
細菌と安全基準 ………………… 48
保存料 …………………………… 50
ホルムアルデヒドの事実
抗菌剤 …………………………… 52
酸化防止剤 ……………………… 52
安息香酸塩―善玉？悪玉？ … 53
●喘息とコスメティックス
　成分 …………………………… 55

5章 スキンケア
人の皮膚とは？ ………………… 58
健康な肌を保つ ………………… 59
　　民間療法
　　　―ハーバルスキンケア
肌質 ……………………………… 61
肌の色 …………………………… 63
老化していく肌 ………………… 65
科学者、老化を克服する？
シワ ……………………………… 68
肌のお手入れ …………………… 69
エモリエントクリームと
　モイスチャークリーム …… 69
●一般的な成分―天然素材の
　ボディーローション
　さっぱりタイプの場合 …… 71
剥離剤（ピーリング剤） …… 73
アルファヒドロキシ酸（AHA）
　とベータヒドロキシ酸（BHA）
　…………………………………… 74
AHAは安全？ ………………… 75

アンチエイジングクリーム
　　に効果なし！
収斂剤（アストリンゼント）… 78
脱毛 ………………………… 79
シェービング ……………… 79
脱毛剤 ……………………… 82
毛を抜く …………………… 83

6章 石鹸―シャワージェル、クレンジングローション

石鹸―その簡単な歴史 ……… 84
石鹸製造法 ………………… 85
石鹸はコスメティック？ …… 87
●一般的な成分―化粧石鹸の
　　場合 …………………… 88
石鹸の安全性は？ ………… 89
洗浄剤―石鹸の代替品 ……… 90
石鹸や洗浄剤はどのように
　　機能するのか ………… 92
シャワージェル …………… 94
クレンジングローションと
　　メイク落とし ………… 95
ハンドソープとリキットソープ … 97

7章 デオドラント（制臭剤）と制汗剤

発汗 ………………………… 98
デオドラント（制臭）……… 100
●一般的な成分―デオドラント
　　スティックタイプ（米国）の
　　場合 …………………… 100
●一般的な成分―デオドラント
　　スプレータイプの場合 …… 101
制汗剤 ……………………… 103
　制汗剤を使うと乳癌になる？
女性用衛生スプレー ……… 106
　タルクを使うと卵巣癌に
　　なる？

8章 歯とオーラルケアー製品

歯について知る …………… 110
●一般的な成分―歯磨き粉の
　　場合 …………………… 111
歯磨き粉と虫歯 …………… 112
つや出し粉 ………………… 115
フッ化物 …………………… 115
マウスウォッシュ ………… 117

9章 ヘアケア

毛髪とは？ ………………… 119
毛髪の色 …………………… 121
フケ症 ……………………… 122
髪のお手入れ ……………… 124
　シャンプー／コンディショ
　　ナー／シャンプーすればス
　　トレートヘアになれる？
カラーリング ……………… 130
　プログレッシブヘアダイ／テン
　　ポラリー及びセミパーマネント
　　ヘアダイ／パーマネントヘアダ
　　イ／まつ毛のカラーリング
ヘアダイと癌 ……………… 134
パーマとストレートパーマ … 136

10章 ベビー製品

ベビー製品は何が特別なのか
　　………………………… 138
どれを選べばいいの？ …… 139
いつから普通の製品に
　　切り替えればいいの？ … 140
どうなると危険なの？ …… 141
他に注意すべきことは？ …… 142
　幼児への使用を禁止して
　　いる成分
　有害着色料
ベビー製品は大人にもいいの？
　　………………………… 145

フェイスペイント―オモチャ？
　それともコスメティックス？
　……………………… 146
目の損傷を引き起こしかねない
着色料／より有害性の高い着色
料／子供に適さないもの

11章 メイクアップ製品

アイライナー ……………… 152
　●一般的な成分
　　―アイライナーの場合 …… 152
アイシャドウ ……………… 154
マスカラ …………………… 154
　●一般的な成分
　　―マスカラの場合 ……… 156
ファンデーション ………… 157
粉おしろい（パウダー） … 158
口紅及びリップグロス …… 159
　●一般的な成分
　　―口紅の場合 …………… 160
目に危険を及ぼしかねない着色料

12章 ネイルケア

爪とは？ …………………… 164
爪が伸びる早さは？
爪のお手入れ ……………… 166
爪に効くゼリー
爪から染みを除去する …… 166
ハーバルネイルケア
マニキュア ………………… 168
リムーバー ………………… 169
ネイルバッファー（爪磨き） … 169
爪の伸長剤、強化剤、硬化剤
　……………………………… 169
ネイルチップ ……………… 170
キューティクルソフトナー
　（あま皮用軟化剤） ……… 170

13章 常識：コスメティックス 製品を安全に使うために

指示にしたがう …………… 172
　●一般的な成分―発泡入浴剤
　　家庭用の場合 …………… 173
していいこと、いけないこと
　……………………………… 175
スプレー製品の安全性 …… 178
ネイルチップ ……………… 179
スキンピーリングとAHA … 179
隠れた危険 ………………… 180
マスカラの問題点 ………… 181
コスメティックス製品と子ども
　……………………………… 181
買ってからではもう遅い … 182
コスメティックス製品の
　汚染物質 ………………… 184
ジェンダーベンダー／ジオキサ
ン（1,4-ジオキサン）／ニトロ
ソアミノン
最後に ……………………… 190

14章 日光と肌

太陽と皮膚癌 ……………… 192
紫外線 ……………………… 193
UV指数 …………………… 195
太陽から身を守る ………… 195
サンベッドに関する警告
サンスクリーンを選ぶ …… 198
サンスクリーンのタイプ … 201
ケミカルサンスクリーン／
ノンケミカルサンスクリーン／
その他のサンスクリーン
サンスクリーンを科学する … 203
新たな技術によるサンスクリーン
日光皮膚炎に対する対処法 … 204
肌の黒い人も皮膚炎になる
日焼け剤 …………………… 206

ブロンザー／日焼け用エクステンダー／日焼け促進剤／日焼け用ピル
フリーラジカル ……………… 209

15章 副作用など
アレルギーと敏感肌 ………… 212
敏感肌／アレルギー／アレルギーを引き起こしかねないコスメティックス成分／過敏症
皮膚炎 …………………………… 216
接触性皮膚炎／脂漏性皮膚炎／皮膚炎を引き起こしかねないコスメティックス成分／光線皮膚症
湿疹 ……………………………… 219
湿疹の原因物質は干し草の山の中
乾癬 ……………………………… 221
乾癬を引き起こしかねない
　コスメティックス成分
座瘡とニキビ …………………… 222
ハーブを用いた座瘡の治療／面皰形成性物質（座瘡を促進させる物質）
癌とコスメティックス製品 … 224
癌を誘発しかねない成分
突然変異とテラトゲン ……… 226
コンタクトレンズの感染症 … 227
充血用目薬 ……………………… 229

16章 サロンと美容外科手術
サロン …………………………… 232
電気分解／耳ピアス／アロマセラピー
美容外科手術 …………………… 236
コラーゲン療法と脂肪移植／フェイスリフト／リポサクションとマイクロサクション／アイリフト／ディープピーリング／その他の処置

17章 動物由来成分と動物実験
動物実験 ………………………… 243
動物由来成分 …………………… 246
石鹸／ミンクオイル／たんぱく質とアミノ酸／プラセンタ

18章 ラベルと法律
成分の記載 ……………………… 252
行間を読む ……………………… 254
天然、低刺激性、皮膚科学テスト済み、アルコールフリー
●一般的な成分—天然成分のデューベリーシャンプーの場合 …………………………… 255
化粧品の成分名
　— INCI名について ……… 259
FADと欧州委員による
　禁止成分 …………………… 260
法律の抜け穴 — コスメティックス製品と医薬品 ………… 260

用語解説（五十音順）………… 262

1079成分の索引
化粧品の成分—機能・起源・注意
　及び副作用 ………………… 294
本索引の利用法／2-サリチル酸エチルヘキシル／BHA／DEA／アクリレークコポリマー／その他1075物質を記載

本書を著すきっかけと目的

　親しい友人に、クレンジングローションの瓶とモイスチャークリームのチューブをみせられ、きかれました。「顔にシミができたり、ひりひりして痛いんだけど、どちらの成分が原因なのかしら？」しかし私は、即答を避けました。両者には共通の成分も複数含まれており、いくつか比較的単純な化学薬品も使われていたので、それらはすぐにでも原因として挙げられましたが、その場では判断のつかない成分もあったので、それでは友人を安心させることができなかったからです。当然でしょう、私は化学者なのですから。
　ちなみにラベルには、何やら暗号のようなものが書かれていました。それは、私にも解読不能な一般には使われていない化学用語でしたので、しばし探偵になった気分で暗号を解読し、友人には少しの間、オキシベンゾン（ベンゾフェノン-3）の使用をやめるよういったのです。
　幸い彼女のトラブルは解消されたようですが、そもそもオキシベンゾンは紫外線（UV）吸収剤としてサンスクリーンに使用されているものです。そんな成分を、製造業者はなぜクレンジングローションに添加しているのでしょう。
　そこで私は、コスメティックス製品に含まれているこうした不可解な成分について、本腰を入れて調べてみることにしたのです。私が使っているシャワージェルには、どうして6種類もの保存料が入っているのか。マウスウォッシュに使われている硝酸ナトリウムは、歯に悪くないのか。もしかしたら、製造会社の機械を錆びつかせないために添加してあるのではないか。そういったことを知りたかったのです。
　実は、プライベートブランドの安いコンディショナーとさして成分がかわらないようなのに、「低刺激性」という文句につられて、つい高いコンディショナーを買っていました。しかし成分欄をみると、化学合成物質名がずらりと並び、植物エキスは下の方に申し訳程度に挙げてあるだけ。これではボ

トルの前面に踊る「無添加」の文字も無意味でしょう。それに、ラウリル硫酸ナトリウム（SLS）は最も一般的な界面活性剤（洗浄成分）として、シャンプーやシャワージェル、バスオイルをはじめ、ありとあらゆる洗浄製品に使用されていますが、私の研究室の棚に置いてあるSLSの瓶には、以下のような注意書きがついているのです。

- 粉末吸引禁止。
- 適切な防護服着用。
- 目や肌、呼吸器系の炎症。
- 吸入もしくは嚥下により有害。
- 吸入により感作を引き起こすことがある。
- 目に重度の損傷を与えることがある。
- 万一目に入った場合は大量の水で洗浄（医師の診察が必要な場合も？）。

私はこれまで、こんな物質の入った歯磨き粉を喜んで使っていたのでしょうか。

遺伝子組み換え食品に対しては疑惑の目を向ける今の時代にありながら、何とも皮肉なことに我々は、素肌に直接つける化学物質についてはまるで無頓着であるばかりか、むしろ積極的に取り入れているのです。しかも、リラックスできるだの、より美しくなれるだの、老化防止だのといった、得られるはずのない効果を期待しながら。

前世紀のコスメティックス——ヒ素や鉛化合物が含まれたコスメティックスを使うなどとんでもないという人々が、同じような鉛化合物を使って髪を染めるのは平気なのです。接触性皮膚炎を引き起こす化学成分を含んだ入浴剤、それを入れた風呂には、躊躇うことなくつかるのです。これもひとえに情報不足が原因でしょう。こうした状況を正したい、それが私たちの意図するところなのです。

だからといって、全てのコスメティックス製品が悪いというつもりはありません。実際、ほとんどの製品は、大半の人にとって何の問題もないのですから。

ただ中には、危険かもしれないもの、実際往々に危険をもたらしているも

のがあり、そういったものに関する情報が強く求められるようになってきているのも事実です。また、危険を引き起こしかねない誤った情報——消費者に製品を買わせようとする広告側の手によって日々流されている情報——を見抜く目を持つことも大切です。

と同時に、少しでも合成成分が含まれているコスメティックス製品は全て駄目というような、今流行りの社会改革派然とした人たちの書いているものの本質を見極めることも大事でしょう。そうした本の多くはたいてい、その著者がことのほか有害とみなしたコスメティックス製品にのみ焦点を当てて書かれており、しかもそこで述べられている結論は、一部の研究や報告書をもとにしただけの非科学的なものにすぎず、危険要因という本質からもかけ離れているのです。彼らが書くのは扇情的で人騒がせな話ばかり。女性誌で読む分にはまだしも、科学的な根拠に基づいたまじめなレポートとしてはとても読めません。

本書の目的は、消費者がコスメティックス製品に記された暗号を解読できるよう手助けすることであり、ラベルの裏に秘められた法則や科学的な知識を理解できるようにすること、そして正しい情報に基づいた選択を可能にすることにあります。

そこで本書では、科学的かつ基礎的な情報を十分に提供し、それぞれのコスメティックス製品に用いられている成分、その理由、さらには効果をわかりやすく説明していきます。本書に記されているのは、コスメティックス成分に関する事実のみ。感情論に走ったり、故意に誤った情報を提示したりして、事実を歪曲したりはしません。バランスのとれた、科学的なアドバイスを提供し、消費者であるあなたが自分に一番あった製品を選べるよう手助けしていきたい、それが何よりの願いなのです。

注：本書には、執筆時に正しいとされた情報が掲載されていますが、情報は日々更新されていることをご了承ください。

ステファン・アントザク

1章　はじめに

> 工場でつくるのはコスメティックス。店で売るのは希望。
> 　　　　　　　　　チャールズ・レヴソン――〈レヴロン〉創業者

　コスメティックスやトイレタリー製品の製造業者が使用可能な成分は7,000以上に及びますが（この中には1,000近くの香料が含まれています）、そのうちの1,000を越える成分には有毒性が認められており、使用にかんしては多くがある程度の法的規制を受けています。そして他にも900もの成分が、癌誘発物質に汚染されている可能性を含んだまま、製品へと加工され続けているかもしれないのです。実際、米国の食品医薬品局（FDA）による最近の調査では、こうした汚染物質の大半が、商品として大量にでまわっていることが判明しています。つまり、たとえばシャンプーのボトルやフェイスクリームの瓶などのラベルに記載されている成分のうち、4分の1以上が規制リストに挙げられているか、何らかの形で危険を引き起こしかねない成分なのです。だからといって、製品そのものが有害であるというわけではありません。ただ、危険を及ぼしかねないので、使用に際しては十分な注意が必要です。

成分名の統一表示

　この問題に取り組むにあたり、コスメティックス及びトイレタリー製品の監督機関――欧州では欧州（EU）委員会であり、米国ではFDA――は、製品ラベルに記載する成分名の統一表示を提示しています。名称が統一され、

世界共通の成分名を用いることで、コスメティックスやトイレタリー製品の輸出入が一段と盛んになってきました。欧州委員会及びFDAでは、統一名称を用いて全ての製品に成分名を記載すべき理由を明確に述べています。曰く、成分名が明記されていれば、特定の成分に対してアレルギーを起こしたり過敏症に苦しむ消費者が、その成分を含む製品を簡単に識別し、使用を避けられると。つまり監督機関でも、刺激性や毒性のある成分の使用をある程度認めているのです。

無意味な成分表示

　こうした成分名の統一は、敏感肌やアレルギー体質の消費者には非常に役に立つように思われますが、いざ実際にシャンプーやスキンクリームのボトルを手に取り、ラベルを読もうとしたらどうでしょう。成分の多くが化学名で示されていては、大半の人にとっては全く意味がないのです。化学者とて例外ではありません。化学物質の正式名称は数行に及ぶこともあり、まるで文章を読んでいるかのごときもの――カタカナや数字が入り乱れた、発音もできないような長々しい名前なのです。こうした名前は、その成分がどういった化学構造をしているかを正確に示すものであり、化学者が成分の実態を知る上では重要な情報源となっています。しかし現実には、コスメティックスやトイレタリー製品の製造業者は、このような正式な化学名を使用してはいません。とてもラベル内におさまりきらないということもあり、かわりに使用しているのが、略称または俗称なのです。このような略称や俗称は、それが意味するところを知っていなければ情報として活用できません。そしてその意味するところを、大半の消費者は知らないのです。

　当然、ある製品を使用して過敏な反応がみえても、原因物質を見極めるのは容易ではないでしょう。大半のコスメティックス及びトイレタリー製品には、少なくとも12種類の成分が含まれています。たとえば英国で売られているあるサンスクリーンには、46もの成分が記載されています。しかも、記載されていないその他の成分にかんしては、店内のリストを参照するようにな

っているのです。これでは、顔が痒くなったりヒリヒリしてくる原因がどの成分にあるのか、わかるわけがありません。

不完全な情報

コスメティックスやトイレタリー製品を使う前には、次のようなことを知りたいのではないでしょうか。

成分は？／この製品が売れている理由は？／効果がなかった、あるいはかえってひどくなったという話はないだろうか？

こうした情報を製品のラベルから得られなければ、販売側の情報を鵜呑みにするしかありません。しかしながら、販売側のコスメティックス成分にかんする情報はたいていあいまいで、不完全であることも多く、情報としての価値はほとんどないのです。メーカー側は、「みずみずしく、若々しい肌になります」といった無意味な文句を並べて効果のほどを謳いあげ、頻繁に成分の本質をごまかしています。しかし、たとえばこの宣伝文句の意味するところは、角質溶解物質が肌細胞を保護している外層を溶かす、ということなのです。その結果、より繊細な奥の層があらわになり、紫外線によるダメージを受ける危険や、通常は浸透しないはずの化学成分が肌から吸収されてしまう可能性が高くなってくるのです。

本当に安全？

コスメティックスのような製品は、安全が確認されなければむやみに流通しないと、一般には思われています。そして製造、販売業者は、それを強調するかのように、製品の特性——「滋養がある」「活性効果が高い」「無添加」など——を謳っています。しかしながら実際には、どの程度安全性が確認されているのでしょう。販売業者がもっともらしくいうように、こうした製品を使えば、本当にシミひとつない、若々しい肌を保てるのでしょうか。

1994年、米国のFDAは、コスメティックス及びトイレタリー製品によるアレルギー症状にかんする調査を行いました。その結果、調査対象者のほぼ4人に1人が、メイクアップやベースメイク製品、モイスチャライザーなどを含むコスメティックスやトイレタリー製品を使ってかなりのアレルギー反応がみられたと答えたのです。

　1997年10月欧州委員会でプロのヘアドレッサーの代表が述べています、彼らが健康を害しているのは、大量のコスメティックス製品にさらされているからだと。そして委員会に、この問題を調査したのか、もしくは調査するつもりがあるのかと問いただしました。これに対して委員会は、欧州の現行の法律では、欧州内で販売されているコスメティックス製品が、通常の、もしくは合理的に予測されうる使用状況下で用いられる場合、人体の健康を保証する責任は製造業者にある、と回答したのです。しかし、果たして製造業者が行う安全検査だけで十分でしょうか。新たな非動物実験から、確実な結果が得られるのでしょうか。化学物質に囲まれて働いている人たちが、それを大量にまたは長期にわたって扱うことで健康を損っているとしたら、化学物質の含まれている製品を本当に安心して使うことができるでしょうか。

すべてのコスメティックス製品は危険？

　こうした疑問からはいずれも、明るい展望はみえてきません。だからといって本書の目的は、バスルームのキャビネットを地雷原のようにみせることではないのです。事実筆者は、様々な意味でむしろかなり安全だと思いました。大半のコスメティックスやトイレタリー製品は、使用法さえ誤らなければ全く危険はないのであり、となれば相対的に、実害を被る人も少ないはずです。ある1つの製品があわなくても、代替品はたくさんあり、大半の人は、好みにあったものをみつけられます。統計的にいえば、メイクアップ製品に含まれている化学成分によって何らかの実害を被るより、マスカラの先端で目を傷つける方が、可能性としてははるかに高いといえるでしょう。確かに、害を及ぼしかねない物質はたくさんありますが、コスメティックス等に使用

されている成分の大半は全く無害であり、危険性も認められていないのです。

しかしながら、アレルギー反応は人間と同じで気まぐれなもの。それまで安全だと思っていた多くの成分が、ある日突然有害な成分にかわってしまう危険性は誰にでもあるのです。

本書の目的

これまで述べてきたように、コスメティックスやトイレタリー製品を使う際には、以下の3点に留意すべきでしょう。どんな成分が含まれていて、どのような目的で使用されているのか。そしてそういった成分には、副作用や有害性が認められているのか、です。もしベジタリアンなら、特定のコスメティックス製品に動物性の成分が使用されているかどうかも知りたいかもしれません。たとえばコンディショナーには、動物の皮膚やひづめ、角などから生成されたアミノ酸のケラチンが含まれているのか、など。乳幼児のいる家庭なら、乳幼児に使ってはいけない成分を知りたいでしょう。

そうした疑問を皆さんが簡単に解決できるよう役に立ちたい。それが本書の目的なのです。「用語解説」では、コスメティックス成分を詳しく分析し、使用理由や基礎的な知識を説明しています。また「成分索引」には、よく知られていて、安全性も確認されている成分とともに、疑わしい成分を全て掲載してあります。

私どもの願いはただ一つ、消費者である皆さんに、日々使っている製品についてきちんと知ってもらいたい、そして、販売側の駆使する専門用語に混乱させられたり惑わされたりすることなく、確かな情報に基づいた上で、コスメティックスやトイレタリー製品を選択、購入してほしい、それだけなのです。

2章 マーケティング：
　　　その俗説と魔法

「魔法のようなシワとり効果を謳っているものは全て、恥ずべき嘘」
「モイスチャライザーは効果があるが、他はまったくの子どもだまし」
　　　アニタ・ロディック——〈ザ・ボディショップ〉創業者兼副会長

　何かを売ったり交換したり取引したり。そういったことが始まって以来ずっと、マーケティング術は様々な形で進化してきました。しかも長年の間にその技術は一段と精巧になり、ますます独創的な方法が編み出され、さらに説得力を増してきましたが、決してかわることのない根本的な要素もあり、コスメティックス製品の販売にかんしていえば、虚栄心をくすぐる言葉、誤った情報、ごまかしといったものが、製品そのものの情報よりもはるかに前面に押し出されている、という点でしょう。
　あなたも不思議に思っているのではないでしょうか。なぜ老化防止やシワ取りを謳ったフェイスクリームの広告には、いつも若くて美しいモデルしか登場しないのかと。その手の広告が伝えたいのは、その製品を使えば、あなたも若く美しくなれる、あるいは若さも美しさも保てるということであり、当然、シワのないモデルを使った方が宣伝効果も高くなる、というわけです！
　しかし、真の問題は以下のような点にあります。

- 正しく使えば、メイクアップ製品はあなたを一段と美しくみせ、みられたくない傷やシワ、シミも隠せますが、その効果はメイクをしている間だけであり、やがては確たる根拠もないままにメイクアップ製品に精神的に依存してしまう可能性があります。
- 髪質にあったコンディショナーは様々な効果をもたらすかもしれませんが、たんぱく質やビタミン、アミノ酸をはじめ、製造過程でどれだけのものが付加されようとも、傷んだ髪を魔法のように修復することもできなければ、今以上に髪を健康にすることもできません。
- フェイスクリームは、シワを隠すのに役立つかもしれません。その効果で、一時的に肌が滑らかになり、しっとりしてくることもあるでしょう。ですが決してシワを減らしたり消したりなどできませんし、まして若返りや老化防止効果など期待できません。

製品開発

　どんなビジネスであれ、勝ち続けるためには常にビジネスを「成長」させるための戦略を練っていかなければなりません。ビジネスの「成長」、そこには、収益性を高め、株主にさらなる利益を還元し、ライバルに先んじていくことも含まれています。つまり、既存の製品に改良を加え、新たな製品を市場に出し続けていかなければならない、ということです。そこで大きな力を持ってくるのがマーケティング――販売戦略です。たとえばシャンプーの場合、髪の汚れを落とすという宣伝しかしなければどうなるでしょう。髪の汚れを落とすのは、全てのシャンプーに含まれている基本的な要素であって、それだけでは棚に並んだ他のシャンプーとの差別化もできず、目立ちもしません。そこでマーケティングに携わる人々は、差別化のために知恵を絞り続けなければならないのです。様々な工夫を凝らし、目立つデザインやパッケージを使用したり、オーバーな宣伝文句を並べたり、他のシャンプーにはない、「特別な」成分を付加したりするのです。もちろん、値段による差別化

もあります（「高いものはいい？」の項を参照）。

　新製品の市場での寿命は2年から3年。売り上げが急激に落ちはじめてくると姿を消します。収益の維持または増加のため、製品は定期的に「改良」されるか「新しい」製品と入れ替えられる運命にあるのです。どうかくれぐれも騙されないで下さい。製造業者が「新しく改良」した製品を売り出したとしても、それはべつに、科学技術の粋を集めた実験室で密かに研究を進める科学者たちが何か素晴らしい発見をしたわけではありません。単なる販売促進の戦術にすぎないのです。コスメティックス関連の企業に勤める科学者たちが雇われているのは、主として、マーケティングのアイデアを具体化するためであり、より安く、より費用効率の高い製造方法をみつけるため、そして製品を確実に安全規制に準拠させるためなのですから。

　また、古い製品を新しくする方法として、パッケージやラベルをかえる、購買層のターゲットをかえる、前とは異なる成分──新たな香りや色、植物や食品のエキス、さらにはビタミン複合体やアミノ酸など──を1つ、2つ付加する、といった方法もあります。何年か前には、卵とビールのシャンプーが大流行しました。最近はフルーティなもの、ハーブエキスやビタミン、たんぱく質、アミノ酸などを配合したものが流行っていますが、（執筆時点で）最新のものといえばワインとプロバイオティクスのシャンプーでしょう。確かにワインには、タンニンをはじめとする収斂性の成分や、乳酸やリンゴ酸のような果実酸──アルファヒドロキシ酸（AHA）が古い角質を優しく除去（「用語解説」の〈アルファヒドロキシ酸〉の項を参照）──も含まれていますから、何か効果があるかもしれません。一方プロバイオティクスは、ある種の細菌増殖を促進する目的で付加されています（なにやら、消費者を保護するためにつくられたコスメティックスにかんする規制に逆行しているようにもきこえますが）。さらに時には、製品名をかえただけで新たな製品として売り出すものもあります。たとえば某製造業者では、入浴剤と足浴剤を販売していますが、成分もパッケージも注意書きも全く同じなのです！

新たな市場

　コスメティックスの製造業者が販路を拡大するためのもうひとつの方法、それが既存製品の新たな市場開拓です。たとえばデオドラントスプレーなら、ラベルをかえて「フェミニンケア」製品やフットケア製品として売り出せます。ただし、業者が声高に叫ぶこうした製品の必要性は、我々の不安を利用してつくりあげられた俗説にすぎません。確かに、メイクをすれば一段と美しくみせたり、欠点をカバーすることはできます。ですが誰も、メイクをしないからといって見苦しいわけではなく、メイクなしでも快適な日々は送れるのです。コスメティックス製品を使用しないからといって、身だしなみに気を使わないということにはならないのに、業界の戦略でそう信じ込まされてしまっているのです。けれど実際には、コスメティックス製品を使わなくても、べつに健康を害することはありません。基本的なお手入れをしっかりと続け、においにさえ気をつけていれば（きちんと身体を洗い、歯を磨き、デオドラントを使うなどすれば）、健康的で、人間らしい生活は十分に送れます。なにもわざわざ、山のようにコスメティックスやトイレタリー製品を使う必要はないのです。しかしながら人々は、長い歴史の中で様々なメイクアップ製品を使ってきました。そうした事実を踏まえて、販売業者はコスメティックス製品を「必要不可欠なもの」へとすりかえていったのです。

　香水がはじめて使われたのは、まだデオドラントがなく、身体を洗う習慣もなかった昔に、体臭を隠すためでした。しかしこうした本来の目的が失われてくると、香水業者の面々は、人々に香水を購入させるに足る新たな方法を考え出したのです。そして香水はやがて、ステイタスシンボルとして使われるようになり、名だたるブランド商品が、高級感と高値を売りに、裕福な者にのみ許されるぜいたく品として市場に並ぶようになりました。香水をつけていれば、周囲から羨望の眼差しでみつめられる。さらには媚薬として、異性を惑わせることもできる。こうした業者の戦略に、誰もが簡単に騙されたのです。

悲しいかな、今やこうしたマーケティング戦略は、開発途上にある第三世界にまで広がっています。少なくとも、ある大手コスメティックス会社ではすでに数名の社員を辺境の集落に送り込んでおり、衣食住もままならないような人々に、自社製品をまんまと売りつけているのです。

高いものはいい？

　高い製品の方がいいと思い込まされ、不必要な出費を強いられたりしないよう、くれぐれも気をつけて下さい。確かに、高い方がいいという製品やサービスも多少はあるかもしれません。ですが、私たちが普段購入するようなコスメティックスやトイレタリー製品には概して当てはまらないのです。ある製品が、他のものに比べて高値で売られているのにはいくつか理由がありますが、ほとんどが製品の品質や機能とは無関係です。

　同量のシャンプーであっても、スーパーの開発したものよりブランド製品の方が高いことはままあります。しかし両者の成分を調べてみれば、驚くほど似ていることに気づくでしょう。時には、同じ工場で製造されていることすらあるのです。それなのにスーパーやドラッグストアの製品が安いのは、間接費を抑えているから。イメージを売るために、高い広告宣伝費を支払う必要もありません。大量生産によって経費を大幅に節減できますし、大量仕入れもできますから、コスト削減が可能なのです。

　また、価格そのものがマーケティングの手段として利用されることもあります。つまり、あるブランドの方が他のブランドよりもいい、あるいは、ある製品の方が、同じ会社でつくられた他の製品よりもいいと思わせるための戦略なのです。たとえば、ごく普通の値段である製品（標準的なフェイスクリームとしておきましょう）を販売していた会社が、その製品の「デラックス」バージョン（シワを隠すスペシャルクリームなど）に、高値をつけて売り込んだとします。驚くほど高価で、驚くほど小さなガラス瓶に入ったアンチリンクルクリーム。特別な成分（実際には特別でも何でもないでしょう）が含まれているというそのクリームは確かに、安くて、見栄えも悪いプラ

チックのチューブに入った普通のクリームよりはるかに効果がありそうに思ってしまいますが、実はどちらの成分も全く同じ。結局は、会社の収益がアップするだけなのです。

宣伝文句

　罰せられないかぎり、製造業者は製品を宣伝し、その宣伝文句を利用して、まるで奇跡のような効果が期待できると人々に信じ込ませていきます。また業者はよく、「科学の応用」という手法も利用します。製品を売るために、ドキュメンタリー風の技術を駆使して、たんぱく質やビタミンをはじめとする化学物質が、毛幹や肌に浸透していく様を鮮やかにみせるのです。シャンプーのボトルの裏にグラフを表示し、自社製品が最も技術の進んだ研究室で開発されたことを説明したり、一目瞭然の実験結果を強調したりすることもあります。

　もちろん中にはまともな広告もありますが、以下に挙げるアイジェルの広告文は、まさに誇大広告でしょう。

> **潤い成分と刺激成分を含んだクリスタルジェルに、老化防止のビタミンAとEを付加して一段と効果の高くなった乳白色の微細繊維を加えた、スペシャル二相製法のジェル。まぶたのごわつきを抑え、表皮を明るく、滑らかにします。徐々にですがシワの解消も促進します。目の下のたるみや隈も目にみえて消えていきます。非脂肪性でさっぱりとした使用感。すっと肌に馴染みます。詰まりを軽減、腫れの防止にも役立ちます。**

　ここで使われている専門用語の大半は、通常の科学用語ではなく、現役の科学者でも容易には理解できません。したがって、私たちにできることといえば、この広告のいわんとしていることを推察し、結論らしきものを見つけ

出すことだけです。まず「二相製法」という言葉ですが、何やら最新の技術のようにきこえるかもしれません。しかしこれは基本的に、オイルと水から成る乳濁液のことを意味しているだけで、他の大半のコスメティックス製品と何らかわりません。「クリスタルジェル」もまぎらわしく、矛盾した言葉です。ジェルは、個体に近いもののあくまでも液体であり、一方クリスタルは完全な個体で、双方に互換性があるようにはみえません。「乳白色の微細繊維」ですが、これはどう考えても、不透明体以外の何物でもないようです。不透明体とは、表面にビタミンを吸着した、シルクやナイロンのような不溶性物質、または不活性物質が筋状に集まって、光ってみえるものです。またビタミンには浸透効果はありません。微細繊維が大きすぎて肌に浸透しないのと同じです——もし微細繊維が針や棘のように肌を貫いたら、それこそ痛くてたまらないでしょう。それから、ジェルが「表皮を明るく、滑らかにする」というのは、古くなった肌細胞の外層にだけ効果がある話で、しかもこの外層は、フェイスタオルできちんと顔を拭くなどすることで定期的に剥がれ落ちていくものなのです。「詰まり」は、血液や組織液、あるいはリンパ液が体内のある箇所に過度に蓄積することを指す用語で、時に炎症を伴うこともあります。たとえば鼻詰まりは、鼻粘膜の炎症により、粘液が異常に溜まってしまうことからおこります。したがってこのアイジェルが、どんなタイプであれ詰まる症状の緩和に効果を発揮するなどということは、まずあり得ないでしょう。メントール成分でも含まれていて、呼吸を楽にしてくれるというのでもないかぎりは。それに、もし本当に目の回りの血流を減少させる物質が含まれているなら、処方箋なしの販売が法律に適っているかも怪しいところです。

　あなたがお持ちのアイジェルのことを考えてみて下さい。目の回りが乾燥している時には、ジェルに含まれている水分がひんやりと心地よく感じられるでしょう。皮膚の収縮や乾燥を防いでくれるカルボマーのような保湿成分や、余分な水分を排除してくれる収斂剤が含まれていれば、さぞ効果のあるジェルだと思うかもしれません。ですが、そうした効果はあくまでも一時的なもの——くれぐれも騙されないようにして下さい。

ちなみにこの広告文の主である製造業者は、虚偽の宣伝文句にならないよう細心の注意を払っています。そのために、シワの解消を「促進する」や、目の下のたるみや隈が「目にみえて」消えていくなどといった表現を使っているのです。確かに、シワの部分にこのジェルを埋め込めば、シワも解消されるでしょう。その結果、滑らかさを増した肌の表面には、一段と均等に光が反射してもくるでしょう。ですが、その効果たるや微々たるものでしかなく、肉眼ではほとんどわからないのです。

　また以下の広告文は、表現もいい加減なので、おそらく売買基準の規制に引っかかると思われます。

**　　　目の回りのデリケートな部分に潤いを与え、活性化するためにつくられた製品です。隈や腫れも解消。シワの除去にも役立ちます。**

　「シワの除去」などできないのです。どうしても除去したいなら、レチノイン酸（処方箋がなければ使えない規制医薬品）を使うか、コラーゲンの注入、脂肪の移植、真皮層の剥離、あるいはフェイスリフトという手術を行うしかありません。また、もしこの製品が本当に「隈や腫れも解消」できるなら、医薬品に分類されるはずであり、処方箋もなしに誰もが簡単に使用することは不可能なのです。

　シャンプーの宣伝文句の中にも、髪を強くしなやかにすると謳っているものがあります。たとえばある製品には、実験の結果をもとに髪の強度が40％、耐性が24％もアップしたなどと書いてあります。確かに、こうした宣伝文句にはインパクトがあります。ですが、だからなんだというのでしょう。コンディショニング成分で髪を覆い、雨風からのダメージを受けにくくしてくれるとでもいうのでしょうか。あるいは抜け毛防止に効果があるとでも？　また、数字にはいったいどんな意味があるのでしょう。何と比較して40％アップといっているのですか。それに耐性がアップするとは？　電気抵抗のことでもいっているのでしょうか。落雷から守ってくれるとでも？

コスメティックス？　それとも医薬品？

　広告業者は、宣伝文の一言一句に細心の注意を払います。さもないと、製品が医薬品として規制を受けるかもしれないからです。米国ではFDAによってコスメティックスと医薬品の明確な定義づけがなされており、コスメティックス、医薬品、医薬部外品の3種類に大別されています。コスメティックスは、使用時の効果が一時的で、表面的な変化しかもたらさないもの。これに対し、薬用効果のあるコスメティックス——フケ症に効果のあるシャンプーや、虫歯の発生を抑える歯磨き粉、日焼けを防ぐサンスクリーン、シワを目立たなくする製品など——は、医薬部外品に分類されます。この場合には、まず製品の安全性を証明しなければなりません。さらに、コスメティックス、または医薬品、または双方の規制に準拠しなければ、コスメティックスとして、あるいは処方箋のいらない医薬品として、自由に販売することができないのです。そこで広告業者は、製品が処方箋を用する医薬品に分類されないよう知恵を絞り、「一段とつややかで、若々しい肌にみせる」といった曖昧な表現を頻繁に使うのです。

無添加及び低刺激性を謳った広告

　「無添加」だの「低刺激性」だのといった言葉を、広告業者は連発しますが、コスメティックス製品にかんして使われる場合、残念ながらこうした言葉には法的、科学的な定義がなく、広く認められている辞書の定義も当てはまりません。にもかかわらず一般に、低刺激性の製品は、低刺激を謳っていない同様の製品よりもアレルギー反応を引き起こしにくくできている、と思われています。しかもそれだけではありません。低刺激性の製品は、敏感肌にことのほか配慮した上で、科学的な根拠に基づいてつくられているのだから、普通の製品よりも優れているに決まっている。無添加の製品に含まれて

いるのは、植物エキスのような天然成分がほとんどで、人工的な化学添加物は全く含まれていない、もしくは、含まれているとしてもごくわずかにすぎない。消費者は通常、そのようにも信じているのです。そしてこうした消費者の思いをしばしば後押ししているのが、低刺激性の製品や、無添加を謳う製品につけられた、高めの値段といえるでしょう。

　米国ではFDAが、コスメティックスやトイレタリー製品の広告に際して、「低刺激性」や「無添加」といった言葉の使用の規制に乗りだしました。消費者が製造業者に惑わされないようにするためです。FDAが求めたのは、何らかの保証──低刺激性の製品が、アレルギー反応を引き起こしにくい、あるいは通常の製品よりも刺激性が少ないということを、実験を介して証明することでした。同様に「無添加」製品の場合には、化学合成物質をはるかに上回る天然成分含有を求めたのです。しかしこうしたFDAの動きに対し、コスメティックスの製造業者たちは法廷の場で戦いを挑んでいきました。そしてFDAは敗訴しました。製品の広告形態を規制する権限を有していなかったからです。したがって、少なくとも米国では、こうした言葉は全く無意味であり、ただの誇大広告にすぎません。「アレルギーテスト済み」「非刺激性」「皮膚科学テスト済み」などといった言葉があるからといって、その製品が肌への刺激やアレルギー反応を引き起こさないとはかぎらないのです。事実米国では、補強証拠が一切なくてもこうした言葉を使えるのですから。

　一方英国の場合ですが、こちらは一段と不透明な状況になっています。英国広告基準局には、こうした言葉の使用に対する明確な規定がなく、コスメティックスの製造業者や輸入業者の間には、それらの言葉の使用に際して適用される一般的な倫理コードもないのです。化学メーカーのローム・アンド・ハースが行った最近の調査では、欧州にかんして以下のような結論が下されています。

　　「低刺激性」という言葉には科学的定義もなければ、規制するガイドラインもない……「敏感肌用」「低刺激性」「超耐性製法」といった宣伝用の文言は、異論がなければ厳密に規定されるべきであると思われる。

最近、英国の食品及び取引基準に関する地方自治体連絡機構（LACTS）が発行したチラシには、こんなことが書いてありました。同機構は、「低刺激性」という言葉にかんする「法的もしくは辞書に認められた定義のいずれをも」確認することができず、「各種業界団体の代表との協議でも、この言葉に対する認識及び使用法にかんして、業界ごとに差異がある」ことがわかったと。

しかしながら、当該する法律も2点ほどあるのです。通商産業省の〈コスメティックス製品に関する（安全）規制ガイド〉によれば、欧州内で製造または輸入された製品にはいずれも製品情報の記録（PIP）を付記しなくてはならないとあります。このPIPは、通常一般の方の目に触れることはありませんが、「監督機関」（英国の場合は取引基準局、北アイルランドでは地区評議会がこれに相当します）が要求する、製品に関する全ての情報を含んでいなければなりません。たとえば、日焼け止め指数（SFP）が15で、A、B双方の領域の紫外線をブロックすることを宣伝しているサンスクリーンの場合、こうした宣伝文句に偽りがないことを示すため、PIPには、実験で得られた計測値を記載しておく必要があります。低刺激性を謳っている製品なら、同様の一般的な製品に比してアレルギー反応を引き起こしにくいことを示さなければなりません。

そしてもう1点は、1968年に制定された商業表示法で、製造業者が製品に関する虚偽もしくは誇大な宣伝を行うことを禁止した法律です。そういった広告活動を製造業者または広告エージェンシーが行った場合、通常は公正取引局長（DGFT）が、対象となる広告活動の自主的な中止を求めます。それでも虚偽もしくは誇大な広告活動が続けば、裁判所が乗りだしてくるのです。しかしながら製造業者は往々にして、法律をぎりぎりまで拡大解釈して宣伝文句を練り上げるので、誇大広告であることをきちんと示すのは難しいでしょう。たとえば歯磨き粉を製造している業者の広告には、その製品が歯をもっと白くすると謳ってあります。が、何と比較して「もっと」といっているのでしょう。この表現が誤解をもたらすということを示すためには、消費者がだまされ、その結果消費行動が影響を受けそうである、ということを証明

しなければなりません。ごく一般的な消費者は、歯がもっと白くなると信じてこの製品を購入するでしょう。ですが、購入後、自らこの製品を科学的に実験し、広告通りの効果がないといってDGFTに訴えるような消費者は、まずいません。その代わり、効果のほどに失望した消費者の大半は、製造業者に文句をいって代金を返してもらい、謝罪の手紙を受け取って満足するか、あるいは単に、次から他の製品に切りかえるだけ。消費者を守るためにあるはずの法律が、往々にしてその力を発揮できないでいるのです。

　結局のところ、こうした混乱を引き起こしているのは、「低刺激性」や「無添加」といった言葉の持つ意味なのです。この点にかんしては言をまたないでしょう。たとえば英国の棚に並んでいる、無添加を謳う製品の中には、天然成分が1%にも満たないものが時として見受けられます（18章『ラベルと法律』のサンプルラベルを参照）。低刺激性を謳う製品の多くが、同じ製品の標準タイプのものと実質的な違いがなく（もちろん極端に高値がついているという点は違いますが）、着色料や香料の使用を控えただけで、あとは全く同じ成分だったということもよくあります。しかしながら、こうした着色料や香料といった成分が、刺激やアレルギー反応を引き起こす最も一般的な原因であるため、これらの成分の使用を控えているというただそれだけのことが、低刺激性を謳う十分な根拠となっているのかもしれません。消費者の立場から考えても、確かに着色料や香料を控えた製品の方が肌に優しいかもしれません。ですがだからといって、他の同様の製品よりもはるかに高い値段で売られているのには納得がいかないでしょう。

　まぎらわしい言葉は他にもあります。「無香料」「皮膚科学テスト済み」「アレルギーテスト済み」など。こうした言葉には法的な定義がなく、しばしば言葉の意味やテスト結果について何の説明もないままに使われています。しかし、「無香料」というラベルのつけられた多くの製品にも、実際には少量の香料が含まれているのです。他の成分が本来有している不快臭をごまかすために、製造業者が加えています。したがって、もし香料を避けたい場合には、製品の前面に踊っている宣伝文句を無視し、裏面の成分一覧をみて、「香料」という言葉が書かれていないかをチェックするといいでしょう。

「天然」素材って？

　天然素材とは、動植物エキス、または地球上にある鉱石や鉱物をいいます。ですがこれらは往々にして、他のたくさんの物質によって汚染されているので、汚染物質を除去し、規定の純度にしてからでなければ、パーソナルケア製品の成分としては使用できません。

　人工または合成の成分は、生産加工の段階で物質に化学反応を起こさせ、生成していきます。さらに化学者たちは、天然素材とそっくり同じものもつくりだせます。そうして合成されたものは、どこから見ても本物の天然素材と全く同じ。違いはコストと、簡単に製造できることだけです。たとえばサリチル酸メチル（ウィンターグリーンオイル）。これは多くのエッセンシャルオイルに欠かせない成分で、通称の由来ともなっているウィンターグリーン系の植物をはじめ、様々な植物から抽出されます。鎮静、鎮痛効果があり、軟膏や塗布薬としてリウマチ痛や筋肉痛、ちょっとした怪我などの際に用いられるとともに、コスメティックスやトイレタリー製品にも、香料や変性剤として使用されています。そんなサリチル酸メチルを、コールタール及び石油精製原料をもとにすれば、植物から抽出するよりも安く、そして簡単に合成できることを、製造業者は知っているのです。

ハーバルシャンプーとヘアリンスの成分

　以下の配合はネット上に掲載されていたものです。大半が完全な天然成分であり、シャンプー、リンスともに有害性は微塵もなく、ハーブは髪にいいものとの印象を受けるにちがいありません。

ハーバルシャンプー

・蒸留水……………………………………………………………160ml
・ソープワート（サボンソウ）の根…………………………………15g

- ヒマシ油 ……………………………………………………小さじ1（5ml）
- 海塩 ………………………………………………………小さじ1/4（2g）
- ゼラニウム油 ……………………………………………………15滴（1ml）
- ラベンダー油 ……………………………………………………15滴（1ml）

ハーバルヘアリンス

- リンゴ酢……………………………………………………………220ml
- ウォッカ ……………………………………………………………28ml
- ドライハーブ ………………………………………………………28g
  - またはフレッシュハーブ ……………………………………110g
- ヒマシ油……………………………………………………小さじ1（5ml）

使用するハーブは、髪色の濃淡あるいはフケ症の治療に応じて選ぶよう書かれていました（9章『ヘアケア』に記した適切なハーブの一覧を参照）。

注意及び副作用

- ソープワート（サボンソウ、学名：*Sapnaria officinalis*）は、米国及び欧州のいたるところで見かける、ごく一般的な植物です。根から抽出される樹液にはサポニンが含まれており、グルコシドの形態をとっていることがままあります（つまりサポニンが糖分子と結合しているということです）。そのため、水を加えて撹拌すると泡ができるのですが、サポニンもサポニングルコシドもともに界面活性剤であり、したがっていずれの場合であれ、髪をはじめとするどんなものの表面からも、汚れやべたつきを除去することは難しいでしょう。泡が立つからといって髪をきれいにできるわけではなく、この場合にはかえって調合物が髪のべたつきを促進しているにすぎません。
- ソープワートのサポニンには軽い毒性があるため、飲み込んでしまうと口、胃、腸に刺激を引き起こし、往々にして不快感、嘔吐、下痢を伴います。
- ヒマシ油（学名：*Ricinus cmmunis*）は炎症、乾燥、唇のひび割れを引き起こす可能性があります。
- ゼラニウム油は、接触性皮膚炎及び肌の炎症を引き起こしかねません。
- ラベンダー油は、接触アレルギー及び感光性を引き起こす可能性があります。

> 🧴 ヘアリンスには、リンゴ酢の影響でおよそ2%の酢酸が含まれています。そのため肌に軽度の、目に重度の刺激を引き起こすことがあります。
> 🧴 同様にウォッカの影響でおよそ4%のアルコールも含まれています。アルコールは、全身に湿疹状の接触性皮膚炎を引き起こします。
> 🧴 ハーブによる副作用に関しては、9章『ヘアケア』にリストがありますから、参照して下さい。

　もう1つはバニリンです。これはもともとバニラのサヤの中にある成分で、香りと味付けに欠かせない化合物です。化学構造が単純ゆえ、化学者たちによって簡単かつ経済的に人工成分が生成されています。しかも化学者たちは、天然素材を真似るだけでなく、しばしばその改良も試みます。簡単な例としては、バニリンのエチルバニリンへの改良が挙げられるでしょう。香りも味もバニリンと全く同じでありながら、効果のほどは何千倍にものぼるのです。このエチルバニリンをコスメティックス製品や食品に添加する際、技術者が必ず防護服を着用している工場もあります。たとえわずかでも肌に付着すれば、それこそ何日も、クレームアングレーズのようなにおいがとれませんから！

無添加の方がいい？

　多くの人が、合成化合物よりも天然素材の方が身体によさそう、健康的、そう思っていることでしょう。しかし、必ずしもそうとはいいきれません。いわゆる「無添加」製品にも、実は合成されたコピー製品を上回る保存料が含まれているのです。天然成分の方が栄養価が高く、そこに繁殖するバクテリアを防がなければならないからであり、こうした保存料は往々にして、天然成分のもたらしうるメリットを超える毒性を発揮しかねません。
　当然反論があるでしょう。人間の身体は人工物質に堪えられるようにはできておらず、それゆえ、そんなものを身体に直接つけるべきではないと。ですが、次に挙げる3点をぜひ心に留めておいていただきたいのです。第1に、人間の身体は好ましからざる化学物質に対処し、人体に害を及ぼすことなく

排出できるよう巧みにつくられています。第2に、天然成分の中には、非常に有害なものが数多くあります——人間にとっては、命を奪われかねないほどの危険な毒を、動植物は何種類か自製しているのです。そして最後に、食品やパーソナルケア製品に添加されている人工物質の履歴は、必ず明確に記録されています。そのため、こうした成分が原因で重度疾病を引き起こすケースは比較的少ないのです。したがって、合成化合物ときくだけで非難するのではなく、まず考えてみるべきでしょう。「この合成化合物が添加されているのは、消費者である私のためだろうか、それとも製造業者の利益のためだろうか」と。考えてみて、答えが後者であった時には、別の商品を購入すればいいのです。

たんぱく質のききめ

たんぱく質は、いくつかのパーソナルケア製品に添加されていますが、その理由は様々です。乳化剤や帯電防止剤、塗膜形成剤、増粘剤、湿潤剤として機能しますが（これらの用語の詳細は「用語解説」を参照）、生物学的な意義はありません。広告業者の宣伝とは反対に、たんぱく質は髪や肌、爪に吸収されることはなく、体内組織の修復や改善はできないのです。

メーカー側がいうようなことがたんぱく質にできると思うなど笑止千万。それはまるで、壊れかけた家を直すのに、煉瓦や砂をポンポン投げつけているようなものなのです。

ビタミンのききめ

ビタミンは食事に欠かせない栄養素であり、健康維持の根幹をなすものです。そうしたビタミンが、かなり以前から、髪や肌や爪に「栄養を与える」ことを目的に、コスメティックスやトイレタリー製品にも添加されるように

なってきました。最も一般的に用いられているのがビタミンA、C、Eであり、ビタミンBも、オートブランや加水分解小麦タンパクといったシリアルの形状で時々付加されています。ただし欧州では、ビタミンD2（エルゴカルシフェロール）とビタミンD3（コレカルシフェロール）のコスメティックス製品への使用は禁止されています。

> FDAの〈コスメティックスハンドブック〉には、以下のように記されています。コスメティックス成分にビタミンと表示されている場合、その成分及び製品が栄養上または健康上のメリットをもたらすという誤った印象を与えてしまい、結果、該当製品は不正商標表示を行っているとみなされかねない。こうした理由から、ビタミンは、一般に理解されているビタミン名ではなく、国際的命名法によるINCI名称に基づいた名称を成分リストに記載すること。たとえばビタミンEは、トコフェロールという成分として表示する。

ビタミンA、C、Eには酸化防止機能があります。ビタミンCは酸素に反応することから、しばしば食品の酸化防止に利用されています。同様に、コスメティックス製品の酸化防止にも効力を発揮します。水溶性のビタミンですが、肌から吸収されることはありません。一方ビタミンAとEは油溶性で、フリーラジカルに反応、破壊します。こうした事実に目をつけたコスメティックスの製造業者たちが、ビタミンは肌の酸化を防ぎ、フリーラジカルの活動を抑えることで、シワの発生を遅らせるなどという誇大広告をつくりあげているのです。しかしながらこうしたビタミンは、表皮の上層にしか浸透せず、老化が生じる真皮にまでは決して浸透できません。したがって、ビタミンが老化に何らかの実質的な効果をもたらすといった話は全くもって非現実的であり、シワの発生を抑えているのは、ほぼ完全に、その製剤に含まれる他の成分の保湿効果のおかげなのです。

一般的な成分──アクティブモイスチャーミルク

リニューアルタイプの場合

　水、グリセリン、ステアリン酸ソルビタン、ジメチコン、流動パラフィン、ワセリン、パルミチン酸セチル、セチルアルコール、クエン酸、ステアレス-100、(アクリレーツ/アクリル酸アルキル (C10-30)) クロスポリマー、サリチル酸、ヒドロキシステアリン酸グリセル、ステアリン酸ナトリウム、EDTA-4ナトリウム、香料、メトキシ桂皮酸オクチル、フェノキシエタノール、メチルパラベン、ブチルパラベン、CI 17200。

　市販されている、より高価で低刺激性タイプの製品にも、着色料であるCI 17200及び香料以外は全て同じ成分が入っています。

- ・水　　　　　　　　　主成分。肌に直接水分を補給します。
- ・グリセリン*　　　　　肌の水分を保つ湿潤剤です。
- ・ステアリン酸ソルビタン*　乳化剤。油分と水の混合を助けます。
- ・ジメチコン*　　　　　合成シリコンポリマー。消泡剤として機能し、また蒸発によって水分が失われないよう、水分保護膜を肌に形成します。
- ・流動パラフィン*　　　石油精製のさらりとした油。水分保護膜を形成し、肌に潤いを与えます。
- ・ワセリン*　　　　　　石油から合成、精製されたドロッとした油。水分保護膜を形成し、肌に潤いを与えます。
- ・パルミチン酸セチル*　保湿成分。
- ・セタノール*　　　　　この成分は増粘剤として機能し、保湿効果も有しています。
- ・クエン酸*　　　　　　肌の剥離（肌細胞外層の溶解）に使われるベータヒドロキシ酸。完成品の酸度調節も行います。
- ・ステアレス-100*　　　成分の調合を補助し、製品の均一なのびを促す界面活性剤。

- ・(アクリレーツ/アクリル酸アルキル（C10-30））クロスポリマー＊

  肌に薄い膜を形成します。また、他の成分を結合させたり、製品の粘度を高めたりもします。

- ・サリチル酸＊

  肌の剥離に使われるベータヒドロキシ酸。シャンプーを除き、3歳以下の幼児用製品への使用は禁止されています。

- ・ヒドロキシステアリン酸グリセル＊

  乳化作用も有する保湿成分。

- ・ステアリン酸ナトリウム＊ 基本的には石鹸であり、製品ののびを促す界面活性剤として、また主成分がもたらす水っぽさをカバーする乳白剤として使用されています。

- ・EDTA-4ナトリウム

  硬水中のカルシウム及びマグネシウムイオンと他の成分との結合を防ぎます。

- ・香料

  芳香物質を混ぜ合わせたもの。その数はしばしば50以上にのぼりますが、多くが人工のものです。

- ・メトキシケイヒ酸エチルヘキシル＊

  紫外線吸収剤。紫外線による悪影響から肌を守ります。肌細胞の外層には、天然の紫外線吸収色素が含まれていますが、その外層を剥離成分が除去してしまうため、この成分が必要になってくるのです。

- ・フェノキシエタノール＊ 保存料。使用量上限は完成品の1％。＊＊
- ・メチルパラベン＊ 水溶性の保存料。使用量上限は完成品の0.4％。＊＊
- ・ブチルパラベン＊ 油溶性の保存料。使用量上限は完成品の0.4％。＊＊
- ・CI 17200＊ アゾ染料・赤。

＊規制対象成分。もしくは有害、副作用が懸念されている成分。
＊＊保存料以外の目的でも使用される場合には、制限値を上回る量が使用されることがあります。

プロビタミンとは？

　プロビタミンとは、市場で最もよく耳にする話題の言葉の1つです。発音

しやすく、何やら健康的で科学的にもきこえます。プロレチノールやプロレチノールA（これは造語です）になると、一段ときこえがよくなります。レチノールというのは、ビタミンAの化学名ですから、プロレチノールAというのはおそらくプロビタミンA——ニンジンをはじめ、多くの根菜類に含まれている天然色素のベータカロチン——のことでしょう。コスメティックスの製造業者やエステティシャンたちはいうはずです、プロビタミンは肌に栄養分を与え、紫外線によって肌につくられるフリーラジカルにも効果があり、老化防止剤としても機能し、などなど……。しかしながら、これもまた俗説なのです。実際、製品に添加されているプロビタミンはごくわずかにすぎず、一目でわかるほどの生物学的作用を期待するなら、バランスのいい健康的な食事の一環として、食物から摂取するしかありません。プロビタミンとは、あくまでも日々の食事に含まれている物質であり、体内に取り込まれてはじめてビタミンにかわるものなのです。ちなみにコスメティックス製品に使用されている最も一般的なプロビタミンといえば、パンテノール（プロビタミンB5）とベータカロチン（プロビタミンA）でしょう。

有効成分

　コスメティックス製品には、「有効成分」を記載するよう求められてはいません。そうした形式で表示されなければならない成分を、通常は含んでいないからです。含まれている有効成分を全て明らかにする必要があるのは、医薬品または医療器具だけです。ただ逆にいえば、製造業者が自社製品内成分を「有効成分」と表示してはいけない、という規制もないわけであり、実際、製造業者は時々そういったことを行っているのです。自社製品を他社製品よりよくみせるために。たとえば、フェイスクリームに有効成分としてローズウォーターが挙げられていたとしましょう。これをみて、他の成分には効果がないと思いますか。答えはこうです。確かに全ての成分が何らかの役割を担ってはいますが、いずれの成分にも治療や医療効果はなく、したがっ

て、他の成分はもとよりローズウォーターも、欧州の医療機器要項が認証している「有効成分」ではないのです。なお、欧州のコスメティックス製品要項が認証しているコスメティックス製品の中に、有効成分を含むものはありません。

成分を選択する

　製造業者は最高の成分を入手できるのだから、製品に使用している成分は当然最高のものにちがいない、誰もがそう信じたいことでしょう。ですが、これほど真実からかけ離れていることもないのです。同じ業者が製造しているシャンプーとコンディショナー。そのボトルに記載された全ての成分を比べてみれば、往々にして多くの成分が共通していることに気づくでしょう。こうした状況は、必ずしもその成分が最高のものだからみられるわけではありません。2種類の成分を購入するより1種類を大量に購入して、業者が最大の利益を得られるようにするため、あるいは、必要な原料検査を省けるなどして大幅なコスト削減が図れるからなのです。まあ、様々な製品を全て同じ業者製のものにすれば、当然接触するコスメティックス成分のトータル数も減ってきますから、その分副作用の危険も減るという考え方もできなくはありませんが。

　その一方、米国で製造されている製品と、許可を得て英国内で製造されている全く同じ製品の成分はといえば、まるで異なっていることがままあります。しかも双方の製品は、成分が全く違っているにもかかわらず、同じ商品名、同じパッケージ、さらには同じテレビCMで販売されているのです。双方にみられる違いは、何も一連の成分が英国内で使用を規制、禁止されていたり、入手不能であるわけではなく、単に、全く同じ機能を有する、より安い代替成分を使用してるというだけのこと。同じことはビールにもいえます。とはいえ、英国内で醸造されている米国のビールは、やはり味が違いますが。

3章　着色料と香料

　　　香り豊かな泡の海でリラックス
　　　心解き放ち、悩みを取り除く
　　　だが、色とりどりの入浴剤を入れ
　　　化学スープの海に身を沈める前に一言
　　　ただのお湯でも疲れは取れる
　　　しかも敏感な肌が刺激に苦しむこともなく

　コスメティックス業界においては、色や香りの重要性が過大評価されているにちがいありません。あるシャンプーを市場でヒットさせようとしたら、さも髪をきれいに洗えるような香りがしなければならず、主成分の薄い灰色を隠しておかなければならないのです。しかしながら、コスメティックスやトイレタリー製品に含まれる着色料や香料が原因で多くの副作用が引き起こされているため、低刺激性を謳う製品は通常無香料、無着色になっています。では早速、こうした成分について詳しくみていきましょう。

着色料

　名前が示す通り、着色料は色素または着色化学物質のことをいいます。単品もしくは数種類を混合して使用し、コスメティックスやトイレタリー製品

に鮮やかな色味や陰影を付加するのです。製品に色をつけ、製品そのものの見栄えをよくしたり、一時的に肌に色を乗せるために使われる着色料もあれば、たとえばヘアダイのように、長期にわたる体色変化のために用意されたものもあります。

　コスメティックス製造業者が使用可能な色数は膨大です。着色料には、染料あるいはレーキがあります。染料には天然エキス、または合成コールタール染料、アゾ染料があり、いずれも水溶性です。そして水溶性ゆえに、コスメティックスやトイレタリー製品に均等に分散し、きれいな着色溶液をつくりだせるのです。また毛髪や布の繊維、紙などにも浸透します。中には、陽光にさらされると消えてしまう染料もあります。また、髪や布に浸透した染料も、洗浄を繰り返すうちに落ちてしまうことがあります。一方レーキは、こうした染料に金属――通常はクロム、アルミニウム、ジルコニウム、あるいはマンガン――を混ぜ合わせて生成したものです。レーキは不溶性で洗っても落ちないため、普通は染料よりも長持ちします。色がにじんだり、衣服に染みをつけたりすることもないため、しばしばメイクアップ製品に使用されます。

　特に若い人たちの間で急速に人気が出てきているのが、「干渉色」です。プリズムガラスやダイヤモンド、雨粒が美しい虹色の光を放つように、固体色素を混ぜ合わせることで、金や赤、緑、青、銀色にきらめく光の干渉縞をつくりだせるのです。そうした混合色素の1つが、アイシャドウや口紅に使用されているブラックマイカです。マイカ――雲母は天然鉱物で、花こう岩のような火山岩に含まれています。同じく天然鉱物である黒酸化鉄に覆われていますが、どちらの鉱物も合成が可能です。

　「アクティブ」カラーは、肌の生理的変化に対応し、驚くほど色がかわります。主として口紅や着色リップグロスに使われ、頻度は低いもののアイメイク製品にも用いられています。体温や湿度の変化、皮脂の分泌量や酸度の変化に応じて、色素が色をかえるのです。こうしたアクティブカラーは、機嫌の善し悪しや感情、性的刺激を示すバロメーターだと思っている人もいますが、むしろ体温や周囲の湿度を示していることの方が多いのです。

コールタール染料

　かつて合成染料の原料といえば、コールタールしかありませんでした。これは、無酸素状態で石炭を強力に加熱した際に得られる化学溶液です。したがって、コールタールが燃えることはありません。このどろりとした黒い化学物質から得られる有用な化合物は数多く、たとえばアニリン、クレゾール、ナフトール、フェノールなど——いずれもコールタール染料の原料です——があります。特にアニリンを原料とする染料は、アニリン染料またはアゾ染料と呼ばれています。その他の抽出物を原料とする染料は、単にコールタール染料と称されています。ちなみに現在では、こうした化学物質の大半を石油から精製していますが、コールタール染料という呼称だけはいまだに健在です。

アゾ染料

　アゾ染料が初めて抽出されたのは19世紀。ウィリアム・ヘンリー・パーキン卿という英国人化学者の手によってでした。彼はコールタールの抽出物（アニリン）から紫の合成染料をつくったのち（ちなみにこの色の使用は、その希少さゆえに国王や皇帝、教皇などに限定されていました）、産業革命時に英国でアニリン（アゾ染料）産業の事業を興し、繊維製造業を一変させました。このようなアゾ染料やコールタール染料は現在でも広く使われており、食品やコスメティックス製品をはじめ、日常生活の様々な面に浸透しています。

アゾ染料

以下の着色料は全て合成アゾ染料です。

アシッドレッド195	CI 15525	CI 18130
CI 11680	CI 15580	CI 18690
CI 11710	CI 15620	CI 18736
CI 11725	CI 15630	CI 18965
CI 11920	CI 15800	CI 19140
CI 12010	CI 15850	CI 19140:1
CI 12085	CI 15865	CI 20040
CI 12120	CI 15865:4	CI 20170
CI 12150	CI 15880	CI 21100
CI 12370	CI 15985	CI 21108
CI 12420	CI 15985:1	CI 21230
CI 12480	CI 16035	CI 24790
CI 12490	CI 16185	CI 26100
CI 13015	CI 16185:1	CI 27290
CI 14270	CI 16230	CI 27755
CI 14700	CI 16255	CI 28440
CI 14720	CI 16290	CI 40215
CI 14815	CI 17200	D&C Red No.7
CI 15510	CI 18050	D&C Red No.39

中にはアゾやコールタール染料に過敏な人もいます。特に危険なのは喘息の方、湿疹を患っている方、そしてアスピリンに過敏な方です。こうした化学物質によって引き起こされる症状は様々で、子どもの運動過剰から重度の頭痛まで多岐にわたります。その他にも報告されている症例としては呼吸困難、喘息の発作、目や鼻の痒み、涙や鼻水がでる、かすみ目、皮膚発疹、腫

れ（ひどい場合は体液鬱滞をともないます）、さらに、怪我をした際血液の凝固作用を有する血小板に変化が起きる、などがあります。

着色料はどの程度安全か

　安全性が疑問視されている着色料がいくつかあり、欧州委員会はそれらの使用をリンスオフ製品に限定しています。これらの製品の中には、短時間ですが着色料が肌に直接触れるシャンプーやコンディショナーが含まれています。一方、口紅やアイシャドウといった非リンスオフコスメティックス製品は、はるかに長い時間肌につけていますから、当然、不必要な副作用などあってはなりません。逆にヘアダイは、長時間肌に付着していることもなく、髪に吸収されても、その大半が非生体細胞から成っているので、安全だと一般には思われています。

　米国の場合はFDAによって認められているので、FD&C着色料は、米国内で販売されているあらゆる食品、医薬品、コスメティックス製品に使用できます。これに対し、医薬品またはコスメティックス製品への使用は認められているものの、食品には使用できない着色料は、D&Cと表記されています。また、Ext. D&Cに相当する着色料は様々ありますが、これは飲み込むと有害な着色料であり、その使用は外用薬及びコスメティックス製品にのみ厳しく限定されています。さらに、FDAが認証している着色料とはべつに、天然の着色料もあります。たとえば熱帯に生息するベニノキの種皮から抽出するアンナットなどです。このような天然着色料は、FDAの認可なしでもあらゆる製品に使用できます。

　FDAでは着色料の検査を行いますが、そこで要求しているのは、FDAの定める純度及び製法に準拠しているか否か。つまり、アゾ染料のタートラジンが全て、自動的にFD&C Yellow No.5になるわけではないのです。ある一定量のタートラジンを検査し、FDAの基準をクリアして初めて認証番号が与えられ、製造業者側に、検査した分のタートラジンは使用可能であり、使用の際にFD&C Yellow No.5と成分に表示するよう指示されるのです。

安全な染料

以下に挙げる染料はおそらく安全でしょう。全て副作用の報告はなく、いずれの製品への使用も規制されていません。

合成染料

CI 42051	CI 61565	CI 74160
CI 42053	CI 61570	CI 75300
CI 42090	CI 69800	CI 77002
CI 44090	CI 69825	CI 77163
CI 47005	CI 73000	CI 77346
CI 58000	CI 73360	CI 77510
CI 60725	CI 73385	CI 77947

変形天然色素

CI 75470	CI 75810	CI 77267

天然色素

CI 75100	CI 75125	CI 75135
CI 75120	CI 75130	CI 75170

天然鉱物または鉱物抽出物

CI 77000	CI 77231	CI 77499
CI 77004	CI 77400	CI 77713
CI 77007	CI 77480	CI 77742
CI 77015	CI 77489	CI 77745
CI 77120	CI 77491	CI 77820
CI 77220	CI 77492	CI 77891

色の一覧

　欧州委員会にはコスメティックス成分の一覧があります。そこにはヘアダイや着色料、コスメティックスの見栄えをよくするためにつくられた色素など、470を越える成分が記されています。こうした成分の多くには、CI 10316のようなカラーインデックスナンバー（CI Number）が付されています。時には、欧州を意味する"E"の文字が使われているものもあります。他の色素には往々にして色名が含まれていますから、簡単に識別できます。たとえば、アシッドブラック52、ベーシックブルー99、D&C Red No.33、ダイレクトブルー86、ディスパースオレンジ3、HCブルーNo.11、ピグメントグリーン7、ソルベントグリーン29など。いずれもどのような色かは明らかでしょう。しかし中には、正式な化学名で知られているものもあり、そういった着色料は、成分リストの中にあっても色味は簡単にはわかりません。

　アイシャドウや口紅に使われる着色料は20種類ほど。その全てが微妙に色合いが異なっています。もちろん、1種類の着色料しか使用していないものもあれば、2種類以上を混ぜ合わせて使っているものもあります。しかしラベルにかんしては、何種類も印刷する手間を省くため、色味が異なっても、全ての着色料が同じラベルを使用できるようにしてあります。そしてそのラベルには、様々なコスメティックス製品に用いられる着色料が記されているのです。欧州では、ラベリングに関する条例の中で、製造業者が成分表示の最後に以下のような記載をすることで、経費節減することを認めています。

　　［＋／−CI 77491, CI 77492, CI 77499, CI 77713, CI 77742, CI 77745］

　米国でも、これに相当する表現「D&C Red No.30、D&C Yellow No.7、D&C Yellow No.10が含まれている場合があります」が付加されています。つまりそのコスメティックス製品には、こうした着色料の一部または全てが含まれているかもしれないし、含まれていないかもしれない、ということです。これでは、自分の使っているコスメティックス製品に実際にはどんな着色料が使われているのか、消費者にはまるでわかりません。

香料

　香料の存在を軽んじてはいけません。それは消費者を惹きつける大きな要因です。そして多くの消費者が、家庭用製品の香りにかんして固定観念をもっています。たとえば、殺菌剤は細菌を殺せるようなにおいがしなければならない、固形石鹸は身体をきれいに洗い流せるような香りが、バスオイルには豪華な香りが必要不可欠であるなど。まさかと思うでしょうが、香料が付加されているのはパーソナルケア製品や家庭用洗剤だけではありません。レポート用紙から新車にいたるまで、ありとあらゆるものに使われているのです。消費者に購入してもらうものには全て、しかるべきにおいがしていなければならないのですから。

ラズベリーの合成香料

　コスメティックスまたはトイレタリー製品を使用して副作用を起こした場合、おそらく原因は着色料もしくは香料にあると思われます。以下をみていただければ、多少なりともその理由がおわかりいただけるでしょう。市場にでまわっているコスメティックス製品の多くには、ノーマルタイプと低刺激性タイプがあります。通常どちらの製品にも同じ成分が含まれていますが、低刺激性の方には着色料または香料が含まれておらず、内容量も少なく、割高になっています。

　多くの人工香料には大量の化学香料が含まれています。しかも一般にその数は100以上。ただし注目すべき例外もあります。それが、ラズベリーやストロベリー、チョコレート、パイナップル、そしてセロリの合成香料です。いずれにも化学香料は含まれていますが、多くても8種類までです。なお以下に挙げた配合表は、米国特許No.3886289からの抜粋で、ラズベリーの合成香味料のものですが、倍量にすれば、ラズベリーの香料として化粧石鹸やシャワージェルなどにフルーティな香りを付加することもできます。ただし、同じ

製品に含まれている他の成分の不快臭を消すため、この配合に多少の変更を加えることがあるかもしれません。そうなった場合には、有害な合成物質が大量に混入される危険があります。

100%	4-(ヒドロキシフェニル)-2-ブタノン[1,5,6]	
30%	3-ヒドロキシ-2-メチル-4-ピロン（マルトール）[1,5,9,12]	
20%	4-ヒドロキシ-3-メトキシベンズアルデヒド（バニリン）[2,5,9]	
8%	3-エトキシ-4-ヒドロキシベンズアルデヒド（エチルバニリン）[2,7,8]	
1%	アルファイオノン[3,9]	
1%	硫化メチル[1,4,5,9,10,11,12]	
1%	2,5-ジメチル-N-(2-ピラジニル)ピロール[9,12]	

各成分に付記した数字は、「危険と安全に関する警句」に言及したものです。この警句は、欧州の法律によって、こうした化学物質の入った実験用の容器に添付しておくことが義務づけられています。各番号の示す警句は以下の通りです。

1 目、呼吸器系、及び肌を刺激。
2 飲み込むと危険。目を刺激。
3 吸入及び皮膚接触により感作を引き起こすことがある。
4 目に重度の損傷を及ぼす危険。
5 目に入った場合、すぐに大量の水で洗浄し、医師に診てもらうこと。
6 適切な手袋、及び目/顔を保護するものを着用のこと。
7 適切な防護服、手袋、及び目/顔を保護するものを着用のこと。
8 粉末吸入禁止。
9 適切な防護服を着用のこと。
10 蒸気吸入禁止。
11 火気に近づけないこと——喫煙厳禁。
12 飲み込むと危険。

コスメティックスやトイレタリー製品に、1種類にせよ数種類にせよ香料が付加される場合、成分一覧にその旨が示されます。一口に香料といっても、天然植物エキスの場合もあれば、数種類の人工香料を混ぜたものである場合もあります。欧州委員会には932もの香料物質が登録されていますが、いずれの香料にも、成分一覧記載時に使用される個別の名称はありません。

　調香師は、経験と技術、そして想像力を駆使してこうした香料物質をブレンドし、目指す香りをつくりだしていきます。とはいえ調香師も、創造の才を意のままに発揮することはできません。常に香料物質個々のコストを考慮し、可能なかぎりコストの安いものを使用しなければならないからです。もちろん、製品に含まれる他の成分との相性も考えなければなりません。

　ちなみに香水ですが、使用されている香料物質の数が20以下のものは稀で、多くの製品に100を超える香料が使われています。いずれもごく少量ずつの使用ではありますが、その多くに刺激性や危険性、毒性が認められています。コスメティックス製品の使用にともなう副作用の多くが、こうした香料物質に起因していることは言をまちません。前述したラズベリー香料の配合表をみていただければ、その理由も明白でしょう。

　もしパーソナルケア製品が原因の副作用に苦しんでいるなら、無香料タイプの製品を試してみて下さい。ただし、いくらパッケージに「無香料」と記してあっても、その製品がこうした成分を一切使用していないという保証はないので、注意が必要です。他の成分の不快臭をごまかすために、少量ながら香料が付加されている場合もあるのですから。

ムスクの秘密

　チベットに生息する雄のジャコウジカ、ジャコウウシ、カコミスル、カワウソ及びその他数種の動物の臭腺から分泌される香り、それがムスクです。語源はおそらくサンスクリット語の"mushka"。「陰嚢」という意味で、ジャコウジカの臭腺の外観を表現しています。動物にとってこのムスクは、同種の雌を呼び込み、関心を引くためのフェロモンです。専門的にいえばフェ

ロモンは、同じ種族の他の仲間に対して、無意識の生物学的作用をもたらす化学伝達物質、ということになります。たとえば雌の蛾が分泌するフェロモンは、数キロメートル離れたところにいる雄をも惹きつけられます。ただしこのフェロモン、どうやら人間は分泌していないようです。人が自然に発している体臭が、他の人の無意識の行動を引き起こすとしたらただ1つ、思わず身を引かせることくらいでしょう！

　ムスクの香りは、人間に特に効果があるわけではありませんが、にもかかわらず多くの女性が魅了されています。またムスクには、花の香りを際立たせ、長持ちさせる効果もあり、それゆえ貴重な香料物質として、多くの香水やデオドラントに使用されているのです。

　ムスクの有効成分であるムスコンは、ジャコウジカの臭腺から抽出され、シベトンという成分は主にカコミスルから分泌されます。このような動物を、製造業者は香料の主な供給源として利用しています。動物たちにとっては何とも気の毒な話ですが、こういった香料は化学構造が単純であるにもかかわらず、化学者たちはいまだに効率的な製造方法がみいだせずにいるのです。化学的にみると、ムスコンとシベトンはその構造が非常によく似ています。どちらも基本となるのは、17個の炭素原子からなる輪で、それはまるでビーズのブレスレットのようです。17個の炭素原子を鎖のように一列に繋げるのは簡単なのですが、問題は、その両端を繋ぎあわせて、ブレスレット状に固定することなのです。（一連のビーズ状に連ねたたくさんの分子は、大量の毛虫よろしくくねくねとのたうち回ります。その動きに規則性はなく、同じ分子の両端が接近し、ブレスレット状に固定される可能性は極めて小さいのです。当然、全ての分子が率先して輪を形成することなどあり得ません。）したがって、合成ムスクはごくわずかしか製造できず、天然のものに比べて格段に高くなってしまうため、製造業者はいまだに、主な供給源を動物に求めなければならないのです。

ムスクの代替品

　ニトロムスクは分子も単純で、簡単かつ安く生成できます。化学的にみれば、ムスコンやシベトンとは関係がありませんが、その香りは非常によく似ています。一時はムスクの代替品として、安い香水やトイレタリー製品に広く利用されましたが、こうした化合物のなかから、有害性を指摘されるものがいくつか、検出されたのです。その結果欧州では、3種のニトロムスク——モスケン、ムスクチベチン、ムスクアンブレット——がコスメティックス製品への使用を禁止されています。なおニトロムスクは、他の成分と化学反応を起こして、発癌性物質のニトロソアミンを形成する可能性もあります。

4章　保存料

使用されている保存料及びその量をラベルに記載すべきである。
　　　　　　　　　英国の医学専門誌『ランセット』（1897年）より

現在、欧州及びFDAによるラベリングの規制は、保存料名を成分一覧の中に巧みに隠し、その使用量を記載しないことを看過している。

　本書はこれまで、コスメティックス成分に起因する副作用に焦点を当ててきましたが、何もそれだけが有害なわけではありません。危険な細菌が製品内に発生するかもしれませんから、保存料を添加し、有害バクテリアの繁殖や増殖を抑えることが重要になってきます。しかしながらその保存料が、着色料や香料に次いで、コスメティックスやトイレタリー製品に対する副作用を引き起こしている主要原因と思われるのです。だからこそ主な保存料には、使用に際して様々な規制や制限があるのだといえるでしょう。

細菌とコスメティックス製品

　細菌は、微生物を表する一般的な言葉です。あらゆる微細な単細胞生物を指す総称でもあり、拡大解釈をして、カビや菌類といった多細胞の複合生物、さらには細胞を有しないウィルスといったものまで含む場合も多々あります。

パーソナルケア製品に寄生しかねない細菌として最もよく知られているものといえば、カビであり、菌類、イースト菌、バクテリア、そして原虫でしょう（ウィルスは、他の生物の細胞内でしか増殖できないため、コスメティックス製品に寄生することは滅多にありません）。このような細菌は、製品に寄生すると、製品内の様々な成分から必要なエネルギーを摂取し、増殖していきます。急速に増殖した細菌は、通常悪臭を放ち、透明感のあった製品の混濁化を引き起こすこともあり、老廃物のような毒性のある物質を放出することもあるのです。こうした物質は、細菌の栄養物の消化吸収を促進し、相対することもある他の細菌を死滅させる一助ともなります。さらに細菌は、成分を化学変化させ、色や香りをもかえてしまいます。その結果発生した物質は、毒性もしくは危険性を有するかもしれません。

　細菌は、いつでもパーソナルケア製品に侵入してきます。製造中、容器に製品が詰められている時、そして自宅で使用している時も。当然、コスメティックスやトイレタリー製品に混入した細菌があなたの体内に侵入し、感染症を引き起こす危険があります。細菌はあなたの体内組織を餌とし、組織に損傷を与え、血流に乗せて体中に毒をまき散らすこともしばしばです。だからこそ、購入できるほぼ全てのパーソナルケア製品には、少なくとも1種類、通常はそれよりも多くの保存料が含まれているのであり、それによって製品内での細菌の増殖を抑制しているのです。またこうした製品には抗菌剤も含まれていて、体内での細菌の繁殖を抑えてもいます。中には、製造及びパッケージングの過程で混入したかもしれない全ての細菌を死滅させるため、ガンマ放射線を照射されている製品もあります。

細菌と安全基準

　細菌汚染の許容レベルを設定するため、欧州委員会では、コスメティックス及びトイレタリー製品を2つのカテゴリに分類しています。カテゴリ1に含まれる製品は、3歳以下の幼児を対象としたもの、目及び粘膜に直接、また

はその周囲に使用するものです。それ以外のパーソナルケア製品は全て、カテゴリ2に入ります。端的にいえば、カテゴリ1の製品を購入した場合、カテゴリ2の製品に比べて細菌の混入量が1/50になっていなければなりません。さらにパーソナルケア製品の場合、普通に使っているだけでも細菌が混入してくる確率が高いので、製品には十分な保存料を付加しておく必要があります。カテゴリごとの許容レベルを超えて、汚染が発生しないようにするためです。

　ちなみに、通常人間の身体の中には3種の病原体が生息しています。それがカンジダ・アルビカンス、緑膿菌、黄色ブドウ球菌です。しかしふつう、こうした病原体が病気や体調不良を引き起こしたりすることはありません。というのもこの3種の病原体の数は、害を及ぼすことのない細菌もしくは人体の有する免疫システムによって抑制されているからです。しかしながらこうした病原体も、体内の急速に増殖できる場所に侵入したり、免疫システムが弱っていたりする時には（ウィルス感染によって風邪を引いている時など）、体調不良を引き起こすかもしれません。

　またこれら3種の病原体は、パーソナルケア製品をごく普通に使用している際、その中に最も侵入しやすく、汚染しやすい細菌としても知られています。そこで欧州の規制では、これら病原体を死滅させるため、十分なレベルの保存料を添加することを求めています――検査を行い、カテゴリ1の製品の場合は0.5g（または0.5mm）内、カテゴリ2の場合は0.1g（または0.1mm）内の病原体数がゼロになっていなければならないのです。つまり、普通に使用されるカテゴリ2の製品よりも、カテゴリ1の製品――乳幼児や敏感な部分に使用する製品の方が、保存料のレベルが高くなるということです。もし同じような製法でつくられた大人用の普通のシャンプーより、ベビーシャンプーの方に高濃度の保存料が含まれているなら、ベビーシャンプーの方が肌に優しいとは、必ずしもいえないでしょう。

　パーソナルケア製品を細菌から守る、それは非常に重要なことであり、軽視されていい問題ではありません。中でも、コンタクトレンズを使っている人にとっては、これほど重要な問題はないでしょう。過去15年の間に、単細

胞の原生生物であるアカントアメーバ（アメーバ科の1種）が原因で、目の感染症を患ったコンタクトレンズ使用者が数人います。主な原因は、コンタクトレンズが汚れていた、または、この細菌を完全に死滅させられない洗浄液を使っていたことにありました。そしてコンタクトレンズの使用者数増加にともない、アカントアメーバによる角膜炎の症例報告数も増えているのです。この眼病は痛みをともないますが、早めに対処すれば簡単な治療ですみます。ですが中には、この細菌のために失明したり、角膜移植をして角膜の損傷を補わなければならない患者さんもいるのです。まあ俯瞰的にみれば、英国では、90年代半ばのある1年の間に、アカントアメーバのせいで失明した人が70人に対して、シャンパンのコルク栓で光を失った人は90人もいましたが。

保存料

　保存料は化学物質であり、パーソナルケア製品に添加して、製品内の細菌の増殖を抑制したり防いだりします。中にはその他に、消臭、抗菌、フケ予防の機能まで有しているものありますが、基本的には、細胞を死滅させたりその増殖を抑えるためにつくられているのです。したがって、他のコスメティックス成分に対しても害を及ぼしかねず、大半の保存料には、その使用に際して規制が設けられています。とはいえ、パーソナルケア製品内の細菌汚染レベルにかんする厳しい規制もあるので、市場にでまわっているほとんど全ての製品には、少なくとも1種類は保存料が含まれており、人体に害を及ぼしかねない化学物質の使用を避けることは、限りなく不可能に近いといえるでしょう。

ホルムアルデヒドの事実

　ホルムアルデヒドは廉価なため、保存料として様々な製品に使用されています。たとえば特売品やごくふつうの家庭用のシャンプー、シャワ

> ージェル、家庭用の発泡性入浴剤、ハンドソープなどです。かつては、冷蔵前の牛乳に加えて酸化バクテリアを死滅させ、牛乳が酸っぱくならないようにしていたこともありました。しかし、他のさらに有害なバクテリアまでは死滅させられず、結果として、見た目は新鮮かつおいしそうながら、その実汚染された危険な牛乳になってしまったのです。もちろん牛乳への使用は禁止されて久しいですが、こうしたこともあり、ホルムアルデヒドのコスメティックス保存料としての効果のほどに疑問の声があがってきています。発癌性も疑われており、スウェーデンと日本ではコスメティックス製品への使用が禁止されています。あなたも、ホルムアルデヒドの添加されていない製品を選ぶべきかもしれません。

あらゆる製品において、細菌汚染はあってはならないことです。多くの製品が、ベースとなる水の中に油溶滴を分散させた乳濁液ですから、水溶性、油溶性の保存料を少なくとも1種類ずつは添加しなければなりません。そして通常は、製品中の細菌を確実に死滅させるため、それぞれのタイプの保存料が少なくとも2種類ずつは添加されています。ベビー製品をはじめとするコスメティックスやトイレタリーの様々な製品に使用されている一般的な保存料といえば、メチルパラベン、エチルパラベン、プロピルパラベン、ブチルパラベンのような安息香酸塩です。これらが保存料として広く活用されているのは、今挙げた順に、水溶性から油溶性へと転じていき、乳濁液全体をまんべんなく保護できるからです（安息香酸塩の詳細は55ページを参照）。また、メチルクロロイソチアゾリノンやメチルイソチアゾリノンもパーソナルケア製品にはよく用いられます。

一方、アイメイクやそれを落とす製品の保存料として使用されることがあるのは、水銀化合物です。水銀は、肌の奥深くまで浸透し、神経毒症状を引き起こし、体内組織内に沈殿します。にもかかわらずその使用が許されているのは、その極めて高い殺菌性ゆえであり、目の重度感染症や失明の原因ともなる細菌、緑膿菌を死滅させられるからなのです。

天然の保存料、それもコスメティックスの製造業者が使用可能なものはわ

ずかしかなく、実際に使用されているものも、ごくかぎられた細菌にしか効果がありません。保存料を使用していないコスメティックスやトイレタリー製品の購入も可能ですが、それらは通常高価で、開封後は冷蔵庫で保存し、一定の使用期間をすぎたら廃棄しなければなりません。

抗菌剤

　抗菌剤は、体内の細菌の増殖を抑制する化学物質です。シャンプーや歯磨き粉、マウスウォッシュ、殺菌ローション、デオドラントに使用されています。その他のコスメティックスやトイレタリー製品にも添加されており、保存料としても機能しています。
　体臭の原因はバクテリアです。身体を洗えば臭いは除去できますが、バクテリアはしぶといので、大半が肌のごく小さな割れ目や裂け目に隠れて、この試練を生き延びているのです。そして身体からの分泌物を餌にすぐに増殖し、独特な臭いを発散する、というわけです。しかし抗菌剤を活用すれば、そんなバクテリアを死滅させたり、繁殖力を減少させたりできます。
　ただし抗菌剤は本質的に強い化学物質なので、生体細胞にも影響を及ぼすという弊害があります。そのため欧州では、抗菌剤の多くが使用を規制されています。中でも特に、スプレータイプのデオドラントを使用する際は注意が必要です。肌表面の死細胞の層は、こうした化学物質が接触しても問題はありませんが、これらを定期的に吸入していると、デリケートな気道や肺は深刻な損傷を受けかねません。

酸化防止剤

　コスメティックスやトイレタリー製品の敵は細菌だけではありません。日光にさらされたり、空気中の酸素に触れても劣化していくことがあるのです。

こうした光の影響からコスメティックス製品を守るため、紫外線吸収剤が付加され、さらに製品が酸素の有害な影響を受けないよう、(その名が示す通り)酸化防止剤が加えられているのです。

バターや食用油から悪臭が漂ってくると、好ましくない細菌——パンをカビだらけにしたり、牛乳を酸っぱくしたりするのと同じような細菌に感染したと思うことがあるでしょう。しかし、実は違うのです。油脂がバクテリアや菌類に感染することは滅多にありません。その代わりに、空気中の酸素に触れることで化学反応が起こり、ブタン酸をはじめとするより小さな種々の分子に分解され、その結果不快臭が漂ってくるのです。コスメティックス製品にはしばしば多くの油性成分が含まれており、だからこそ悪臭を放ちやすいのです。こうした化学反応を阻止し、コスメティックス成分が破壊されないよう守ってくれるもの、それが酸化防止剤です。

時には、食品添加剤としても利用されることがあります。調理済みの食品に含まれている油脂を守るためです。また、クエン酸と乳酸は酸化防止剤の効果を促進できるので、少量であれば製品への使用が認められています。

安息香酸塩——善玉？　悪玉？

1909年、ウィリアム・ジャゴがその著『裁判化学及び化学的証拠にかんするマニュアル』に書いています。

> 安息香酸の投与は、そのままの形態であれ、安息香酸ナトリウムの形態であれ、非常に好ましくなく、代謝機能に極めて重度の障害を引き起こし、消化機能及び健康をも損う。このデータから導き出される結論はただ1つ。健康上の観点から鑑みて、安息香酸及び安息香酸ナトリウムは食品から排除されるべきである。

1世紀近くがたった今、安息香酸も安息香酸ナトリウムも、パラベンをは

じめとする大量の関連化合物も、依然として食品やコスメティックス製品に広く使用されています。中でも特に顕著なのが、子どもの好きな発砲性清涼飲料への使用です。これらはいずれも抗菌保存料ですが、いいかえれば、細菌細胞を死滅させ、細菌の再生や、食品、トイレタリー及びコスメティックス製品への感染を防ぐ化学物質なのです。したがって、摂取すれば胃がむかつき、口が麻痺し、蕁麻疹（発疹または皮疹）ができます。特に、喘息を患っている方への影響は甚大です。となれば、近年大気環境が改善されてきているにもかかわらず、喘息で苦しむ子どもの数が増えてきている理由は明らかでしょう。

パラヒドロキシ安息香酸あるいはパラベンは、コスメティックス製品に広く用いられています。ウェットティッシュやお尻拭きといったベビー製品も例外ではなく、これでは化学物質が赤ちゃんの肌に残らないともかぎりません。私どもの手元には、収集した製品のラベルが多数ありますが、そのうちの1枚には、少なくとも4種類のパラベンと3種類の抗菌保存料が、たった1つの製品に添加されている旨が記されているのです。にもかかわらず、驚いたことにこのラベルには、このトイレタリー製品の主原料が天然植物エキスだと堂々と表示されていました。

それにしても、なぜこうも多くのパラベンを使用するのでしょう。答えは簡単——水溶性のものもあれば、油溶性のものもあるから、です。大半のコスメティックス製品は、水性、油性それぞれの成分が混ぜ合わされ、乳濁液という形状になっています。当然、使用される保存料には、双方の成分を守ることが求められるわけです。また欧州の規制では、各パラベンの使用量が完成品の0.4％、トータルでも0.8％までと制限されています。製造業者は、細菌汚染にかんする厳しい条件に適ったコスメティックスやトイレタリー製品の製造を求められます。こうした厳しい条件を満たしやすくしようと思えば、保存料をたっぷり添加することになるでしょう。しかも、特にベビー製品は、通常の製品より条件が5倍も厳しくなっていますから、当然保存料の使用量も増えてくるわけです。

喘息とコスメティックス成分

　ヘアドレッサーの喘息の一因となっているのが、ヘアケア製品に使用されている過硫酸漂白剤です。その成分は、

- 過硫酸アンモニウム
- 過硫酸カリウム
- 過硫酸ナトリウム

　多くの証拠からも明らかなように、食品添加物の中には危険なものがあり、特に喘息患者、発疹に苦しんでいる人、アスピリンに敏感な人は注意が必要です。こういった人たちが避けるべきなのは、保存料では二酸化硫黄、亜硫酸、亜硝酸、安息香酸、ヒドロキシベンゾアート。酸化防止剤ではBHA、BHT、没食子酸。さらにグルタミン酸ナトリウム（MSG）のようなグルタミン酸を含む調味料、そしてある種のアゾ染料及びコールタール染料です。

　こうした添加物の中には、コスメティックス成分に使用されているものもありますが、喘息患者の方に危険であったり、喘息と関係があるという科学的な証拠はありません。しかし、安全であるという科学的な証拠もまたないのです。このような成分の多くは、使用に際して制限が設けられており、中には実際に接触アレルギーや皮膚炎を引き起こしている成分もいくつかあります。ちなみにこういった成分は簡単に識別できます。

- コスメティックスには通常、保存料として9種類の亜硫酸が使用されていますが、それぞれの名称の頭には必ず、「亜硫酸――」「ヒドロ亜硫酸――」「重亜硫酸――」「メタ重亜硫酸――」という言葉がついています。
- コスメティックス製品に使用されている安息香酸は40種類。その多くが保存料としてであり、名前には全て「安息香酸」や「ベンゾアート」という言葉がつきます。
- 保存料として使用されているヒドロキシベンゾアートは23種類。いずれも名前の最後が「――パラベン」になっています。中でも最も一般的な

のが、メチルパラベン、エチルパラベン、プロピルパラベン、ブチルパラベンでしょう。実際これらは実に様々なものに添加されており、避ける方が難しいといえます。

酸化防止剤に使用されている没食子酸の中で一般的な3種といえば、

- 没食子酸ドデシル
- 没食子酸オクチル
- 没食子酸プロピル

最後に、BHTとBHAもよく酸化防止剤に使用されています。

5章　スキンケア

　　イモリの尾っぽに若い雄鳥の片目
　　プラセンタエキスにアゾ染料
　　グツグツ、ボコボコ、せっせと煮込む
　　プロビタミンにティートリーオイル
　　乳状にして加えたら
　　魔法の薬の出来上がり
　　これでシワともさようなら。

　若々しく、健康的な肌が保てると謳う製品に、毎年何百万もの大金が消えていきます。この手の製品を使うことは、多くの人にとってすでに日々のクレンジングの一環としてしっかりと習慣化しているため、誰も、こうした製品が本当に必要なのかどうかさえ考えなくなっています。ですが、本当に効果があるのでしょうか。どうしても必要なものですか。それがいったい何をしてくれるというのでしょう。そこで本章ではまず、皮膚の構造や肌質、肌の色、そして年齢とともにシワができてくる理由といったことからみていきます。さらにスキンケア製品についても。たとえばモイスチャークリーム、ピーリング剤（いわゆるアルファヒドロキシ酸ピーリング剤またはAHA）、収斂剤、脱毛クリームなど。むだ毛の処理の仕方もあります。このように、本章で扱うトピックはかなり広範にわたりますから、スキンケアについてはさらに14章——日光と肌——及び16章——サロンと美容外科手術——でも詳しく述べていきます。

人の皮膚とは？

　肌、皮膚、それは人体の中で最も大きな組織であり、体重の約16％を占め、表面積でみると、平均的な大人の場合18,000平方センチメートルもあります。適切な体温を維持し、寒暖や接触、痛みを感知します。排出器官として、尿素のような老廃物を排出したり、体液の水分レベルを適切に保つ助けもしています。外界の汚物や細菌、化学物質からも守ってくれるのです。さらに雨や風、雪や太陽からも。

　皮膚には、2つの主要な層の下にさらに皮下組織と称される層があり、この層が、土台となる筋肉と皮膚とを区分しています。さらにこの層には、主に脂肪細胞が含まれています。この細胞のおかげもあって、必要な体温が体外へ逃げないようになっているのです。こうした皮下組織の上にあるのが真皮、皮膚を形成している主要な層です。真皮は生体細胞から成り、そこには毛細血管と呼ばれる細い血管が走っています。また、神経終末は外気温や触覚を感知し、汗腺は体温の過剰な上昇を防いでいます。立毛筋は毛髪をしっかりと立ててくれ、コラーゲン繊維が肌に弾力を与えてくれます。そして、毛髪の成長に必要な栄養分と酸素を供給してくれる毛嚢、さらにその毛嚢や毛幹、肌を滑らかにしてくれる脂腺もあります。肌に傷などがなければ、この真皮にまで到達できるコスメティックス成分はほとんどありません。ですがもし傷があれば、生体細胞が傷つけられ、刺激や感作、アレルギーを引き起こすでしょう。さらにそこからコスメティックス成分が血流に乗って流れていき、身体の他の部分にまでも害を及ぼしかねないのです。

　そんな真皮の上が、皮膚の1番外側の層。ここは表皮と呼ばれています。表皮は5層から成っていますが、はっきりと識別できるのは1つ、基底層といわれる最下層部分だけです。基底層を構成しているのは、真皮から栄養素と酸素を得ている生体細胞、そしてメラノサイトという細胞です。このメラノサイトにはメラニンが含まれています。これは褐色の色素で、紫外線から肌を守ってくれますが、肌を黒くもします。基底細胞が増殖すると、上へ上へ

と押し上げられていき、やがて皮膚の表面に到達します。その間約3週間。そして、それまで皮膚の表面にあった細胞と入れかわるのです（皮膚が「剥離する」わけです）。この3週間の間に細胞は徐々に死んでいき、細胞内の物質はゆっくりとケラチンや丈夫な繊維性のたんぱく質——毛髪や爪にもある物質です——へとかわっていきます。

　新しい細胞が、実際に目にみえている外側の硬くなった層（「角質層」といいます）に到達するまでに、その層は主にケラチンで占められてしまい、舗装用タイルのように平たく、ほぼ完全に脱水状態になっています。あなたが通常耳にする肌の層といえば、この外層、つまり角質層くらいでしょう。そして多くのコスメティックス製造業者が、自社製品はこの角質層に浸透できると誇らしげに自慢しているのです——確信に満ちた、いかにも科学的にきこえる文句が、いとも簡単に口から飛び出してきます。しかし幸いなことに、角質層の下には、肌細胞の保護層がまだ3層あり、これらの層が、こうした化学物質の生体肌細胞への到達を防いでくれているのです。

健康な肌を保つ

　肌の状態は、様々な要因で左右されます。間違ったダイエットや病気、老化はいずれも、肌からコラーゲンが失われていく原因となります。その結果、はりが失われ、シワができてくるのです。その過程に拍車をかけているのが喫煙であり、アルコール及び、太陽やサンベッドから降り注ぐ紫外線による乾燥なのです。そして薬物——ヘロインやコカイン、マリファナや大麻、さらにはある種の処方薬——も肌の色味や色調を奪い、早期老化を引き起こすことがあります。

　そこでやはり、青果物を含む健康な食生活を心がけるべきでしょう。それによって、健康な肌に欠かせないもの——たんぱく質やミネラル、ビタミンAやB、Cを適量摂取できます。反対に急激なダイエットを行えば、肌からはこうした必須栄養素が奪われ、水分を十分に摂取しなければ、肌は乾燥して

しまいます。また運動不足は、筋肉状態の低下へとつながり、さらには直接、肌の色味や硬さに影響します。睡眠不足によるストレスや緊張、疲労なども肌に響いてくるでしょう。

民間療法——ハーバルスキンケア

　コンフリーの葉、フィーバーフュー、ミント、ネトル、それにバラの花びらを蒸留したもの（ローズウォーター）はいずれも、肌にいいといわれています。

　ルリヂサの葉、カモミール、ニワトコ、フェンネルリーフを蒸留したもの、マリーゴールドの葉、そしてマシュマロがあれば、荒れた肌は柔らかく滑らかになります。

　ニワトコ、ラビッジ、そしてパセリは、肌の色味を明るくし、そばかすやシミを除去するといわれています。

　このようなハーブ療法が効くという証拠はありません。が、その反面、効かないという証拠もないのです！　試してみるのもいいでしょう。ただし注意が必要です。パセリとカモミールは、接触アレルギーや皮膚炎を引き起こしかねません。カモミールに含まれる有効成分ビザボロールは、しばしばコスメティックス製品に添加されていますが、これもまた、接触アレルギーや皮膚炎の原因なのです。

　肌にすぐ顕著な影響があらわれるものといえば、やはりホルモン変化が1番でしょう。誰でも思い当たるのが、思春期にみられた、若さの特権ともいうべき吹き出物やニキビや肌のべたつきです。また生理や妊娠中、更年期障害、そして時にはHRT（ホルモン補充療法）を受けたり、ピルの服用中などにも肌の状態は往々にして変化します。

　大事なのは、常に肌を清潔にしておくこと。もし乾燥肌で、ひび割れやヒリヒリした痛みがあるなら、適切なモイスチャライザーを使いましょう。モイスチャライザーは、ほとんどの女性が日々使用していますが、より名前の

知られたブランドを求めることがままあります。そういった製品は皆、低刺激性をはじめ、肌の引き締め効果や若々しくみせる効果などを謳っています。しかしながら現実には、コスメティックスの製造業者がつくりあげる根拠のない宣伝文句を過度に信頼し、リポソームやビタミン、コラーゲンを配合した高価な新製品に、無意味な大金をつぎ込んでいるといわざるをえないでしょう。こうした高価な製品の多くは、ベーシックなモイスチャークリームなりローションなりと——いずれも余計なものを排した、必要最低限の成分配合です——なんらかわらないのですから。したがって、どんな製品を使うにせよ、ポイントとなるのは、自分の肌にあったものを選び、少しでも刺激を感じたら避ける、ということです。「痛みがなければ効果もなし」など、スキンケアにかんしては全くのナンセンスです。

　スキンケア製品の中には、角質を溶解する化学物質が含まれているものもあります。外側の角質層ばかりか、時にはその下の層まで溶かしてしまうことがあるのです。製造業者はいうでしょう、これは肌を活性化するもの、あるいはシワを除去し、肌を若々しく新鮮にみせるものだと。しかしこうした化学物質は、肌に重度の刺激を引き起こし、肌の透明度を失わせ、ピーリング用のコスメティックス製品が手放せない状況を招きかねないのです。脱毛クリームやローションにも腐食性物質が含まれており、そのために肌に刺激や痛みが残ったりすることがあります。さらに重度の火傷を引き起こし、生涯消えない傷跡が残ってしまったという報告すらあるのです。

肌質

　長い人生の間には、乾燥肌になることもあれば脂性肌になることもあります。もちろん運がよければ、普通肌の場合もあります。とはいえ、普通肌やバランスのとれた肌などは極めて珍しいのです。不規則だったり、バランスのとれていなかったりする食事、ストレス、さらには、流行している露出度の高い服のおかげで、肌がますます太陽にさらされるようになってきている

など、現代のライフスタイルゆえの現象といえるでしょう。バランスのとれた肌であれば、表皮には透明感があり、キメ密度も高く、触れればまるで滑らかなビロードのよう。虫眼鏡でみたところで、凹凸などほとんどありません。油分と水分の配合も絶妙で、乾いたティッシュペーパーを押しあてたところで、わずかにしっとりするだけ、べたついたりはしません。けれどこうした肌質も、加齢とともに次第に乾燥していきます。

　その乾燥肌こそが、肌質の中で圧倒的に多いタイプです。そして女性の80％が、1度は乾燥肌の悩みを経験するでしょう。ちなみに乾燥肌は色白の人に多く、もともと肌が浅黒い民族には滅多にみられません。乾燥肌の特徴は、皮脂の不足です。皮脂は皮膚が本来必要としている油分で、これが欠乏すると顔や手に影響があらわれます。また、様々な形で他の部分に影響が出てくることもあります。乾燥肌の表皮は往々にして薄く、そこここから血管が透けてみえています。通常は敏感で傷つきやすく、細かい粉末状もしくはウロコ状になっています。乾燥肌は目尻や口元にシワができやすく、若ジワにもなりやすいでしょう。虫眼鏡を介せば、毛穴が開いているのがみえるかもしれませんが、ティッシュペーパーを押しあてても、べたつきもしなければしっとりもしません。こうした症状を改善し、風や天気に対する過剰反応を抑えるには、油性のモイスチャークリームの使用がお薦めです。なお、太陽を浴びれば当然乾燥は進みますから、肌をさらす時は必ず、適切なSPF（日焼け止め指数）を有する、品質のいいサンスクリーンを使って下さい。もちろん肌質にあったものを選択することを忘れずに（14章――日光と肌――を参照）。最近では、日焼け止め剤が付加されたフェイスクリームも多々あります。なお、乾燥肌の人は往々にして髪も乾燥しています。

　かわって脂性肌は浅黒い肌の人に多くみられます。その肌は往々にして厚く、ざらついていて、毛穴が平均よりも大きいため、キメも粗くなっています。皮脂の過剰な分泌が肌をてからせることが多く、吹き出物やニキビなどができやすくなります。過剰な脂分はまた、ほこりや汚れをも吸着しやすいでしょう。ティッシュペーパーを押しあてれば、脂分がくっきりと残ります。中にはメイクがうまく馴染まず、まさにそのまま滑り落ちてしまう人もいま

す。ただ他の肌質に比べて太陽光には耐性があり、シワもできにくく、他の肌質の人よりも長期にわたって若くみられます。とはいえ、やはり加齢とともに乾燥はしてきますが。脂性肌の場合、脂分がほこりやバクテリアを毛穴に取り込んでしまうことがあるので、石鹸と水を使うなどして、きちんとしたクレンジングを心がけることが大切です。脂性肌の人の中には、天然の脂で十分とばかりに、モイスチャライザーを一切使わない人もいますが、必要であればモイスチャーミルクを使用して下さい。ただし油分の多いモイスチャークリームは避けた方がいいでしょう。なおこの肌質の人は、髪もべたつきがちです。

混合肌の人は、額や頬骨、鼻、口、顎といった部位が脂性肌で、それ以外の部位は乾燥しています。髪はぱさついている人もいれば、べたついている人もいます。

もともと肌が浅黒い民族は脂性であることが多く、肌がつややかで、触れるとベルベットのように滑らかです。中には、吹き出物やニキビ、痤瘡ができやすい人もいます。表皮は通常白人に比べて厚く、外側の角質層は剥離しやすくなっています。白人の場合、一般に脂腺が少なく、その大半が毛嚢につながっていますが、肌が浅黒い民族は、脂腺の10%以上が直接肌表面に向かって開いており、よりはっきりと確認することもできます。南国の強烈な太陽光がないところであれば、肌が浅黒い民族は、白人よりも長期にわたって若くみられることが多く、わずかな変色や肌の欠点もさほど目立ちません。

肌の色

肌の色味を決める要素は3つ。1つはメラニン——真皮の下の層にあるメラノサイトからつくられる茶色い色素です。次にカロチン——肌細胞にある、天然の黄色い色素です。そして最後が、肌表面のすぐ下を走る、毛細血管と呼ばれる細い血管内を流れる血の色です。

肌の色は両親からの遺伝であり、肌のメラニン量をコントロールする一組

の遺伝子によって決まります。アルビノ（白化症）は遺伝病で、メラニンの生成量が少ないもしくは全くないためにおこります。メラニンは髪や目にもあるので、色素が著しく欠けたアルビノの人は、往々にして肌や髪が白または淡色をしており、瞳もピンクだったり薄い色だったりします。滅多にない疾病ではありますが、どの人種にもおこりうるものであり、最も顕著にみられるのは、ナイジェリアに住むイボ族という部族です。

メラノサイトはタコのような形状をしており、頭に相当する部分は基底細胞層に、そして触手部分が表皮にのびています。このメラノサイトは、メラニン細胞刺激ホルモン（MSH）というホルモンに刺激されてメラニンを生成します。そのメラニンを含む、メラノソームと呼ばれる粒子を、触手が表皮の上の方へと運んでいきます。メラニンがメラノサイト内で生成されるのは、チロシンというアミノ酸が酸化した時ですが、この酸化を引き起こす主な原因が、チロシナーゼと呼ばれる酵素や紫外線なのです。紫外線は危険なもの。それが肌の生体細胞の奥深くへと侵入する前に吸収してしまうのが、メラニンの主要機能といえるでしょう。

ハイドロキノンの実際

ハイドロキノンはチロシナーゼを抑制することでメラニンの生成を減らし、肌の色を明るくします。肌が浅黒い人の中には、人種的な起源を隠そうと、このハイドロキノンを使って脱色する人もいますが、あまりお薦めできません。ハイドロキノンは目下、欧州内で販売されている美白製品への使用を禁止されています。

肌の色が濃い民族も薄い民族も、肌細胞内の基底層に含まれるメラノサイトの数はかわらないようです。ただ、色の薄い人たちには、メラニンが生成されるそばから破壊していく酵素が多くあり、そのためにほとんどのメラニンが肌の外層に到達しないのです。逆に日焼けするのは、紫外線がメラノサイトを刺激して過剰なメラニンを生成させるからです。したがって日焼けし

にくい人は、生成されたメラニンをたちどころに破壊していく、効率のいい酵素機能を有しているといえるでしょう。

メラニン細胞刺激ホルモンは、脳下垂体で生成されます。このホルモンのレベルが、怪我や病気、ある種の薬の服用などのために変化すると、肌の色もかわってきかねません。あなたも耳にしているでしょう、もともと浅黒かった肌が薄くなってしまい、本来もっていたはずの太陽への抵抗力をほとんど失ってしまった人や、白かった肌が黒くなってしまった人などのぞっとする話を。

肌の表面近くを流れる血管は、赤みや青みを付与します。体温があがったり興奮したりすると血管が膨張、血流が増え、肌もピンクや赤みを増します。寒い時には血管が収縮し、血流も減ります。すると血液中の酸素が減り、二酸化炭素が増えます。この非酸素化血液は青または紫色をしており、流れ方もゆっくりしています。そのため、肌も青みを帯びてくることがあるのです。こうした色の変化は、肌の色の薄い人により顕著にみられます。

多くのちょっとした肌疾患も、濃いアザや薄いアザをつくることがあります。こうしたアザはメイクで簡単に隠せますが、もし症状に悪化がみられる場合、赤みを帯びたり炎症を起こしてきたりした場合には、医師に診てもらった方がいいでしょう。

老化していく肌

全ての生きとし生けるものは老化します。人間の場合、老化が現れてくるポイントといえば、徐々に髪が減ってきたり、髪の色が抜けてくる。シワが増え、それにともなって肌のはりが失われてくる。筋肉が落ちてくる。耳が遠く、近くのものがみえにくくなり、物忘れが多くなってくる、などでしょう。

ではなぜ老化するのでしょう。それには諸説あります。長い時間をかけて体内に蓄積されてきた毒素のせい。細胞が、長い間の酷使や病気のため次第

に衰えてくるから。免疫システムの能力——病気と闘う能力が着実に衰えてくるため、などです。ただ、目下明らかなこともあります。それは、老化は細胞レベルでおこる、ということです。各細胞の中には核があり、そこには染色体が含まれています。染色体を構成しているのが、DNA（デオキシリボ核酸）の長いストランドです。そしてこの巨大な分子が有しているのが新たな細胞の生成計画であり、それによって組織の修復や交換が行われたり、人間が成長していったりするのです。そのためDNAはまず、細胞内に自身のコピーをつくります。コピーが完成すると、2組に増えた染色体が、それぞれ細胞の両端に移動します。すると細胞はじわじわとのびていき、やがて2つの細胞に分離するのです。もちろんどちらの細胞内にも1組ずつ染色体が含まれています。この2つの細胞は、成長するとそれぞれにまた分離し、4つの細胞になります。それがまた分離して……と、繰り返されていくのです。やがて人間が完全に成長すれば、この細胞分裂はペースが落ちていき、新たな細胞を生成するのは、死滅していく細胞や損傷を受けた細胞があった場合だけになっていきます。

　ただ最近まで、DNAは正確なコピーをつくると信じられてきましたが、実際にはそうではありません。新たなDNA分子は、古いストランドの1番上につくられます。ちょうど、トランプ札で家をつくる際、下の層の上に新たな層を重ねていくのに似ています。トランプ札の家は普通、ピラミッド型をしています。各層が、下の層よりもわずかずつ短くなっているからです。さもないと、両端を支えられないからで、だからこそ全ての層を同じ長さにすることはできないのです。

　それと同じことがDNA分子にもいえます。新たな分子が古いストランドの上につくられるとき、やはり両端を支えられないという理由から、ほんのわずかですが短くなっているのです。したがって、新たに生成されるDNAはいずれも、その前に生成されたものよりもわずかに短くなっています。幸い、テロマーと呼ばれるこうした末端はいわば余分な部分であり、重要な遺伝情報は含まれていないので、新たな細胞はいずれも、機能的に全く問題はありません。とはいえ、100回ほども分裂を繰り返していけば、DNAストラ

ンドの余分な末端のテロマーもさすがに短くなり、最終的には完全に消えてしまいます。その結果、次に生成される分子はさらに短くなり、ストランドの末端に依然含まれている重要な遺伝情報も、ついには消滅……。

　当然、新たな細胞は不完全であり、ここから老化が始まっていくのです。肌細胞の生成は減り、外層は薄く、損傷を受けやすくなって、それがアザや変色へとつながっていきます。真皮層の生体細胞でも、コラーゲン繊維——肌にはりを与え、若々しくみせるたんぱく質です——の生成が減ってきます。毛細胞の機能も低下し、当然髪の色や質感、量にも影響を及ぼします。早い話が、老けてみえはじめる、ということです。

　ちなみに、寿命をはじめ白髪や薄毛、シワなどは遺伝します。それらを支配するDNAとともに親から受け継ぐのです。今のところ、不完全なDNAを補正し、老化を止める薬なりコスメティックス製品などはありません。コスメティックス製品にできることといえば、ヘアダイで白髪を隠したり、クリームやメイクでシワをごまかすのがせいぜいでしょう。

科学者、老化を克服する？

　画期的な技術の開発により、科学者たちは遺伝子のレベルから人間の細胞をかえられるようになりました。永遠に老化することのない細胞をつくりだせるようになったのです。科学者たちが発見したのは、テロメラーゼという酵素。DNAの末端部分であるテロマーを修復できる酵素です。このテロメラーゼを生成する遺伝子を細胞内に注入することで、老化はとまります。つまり、思わぬ大惨事もおこらず、件の遺伝子を人体の全ての細胞に注入することができるなら、若さを保ったまま永遠に生き続けられるのです——交通事故にでもあわないかぎり。

シワ

　老化の兆候といえばシワでしょう。通常はまず目元に、それから口元に現れます。そして年とともにそのシワが次第に大きく、深くなっていくのです。
　真皮（奥にある、肌細胞の生体層）には、コラーゲンの繊維があります。これは弾力性に富んだ丈夫なたんぱく質で、肌のはりの源となっています。この真皮内のコラーゲン繊維が少なくなってきているのが、年齢を重ねた肌です。たとえば、若い人の前腕の肌をちょっとつまんでも、離せばすぐに元に戻るでしょう。若い肌にはコラーゲン繊維が大量に含まれており、そのために肌が非常にしなやかになっているからです。同じことを年配者にやってみると、つまんだ肌は手を離してもしばしそのままの形状を維持し、元に戻るまでにも時間を要します。
　また、一卵性双生児を観察した結果はっきりわかったことですが、紫外線に肌をさらしたり喫煙をすることでも、真皮のコラーゲンが早い段階から失われていきます。ちなみにシワも遺伝しますから、古いことわざにあるように、妻の母親を見れば、そこに40年後の妻の顔をみることができるのです。（もちろん奥様が、お母様よりもお父様のコラーゲンレベルを受け継いでいることもあるでしょう。したがってこれは、そのような場合を除いた話、ということです。）
　こうしたシワを永遠に取り除いてしまうことは、コスメティックス製品にもできません。できることといえば、覆い隠すか、肌に潤いや色味を与えて、若々しくみせることくらいのものです。剥離剤を用いれば、一時的に肌を若々しくみせることはできますが、いわゆるピーリング剤と称されるこうした製品を定期的に使うことはお薦めできません。また、レチノイン酸は肌の弾性を高められますが、効き目がある分深刻な副作用もともないますし、欧州や米国では、この成分を含むコスメティックス製品の販売は法的に認められていません。唯一、シワを除去できる確実な方法といえば美容外科手術を受けることですが、費用も高く、5年から10年もすれば、シワはまた現れて

きます。ただコラーゲン療法（CRT）なら、シワを目立たなくさせることができます。すぐに明らかな効果が現れますが、これも2ヶ月から6ヶ月後には再度の治療が必要になってきます。（CRT及びその他の療法の詳細に関しては16章——サロンと美容外科手術——を参照。）

肌のお手入れ

　肌の構造や老化の理由がわかったところで、今度はクリームやローションについてみていきましょう。いずれも肌を若々しく、新鮮に保てると謳っているものです。そういったコスメティックスを製造している業者は、誰でも四六時中こうした製品を使わなければいけないのだと、消費者に強引に信じ込ませています。彼らは、私たちがそのことを忘れないよう、点滴よろしく常に広告文句を注入してくるのです。たとえば、「新たに保湿剤を付加」「疲れた肌をリフレッシュさせ、潤いを与えます」さらには「改良製法により、保湿剤を65％含んだ新製品」など。潤いを与えなければ肌の健康は保てず、こうした製品なしにはやっていくことができない——でしょうか、本当に？人類は600万年来、天然の保湿剤を自力でつくり続けているのです。そして多くの人が、非の打ち所のない健康な肌を有しています。そうした肌のお手入れは、清潔を心がけ、過度に太陽を浴びたり過酷な気候にさらしたりしないようにさえしていれば十分なのです。あなたもぜひやってみて下さい——そして何が起こるか、自分の目で確かめてみて下さい。

エモリエントクリームとモイスチャークリーム

　これらはおそらく、私たちが持っている最も基本的なスキンケア製品でしょう。単純な製法の製品ではありますが、その恩恵たるや、必要な人にとっては軽視できないものです。

エモリエントクリームは、水分の蒸発を防ぐため、肌または粘膜に使用します。肌細胞が下の方の層から取り込んだ水分をそのまま外層に溜め込ませることで、外層に潤いを与えます。それによって肌がしっとり滑らかになり、かさついた肌やひび割れの生じた肌を柔らかくし、痛みも緩和できるのです。一時的にですが、シワも目立たなくなるでしょう。ただし6時間から12時間もたてば、細胞は再び乾燥し、縮んできます。

　このクリームは、肌に薄い油脂性の膜を形成することで機能します。膜の下に水分を閉じこめ、いわばバリアとなって水分の蒸発を防ぎ、水分の消失を食い止めるのです。ただしこうした効果は、刺激物を含んでいないオイルならなんであれ有しています。ちなみにコスメティックス製造業者の有するオイル選択範囲は広く、ラノリン（羊の油性分泌物）からベジタブルオイルや石油ベースのオイル、さらには家具のつや出し剤に似た合成シリコンオイルまで、1,000を越える成分があります。誰でも使える最もシンプルな保湿物質といえばワセリン――原油を精製した油脂――でしょう。また、ココナッツオイルやオリーブオイルといったベジタブルオイルもあります。しかしながらこうしたシンプルなエモリエントクリームは、毛穴や毛嚢を塞ぎ、ほこりやバクテリアを内部に閉じこめてしまいかねず、ニキビなどができやすくなるという問題点もあります。

　なおエモリエントクリームは、肌に水分を付加するわけではなく、単に水分の消失を防ぐだけです。これに対してモイスチャークリームには、製造過程で水分が加えられています。かさついた肌細胞の外層に素早く水分を補給するためです。

事実

　自分の使っているモイスチャークリームに含まれている水分量を知りたい場合、霜降る夜にそのクリームを車内に放置しておくといいでしょう。もし凍結すれば、乳濁液が分離しますから、翌日には、水っぽくて使い物にならなくなっているはずです。

典型的なモイスチャークリームまたはローションといえば、おそらく油分と水分から成るシンプルな乳濁液でしょう。これは、乳化剤を用いて鉱物油（流動パラフィン）やベジタブルオイル、ラノリンといった油脂と水分を混ぜ合わせたものです。この乳化剤の他にも、保存性を高めるための乳化安定剤や、界面活性剤（洗浄物質）、均等に広がり、たれてこないようにするための塗膜形成剤などが含まれています。もちろん見栄えをよくするための着色料や香料も。さらに、おそらく保存料が少なくとも2種類。水溶性タイプと油溶性タイプを付加し、全ての成分を保護しているのです。乳濁液の場合、油分がかなりの量の酸素にさらされるため、その酸敗を防ぐために酸化防止剤も付加されているでしょう。また、モイスチャークリームが肌に油の層を形成するため、その下にバクテリアが閉じこめられてしまう危険もあり、抗菌剤も含まれていると思われます。乳濁液の主成分は水と油。そのいずれもが透明ですから、製品としては味気なく、見栄えもパッとしません。そこで、乳白剤を加えて水っぽい外観をかえ、二酸化チタンなどの着色料を添加して豊かでクリーミーな質感を演出するのです。そして最後に、販売戦略上の理由から、ビタミンやたんぱく質、紫外線吸収剤といった、さして意味のない成分も付加されます。

一般的な成分──天然素材のボディローション さっぱりタイプの場合

成分
　水、スイートアーモンド、ココヤシ、カカオ、グリセリン、イソステアリン酸ソルビタン、ポリソルベート60、香料、トリエタノールアミン、フェノキシエタノール、カルボマー、メチルパラベン、ブチルパラベン、セトリモニウムブロミド。

・水	主成分。肌に直接水分を補給します。
・アーモンドオイル（学名：*Prunis dulcis*）＊＊	スイートアーモンドオイル。肌に油性層をつくります。バリアとして蒸発を防ぎ、肌に水分を留めておく効果があります。
・ヤシ油（学名：*Cocos nucifera*）＊	ココナツオイル。（同上。）
・カカオ（学名：*Theobroma cacao*）＊	ココアバター。（同上。）
・グリセリン＊	湿潤剤。水分を吸収、肌近くに留めておくことができ、さらなる水分の消失を防ぎます。
・イソステアリン酸ソルビタン	油分と水分を混ぜ合わせるための合成乳化剤。
・ポリソルベート60＊	油分と水分を混ぜ合わせるための合成乳化剤であり、ローションを均等にのばすための界面活性剤でもあります。
・香料	合成及び天然香料を混ぜ合わせたもの。
・トリエタノールアミン＊	製品内の酸度調節に使われます。ボディローションのような非リンスオフ製品への使用量上限は2.5％。
・フェノキシエタノール＊	保存料。使用量上限は1％。＋
・カルボマー	合成ポリマー重合体。増粘物質として使われます。
・メチルパラベン＊	安息香酸塩系の水溶性保存料。使用量上限は0.4％。＋
・ブチルパラベン＊	安息香酸塩系の油溶性保存料。使用量上限は0.4％。＋
・セトリモニウムブロミド＊	保存料。使用量上限は0.1％。＋

＊規制対象成分。もしくは有害、副作用が懸念されている成分。

＊＊アーモンドアレルギーの方は、スイートアーモンドオイルを含むコスメティックス製品を使用する前に、パッチテストを行うことをお薦めします。

＋：保存料以外の目的でも使用される場合には、制限値を上回る量が使用されることがあります。

モイスチャークリームは油中水タイプの乳濁液で、油分の中に少量の水分が分散しています。油分は通常70〜80％。普通は夜顔につけ、睡眠中の数時間の間ずっと油膜で顔を覆っておきます。そして水分の蒸発を防ぎ、じっくりと時間をかけて肌に潤いを与えていくのです。また、厳しい気候条件のもとで外出する際に使用することもあります。脂性肌の人は、モイスチャーミルクやローションの方を好むようです。こちらは水中油タイプの乳濁液で、水分の中に少量の油分（20〜30％）が分散しており、クリームに比べてさっぱりとした使用感が得られます。

　ハンドクリームも水中油タイプの乳濁液ですが、乳濁液内の油分中には非脂肪性のワックスが溶け込んでいます。そのため、手につけても油っぽい感じはしませんし、何かに触るたびにべたべたした指紋が残ることもありません。これに対しバリアクリームは、手の表面に脂肪またはワックスの厚い層を形成します。そうすることで、強力な洗剤や化学物質を使用する際、肌が本来持っている脂分が失われないようにしているのです。

剥離剤（ピーリング剤）

　ピーリング剤とも称される剥離剤は、死細胞から成る肌の外層——角層、ケラチン状の層、「角質層」ともいいます——を柔らかくしたり溶かしたりして除去する、化学物質です。この肌細胞の外層が除去される時に、シワも一緒に除去されると信じられており、実際剥離剤を使用すれば、わずかですがシワが目立たなくなることもあります。色がくすんでしまったり、剥離しつつある皮膚の除去に一役買ったり、ニキビができにくくなるということもあるでしょう。

　成分であるサリチル酸、アルファ及びベータヒドロキシ酸、フェノール、トリクロロ酢酸（TCA）、グリコール酸などはいずれも、高い剥離効果を有しています。したがって、使用法を無視して集中的に使ったり、長時間肌に付着したままにしておいたり、あるいは肌の薄い部分に使用したりすれば、

当然重度の損傷をもたらします。中にはこうした成分に過敏な人もおり、使用法を守って使っているにもかかわらず副作用に苦しんでいる場合もあります。高い剥離効果を有するものには、潜在的な危険がついて回りますから、常に心して使用するようにして下さい──もしかしたら、こうした成分の含まれているクレンジングローションやモイスチャークリームといったコスメティックス製品を、そうとは知らずに日々使用していることもあるのですから。ちなみにその他に気をつけるべき製品は、肌の再生を謳っているもの、肌を新鮮に若々しくみせると強調しているもの、シワを除去するという製品などです。

また、ブランやオートミールを含んだ研磨用パッドや固形石鹸も、皮膚の剥離に使われます。

アルファヒドロキシ酸(AHA)とベータヒドロキシ酸(BHA)

アルファ及びベータヒドロキシ酸がコスメティックス製品の世界に登場したのは、比較的最近です。名前もいいやすく、それでいて先端技術を彷彿とさせる響きもあることから、広告業者にとってはまさに夢のような成分といえます。一般には果実に含まれている成分ですが、果糖や乳糖からも入手できます。また美容整形外科でも、剥離剤のマイルドタイプとして、古くなった皮膚やシワの目立つ肌の除去に利用されています。こうした成分を含む製品──クレンジングローションやモイスチャークリーム、スキンコンディショナー、さらにはシャンプーなど──を消費者に購入させるため、宣伝に用いられるのが、「リバイタライズ」「ソフトニング」「スムージング」といった言葉なのです。

表皮は防水バリアとして機能し、肌の下層にある、より敏感な生体細胞を、化学物質や有害な紫外線から守ってくれています。そのためこの層は、下の生体層に比較して弾性に欠け、それゆえシワが目立ちやすくなるのです。確かにこの層を剥離すれば、一時的にですが、老化や損傷を示す自然な兆候を

目立たなくさせることはできます。ですが、肌は剥離などのダメージに自然と反応し、次第にその厚みやかたさを増していくのです。だからこそ、手仕事に励む人の手や、ハイキングやジョギングを楽しむ人の足にはたこができるのです。そして、かたさを増した新たな肌を前にすれば、剥離剤の使用量が増えるのは当然の反応でしょう。その先には、肌が再生するたびに剥離せずにはいられないという悪循環が待っているのです。

アルファ及びベータヒドロキシ酸

成分表に記載されているアルファ及びベータヒドロキシ酸は以下のとおり。簡単に識別できます。

アルファヒドロキシ酸
乳酸、混合果実酸、トリプル果実酸、トライアルファヒドロキシ果実酸、サトウキビエキス、グリコール酸、グリコールアンモニウム、アルファヒドロキシエタン酸、アルファヒドロキシエタン酸アンモニウム、アルファヒドロキシオクタン酸、アルファヒドロキシカプリル酸、ヒドロキシカプリル酸、アルファヒドロキシ、クロスリンクした脂肪酸アルファナトリウムにおけるボタニカルコンプレックス及びグリコマー。

ベータヒドロキシ酸
サリチル酸、トロパ酸、トレトカン酸、ベータヒドロキシブタン酸。

アルファ及びベータヒドロキシ酸
クエン酸、リンゴ酸。

AHAは安全？

AHAはその存在が認識されてから10年ほどしかたっておらず、長期間放

置するとどうなるかはまだ解明されていません。米国の食品医薬品局（FDA）の試算では、AHA及びBHAの含まれるコスメティックス製品に対する副作用の報告は10,000件を超えています。主な症状は、痒み、焼けつくような感覚、肌にみられる重度の発赤、発疹、腫れ、水疱、出血などです。剥奪性皮膚炎を引き起こす場合もあります。それによって肌を守る外層が失われてしまえば、肌は日光に対してさらに過敏になり、日光皮膚炎や光老化（日光を過剰に浴びることによっておこる皮膚の早老化）にもなりかねず、日光による皮膚癌の危険も増していきます。したがって、もし上記の症状のいずれかでもあらわれた場合には、原因とおぼしきコスメティックス製品の使用をすぐにやめて下さい。

　また、こうしたコスメティックス製品を定期的に使用している場合には、肌を日光に直接さらす前に必ず、日焼け止め指数（SPF）15以上のサンスクリーンをつけましょう。なおこうした強いコスメティックス製品は、子どもにつけたり、いじらせたりしないようにして下さい。子どもの肌は大人よりもはるかに薄く、それを多少なりとも失うことは命の危険にもかかわってくるからです。そのため欧州では、潜在的な危険を強調することを目的に、3歳以下の幼児が使用する、シャンプー以外のトイレタリー製品に関しては、一般に使われている剥離剤の1つ、サリチル酸の添加を禁止しています。さらに、普通に使用されている剥離剤の中には、欧州委員会のコスメティックス成分一覧にいまだ記載されていないものも数種類あります。目下欧州には、こうした化学物質の使用を禁止する専門の法律がなく、唯一あるのが、「安全な」製品のみ販売可能という一般の法律だけなのです。

　乳酸やグリコール酸といった強いAHAは、その使用を製品の10％以内にとどめ、また、製品の酸度はpH3.5を下回ってはならない（つまりそれ以上酸度が高くなってはならない）。これは、1997年にコスメティックス成分の再考委員会（CIRP）——コスメティックス成分の安全性について検討している、米国コスメティックス業界の自主規制機関——が取り決めたことでした。委員会ではまた、製品には紫外線吸収剤も添加するよう薦めました。紫外線の悪影響から肌を守るためです。とはいえ、これはあくまで勧告であり、

法的効力はありません。現にサロンで使用されている製品の中には、勧告レベルの3倍を越す強い成分が含まれているものもあります。こうした製品の安全性を、CIRPは条件付きで認めています。曰く、肌に長時間付着させたままにしておかず、使用後速やかかつ徹底的に洗い流し、なおかつ日々高品質のサンスクリーンを使用することと。ところがさらに酸度の高い溶液を使用しているところがあります。それが美容整形外科です。トリクロロ酢酸（TCA）を約70％も含む溶液を肌の奥まで浸透させ、剥離していくのです。こうした治療は時に、日光皮膚炎に似た火傷や、肌の退色を引き起こします。

1999年6月、肌にかんするトップレベルの専門家たちの会合において、1つの結論が下されました。大半のコスメティックス製品は、製造業者の宣伝に見合った機能を有してはおらず、シワを除去することはできないと。実際、シワを除去できる規制医薬品は1つしかありません。それがレチノイン酸です。とはいえ、ある種の非常に望ましくない副作用をともなうため、欧州でも米国でも、コスメティックス製品への使用は禁じられています。では、シワを克服するにはどうしたらいいのでしょう。専門家たちからのアドバイスは単純です。煙草を吸わないこと、太陽を避けること。そして、この先肌にあらわれてくるシワは遺伝なので、まずは親をじっくり選ぶこと。

アンチエイジングクリームに効果なし！

2000年10月18日、〈ザ・ボディショップ〉の創業者兼副会長のアニタ・ロディックは、チェルトナムの文学フェスティバルにおいて告白しました。多くのコスメティックス製品は役に立たないと。そして翌日には、英国の全国テレビ放送をはじめとするあらゆる報道機関に対しても、同様のコメントを繰り返したのです。彼女は、モイスチャライザーは効果があるが、その他のローションは全て子どもだましだといいました。「神のつくりたもうたこの地球上には、夫との30年にわたる口論や、40年にも及ぶ環境破壊の結果をあとかたもなく消してくれるものなど1つもないのです。ゆえに、シワをたちどころに消してみせるなどといって

いるものはいずれも、恥ずべき嘘にすぎません」そしてこう付け加えました。「タヒチの女性はベルベットのような肌をしていますが、ケアはシンプルで、ラードを全身に塗っているだけなのです」

　世界に1,754店舗を展開、年間売上高は3億ドル、さらに、コスメティックス製品の売り上げから得た私財はおよそ2億2千万ドル。そんな人物の発言なのです。本人に確信がなければとても口にはできないでしょう！

収斂剤（アストリンゼント）

　収斂剤は毛穴を塞ぎ、肌の色味や質感を高め、引き締まった感じを与えてくれます。肌細胞内の水分を減少させることで機能し、肌の損傷や炎症の治癒を促進できます。また、炎症を起こしたり感染した目から分泌される過剰な涙液を抑えるために利用されることもあります。ひげを剃ったり剥離したばかりの肌、ただれや傷跡も生々しい肌に用いると、ヒリヒリした痛みをともなうことが多いでしょう。制汗剤やアフターシェーブローション、スキントーニングローションには、この収斂剤がしばしば添加されています。

　通常使用される収斂剤に含まれているものは、塩化ナトリウム（塩）、アルコール、アルミニウム化合物、トクサやウィッチヘーゼルといった植物エキスなどです。これらはアフターシェーブローションに利用され、髭剃り剤や湯で開いた毛穴を塞ぎ、髭剃り跡がざらつかないようにします。またクレンジングローションは、洗浄のために毛穴を開かせるものですから、使用後に収斂剤をつけ、再度毛穴を塞いでから、ファンデーションのようなメイク製品をつけていくといいでしょう。そうすれば、ファンデーションが毛穴に詰まらずにすみます。

民間療法──ハーブの収斂剤

　レモンバーム、ラベンダーを煎じたもの、ミント、ローズマリー、ヤ

ロウ、トクサ、ネトル、レッドラズベリーの葉、クルミの葉、セージ、ウィッチヘーゼル。これらのハーブは皆、肌の色味を整え、滑らかにするといわれています。お試しあれ。中には効果のあるハーブもあるかもしれません。ただし注意が必要です。ウィッチヘーゼル、ローズマリー、ラベンダーはアレルギーや皮膚炎に関係がありますし、ローズマリーとラベンダーは光過敏症の原因物質でもあるのです。

脱毛

　最近のファッションや、露出度の高いデザインの洋服の影響でしょう、体毛は不要なもの、除去すべきものになってきています。多くの女性が——男性の数も急激に増えてきていますが——目につく場所にある体毛を除去するための製品やサービスに大金をつぎ込んでいるのです。こうした体毛の除去にはいくつか方法があります。まずは、自分で剃ったり抜いたりする方法です。それから、化学物質を利用する方法もあります。たとえば、脱毛剤と称される高アルカリ性のクリームを塗り、肌表面の不要な毛を溶かしていくのです。とはいえ、これらはいずれも一時的な対処法にすぎず、体毛はすぐに、通常のスピードでのびてきます。ですが、ニードルまたはツィーザーを用いた電気分解による脱毛であれば、むだ毛を永久に除去できます。FDAも、1995年に初めて、レーザー治療によるむだ毛の永久脱毛を認可しました。(ニードルまたはツィーザーを用いた電気分解による脱毛及び、レーザー治療によるむだ毛の永久脱毛にかんする詳細は16章——サロンと美容外科手術——を参照。)

シェービング

　男女を問わず、依然として最も人気の高い脱毛法といえばシェービングで

す。電動カミソリを使う方法、ウェットシェービング法はともに、男女双方の間で広く行われています。ウェットシェービング法ではまず、界面活性剤をつけ、肌を滑らかに、体毛を柔らかくしておきます。それによってその後、安全なカミソリにはめ込まれた鋭利な刃や、複数枚の刃を使って、肌表面を剃っていけるのです。ただし肌そのものを切ってしまう危険もあります。肌の表層がカミソリに除去され、不快感や痛みが発生します。また時には、シェービングフォームやジェル、潤滑剤が痛みや痒みを引き起こすこともあります。カミソリによって肌細胞の外層が除去されてしまえば、シェービング用の潤滑剤に含まれる化学成分が肌の奥深くまで浸透し、さらなる痒みを引き起こすのです。また、ウェットシェービング中に外層が除去されれば、人工的に焼いた肌の色も除去されてしまいます。

電動カミソリは、薄いメッシュまたはフォイルの下に、急速に回転する刃があります。電動カミソリを肌に沿って動かしていくと、体毛がメッシュの穴に入ります。それを、その下で回転している刃が切り落としていくのです。電動カミソリは、体毛が乾いていても濡れていても使えます。肌を切ってしまう危険はありませんが、刃の切れ味が落ちてくれば、体毛が引っ張られ、不快感が生じます。ウェットシェービングの方が、より肌表面近くで体毛を除去できるため、電動カミソリを使うよりもしっかりと剃れます。両刃カミソリを使った場合は特に顕著でしょう。電動カミソリは、あくまでも薄いメッシュ越しにしか体毛を剃ることができません。したがって、肌表面には常時、メッシュの穴の大きさと同じ太さの毛幹の基部が短く残っているのです。

シェービング剤（石鹸、ジェル、フォーム、クリーム）

ウェットシェービングでは、肌にそって鋭い刃を滑らせながらむだ毛を剃っていきます。こうしたシェービングをより快適かつ効果的に行うには、まず毛幹に水分を与えて柔らかくしておきましょう。また、潤滑剤をつけておけば、肌を切ったり傷つけたりしないですみます。

男性の顔に生えている毛の毛幹は太く、十分に水分が行きわたり、柔らか

くなるまでには3分から5分かかります。シェービング剤は、水分たっぷりの膜を形成し、水分が毛幹に十分浸透するまでしっかりと毛を覆っていかなければなりません。それにはシェービングソープ——微細な気泡から成るしっかりとした泡を形成する石鹸が最適です。また、加圧型のシェービングフォームディスペンサーも、同様のしっかりとした泡をつくりだします。なお、素早く水分を浸透させたい場合には、湯を使うといいでしょう。

　石鹸の大きな分子に求められるのは、しっかりとした泡をつくること。そのためシェービングソープには往々にして、ステアリン酸ナトリウムとステアリン酸カリウムが含まれています。これらはよく、他の様々な石鹸にも混入されており、そこにはさらに牛脂肪酸、パーム核脂肪酸、ヤシ脂肪酸のナトリウムやカリウムなども含まれています。また、泡立ちをよくするために脂肪酸が、急激な乾燥を防ぐためにグリセリンが付加されていることもあります。もちろん石鹸は潤滑剤の役割をも担っています。これに対し、加圧式シェービングフォームの主成分は水であり、さらにその他にも、石鹸及び非石鹸洗浄剤、コカミドDEAのような起泡力増進剤、脂肪酸アルコール、オイル、乳化剤、乳化安定剤などが混入されています。シェービングクリームは水中油タイプの乳濁液で、ステアリン酸のような脂肪酸や乳化剤、乳化安定剤、さらには、しっとり感を維持するためのソルビトールまたはグリセリンといった湿潤剤も含まれています。水分は毛に浸透していき、オイルは潤滑剤として機能するのです。一方、基本的にオイルフリーなのがシェービングジェルです。大半が水分から成り、増粘剤や塗膜形成剤、湿潤剤を含んでいます。加湿促進のために界面活性剤が含まれていることもあります。もちろん、いずれの製品にも一定量の着色料や香料、保存料が添加されていることはいうまでもありません。

　ですが、もし多くの人同様、あなたも入浴時やシャワーを浴びながらむだ毛の処理をしているのであれば、おそらくシェービング剤はいらないでしょう。湯船に浸かったりシャワーを浴びることで、毛はたっぷり水分を帯びて柔らかくなるのです。となれば、あと必要なのは潤滑剤だけ。しかしこれも、石鹸水や薄めたシャワージェルで十分代用できるのです。

脱毛剤

　肌に直接つける脱毛剤の形態には、クリームやローション、ジェル、スプレー、ロールオンタイプがあります。いずれのタイプも、毛のたんぱく質構造を分解します。そうすることで毛を弱め、肌表面からこすり取りやすくした上で、除去していくのです。ただいずれも肌表面で機能するだけで、毛根にまでは効力が及びません。そのため、2、3週間もすると毛はまたのびてきます。脱毛剤の成分として最もよく知られているものといえば、金属硫化物やチオグリコール酸でしょう。これらは往々にしてアルカリ性であり、完全な有毒化学物質です。したがって、使用する際には十分な注意が必要であり、保管は必ず、子どもの手の届かない場所にして下さい。

　我々の肌は、毛と同じたんぱく質ケラチンからできています。そのため、毛のたんぱく質を分解するためにつくられた製品であれば、当然肌にも痛みや痒み、あるいは重度の炎症をもたらしかねません。ひどい場合には、第2級もしくはそれ以上の火傷を引き起こしもするのです。ですから必ず、少量をつけて試してみてから使用するようにして下さい。また、目のそばや敏感な部分、さらには陰毛や鼻毛のような粘膜近くに生えている毛には決して使用しないで下さい。また、熱い湯に浸かったり、シャワーやサウナを利用した直後も、脱毛剤の使用は避けましょう。熱のために肌への血流が増加し、毛穴も開いていますから、化学物質を肌の奥深くまで取り込んでしまう危険が高くなっているのです。いったん奥深く入ってしまった化学物質は、容易に洗い流せないのですから。

　脱毛剤を肌に付着させておく時間はできるだけ短くし、怪我や傷のある部位には決して使用しないで下さい。太い毛の場合には、こすり取れるようになるまでに15分ほど要するかもしれませんが、細ければ4、5分もあれば十分です。付着させておく時間が長くなればなるほど、肌が損傷を受ける危険も高くなってきます。

毛を抜く

　毛抜きであれワックスであれ、どちらも肌から毛を「引き抜く」ことにかわりはありません。当然痛みをともなうでしょうし、肌も傷んだりただれたりします。そんな肌は当然、感染症を引き起こしやすくなっています。毛抜きは、ピンセットを使って毛を1本1本抜いていく、まさに忍耐を必要とする作業です。一方のワックスは、溶かしたり柔らかくしたワックスを使います。そして、ワックスがしっかりかたまったころを見計らい、肌から引きはがすと、毛も一緒に抜けてくる、というわけです。ホットワックスのかわりに、粘着テープや冷たいワックステープを使うこともあります。なお、ホットワックスを使用する際には、かなり熱くなっていますから、火傷をしないようくれぐれも注意して下さい。

　ただワックスでも毛抜きでも、毛根の根元にある毛乳頭は通常除去できませんから、毛はまたいつもとかわらない早さでのびてきます。1週間もすれば、新たな毛が毛包の上部に達し、肌から顔を覗かせるでしょう。しかし中には、毛抜きやワックスを繰り返し行っていれば、やがて毛は再生しなくなるという人もいます。

　ワックスは通常、石油ベースのものかビーズワックスのような天然ワックスに樹脂を混入し、肌や毛幹に付着しやすくしてあります。ですが、肌に痛みや痒み、火傷、傷などがある場合には使用しないで下さい。また、ほくろやイボ、静脈瘤のある部位への使用は厳禁です。基本的に身体のほとんどの部位への使用が可能ですが、乳頭や性器、まつげへの使用はお薦めできませんし、鼻毛や耳道から生えている毛の除去には使わないで下さい。中には、糖尿病患者や、心臓に異常のある人、循環不全の人などのホットワックスの使用を禁じる旨をラベルに記した製品もあります。

　なお、前腕や足といった広範囲にわたるむだ毛の場合には、除去するかわりに、過酸化水素と希釈したアンモニアの混合液を使って脱色したり色を薄くするなどし、目立たなくさせるという処理方法もあります。

6章 石鹸、シャワージェル、クレンジングローション

**石鹸と教育。それらにはいずれも、大殺戮のような突発性はない。
しかし、長い目でみれば、大殺戮よりもさらに命に関わる問題である。**

マーク・トウェイン

　清潔にしていることはとても重要です。そのための一助としてつくられた様々なトイレタリー製品について、本章では取り上げていきます。まず最初は石鹸と洗浄剤です。それらが汚れやほこりを除去する仕組みもみていきましょう。その後、いくつか具体的にクレンジング製品を挙げ、メリットやデメリットについても考えていきます。

石鹸──その簡単な歴史

　文献に初めて石鹸の名が記されたのは11世紀初頭。イタリアのサボナについて言及している箇所です。この町で石鹸はつくられ、その名を受けました。しかし当時、石鹸製造は小さな産業にすぎず、購入するのはかぎられた裕福な個人だけ。大半の人は自家製の石鹸──灰や海草から採取したアルカリと一緒に動物の脂肪を煮立ててつくったもの──を使っていました。
　1787年には、塩からナトリウム化合物を抽出する方法が発見されましたが、石鹸製造産業が本格的に始動するのは、アルカリが安く大量に製造されるよ

うになる産業革命の時代を待たなければなりませんでした。しかし産業革命が始まると、英国ではその影響で賃金があがり財産が増え、国民の生活水準も次第に上昇してきました。さらに、工場の増加にともない、工場から排出される煙やほこり、煤などが増えてきたこともあって、石鹸はぜいたく品というよりも必需品となっていったのです。こうしたことから1853年、首相のウィリアム・グラッドストーンは当時石鹸にかけられていた物品税を廃止しました。それによって石鹸の値は下がり、ますます普及していったのです。その後の50年間で、英国における石鹸の年間消費量は9万トンから30万トンにまで増えました。

石鹸産業は右肩上がりの成長を続けましたが、1900年から1910年にかけて、動物の脂肪が世界的に不足し、油脂にかわる新たな原料を探す必要に迫られました。それまでベジタブルオイル、それも特に熱帯や地中海で栽培される野菜から抽出するオイルは、原料に適さないとして使われてきませんでした。ベジタブルオイル製の石鹸は、柔らかすぎたからです。しかし技術——中でも特に水素処理による油脂凝固技術——の発達により、ベジタブルオイルという大量に存在する原料の利用が可能になったのです。そして1950年代には、石油から精製された鉱物油を原料に、洗浄剤も大量に製造されるようになりました。その結果、コスメティックスやトイレタリー産業が利用できる成分が大幅に増えました。だからこそ、今日我々は固形の石鹸や洗浄剤、さらには洗浄剤成分を含む固形石鹸などを購入できるのです。

石鹸製造法

全ての石鹸は、動植物性の油脂を煮立たせて生成していきます。その際添加されるのが水酸化ナトリウム（苛性ソーダ）のような強いアルカリです。また、あまり一般的ではありませんが、水酸化カリウム（苛性カリ）が添加されることもあります。油脂はグリセリルエステルによって構成されており、オリーブオイルのような天然の油脂には皆、様々なグリセリルエステルの混

合物が含まれています。1個のグリセリン分子に1～3個の脂肪酸分子が結合したもの、それがグリセリルエステルの1分子です。脂肪を強いアルカリで煮立てていくと、鹸化（または加水分解）といわれる化学反応がおこり、脂肪酸がグリセリンから離れて、強いアルカリを含む溶液の中に溶け出します。すると酸はアルカリによってすぐに中和され、脂肪酸のナトリウム（またはカリウム）塩ができます。これが石鹸の主成分です。

　煮立て終えた溶液は冷まされ、塩化ナトリウムを加えて、石鹸の成分を「塩析」させます。塩を入れることで石鹸の成分が溶けにくくなり、白またはクリーム色の固体となって沈殿していくのです。グリセリンは大半が除去され、コスメティックスまたは食品産業の他の工程で使用されます。石鹸内にグリセリンが大量に残っていると、グリセリンが水分を過剰に吸収してしまい、石鹸がかたまりにくくなります。当然石鹸は、使っている間にどんどん柔らかくなっていき、あっという間に溶けてしまうでしょう。

　また、製造過程で使用したアルカリも除去します。きれいな水で石鹸を洗ったり、脂肪酸や、その他アルカリを中和させる酸を少量付加しながら、アルカリが完全になくなるまで慎重に行います。

　水分量を調節し、アルカリやグリセリンの除去を終えたら、他の成分を添加していきます。石鹸は普通、不快臭がしますから、無香料石鹸にも何らかの香料を添加し、本来の不快臭を消しています。さらに着色料を加えて見栄えをよくします。また石鹸は、水道水内のカルシウムイオンと反応して洗浄力が低下することがあるので、それを防ぐためにキレート剤（通常はEDTA-4ナトリウムかペンテト酸5ナトリウム）も付加します。エチドロン酸4ナトリウムは、固形の化粧石鹸の保存料として最も一般的に使用されています。ただし、石鹸は通常しっかりとした泡を形成しますから、起泡力増進剤が添加されることは滅多にありません。

　石鹸にはその他にも様々な成分が含まれています。脱臭剤、モイスチャーオイル、抗菌剤、ブランやオートミールといったマイルドな研磨剤など。さらに、天然成分を求める消費者を満足させるために、いろいろな植物エキスやオイルも添加されています。デオドラントソープには、強い香料しか添加

されていないものもあれば、身体の細菌の増殖を抑える抗菌成分が付加されているものもあります。抗菌剤は消毒用の石鹸や抗菌石鹸にも含まれています。こういった石鹸は、感染症の危険がある場所で働いている場合――動物相手の職場や病院など――や、高温多湿の熱帯地域を訪れる時などに役に立ちます。また、石鹸による肌の乾燥を抑えるため、様々なオイルや乳濁液も使用されていますが、もともと脂性の肌の人には通常必要ないでしょう。

石鹸はコスメティックス？

　欧州では、全ての固形石鹸は欧州化粧品要項に基づいて規制されていますが、米国の場合、標準的な固形石鹸はコスメティックスに分類されておらず、したがってラベルに全成分を記載する必要もありません。しかしながら、もし製造業者が石鹸のコスメティックス効果や薬効を宣伝すれば（たとえばフケやニキビを抑え、肌に潤いを与えたり、何らかの美顔効果を有するデオドラントソープだと謳っている場合）、その石鹸は薬品に分類され、まず有効成分を明示した上で、残りの全ての成分の表示も求められてきます。

　ちなみに、米国の標準的な固形石鹸の成分を全て表示しなければならないとしたら、おそらく以下のような成分が並ぶでしょう。牛脂脂肪酸ナトリウム、パーム核脂肪酸ナトリウム、水、グリセリン、塩化ナトリウム、ステアリン酸ナトリウム、リン酸2ナトリウム（pH値/石鹸の酸度をコントロール）、香料、EDTA-4ナトリウム、エチドロン酸4ナトリウム、FD＆CまたはD＆C着色料。

一般的な成分──化粧石鹸の場合

成分

　牛脂脂肪酸Na、パーム核脂肪酸Na、水、香料、ステアリン酸、グリセリン、塩化Na、EDTA-4Na、エチドロン酸4Na、CI 74260、CI 77891。

・牛脂脂肪酸Na	動物性脂肪から生成される界面活性剤──脂肪酸金属塩。
・パーム核脂肪酸Na	ヤシの仁から抽出されるオイルにより生成される界面活性剤──脂肪酸金属塩。
・水	石鹸がかたくなりすぎないようにするとともに、その質感を高めます。
・香料	芳香物質を混ぜ合わせたもの。その数はしばしば50以上にのぼりますが、多くが人工のものです。
・ステアリン酸	動植物性脂肪から抽出される脂肪酸。石鹸の質感を高め、製造過程で使用された残留アルカリを除去し、マイルドな起泡力増進剤として機能します。
・グリセリン*	湿潤剤。石鹸製造の過程で、動植物性脂肪から副産物として産出されます。ただしその大半は石鹸から除去されます。グリセリンが水分を過剰に吸収して石鹸が柔らかくなってしまい、すぐに溶けてしまうからです。とはいえ、石鹸の乾燥を防ぐためにも、少量は付加しておかなければなりません。
・塩化Na	塩。製造の過程で加え、粗製品から石鹸の成分を分離させます。石鹸の質感を高める働きもあります。
・EDTA-4Na	キレート剤。硬水中のカルシウム及びマグネシウムイオンが石鹸と結合すると石鹸かすができてしまいますが、それを防ぐために添加されています。
・エチドロン酸4Na*	保存料。現在、固形化粧石鹸の保存料として最も一般的に使用されています。使用量上限は0.2%。

- CI 74260＊　　　　　　　クロロフィル系の緑の合成染料です。目に入ると危険なため、目及びその周囲に使用する製品への添加は全面的に禁止されています。
- CI 77891　　　　　　　二酸化チタン――白い色を付加する着色料であり、乳白剤でもあります。

＊規制対象成分。もしくは有害、副作用が懸念されている成分。

石鹸に含まれる様々な成分を代表するものといえば、牛脂脂肪酸ナトリウムとパーム核脂肪酸ナトリウムです。牛脂脂肪酸ナトリウムは、獣脂、それも通常は牛脂から生成され、パーム核脂肪酸ナトリウムは、ヤシから抽出されるオイルから生成されています。牛脂に主に含まれているのは、量の多い順にオレイン酸ナトリウム、パルミチン酸ナトリウム、ステアリン酸ナトリウムです。また少量ですがミリスチン酸ナトリウムとリノレン酸ナトリウムも含まれています。一方パーム核脂肪酸ナトリウムを構成しているのは、（これもまた量の多い順に）パルミチン酸ナトリウム、オレイン酸ナトリウム、さらに量は少なくなりますが、リノレン酸ナトリウム、ステアリン酸ナトリウム、そしてミリスチン酸ナトリウムです。どちらの成分も非常によく似ていることがおわかりでしょう。したがって、ある程度自由に原料を選択できる製造業者は、動物性物質を使わず、それでいて基本的に同じ成分を含む石鹸をつくることが可能なのです。

石鹸の安全性は？

石鹸の業績たるや素晴らしいものがあります。実際私たちも、その石鹸を利用して、より有害とおぼしき物質を肌から除去しているでしょう。石鹸はどれも、目に入れば目を傷つけますが、それ以外は滅多にこれといった損傷を与えることもありません。1975年から1977年にかけて、FDAに報告された

石鹸または固形洗浄剤による肌のトラブル――痛み、炎症、痒み、肌が赤くなるなど――は、わずか70件にすぎません。もちろん全ての苦情が報告されていたわけではありませんが、それでもいまだ、石鹸によるトラブルに見舞われる人は、100万人に1人以下の割合でしかないのです。

　もしあるブランドの石鹸を使って、痛みや痒みを感じる、あるいは涙やくしゃみがとまらなくなるといった症状が現れた場合、それはほぼ間違いなく、香料か着色料に対する反応と思われます。そのような時は無香料の石鹸を使ってみるといいでしょう。もちろん色は白かクリームのものを選んで下さい。逆にデオドラントソープ、消毒用の石鹸や抗菌石鹸、また、どんな形であれ美顔効果を謳っている石鹸は皆避けた方がいいでしょう。抗菌石鹸には往々にして、粘膜に付着させてはいけない成分が含まれています。したがって、こうした石鹸での性器の洗浄は避けて下さい。医師からそうするよう指示があれば別ですが、まあ、そのような場合は普通、性器にも安心して使える特別なブランドのものを薦められるでしょう。

　石鹸はバクテリアを死滅させられる。一般にはそう信じられていますが、実は、石鹸そのものに死滅させる力はありません。肌に付着したり、肌についたほこりなどの中にいるバクテリアの大半を除去する一助とはなりますが、そうして身体を洗ったあとも必ず、多少のバクテリアは残っているのです。とはいえ、通常それが健康を脅かすようなことはありませんが。食品産業や病院で働く人たちは、バクテリアを死滅させるため、日常的に抗菌石鹸を使っていますが、それでも全ての細菌を死滅させることはできないのです。

洗浄剤――石鹸の代替品

　単に洗浄剤ということもあれば、ソープレスまたはノンソープ洗浄剤ということもあります。初めてつくられたのは1831年。フランス人化学者が、ヒマシ油と濃硫酸を煮立てて、石鹸に非常によく似た液体を生成したのです。その後も、様々なベジタブルオイルや硫酸を使って、いくつか石鹸に似た化

合物がつくられましたが、完全な合成洗浄剤の登場は1916年まで待たなければなりませんでした。けれどその年ついに、ネカル-Aと称される完全な合成洗浄剤ができました。原料はナフタリン、イソプロピルアルコール、そして硫酸——いずれも石油及びコールタールから精製したものです。ただその後も様々な合成洗浄剤がつくられましたが、市販されるようになったのは1950年代になってからです。初期の合成洗浄剤は生分解されず、下水道や運河を甚だしく汚染したのでした。しかし今日の洗浄剤の原料は、石油から精製された化学物質と、動植物系の油脂から抽出された油性化合物。これらはいずれも生分解されますし、目にみえる環境汚染もほとんどありません。

　石鹸同様、洗浄剤も界面活性剤または洗浄物質です。最も一般的な洗浄剤といえば陰イオン界面活性剤でしょう。これをつくるには、濃硫酸を石油から精製した炭化水素（油性物質）と反応させたり、三酸化硫黄を天然油脂や石油から精製した脂肪酸アルコールに反応させたりします。こうしてつくられる陰イオン界面活性剤はいたるところにあり、シャンプーから食器洗い機用のタブレットまで、あらゆるものに使われています。何かを洗浄するためにつくられた製品であれば、おそらく陰イオン界面活性剤が含まれているでしょう。また、石鹸は硬水中のカルシウムまたはマグネシウムと化学反応を起こすと、かす——白または灰色の粉末状堆積物を形成しますが、洗浄剤は石鹸とは異なり、そういったかすができることはありません。

　洗浄剤は、石鹸よりも泡立ちが悪いことがままあります。泡そのものは洗浄の過程において何の役にも立たないのですが、石鹸や洗浄剤に対する消費者の心証を大きく左右するものなので、洗浄剤ベースのトイレタリー製品には起泡力増進剤を添加し、泡の不足を補っています。

石鹸や洗浄剤はどのように機能するのか

　洗浄論の教科書には、アインシュタインの一般相対性理論を上回る数の化学式が並んでいますが、実際にはそれほど複雑ではありません。ちょっと想像してみて下さい。あなたは今、フライドチキンと塩を振ったフライドポテトを食べ終えたところです。皿を洗わなければなりません。流れ出る水道水の下に皿を置いておけば、食べかすはある程度流され、塩もきれいになくなるでしょう。しかし油汚れは残ります。油汚れに取り込まれた食べかすも。

　水が簡単に塩を除去できるのは塩が水溶性だからです。しかし油は非水溶性なので、除去はされません——水が苦手な油は、混ざろうともしないのです。そんな油を除去するには、水に溶けるようにしなくてはなりません。そのために必要なのが界面活性剤なのです。石鹸も洗浄剤も基本構造は同じ。いずれも分子は細長く、全く異なる両端を持ち、オタマジャクシのような形をしています。しっぽはまさに皿に残った油——水を嫌います（疎水性）。頭はむしろ塩に近く——水を好み、溶けたがります（親水性）。

　皿を洗い桶に浸け、適切な洗浄剤を入れれば、界面活性剤の分子が個々の油汚れに近づいていき、疎水性のしっぽを滑り込ませていきます。すると疎水性の油性分子と疎水性の界面活性剤のしっぽは見事に融合し、油汚れはすぐに、界面活性剤の分子——油に溶け込んだ、親水性の頭を持った分子にすっぽりと覆われるのです。では今度は水の観点からみてみましょう。親水性の頭を持つ分子にすっぽりと覆われた、輪郭もおぼろなものがみえます。となれば水のとるべき行動は明らか、すぐにそれを溶かそうとします。とはいえ、水にできるのはせいぜい細かく分断することだけです。しかしそうすれば、界面活性剤が、分断された油1滴ずつの表面を、親水性の頭を持った分子ですっぽりと覆ってくれますから、あとはそれを押し流すだけで、皿はピカピカになる、というわけです。水の代わりに湯を使えば、溶解性も増し、かたまってしまった油脂も溶け、界面活性剤が食べかすの中に親油性のしっぽを滑り込ませやすくなりますから、汚れも素早く落とせます。

これと全く同じ現象が、手や髪を洗う時にもみられるのです。軽くついているだけのほこりやごみの粒子であれば、水でも洗い流せます。肌に付着した塩分や尿素といった水溶性の物質なら、すぐに溶けるでしょう。しかし肌から分泌される皮脂や、そこに付着したごみなどは、界面活性剤を使って溶けやすくしなければなりません。

界面活性剤は、水の表面張力を弱めます。そうすることで水は広がりやすくなり、油脂のような撥水性の沈殿物の下にも効率よく侵入していけます。当然沈殿物も、汚れた表面から簡単に剥離できるようになるわけです。

前述したように、泡は洗浄過程において何の機能も有してはいません。しかしながら泡が立たなければ、皿をつけてある水が脂ぎっている証拠であり、水を取りかえなければならないと教えてくれているのです。泡が立たなければ、髪がまだべたついている証拠であり、もう1度シャンプーをつけて洗わなければならないと教えてくれているのです。とはいえ、実際の洗浄過程で泡が全く何の役にも立っていないことにかわりはありませんが。

石鹸は普通、たっぷり泡立ちます。逆に界面活性剤は、最も一般的な陰イオン洗剤でも石鹸に比べれば泡立ちは少なく、非イオン性の界面活性剤にいたっては、泡が立ったとしてもほとんどわかりません。そこで、泡に対する消費者の心理的な欲求を満たすため、トイレタリー製品には時に起泡剤が添加されるのです。

民間療法——レモンジュース

レモンジュースが脂肪を分断できるという話には、何の根拠もありません。油っこい肉料理にレモンを1搾りすれば、口当たりはよくなるでしょうが、洗浄時に油脂を除去する役には立たないのです。レモンジュースは界面活性剤ではありません。

シャワージェル

　ボディシャンプーやボディジェルとも称されるシャワージェルは、少々高価な石鹸の代替品です。ベースとなる洗浄剤は通常、ラウリル硫酸ナトリウム（SLS）かそれよりも軽めのラウレス硫酸ナトリウムです。シャワージェルには石鹸成分がないため、浴槽やシャワールームに石鹸かすが残ることもありません。

　シャワージェルの成分は基本的にシャンプーと同じで（9章――ヘアケア――を参照）、多くのブランドが身体にも髪にも使用できるようになっています。一般的なシャンプーは、多くが不透明でクリーム状の液体であるのに対し、シャワージェルは通常、粘度が高く、きれいに着色された透明なジェル状になっています。多くのシャワージェルブランドが強い香りを有し、体臭を抑えるために脱臭剤が添加されています。さらに軟化剤を加えて肌に潤いを与え、塗膜形成剤を付加してジェルが均等にのびるよう、またジェルがすぐに洗い流されてしまわないようにしています。なお、SLSベースのシャワージェルを使用する時には注意が必要です。この成分は膣に刺激を引き起こすことで知られており、中でも特に入浴剤に使用されている場合には気をつけて下さい。

　また、シャワージェルの市場には明らかな性差偏向がみられます。手頃な価格で販売されているプライベートブランドのシャワージェルは通常家族用で、家族皆に受け入れられる色や香りになっています。ところが、明らかに男性向けのブランドは色も鮮やか、香りも男性的、パッケージデザインも大胆です。容器も男性用に大きくなっています。これに対して女性向けの製品は、優しい色合いや香りのものが多く、たくさんの天然エキスや保湿剤が配合され、肌の改善がしっかりと謳われています。

6章　石鹸、シャワージェル、クレンジングローション

クレンジングローションとメイク落とし

　クレンジングローションとメイク落としには共通項が非常に多く、どちらの趣旨でも使えることを強調した製品もいくつかあります。こうした製品は通常、3つのグループに分類されます。1つは、洗浄剤をベースにし、しばしば「フォーミング」クレンザーと称されるもの。2つめは、主要グループで、主に水中油タイプの乳濁液。溶剤として機能し、ほこりや汚れを除去します。そして3番目がディープクレンジングローション。毛穴や小胞を塞いでいる汚れや吹き出物を除去するのに使われる製品で、水や変性アルコール、ある種の洗浄剤、そしてトリクロサンのような抗菌剤を含んでいます。

　フォーミングクレンザーは基本的に、数種類の界面活性剤と水から成る、非常に粘度の高い混合物です。製造業者が選択できる界面活性剤は膨大な数にのぼり、しかもそのほとんどがフォーミングクレンザーに使用できます。ですが、中でも圧倒的に使用頻度の高いのがSLSのような陰イオン界面活性剤でしょう。それ以外のものが使用されているのをみたのは1度しかありません。この製品の（水を除いた）主成分は4種類の脂肪酸で、その後に水酸化カリウムが続き、酸度を中和しています。でもなんだか変な感じがしました。というのも、脂肪酸は水酸化カリウムと反応して石鹸を生成するのに、ほとんどの人がフォーミングクレンジングローションをあくまで石鹸のかわり、それも石鹸とちがって肌に副作用を起こさない、という理由で使っているのですから。

　界面活性剤に次いで最もよく知られている成分といえば、軟化剤でしょう。これは肌に潤いを与える成分です。さらに種々雑多な成分が続きますが、いずれも製品に対してさしたる洗浄力を付加するものではありません。いわゆる通常の着色料や香料、保存料であり、ビタミン類、アミノ酸、植物エキスといったものが、主にマーケティング上の理由から添加されているのです。中にはマイルドタイプの研磨剤を含み、肌細胞の外層を剥離する製品もあります。

非フォーミングクレンジングローションは、水及び、乳化剤と乳化安定剤が渾然一体となったオイルを含んでいます。少量ですが界面活性剤も添加されており、製品が均一にのびるようになっています。製品内のオイルが有する目的は2つ。軟化剤として肌に潤いを与えることと、肌に残った脂汚れ——モイスチャークリームやメイクの落とし残しや、肌から自然に分泌されるもの——を溶かすことです。細かい汚れやほこりをとれやすくする働きもあります。水が溶かすのは、汗腺から分泌される塩分や尿素、それに水溶性のコスメティックス製品の落とし残しです。その後クレンザーを肌にのばせば、水で洗い流したり、ティッシュやタオルで拭き取ったりしても、肌には潤い成分が残ります。つまり再度、種々雑多な成分が付着していくわけです。通常の保存料や酸化防止剤、着色料や香料とともに。

　クレンジング製品の大多数が膨大な数の成分を含んでいます——その数は一般に20〜30にものぼり、そうした化学物質がどんどん肌に堆積していっても不思議はありません。製品内に含まれる成分が増えれば増えるほど、肌に合わなくなる可能性が高くなるといってまず間違いないでしょう。また製品内には、他の成分と混ぜることで予測不能な副作用を引き起こしかねない成分が含まれていることも多々あるのです。さらに、それだけ多くの成分が含まれていれば、どの成分またはどれとどれの組み合わせが副作用を引き起こすかを特定するのは非常に難しく、今後そうした成分を排除しようにも、とても簡単にはいかないでしょう。

　そこで、石鹸があわないという理由からクレンジング製品を使っているなら、マイルドタイプの石鹸かベビーソープを使ってみるといいでしょう。その際には、無香料、無着色で、弱酸性のものを選んで下さい。生来肌は弱酸性なのですから（pH値は5〜5.6の間です——男性の方が女性よりもわずかに酸度が高くなっています）。石鹸は弱アルカリ性であることが多く、そのため肌が乾燥したりヒリヒリすることがあるのです。しかしpH値5〜6の石鹸を使えば、この悩みも解決するでしょう。

　熱い湯で顔を洗っても、肌が多少つっぱることがありますが、これは単に、同じ肌でも、手に比べて顔の方が薄く、耐熱性に乏しいからにすぎません。

熱い湯に反応すると、毛穴も開きます。毛穴の奥の汚れまで洗い流したい時にはいいでしょうが、同時に、コスメティックス製品に含まれる化学物質が毛穴の奥に入り込みやすくもなってしまうのです。したがって、顔を洗う時には、体温よりほんの少し高め、40℃くらいのぬるま湯で洗うようにして下さい。ただしその際、目の粗いタオルや、柔軟剤を入れて洗濯したタオルは使わないように。洗顔後、肌がヒリヒリしかねませんから。

ハンドソープとリキッドソープ

ポンプ式のディスペンサーに入ったクレンジングリキッドは、家庭でも職場でも今やすっかり馴染みのあるものになりました。選択肢も多々あります。とはいえ、その製法にさしたる違いはありません。全ての製品に含まれているのが陰イオン界面活性剤です——SLSとラウレス硫酸ナトリウムが最も一般的でしょう。起泡力増進剤も欠かすことのできない成分ですし、大半の製品はかなり粘度が高く、乳白剤もしばしば含まれており、とろりとしたクリーミーな外観を演出しています。浴室用にデザインされたものは凝った装飾の容器を使用、繊細な香り、それもしばしば花の香りが添加してありますが、キッチンや職場用のものは容器も実用性が高く、洗浄力を誇示するような強めの香りになっています。トリクロサンやホルムアルデヒドといった抗菌成分が付加されていることもままあり、手に付着した細菌を死滅させるだけでなく、保存料としての効果も有しています。したがって、こうした抗菌剤を含むハンドソープで顔を洗うのは感心しません。

濡れて、表面が溶けかけた固形石鹸は使いたくないという人にとって、こうした製品はありがたいものでしょうし、固形石鹸を介して手から手へ細菌が付着する危険が少ないというメリットもあります。

7章 デオドラント(制臭剤)と制汗剤

**デオドラントスプレーには注意しよう——
息ができなくなることあり。**

　肌に生息するバクテリアが、汗腺から自然に分泌されて肌に付着した物質を分解すると、体臭が発生します。香辛料の効いた食事を摂った時も、その香りが汗の中に滲出し、つんとくるにおいがします。石鹸を使って身体を洗い流せば、不快な物質は一時的に除去できますが、やがて同じ経路をたどって戻ってきます。いやな臭いとともに。そこで、次の手段として、デオドラントや制汗剤が登場するわけです。

発汗

　暑くなったりアドレナリンが急に上昇したりすると、2〜300万もの汗腺から肌表面に水分が分泌されてきます。やがてその水分は体熱を奪いながら蒸発していきます。水から成る液体の場合、それが何であれ、そこに含まれる水の分子は、非常にゆっくりとではありますが絶えず動いています。その分子が水蒸気となって蒸発するためには、膨大なエネルギーを要します。そのエネルギーを、汗の小滴を成している水の分子は、体熱を吸収することで得ており、それ故、身体は次第に冷えていくのです。そして実のところ、人間

は絶えず汗をかいています。人間1人が汗として1日に失う水分は平均0.5〜1リットル。暖かな日に激しいスポーツをしたり、急勾配の山を登ったりすれば、2〜5リットルは軽く汗をかくでしょう。

汗をかいても、それが蒸発して肌が乾いていれば、そのような状態を「不感性」発汗といいます。逆に肌表面に水滴ができれば、「感知性」発汗が起こっているわけです。いずれのタイプの発汗も水分をもたらし、その水分には少量の塩と、肌のpH値を調節したりある種のバクテリアから肌を守る尿素や乳酸といった老廃物が含まれています。ちなみに、このような老廃物が「汗臭い」体臭の原因であり、そうした体臭は、バクテリアによる分解が始まると特に顕著になります。

民間療法──ハーバルデオドラント

セージ、タイム、コリアンダー、ローズマリーはいずれも、デオドラントして利用されているハーブです。効果はあるかもしれませんが、安全性にかんしては他のデオドラントとさしてかわりません。タイムとローズマリーは接触アレルギーや皮膚炎との関連を、また、コリアンダーから抽出されるリナロールは顔面乾癬との関連を指摘されています。

身体の大半、中でも特に手のひらや足の裏、額にはエクリン汗腺が密集しています。この汗腺は、肌表面に直接繋がっています。思春期には、脇の下や性器周辺に新たなタイプの汗腺が発達してきます。これはアポクリン汗腺といわれ、陰毛やわき毛の毛囊に繋がっています。こうした汗腺からの汗は、皮脂やたんぱく質のかけらを取り込みながら、毛囊へ、そして肌へと分泌されていきます。すると皮脂などの物質がバクテリアに分解され、結果、「脇の下」特有の臭いを発するわけです。

デオドラントは、こうした肌のバクテリアを死滅させたり、その増殖を止めることで体臭を抑えます。これに対して制汗剤は、アルミニウムまたは亜

鉛塩を含み、汗腺からの汗の流出を抑えます。またタルカムパウダーにはタルクが含まれています。タルクは吸収性を有する鉱物で、水分を吸収し、肌を乾燥させて滑らかにします。なお、デオドラントも制汗剤もタルカムパウダーも、大半のものに、体臭を隠すための香料が添加されています。

デオドラント(制臭)

デオドラントは不快な体臭を抑えたり隠したりします。身体の温かく湿った場所でのバクテリアの増殖を防ぐのが一般的な機能です。と同時に、製品特有の心地よい香りも有してます。抗菌剤や制汗剤とともに使用されることもままあります。形状は様々で、スプレー、スティック、ジェル、ロールオンなどがあります。スプレータイプを使用する際には、直接吸い込まないようにして下さい。感作や呼吸困難、肺損傷などを引き起こしかねません。

一般的な成分——デオドラントスティックタイプ(米国)の場合

成分

ジプロピレングリコール、トリプロピレングリコール、水、ステアリン酸Na、香料、トリクロサン、セチルアルコール、塩化Na、Ext.D&C Violet No.2、D&C Green No.6。

- ジプロピレングリコール及びトリプロピレングリコール
  溶剤兼湿潤剤。製品のわずかな湿度を保ちます。
- 水 製品形成を助け、質感や、触感をコントロールします。
- ステアリン酸Na 基本的には脂肪酸の金属塩です。ワックス状の塊が、溶剤と混ざることで柔らかいスティックになり、肌に均一かつ簡単にのびていきます。

・香料	芳香物質を混ぜ合わせたもの。その数はしばしば50以上にのぼりますが、多くが人工のものです。
・トリクロサン*	抗菌物質。保存料及びデオドラントとして機能し、身体のバクテリアの増殖を防ぐことで体臭を抑えます。保存料として使用する場合、欧州の規制では、使用量上限は完成品の0.3%。ただしデオドラントをはじめとする、他に規定された目的で使用される場合には、制限量をはるかに超える量の使用が認められています。
・セチルアルコール*	製品の均一なのびを補助します。
・塩化Na	収斂剤。発汗抑制に役立つこともあります。
・アシッドバイオレット43*	合成コールタール染料。
・CI 61565*	合成コールタール染料。

＊規制対象成分。もしくは有害、副作用が懸念されている成分。

一般的な成分——デオドラントスプレータイプの場合

成分

イソブタン、変性アルコール、プロパン、香料、ミリスチン酸イソプロピル。

・イソブタン	液化ガス。高圧ガスとして使用されます。
・変性アルコール*	肌を乾燥させ、細菌がいれば死滅させます。刺すような痛みを引き起こすこともありますが、蒸散すれば大丈夫です。肌に残らないため、細菌再現は比較的早いでしょう。アルコールが原因で、全身に湿疹性の接触皮膚炎を引き起こす人もいます。
・プロパン	液化ガス。高圧ガスとして使用されます。
・香料	芳香物質を混ぜ合わせたもの。その数はしばしば50以上にのぼりますが、多くが人工のものです。

・ミリスチン酸イソプロピル＊

軟化剤。肌に潤いを与えます。

＊有害、副作用が懸念されている成分。
注：この製品には制汗剤またはデオドラントの成分が含まれておらず、したがって強い香料を用いて不快な体臭を隠しています。

　デオドラントに用いることのできる化学物質は多岐にわたりますが、最も一般的に使用されているのは2種、変性アルコールとトリクロサンです。アルコールは、大半のバクテリアを効率よく死滅させ、すぐに蒸発します。しかしバクテリアは往々にしてすぐに再現するため、頻繁にデオドラントを用いなければなりません。アルコールはまた、刺すような痛みを引き起こしかねません。肌にヒリヒリする赤い斑点ができることでも知られています。何年もの間、アルコールベースのデオドラントを快適に使っていたのに、ある日突然肌に合わなくなることがあります。そのような場合には使用をやめて下さい。そのまま使い続けていると症状が悪化し、やがて全身に湿疹性の接触皮膚炎が広がってしまうかもしれません。

　トリクロサンは本来は保存料ですが、抗菌剤としての機能にも秀でています。十分な文書の裏付けがある副作用は報告されていませんが、多くの化学物質同様、大量に使用するのは危険です。欧州の規制では、保存料として使用する場合、使用量上限は完成品の0.3%ですが、デオドラントには、それをはるかに超える量が添加されていることがあります。

脱臭成分

　以下に挙げるのは、制汗剤として機能することのない脱臭成分です。

フェノールスルホン酸アンモニウム　　フェネチルアルコール
塩化セチルピリジニウム　　　　　　　フェノールスルホン酸ナトリウム

クロロチモール	トリクロサン
クロフルカルバン	クエン酸トリチル
酢酸デカリニウム	グルコン酸亜鉛
ジクロロ-m-キシレノール	グルタミン酸亜鉛
ジクロロフェン	乳酸亜鉛
リナロール	パルミチン酸亜鉛
メチルベンゼトニウムクロリド	フェノールスルホン酸亜鉛
酢酸フェネチル	リシノレイン酸亜鉛

制汗剤

　制汗剤はその名の通り、肌の発汗能力を抑え、一般には体臭抑制に利用されています。汗そのものはほとんど無臭ですが、汗をかいた場所は温度もあがり湿気も帯びます。するとそこにバクテリアが繁殖するのです。バクテリアは通常独特なにおいを有していますが、それが直接体臭になるわけではなく、バクテリアが、汗の中の化学物質を分解してはじめて体臭となるのです。

　制汗剤は通常、アルミニウム化合物から成りますが、ジルコニウム塩が混入されていることもあります。これらが、汗腺から分泌される汗を抑え、汗を肌へと運ぶダクトを塞ぐのです。大半のアルミニウム塩は刺激性を有し、痒みや赤み、時には発疹を引き起こします。スプレータイプの制汗剤を使用する際には、直接吸い込まないようにして下さい。定期的にスプレーしているうちに肺損傷になりかねません。ジルコニウム塩は吸入すると害を及ぼすため、米国でも欧州でもスプレータイプの製品への使用が禁止されています。代替品であるスティックやジェル、ロールオンタイプの方が安全といえるでしょう。制汗剤には脱臭成分が含まれていることもよくあり、中には制汗と殺菌両方の成分を含んだ製品もあります。また、洋服の色を変色させてしまう制汗剤もあります。

制汗成分

脱臭成分として機能するものもあります。

- ブロムヒドロキシアルミニウム
- 塩化アルミニウム
- クロルヒドロキシアルミニウム
- クロロヒドロキシアルミニウム
- クロロヒドロキシアルミニウムPEG
- クロロヒドロキシアルミニウムPG
- クエン酸アルミニウム
- ジクロロハイドレートアルミニウム
- ジクロロハイドレックスアルミニウムPEG水和物
- ジクロロハイドレックスアルミニウムPG水和物
- セスキクロロハイドレートアルミニウム
- セスキクロロハイドレックスアルミニウムPEG水和物
- セキスクロロハイドレックスアルミニウムPG水和物
- 硫酸アルミニウム
- オクタクロロ（アルミニウム／ジルコニウム）水和物
- オクタクロロハイドレックス（アルミニウム／ジルコニウム）グリシン
- ペンタクロロ（アルミニウム／ジルコニウム）水和物
- ペンタクロロハイドレックスグリシン（アルミニウム／ジルコニウム）
- テトラクロロ（アルミニウム／ジルコニウム）水和物
- テトラクロロハイドレックスグリシン（アルミニウム／ジルコニウム）
- トリクロロ（アルミニウム／ジルコニウム）水和物
- トリクロロハイドレックスグリシン（アルミニウム／ジルコニウム）水和物
- アンモニウムミョウバン
- コバルトアセチルメチオニン
- カリウムミョウバン
- ナトリウムミョウバン
- クロルヒドロキシ乳酸ナトリウム

制汗剤を使うと乳癌になる？

　主としてインターネット上を飛び回っているデマがあります。アルミニウムベースの制汗剤は、乳癌の主な原因だというものです。私たちがみつけただけでも、膨大な数の記事がありました。しかしそれらを書いた人は誰も、科学的または医学的な正規の資格を有しているようにはみえず、主張を裏付けるだけの科学的、医学的、統計的なデータも一切提示されていません。その推論をみるに、人体の機能に対する理解に欠け、私たちにもわかる乳癌の医学的知識をことごとく無視しているのです。さらに中には、乳癌に加えて男性の前立腺癌やアルツハイマー病とも結びつけている人もいます。

　もちろん、医学的な資格を有する人もこの問題について意見を述べていますが、私たちがみつけたかぎりでは、皆一様にこの手のデマは全くの戯言と切り捨てています。乳癌にかんする危険因子はよく知られており、否定できるだけの確たる証拠が提示されないかぎり、制汗剤は危険因子に含まれないとみなすのが公平な判断といえるでしょう。

　実際、制汗剤は乳癌の原因ではないとする有力な証拠は2点もあるのです。まず、英国における乳癌の死亡率は、20世紀を通して全くかわっていません。5、60年代まで、制汗剤が普及していなかったにもかかわらずです。第2に、日本に住む日本人女性が乳癌になることは滅多にないのに対して、米国に住み、米国の食事を摂っている日本人女性の乳癌発生率は、米国人女性の平均と同じなのです。米国でも日本でも同じように制汗剤が普及している以上、これが重大な危険因子とはいい難く、むしろ食事による影響の方が大きいといえるでしょう。高脂肪で食物繊維の少ない食事が、乳癌を患う危険を増加させているのです。

女性用衛生スプレー

　女性ならではの衛生のために、肌に直接つける製品がいくつかあります。大半は、是が非でも必要なものではなく、悪くすれば炎症を引き起こします。主な製品はモイストティッシュ、粉末吸収剤、クレンジング溶液。さらに女性専用のデオドラントスプレーも欠かせません。これは、基本的に殺菌成分を含んだデオドラントです。こうした製品にかんする症例報告として、膣の炎症を引き起こしたり、既存の炎症を悪化させかねないというものがあります。したがって、使用中に炎症がみられた場合にはすぐに使用を中止して下さい。また、すでに感染症や膣の炎症がある場合には使用しないで下さい。清潔を心がけることが重要ですが、石鹸やボディシャンプー、入浴剤、シャワージェルなどに含まれる洗浄剤は皆、膣の炎症を引き起こしたり悪化させたりする場合があります。

　女性専用のデオドラントスプレーに含まれている一般的なものといえば、溶剤としても機能する高圧ガス、シリコンの入った保湿剤、タルク、殺菌剤、変性アルコールです。殺菌剤は様々な種類のものが使用されており、たとえばクロルヘキシジンやその派生成分、種々のクオタニウム、トリクロサンなどがあります。このうちのいくつかには欧州の規制が適用されているにもかかわらず、副作用が報告されている成分はほとんどありません。ただし変性アルコールは、全身に及ぶ湿疹状の接触性皮膚炎を引き起こすことがあります。また、こうした製品における保湿剤の使用意図は明確になっていません。というのも、このような製品の使用対象箇所は、常に乾燥させておき、細菌の繁殖を阻まなければならないからです。

　膣用のクレンジング製品には、ベーシックなシャンプーと同じ成分が含まれているようです。成分としてよく使用されているのはラウレス硫酸ナトリウム。ただし、SLS（ラウリル硫酸ナトリウム）を含む製品は避けて下さい。膣の炎症を引き起こすといわれているからです。トリクロサンやクロルヘキシジンなどの抗菌剤もしばしば添加され、身体に細菌が繁殖しないようにし

ています。女性ならではの衛生製品としてのモイストティッシュは、基本的な成分は一般のモイストティッシュとかわりませんが、それ以外に抗菌剤も含まれています。また、相当量の変性アルコールが含まれていることも多々あります。

米国では、「衛生（的な）」といった言葉を、女性用ケア製品のラベルに使用することはできません。誇大広告とみなされてしまうからです。というのもこうした製品は、実際には洗浄作用を有しておらず、単ににおいを抑えたりごまかしたりするだけだからです。またこのような製品には、FDAが定めた具体的な警告——製品の使用法及び、膣の炎症や膿などがでた際の対処法——を明記しておかなければなりません。

タルクを使うと卵巣癌になる？

鉱物性の粉塵、それも特にアスベストの粉塵を吸入すると肺病になり、その結果肺癌を含む様々な癌を引き起こしかねない、これは明確な事実です。そして、様々なコスメティックス製品に頻繁に使用される吸収性の鉱物タルク——中でも特にタルカムパウダーが、最近メディアの注目を集めています。卵巣癌との不確かな関係及び、性器用の衛生製品にタルカムベースのパウダーが使用されているためです。とはいえ、この問題を取り上げている記事の多くは噂の域を出ておらず、もとにしている情報も間違っています。また、科学的なデータの解釈を誤ったまま、タルカムパウダーや、ほんの少量タルクを含んでいるかも知れない製品の使用を控えるよう警告している記事もあります。ちなみに、そこで取り上げられていた製品は、コンドーム、タンポン、生理用ナプキン、避妊具のペッサリー、それにゴム手袋など。

タルクと卵巣癌の関係が最初に報告されたのは1930年代でした。その報告を、タルクの使用を反対している団体が乱用したのです。こうして悪意に満ちた噂が流れ始めました。さらに、コスメティックス製造業者たちもこの噂を支持したのです。以来60有余年、確かに医学文献にも

様々な論文が掲載されてきましたが、噂に比して科学的な研究報告の数は圧倒的に少ないといわざるを得ないでしょう。

　1984年から87年にかけて、ボストンである調査が行われました。被験者は、卵巣癌を患っている白人の米国人女性235人と、同じ年齢、人種、居住地域で、卵巣癌をはじめ一切の癌を患っていない対照群女性239人です。その結果、性器を清潔に保っておくためにタルクを定期的に使用していた女性は、卵巣癌の女性は49%、対照群の女性は39%でした。調査グループの結論は、性器を清潔に保っておくためのタルクの定期的及び過度な使用は卵巣癌の危険上昇と関係があるかもしれないが、卵巣癌を引き起こす主要要因とは思えない、というものでした。

　同様の調査が、米国のバッファローでも行われました。被験者は、卵巣癌患者499人と、結腸癌や胃癌といった、卵巣癌以外の癌患者693人からなる対照群の女性です。この調査では、タルクを定期的に使用している割合が双方のグループでほとんどかわりませんでした。結果、この調査からは、卵巣癌と、生殖器の衛生を目的とするタルク使用との間に因果関係はない、という結論が導き出されたのです。しかしながら、この調査に携わった批評家たちはあることを指摘しました。タルクのサンプルから検出されたアスベストの繊維と、胃、結腸、及び肺の癌との間には因果関係がある、というものでした。要するに彼らは、タルクの使用と癌になる危険度の上昇との間には、わずかながら重要な関係がある、そう信じているのです。しかしながら、タルクベースのベビーパウダーの使用が後年の卵巣癌に結びつくという調査報告はいまだなされてはいません。

　1994年FDAは、タルクを含む製品に対して行っていた消費者への警告をやめました。タルクと卵巣癌との因果関係を示す十分な証拠がなかったからです。確かに卵巣癌は、英国では癌の中の死亡原因の5番目に挙げられていますが、それはわずか12,500人に1人ほどの割合でしかなく、タルクの使用がその危険性を著しく増すとはとても思えません。むしろ卵巣癌になりやすいのは、以下のような女性でしょう——

- 50歳以上
- 卵巣癌、乳癌、結腸癌を患った人がいる家系
- 現在乳癌または結腸癌を患っている
- 出産経験がない
- ピルを服用したことがない
- 排卵周期3回以上にわたって排卵誘発剤を服用していたことがある
- アシュケナージユダヤ人
  （ドイツ、ポーランド、ロシア系ユダヤ人の総称）
- 西洋諸国在住者

　この問題に関して発言している医療関係者の中には、タルクはむやみに使うべきではないと信じている人もいます。たとえ本当にタルクが癌の危険性を高めているとしても、その度合いはわずかなものにすぎないでしょう。しかし健康面、衛生面双方から考えて、必要不可欠なものではないのですから、わざわざ危険を冒すことはありません。タルクを使うことに不安を覚えているなら、答えは簡単。トウモロコシ（コーンスターチ/コーンフラワー）をベースにした製品にかえればいいだけです。これは水溶性で、体内に吸収されても無害物質へと急速に代謝されます。

8章 歯とオーラルケア製品

数多の乙女のごとく
見目麗しきかの人
われ知るはその愛らしさのみ
かの人が笑うまでは。

本章では、歯の構造及び、歯や口の中を清潔にしておくための製品についてみていきましょう。

歯について知る

子どもの乳歯は20本、生後6ヶ月ごろから生え始め、3歳ぐらいまでに生え揃います。それが永久歯と生えかわり始めるのが6歳ごろ。そして通常は17歳ごろまでに32本全ての歯が揃います。その際最後に生えてくる4本が親知らずですが、これはかなりあとになってから生えてくることもあれば、全く生えてこない人もいます。

歯は、エナメル質といわれる白またはクリーム色の物質で覆われています。エナメル質は、身体の中で最もかたい物質です。その下には象牙質があります。かたさはエナメルと骨の中間くらいです。また歯の中央には、髄質と呼ばれる柔らかい物質があります。この中には生体細胞、血管、神経終末が詰

まっています。歯は、目にみえているよりも実際には3倍ほども長く、全体の2/3が根で、顎骨の中に深く埋まっており、歯肉に覆われています。根を覆っているのは、セメント質と称される、骨に似た繊細な物質です。一方、受け口におさまった歯を支えているのは、歯周靭帯です。歯周靭帯はスプリングとなって歯にほんのわずかな動きを与えたり、衝撃吸収材として、噛んだりかじったりする際の衝撃を和らげています。

一般的な成分──歯磨き粉の場合

有効成分

フッ化Na……………………………………0.24% w/w（1000 ppm F）

成分

水、ソルビトール、含水シリカ、PEG-12、ピロリン酸四Na、カルボキシメチルセルロースNa、ラウリル硫酸Na、香料、セルロースガム、炭酸水素Na、サッカリンNa、フッ化Na、CI 77891。

- ・水　　　　　　　　　主成分。
- ・ソルビトール　　　　湿潤剤。蓋をしていない際の乾燥から守ります。
- ・含水シリカ　　　　　歯を磨くためのマイルドな研磨剤。
- ・PEG-12　　　　　　 増粘剤。
- ・ピロリン酸四Na　　 歯磨き粉の酸度をコントロールします。
- ・カルボキシメチルセルロースNa

　　　　　　　　　　　結合剤。他の成分の分離を防ぎます。また、歯磨き粉が分散しやすく、かつ簡単に洗い流せるよう補助する機能もあります。

- ・ラウリル硫酸Na（SLS）*

　　　　　　　　　　　歯に残った食べかすや歯垢を除去する陰イオン界面活性剤です。

・香料	天然または人工の芳香物質。
・セルロースガム	増粘剤兼結合剤。
・炭酸水素Na	歯磨き粉内の酸度調整補助及び口中の強酸性を中和するマイルドなアルカリ。
・サッカリンNa	合成無糖甘味料。
・フッ化Na＊	歯の強度を高め、虫歯を抑制する有効成分。コスメティックス製品におけるフッ化物の総合濃度上限は、完成品の0.15％。本製品には0.24％のフッ化Naが含まれていますが、フッ化物そのものはわずか0.11％です（残りの0.13％はナトリウムになります）。したがって、「有効成分」とラベルに別記する義務はありません。なお、有効成分として表示する場合、フッ化物の含有量は、その重量によってppmでも表示されます。フッ化物0.15％は1500ppmと同じです。
・CI 77891	二酸化チタン。天然の白色染料。

＊規制対象成分。もしくは有害、副作用が懸念されている成分。

歯磨き粉と虫歯

　歯磨き粉には、洗浄剤や殺菌剤、保存料などが種々含まれています。また、様々な添加物が機能し、歯や歯肉、口腔から、バクテリアや歯垢、食べかす、さらには目にみえないような汚れまでをも除去しています。歯科医が薦める歯磨きは朝晩2回。歯肉に対して垂直に歯ブラシを動かすよういわれます。つまり、上の歯は下に向かって、下の歯は上に向かって磨き、歯垢を除去していくのです。ただしこれでは、歯肉の奥に残った歯垢まではとれません。そしてその歯垢こそが、感染症を引き起こしかねないのです。
　歯垢はバクテリアと食べかすから成る、粘着性のある物質です。定期的に

除去していないと、虫歯（齲蝕）や歯周病になってしまうでしょう。バクテリアは、歯垢内の食べかすをエサとし、糖質や炭水化物を酸にかえていきます。この酸が、歯のエナメル質を溶かしてしまうことがあるのです。エナメル質が溶けてしまうと、酸はそこから侵入して象牙質をも攻撃し、さらに奥へと進んでいきます。そしてやがて柔らかな髄質にまで到達するのです。また、歯垢内のバクテリアは毒素も放出します。その毒素のせいで、歯肉の縁が赤くなったり腫れたりするのです。これがいわゆる歯肉炎です。歯肉炎をそのまま放置しておくと、やがて歯周炎となり、歯槽が弱って歯が抜けてきます。こうしたいわゆる歯周病は、進行性の疾患ですから、年配になるほど顕著になってきます——つまり「年をとる」ということは、歯肉が衰えてくる、ということでもあるのです。歯周病のために失う歯は、虫歯の場合よりも多くなっています。このような状況は、歯磨き粉にフッ化物が添加されるようになった20年ほど前からみられるようになり、最近は特に顕著になってきています。

　大半の歯磨き粉に含まれている主要成分を挙げてみましょう。しつこい付着物を除去する洗浄剤、歯の表面を優しく磨く研磨剤、歯磨き粉を乾燥から守る湿潤剤、適切な質感を与える増粘剤とゲル化剤、洗浄製品に泡はつきものという心象を満足させるための起泡剤、香料、そしてエナメル質を強化し、虫歯を防ぐのに役立つフッ化物です。他にも、急激な温度変化に対する過敏な反応を抑制するためのストロンチウム塩、バクテリアを死滅させ、極力その再現を抑える殺菌剤、歯を白くするのに役立つ漂白剤などが添加されていることもあります。

　研磨剤で最もよく使用されているものといえば、水酸化アルミニウムか含水シリカでしょう。いずれも研磨力が高く、歯の表面に付着したものの大半をきれいに除去しますが、エナメル質を傷つけるまでには至りません。相性のいい成分や香料も多岐にわたります。ラウリル硫酸ナトリウム（SLS）は通常、洗浄剤として添加されていますが、しっかりとした泡を形成するわけではないので、時にマイルドな起泡剤が添加されていることもあります。泡があれば、歯磨き粉は口の中で分散しやすくなります。その上、ほぼ口腔内

全般に広がっても、簡単に洗い流すこともできるのです。

　また増粘剤とゲル化剤は、適切な選択が重要です。よく選ばれているのはカルボキシメチルセルロースナトリウムとPEGの派生成分。いずれも歯磨き粉に粘度を付加するだけでなく、結合剤としても機能し、研磨剤の分離を防いでいます。口及び歯ブラシの洗浄補助という機能もあります。

　歯磨き粉の湿潤剤として、急速にグリセリンに取って代わりつつあるのがソルビトールです。その主な理由は安さにあります。湿潤剤は、歯磨き粉の蓋がはずれたままになっていても、水分が蒸発してしまわないよう守っています。またメントールも、口の中をさわやかにする機能から、しばしば添加されています。そのメントールとの相性の良さから、最もよく添加されているのが、ミントやスペアミントといった香料であり、さらにはクローブやシナモン、アニシードといったスパイシーな香料です。ちなみに他の香料（フルーツ系の香りなど）は、ミントとの相性が良くありません。歯磨き粉に添加されているこうした香料は、歯磨きを終えてしばらくの間口の中に残り、そのマイルドな香りで口臭をごまかしてくれるでしょう。また、現代人の味覚を満足させるために、サッカリンナトリウムのような無糖甘味料も使用されています。

　歯磨き粉に含まれている殺菌剤は、歯ブラシが届かない場所にいるバクテリアをも死滅させることができ、歯垢が再付着するペースを落とさせもしますが、その効果は長続きしません。したがって、製造業者による宣伝文句――1日中あなたの歯を守ります――は、事実とはかけ離れているのです。また、過酸化カルシウムや過酸化ストロンチウムといった漂白剤を含む歯磨き粉は、多少は歯を白くすることもできますが、効果のほどは実に微々たるものでしかありません。英国では最近、ある製造業者が警告を受けました。製品の「使用前」と「使用後」を示す広告写真を改ざんし、実際よりもはるかに漂白効果があるようにみせかけたからです。歯を白くしたいなら、歯科医に行きましょう。医療用の漂白剤で歯を覆い、そこに強力な紫外線光を照射して、漂白効果を促進させてくれます。治療が終われば、歯は明らかに白くなっているでしょう。紅茶やコーヒーのニコチンやタンニンが付着していた

場合などは特に、その白さに目を見張るはずです。

> **民間療法——ハーブを使った歯と口のお手入れ**
>
> 　セージは歯にいいといわれています。エナメル質を白くし、歯肉を引き締めると。ぜひ試してみて下さい。ただし科学的な裏付けはありません。

　透明な歯磨き粉も市販されています。粘度の高いジェル状の歯磨き粉の中に、きれいな含水シリカのつぶがキラキラと輝いています。

つや出し粉

　つや出し粉も基本的には歯磨き粉と同じですが、粘度は低く、流動性と光沢に富んでいます。研磨剤にはしばしば、非常に細かく粉砕された含水シリカが使用されます。また、PEGから派生したゲル化剤が、形状維持のために頻繁に使われています。

フッ化物

　フッ化物を含んだ化合物が、歯磨き粉やマウスウォッシュをはじめとするオーラルケア製品には添加されており、それによって歯に穴が開いたり虫歯になったりするのを防いでいます。フッ化物は、エナメル質や象牙質を形成しているミネラルに吸収され、エナメル質などの酸の侵食に対する耐性を高めていると考えられています。吸収後、フッ化物は歯の表面から徐々に放出されていきますが、そこでもまた機能している、そう主張する歯科医もいます。また、フッ化物にはかなりの毒性があるため、歯に付着したバクテリア——虫歯の原因となる酸を放出するバクテリアも含め、ありとあらゆるバク

テリアを死滅させます。

　もともとフッ化物が混入している水を飲む地域がありますが、そのようなところで成長する子どもは、飲み水に混入しているフッ化物のレベルが低い地域の子どもに比べて、歯に詰め物をしている割合は65％も低く、抜歯率にいたっては90％も低いのです。このことからも明らかなように、フッ化物は子どもの成長にともなって歯の鉱物構造内に取り込まれていき、生涯虫歯から歯を守ってくれます。飲み水に含まれるフッ化物は、0.7〜1.2ppmが望ましいとされています。それよりも含有量が低い場合には、タブレットやドロップ状になったフッ化物のサプリメントを子どもに与えるといいでしょう。歯科医にいえば、フッ化物の溶剤やジェルを直接子どもの歯に付けてくれるでしょうし、自宅でも、マウスウォッシュや歯磨き粉という形で与えることができます。

　欧州では、通常トイレタリー製品として市販されているオーラルケア製品に含まれるフッ化物のレベルを規制し、0.15％以内としています。それだけ含まれていれば、身体に害を及ぼすことなく、十分に歯を守り、強くすることができると考えられているのです。しかし中には、0.15％以上含んでいるオーラルケア製品もあります。そのような場合、製品は医療用具または医薬品に分類され、フッ化物を「有効成分」として別記するよう求められます。市販されている歯磨き粉は、大半のブランドが上限0.15％を守っていますが、にもかかわらず製造業者はよく、フッ化物を有効成分として記載し、その含量を％及びppmで示しています（0.15％は1500ppmに相当します）。もちろんこれは義務ではありません。たとえばラベルに、「有効成分：フッ化ナトリウム。含有量0.32％ w/w（1450ppm）」と表示されていても、製造業者が限度を超える量を混入しているわけではありません。0.32％のフッ化ナトリウムとなっていても、含まれているフッ化物は0.145％（1450ppm）であって、残りの0.175％はナトリウムなのです。

　フッ化物は毒性が高いため、子どもが使う歯磨き粉はほんの少量でよく、それを飲み込んだりしないようくれぐれも注意して下さい。必要以上のフッ化物は、フッ素症——歯のエナメル質の変色——を引き起こしかねません。

ひどくなれば、歯は生涯茶色く変色したままでしょう。

マウスウォッシュ

　マウスウォッシュに主として含まれているのは、着色され、香料を付加された水です。さらにフッ化物や経口用殺菌剤も添加され、口臭の原因となるバクテリアを死滅させています。増粘剤も少量ながら付加され、質感を高めています。また、口の中を清潔にし、マウスウォッシュを均一に広げる一助としてしばしば添加されているのは、界面活性剤です。さらに強めの香料——通常はミントやスパイシーなもの——も付加され、一時的に臭い息をごまかします。

マウスウォッシュは口臭を除去できるか？

　マウスウォッシュや歯磨き粉を使えば口臭は除去できる。口臭の主な原因は口腔内の汚れ。多くの人がそう信じています。ですが口臭は、他のことが原因となって発生する場合も多々あり、また、マウスウォッシュや歯磨き粉だけで治せるものでもないのです。ちなみに口臭の原因には、喫煙、飲酒、ニンニクなど香辛料の効いた食事、口や歯の感染症、副鼻腔炎、ある種の肺の疾患などもあります。

9章 ヘアケア

お気に入りの香りを漂わせ
疲れた髪や枝毛を補修してくれる。
そんなシャンプーなら
落雷からも守ってくれる。

　シャンプーやコンディショナーのラベルには、呆れるような宣伝文句が並んでいます。もし本当に宣伝通りなら、なぜこれほどまでに多くの人が、毎日のように髪が決まらないといって悩んでいるのでしょう。答えはもちろん、全ての宣伝文句を満たすだけの機能を有していないからです。確かに、髪をきれいに洗ったり、髪のコンディションを調える機能には秀でているかもしれません。ですがその一方で、シャンプーやコンディショナーのせいで髪が決まらないこともあるのです。そんなシャンプーやコンディショナーの機能を理解するにはやはり、髪の生態に関する多少の知識が必要です。そこで本章では、まず髪について知ってもらい、それを踏まえた上で、フケやその治療法、シャンプーやコンディショナーについてみていきたいと思います。その後さらに範囲を広げ、サロンや美容師についても、ヘアダイやパーマ、ストレートアイロンなどとともに考えていきます。本書で取り上げている危険な化学物質の中でも、ある種のヘアダイに使用されているものはおそらく最も危険であり、本章でも該当部分では、特にヘアダイと癌の関係に焦点を当ててみていきます。

毛髪とは？

　頭部全体がきちんと毛髪に覆われている場合、頭皮から生えている毛髪はおよそ10万本。しかも、毛が生えているのは頭皮にかぎりません。ほぼ全身から——主な例外といえば唇と手のひら、足の裏くらいでしょう——長さも太さも色も異なる毛が生えています。いずれの毛髪も直径は0.0025〜0.01cm。毛嚢といわれる穴から生えてきます。毛嚢の深さは0.25〜0.3cmで、真皮または肌の生体層まで伸びています。

　毛嚢は毛根を包み込んでいます。その毛根の根元に挿入されているのが、毛乳頭といわれる真皮の小さな組織です。毛乳頭には、微細な血管が張り巡らされています。それが毛細血管です。そしてこの毛細血管が、毛根に栄養分や酸素を供給しているのです。毛細胞は成長、増殖し、毛根下部に毛球を形成します。毛細胞は、増殖するにつれて互いに押しあい、やがて狭い毛嚢から押しだされていきます。もちろんそこでも、周辺の毛嚢から押され続け、細胞はかわらず押しあい続け、結果、長いさお状になっていきます。それが、私たちが毛髪と称しているものなのです。毛を抜けば、しばしば明るい色のコブ状のものを目にするでしょう——それが毛球です。しかし通常毛根は残っていますから、毛嚢からはまた新たな毛が生えてくるのです。

　毛乳頭の先端から生成される細胞は、毛髄質——メデュラを形成します。メデュラは毛幹の中核をなす薄い層です。層内の細胞は密集しておらず、エアスペースもあるため、メデュラは柔らかく、スポンジ状になっています。一方、毛乳頭の両端から成長してくる細胞は細長い形状をしており、毛皮質——コルテックスをつくりあげます。これは、中核層を覆う、毛幹の主要部分です。そして、毛乳頭の下部から生成される細胞がつくりだすのが一番外側の層、いわゆるキューティクルです。キューティクル細胞は、毛嚢壁の圧迫を受けるために平たく、一見すると、毛幹を包む無数のウロコのようです。

　毛髪が毛根から現れるにつれて、生体細胞内の物質は、丈夫な繊維性のたんぱく質であるケラチンにかえられていきます。そしてこの変換過程が終了

すると——それも毛髪が肌表面に到達する前に——毛細胞は死んでしまいます。たんぱく質ケラチンは、硫黄重合体によって結合されていて、それによって強度を得ています。要するに、縄ばしごだと思って下さい。両端はたんぱく質製の長い縄、横木部分が硫黄重合体で、それが2本の縄をつないでいるというわけです。髪にパーマをかけると、この硫黄重合体が化学的に壊されるのです。やがて再結合はしますが、毛幹の形は永久にかわったままです。

毛幹を構成しているのは、その全てが死細胞。だから毛髪を切られても痛くないのです。毛髪の成長速度はまさに千差万別ですが、平均すると月に1.25cmほど伸びます。15歳から30歳くらいまでは伸びるのも早く、女性の毛髪の方が男性よりわずかながら早く伸びます。剃ったり切ったりしても伸びる早さに影響はありませんが、健康状態には大きく左右されるでしょう。

ある程度の時間が経過すると、毛髪の成長サイクルは止まります。毛嚢は縮み始め、肌表面へとあがってきます。すると毛根が次第に押し上げられていき、やがて、とかしたり洗ったりする際に毛髪が抜けていくのです。しかし毛嚢はまた成長し、新たな髪を生成、毛髪の成長サイクルが再び繰り返されていきます。このサイクルの長さは、人によっても、身体の部位によっても異なります。このサイクルの長さによって、毛髪の長さも決まってきます。このサイクルが数年も続けば、毛髪は相当長くなるでしょう。しかし中には、成長サイクルが短いために、毛髪を切る必要のない人もいます。まつげなどはサイクルが非常に短くなっていますが、だからこそ理にかなった長さを保っていられるのです。

民間療法——ハーブを用いた脱毛治療

キャットミント、ネトル、キダチヨモギは髪を元気にし、脱毛の治療効果もあるといわれています。またホーステールは髪を丈夫にするそうです。ヤロウとマシュマロ（お菓子ではなく、植物です！）の定期的な使用で、抜け毛を防げるという噂もあります。

キダチヨモギの強烈な香りを除けば、これらハーブにはいずれも副作

> 用はありません。

　毛嚢は斜めに成長しますから、毛髪も本来は一定方向に傾いています。ですが毛嚢には、立毛筋といわれる小さな筋肉があり、その力で、毛髪は時にまっすぐ立つことがあるのです（たとえば寒い時や、迫り来る危険を察知した時、恐い思いをした時など）。毛嚢からは皮脂も分泌されます。この天然オイルのおかげで毛幹は滑らかになり、いい状態を維持することができるのです。

　赤ん坊は子宮にいる間、うぶ毛といわれる薄い色のふわっとした毛で全身を覆われています。このうぶ毛は、誕生直前もしくは誕生後すぐに軟毛──細くて短く、色も淡い毛です──にかわります。この軟毛は、しばしば思春期前までみられます。思春期になると、頭部や恥部、脇の下の軟毛は硬毛へとかわっていきます。中には手足や胴も、という人もいます。硬毛の成長は、テストステロンという雄性ホルモンによってコントロールされています。そして女性からも、少量ですがこのテストステロンは分泌されます。男性の体内でテストステロンが過剰に分泌されると、頭部の毛は薄くなり、かわりに身体の他の部位の毛が濃くなることがあります。閉経前後になると、雌性ホルモンのエストロゲンは分泌量が減りますが、テストステロンの方はそれまでとかわらず、少量ですが分泌が続くため、上唇や顎の毛が目立ってくるのです。

毛髪の色

　毛髪の色を決めるのは、メラニンという色素。これは、毛嚢の下部で成長する細胞──メラノサイトという細胞内で生成されます。赤毛や金褐色の毛髪には赤色メラニンが含まれています。その他の毛髪の色は全て、黒色メラニンが基調になっています。色素がないと毛幹の色は薄くなり、毛髪は白やブロンドになります。年齢を重ねるにつれて色素の生成は減り、メデュラが

厚みを増してきます。すると毛幹内の空気含有量も増えてきます。その結果、毛髪はわずかに太くなりますが、弾力は失われ、色も白みを帯びてきます。また、メラニンは明るい太陽光を浴びると薄くなりますから、多少茶色みを帯びていた髪などは、太陽にさらされただけで限りなくブロンドに近い色になってしまうこともあるのです。

フケ症

　フケは、一目でわかる皮膚の病気同様、周囲から冷たい目で見られます。というのも、フケは不潔だからできる、という間違った考えがまかり通っているからです。フケが落ちてくればきまりが悪いもの。しかもそのまま放置しておけば、若くして髪を永遠に失ってしまうことにもなりかねず（脱毛症）、さらにひどい皮膚の病気をも引き起こしかねません。

　フケ症は比較的よくみられますが、通常は無害です。頭皮から、死細胞の小片や薄片が過剰に剥離するために起こります。フケ症は、人々が市販されている医薬品で対処しようとする症状のベスト10に入っていますが、驚いたことに、医療専門家が認めようとしない、ましてや治療など考えようともしない場合が多々みられる疾患なのです。通常は薬用シャンプーやフケ防止シャンプーなどでフケの発生を抑制することが可能ですが、そういったシャンプーの使用をやめれば、またフケがみられるようになります。なお、こうしたシャンプーが効かない場合、その原因はより深刻な疾患——湿疹、乾癬、脂漏性皮膚炎など——にあると思われます。そのような疾患の際には、医師に相談すれば、ステロイド剤をベースにしたものや、その他頭皮用の医薬品を用いて治療を行ってくれるでしょう。

　皮膚の外層は死細胞から成っています。死細胞は定期的に剥離し、表皮下方の細胞に取って代わられます。私たちはふつう、1日に1層ずつ細胞の層を剥離しています。とはいっても、小さすぎて肉眼ではとてもみられませんが。こうした層の生成、剥離のペースが、フケ症の場合早くなっているのです。

ただしその理由はわかりません。また、脂性肌にみられるフケは、乾燥肌のものに比べて大きく、黄色みがかかっています。色味を帯びるのは、肌から分泌される天然の油脂、皮脂のせいです。フケがでるからといって、頭皮の一部が赤くなって炎症を起こしたり、痛みをともなうといったことは滅多になく、そのような症状がみられる場合には、より深刻な皮膚の病気が考えられます。

フケ症が子どもにみられることはほとんどありません。むしろ思春期やヤングアダルト世代に顕著に見られ、中年期には減少します。しかし高年期に患うこともあり、特に卒中の発作に見舞われたことのある人にはよくみられます。女性よりも男性に多く、乾燥肌の人よりも、脂性の肌や髪の人の方が悩んでいます。そのため、フケ症の最大の要因は雄性ホルモンのアンドロゲンにあると考える医療専門家もいます。しかしこうしたホルモンは非常に重要な機能を有しており、そのホルモンの分泌抑制をベースにした治療が行われることはまずありません。

民間療法──ハーブを用いたフケ症の治療

ニンニク、ネトル、キダチヨモギはいずれも、フケ症を治せるといわれています。こうしたハーブは、コスメティックス製品にみられる副作用とも無関係ですが、ニンニクやキダチヨモギの臭いがプンプンする髪を思えば、フケの方がまだましかもしれません！

フケを悪化させかねない要因は、髪への化学物質の過剰な使用、ぴったりした帽子やスカーフ、寒さ、過度な暖房、たまにしかシャンプーを使用しない、すすぎが不十分、などです。不安やストレス、緊張とも関係があります。また、ピチロスボルム・オバーレという酵母菌がフケ症の原因ではないか、そう考えられていた時期もかなりありましたが、酵母菌を死滅させる化学物質を使用しても、フケ症は完治しませんでした。この酵母菌は、微量ながら全ての人の頭皮にあります。フケの原因ではないものの、剥離片やべたつい

た頭皮、ぴったりした帽子やスカーフの下の蒸れた状況を好み、そこを完璧な土壌として菌を増殖させることはままあります。つまり酵母菌は、原因ではなく症状なのです。

効果の高いフケ防止シャンプーには細胞増殖抑制物質が含まれていて、それが頭皮の表皮内にある細胞の成長を抑制します。また、ジンクピリチオンや硫化セレンも含まれています。その他よく知られているフケ予防物質といえば、コールタールや硫黄、サリチル酸でしょう。後者は角質溶解（剥離）物質で、たんぱく質から成るケラチンを溶かすことで、すでに死んでいる肌の外層をはがれやすくし、死細胞の堆積を防ぎます。また中には、抗酵母菌剤や、ニゾラール（ケトコナゾール）のような抗真菌薬も添加されているシャンプーもあります。コールタールシャンプーは欧州の薬局でのみ入手可能ですが、天然または精製コールタールを含む製品の長期間使用により、癌になる危険が生じてくることが、検査から明らかになっています。

脂漏性皮膚炎は通常、ノーマルタイプのフケ防止シャンプーでは対応できず、また往々にして目や鼻、胸部周辺にも症状が及ぶ場合があります。乾癬は普通、赤くなったり炎症を起こしたり痛みをともなう頭皮の部位から、銀色っぽい薄片が剥離してきます。また、腕や足、背中、臀部にも症状がみられます。

髪のお手入れ

髪は常に清潔にし、コンディションを保っておくことが重要です。とはいえ、ダメージを受けやすく、その要因は洗いすぎ、ドライヤーやホットカーラー、カーリングアイロンによる過熱、逆毛を立てる、カラーリングのしすぎ、パーマのかけすぎなどにあります。不慣れだったり経験の乏しい美容師もまた、酸化ヘアカラーやパーマ液を正しく使えず、髪にダメージを与えることがあります。いったんダメージを受けてしまった髪は元に戻りませんが、徐々に新たな髪が伸びてきて、傷んだ髪と入れ替わっていきます。ですが良

質のヘアコンディショナーなら、ひどく傷んだ髪でも見栄えよくすることはできるでしょう。

シャンプー

　シャンプーは基本的に洗浄剤と水の混合物で、髪に付着した汚れや油脂を除去するために使われます。石鹸の場合、あとに石鹸かすのくすんだ膜が残ってしまうため不向きです。シャンプーの洗浄剤として最もよく利用されているのはラウリル硫酸ナトリウム（SLS）です。普及率はおよそ90%。そこに、通常は他の成分も添加されています。

　一般的なシャンプーは、その大半が水分で、洗浄剤は5〜20%です。また、ぱさつく髪用のシャンプーの方が、べたつく髪用より洗浄剤は少なくなっています。ラウリル硫酸ナトリウムだけでは十分な泡立ちは望めませんから、シャンプーにはラウレス硫酸ナトリウムも添加し、しっかりとした泡を立てていることもあります。コカミドDEAやコカミドプロピルベタインのような起泡力増進剤も少量ながら添加されていることもあります（製法によりますが、通常は1〜5%です）。泡は洗浄過程において何の意味も成しませんが、洗浄剤やフケ防止剤のような他の有効成分を、髪や頭皮に濃度を保ったまま付着させておくことができます。また、泡立ちがよければ洗浄力も高いという人々の強烈な思い込みもあって、泡は存在しているのです。

　製造業者が選択できる増粘剤は多岐にわたります。増粘剤は、製品の質感や流れ具合を調整するために添加されています。着色料及び乳白剤は、シャンプーに真珠のような光沢やクリーミー感を演出するために使われています。オイルは、洗浄剤が髪にもたらす乾燥効果を中和するためにしばしば添加され、それ故、当然乳化剤や乳化安定剤も添加されるわけです。オイルは天然のベジタブルオイルから合成のシリコンポリマーまで、何でも構いません。コンディショニング効果もあり、毛幹のキューティクル層を滑らかにする役にも立ちます。そしてシャンプーには、ほぼ全てのコスメティックス製品同様、天然または人工の香料が付加されています。

> **たまごシャンプー**
>
> 　FDAによれば、たまごシャンプーを謳っているシャンプーには、洗髪1回分のシャンプーの中に、たまごが1個、もしくは同等量の乾燥全卵が含まれていなければならないそうです。

　シャンプーには往々にして、少なくとも2種類（通常はそれ以上）の保存料が添加されています。1つは、シャンプー中の水分を守るために水溶性でなければならず、もう1つは、乳濁液中のオイルを保持するために油溶性を求められるのです。よく使用されているものは、パラベン系、ホルムアルデヒド、グリオキサール、メチルクロロイソチアゾリン／メチルイソチアゾリノン混合物です。

　オールインワンタイプのコンディショニングシャンプーに含まれているのは、髪のコンディションを整えるためのオイル、オイルをのばすための塗膜形成剤、そして、陽イオン界面活性剤やシリコンポリマー（メチコン及びジメチコンの派生成分）のような帯電防止剤です。洗浄剤は通常少量しか含まれていません。コンディショニング成分が洗い流されてしまうからです。

　通常はフケ症治療に用いられる薬用シャンプーには、様々な成分が含まれていますが、最もよく知られているのは、おそらくジンクピリチオンでしょう。それに続くのがコールタールです。後者は欧州の場合コスメティックス製品への使用が禁止されており、薬局で購入するか、処方箋がなければなりません（フケ防止物質に関する詳細は122ページ〈フケ症〉の項を参照）。シラミやノミを退治する殺虫用シャンプーには、有機リン酸エステルをベースとした殺虫剤が含まれています。こうした成分には毒性があり、飲み込むと危険です。子どもが使う場合には必ず、大人がついているようにして下さい。

　抗塩素用のシャンプーを使えば、プールで泳いでも、塩素に反応して染めた髪の色が抜けてしまうこともありません。ですがいくらこのシャンプーを使っても、いったん褪せてしまった色をもとに戻すのはまず無理でしょう。

プールにはしばしば、様々な化学物質が含まれていて、それがゆっくりと塩素を分離させていくため、低濃度ながら常に水中に塩素がある状態が続くのです。こうした化学物質は毛幹に侵入し、シャワーで流したくらいでは完全に除去することはできません。当然毛幹内にもゆっくりと塩素が放出されていき、それが染料を攻撃するのです。しかしチオ硫酸ナトリウムや亜硫酸ナトリウム、亜硝酸ナトリウムのようなマイルドな還元剤が、塩素や塩素から分離した化合物がヘアダイを脱色する前に、害を及ぼすことなく破壊してくれます。ただしこのタイプのシャンプーは、泳いだあとなるべくすぐに使用すること、そして、時間をかけて浸透させ、効果を発揮させるようにすることが重要です。

　ベビーシャンプーは、大人のシャンプーよりもマイルドです。含まれている洗浄剤の濃度が低く、往々にして刺激の少ない成分を使用しているからです。大まかにいえば、ラウレス硫酸ナトリウムはかなり刺激の低い成分であり、それに続くのがラウレス硫酸アンモニウムでしょう。ラウリル硫酸ナトリウム（SLS）はわずかに刺激が強く、さらに強いのがラウリル硫酸アンモニウムです。しかし結局、洗浄剤と名がつくものはいずれも、目に入ればヒリヒリします。洗浄剤が含まれていればいるほど目は痛むわけで、べたつく髪用のシャンプーは、ぱさつく髪用のシャンプーよりもさらに刺激が強くなっています。

　使っているシャンプーのブランドがあわないと感じたり、頭皮が痒くなってきたりしたら、すぐに他のブランドに換えて下さい。頭皮が痛みだす前に。そのまま使い続けていれば頭皮の状態が悪化し、フケ症やさらにひどい症状を引き起こしかねません。痒みの原因はおそらく、シャンプーに含まれている着色料や香料、保存料でしょう。したがって、かえる際には異なる保存料が含まれているもの、異なる色のもの、無香料またはほのかな香りのブランドを選ぶようにして下さい。

コンディショナー

　コンディショナーはシャンプー後の髪に使用して、つやや手触りをよくし、まとまりやすくします。普通は洗い流しますが、最近は洗い流さずにすむ製品も市場に出回ってきています。一般に含まれているのは油性物質を含む乳化水、乳化剤、非イオン及び陽イオンの界面活性剤、帯電防止剤、増粘剤、保存料、着色料、香料です。また他にも、ビタミン、たんぱく質、アミノ酸、消泡剤、様々な植物エキスなどが添加されていますが、添加物の中でコンディショナーの機能に不可欠なものはほとんどありません。

　髪はもともと、撥水性の油脂から成る薄い膜に覆われていました。だからこそ皮脂腺があり、天然の油脂である皮脂が分泌されているのです。この油性の膜があるおかげで、髪のコンディションは守られ、美しいつやや滑らかな手触り、しなやかさも得られるのです。ところがシャンプーを使うと、この油脂が過剰に除去されてしまうため、髪はぱさつき、元気もなくなり、まとまりもなくなってしまいます。しかも油脂が戻り、髪のコンディションが改善されるまでには、数日を要します。ですが、大半の人はそんなに長くは待っていられませんから、とにもかくにも髪を油性の膜で覆うためにコンディショナーを使うのです。かつては、皮脂に成分が非常によく似ているということから、ラノリンや関連物質が広く使われていましたが、次第に、天然性に乏しい、大量の油性物質に取って代わられてきています。

　髪の外層キューティクルは、平たい細胞に覆われています。その様はまるで魚のウロコや鳥の羽根のようです。そのウロコ状の細胞がめくれあがってしまうことがあります。そうした、あたかも鳥が羽根を逆立てるかのような状態をもたらす原因は、シャンプーやブラッシング、ブロー、逆毛を立てたりすることで、風や天気でさえ影響を及ぼします。ですがコンディショナーを使用すれば、そこに含まれている陽イオン界面活性剤が、油性物質と水を混ぜ合わせておき、コンディショナーが髪全体に均一に広がる一助となって、ウロコ状の細胞が毛幹にぴたりとはりつくよう働きかけてくれますから、櫛

通りも滑らかになり、ダメージも最小限に抑えられるでしょう。過度な化学物質を用いてカラーリングをしたりパーマをかけたり、あるいはカーリングアイロンやホットカーラーなどで過度に熱を加えれば、当然キューティクルはさらにひどいダメージを受けますが、それさえも、適切なコンディショナーを用いれば隠すことができるのです。

帯電防止剤は、髪をとかしたり、服を着る際の摩擦によって発生する静電気を抑えます。静電気が起きれば髪は反発しあいますから、当然髪もまとまらなくなるのです！

一般に信じられているのとは反対に、コンディショナーはべたついた髪にも効果があります。しかしながら、髪はあっという間にまたべたついてきますから、より頻繁にシャンプーしなければなりませんが。べたつく髪用のシャンプーやコンディショナーには、しばしばレモンのようなシトラス系の香りが添加されていますが、これはひとえに、レモンジュースがべたつきを除去してくれるという強い思い込みがあるためです。しかし効果があるのはあくまでも気持ちの面だけで、実際に髪から油分が除去されるわけではありません。

もしこうした化学物質を髪につけるのが心配なら、数週間ほどコンディショナーの使用をやめ、ぱさつく髪用のマイルドタイプの高品質シャンプーかベビーシャンプーを使ってみて下さい。髪にはすぐに天然の油分が戻ってくるでしょう。しかもそれは、試験管からつくられた人工のコンディショナーにはるかに優る働きをしてくれるのです。

シャンプーすればストレートヘアになれる？

多くのシャンプーやコンディショナーが、髪をまっすぐにできる、しかも、パーマやカラーリングで傷んだ髪には特に効果があると謳っています。シャンプーやコンディショナーに添加されたケラチンやビタミンをはじめとする様々な成分が毛幹に浸透し、ダメージを補修したり、脆くなった髪を補強して、一段と耐性を高めることができるとほのめかしているのです（何に対す

129

る耐性かは一言も触れていませんが)。しかも、実験で証明されているとまでいっているのです。

　絵の具を溶かした小瓶に絵筆を浸ければ、絵筆には絵の具がついてきます。同様に、(ケラチンのような) たんぱく質を含むシャンプーやコンディショナーで髪を覆う実験をすれば、髪にたんぱく質がついてくるのは当然でしょう。しかしだからといって、たんぱく質が毛幹内に浸透しているわけではないのです——たとえ浸透したとしても、たんぱく質が髪を修復できることを証明するものではありません。ヘアダイの小さな分子を毛幹内に浸透させることすら難しいのです。まして、それより2〜300倍も大きいたんぱく質の分子ともなればなおさらでしょう！　どうかこうした宣伝文句に騙されないで下さい。あくまでも売るための戦略であり、ケラチンやアミノ酸、ビタミン、その他どれだけ添加物を加えようと、それらが毛幹内に浸透して、髪を補修したり、補強したり、耐性を高めることなどできないのですから。

カラーリング

　ヘアダイには様々な問題がともないます。また、一口にヘアダイといっても、大きくわけて4つのタイプがあります。徐々に髪色を濃くしていくプログレッシブタイプ、1回シャンプーをしたらすぐに洗い流せるテンポラリータイプ、5〜10回の洗髪に耐えるセミパーマネントタイプ、そして、根元が伸びてきて見栄えが悪くなってきても落ちないパーマネントタイプです。

プログレッシブヘアダイ

　酢酸鉛あるいはクエン酸ビスマスが含まれています。加齢にともない自然にみられるようになってくる白髪を染めるために使われますが、色を濃くしていく過程はゆっくりで、髪を染めていると一目でわかるようなことはありません。髪のたんぱく質に含まれる硫黄と反応して機能し、不溶性の固体で

ある鉛やビスマスの硫化物を形成します。酢酸鉛もクエン酸ビスマスも非常に毒性の強い成分ですから、このヘアダイは子どもの手の届かないところに保管しておかなければなりません。正しく使用していれば、鉛もビスマスも肌から吸収されることはありませんが、怪我や傷のある肌には決して使用しないで下さい。また、使い終わったあとは必ず手をきれいに洗って下さい。

テンポラリー及びセミパーマネントヘアダイ

　テンポラリータイプのヘアダイは、1度シャンプーをすればすぐに洗い落とせます。水溶性の染料で、シャンプー直後の髪に使用します。塗膜形成剤が含まれていて、毛幹に、着色された薄い膜を形成しますが、毛髪内部に浸透しないため、簡単に洗い落とせるのです。パーティや舞台メイクといった1回限りの使用がお薦めです。ただし注意すべき点が1つ。すでにパーマネントタイプのカラーリングをしている髪にテンポラリータイプのヘアダイを使用した場合、簡単には落ちません。すでに髪の構造が変化していて、テンポラリータイプのヘアダイも毛幹内に浸透してしまうかもしれないからです。したがって、このヘアダイを使用する際には、まず目立たない場所に少量つけて、落ちるかどうか確認して下さい。さもないと、パーティ後延々6週間もピンク色の髪に耐えなければならなくなりますから。

　一方セミパーマネントタイプのヘアダイを構成する小さな分子は、水溶性が低く、毛幹の表面に浸透することができます。いわば1種の乳濁液で、染料はそのオイル部分に溶けています。泡の形で毛髪内にもみ込まれていくため、染料は泡によって髪の抵抗から守られ、毛幹内に浸透していくことができるのです。染料が浸透し終わると、不要な乳濁液は洗い流されます。このタイプのヘアダイは、5〜10回の洗髪に耐えます。白髪を隠すのに適しているとはいえませんが、より若い髪でも均一に染めることができ、自宅でも簡単に利用できます。

パーマネントヘアダイ

　パーマネントタイプのヘアダイは、酸化染料としても知られています。均一に染めることができ、白髪もきれいに隠せます。このタイプのヘアダイは2つのパートから成っています。1つはまだ染料になっていない化学物質、そしてもう1つが酸化剤です。通常は過酸化水素で、この酸化剤が化学物質を染料にかえるのです。両者は、混ぜ合わせたらすぐに髪につけ、そのまま20〜30分放置してから洗い流します。化学分子は、小さければ小さいほど毛幹内に浸透しやすいわけですから、まず酸化剤と化学物質それぞれの小さい分子を浸透させ、その後毛幹内で結合させてヘアダイを形成させるのです。分子は当然大きくなりますから、毛幹の奥深くに閉じこめられ、洗っても落ちないというわけです。とはいえ、それでも色が褪せていくことはあります。原因はある種のシャンプーやプール内の塩素、日光など様々です。ですが通常は、根元が伸びてきて目立つようになるまでは、色を入れ直す必要はありません。ただし過酸化水素は腐食性が高く、肌や目にダメージを与えかねませんから、十分な注意が必要です。

　中には、どんな化学反応が起こるのかわからず、こうした染料の使用を躊躇っている人もいます。アレルギーを引き起こしたり、染料が落ちなくなるといったぞっとする話もあります。こうしたヘアカラーは概して安全ですが、長期にわたる使用はお薦めできません。化学物質にいつまでもさらしておけば、副作用が現れてきても不思議はないでしょう。とはいえ専門家の中には、カラーリングをしている長さよりもむしろ、その回数の方が問題だと信じている人もいます。大半の染料は、毛幹内に閉じこめられても、そこで害を及ぼすことはなく、危険なのは、染料が頭皮に付着する時だけです。つまり、カラーリングすればするほど、染料にさらされる回数も増えるというわけです。

民間療法──ハーバルヘアカラー

　カモミール、マリーゴールドの花、ビロードモウズイカの花、そしてレモンジュースは髪色を明るくし、ローズマリー、セージ、ビネガーは、暗くしたり深みを持たせたりすることができるといわれています。ヘナ（学名：*Lawsonia inermis*。またはヘナの葉に含まれる植物色素ローソン）は赤茶色の染料で、髪に色味を付加するために使われます。

　いずれも、効果があるかもしれません。ただ、シャンプーが目にしみるような時には、目にレモンジュースかビネガーが入ったと思われますから、洗い流して下さい。ローズマリーとカモミールは、接触アレルギー及び皮膚炎と関係があります。

　使用されている染料の中には、有害性が知られているものもあります。実際染料の中には、身体の他の部位の皮膚に付着すると過度な害を引き起こすため、酸化染料にしか使用できないものもあるのです。

　この酸化染料、家庭用のキットも市販されており、通常染め方は簡単ですが、パッケージと同じカラーに仕上がるとはかぎりません。パッケージの印刷ミスという場合もありますが、それよりもむしろ、染料から透けてみえるもとの髪色が仕上がりの色を微妙にかえている場合の方が多いでしょう。そうした問題を起こさないようにするため、プロの美容師はしばしば、独自の色を混ぜ合わせて使っているのです。また、顧客のデータを保管しておき、その後も全く同じ色を再現できるようにしてもいます。

　大半のヘアダイには、複数の着色料が含まれています。混ぜ合わせることで、望ましい色味をつくりだすためです。ところが、洗髪やプール内の塩素、太陽による漂白効果などのせいで、混ぜ合わせた着色料のうち、何色かが他のものよりも早く褪せてくることがあります。そのため、髪全体の色味が徐々に変化してくるのです。

まつ毛のカラーリング

　眉やまつ毛のカラーリングには、決してパーマネントタイプのヘアダイを使用しないで下さい。目に入れば失明しかねません。FDAでも、眉やまつ毛用のパーマネントカラーは一切認可していないのです。実際、サロンなどに対しても、眉やまつ毛に色をつけたり染めたりする際、ヘアダイを使用することを禁じています。1938年に食品医薬品化粧品法が制定されて以降、FDAが最初に差し押さえたコスメティックス製品が〈ラッシュ・ルア〉。眉とまつ毛用のパーマネントカラーでした。女性が1人亡くなり、もう1人が永久に失明した直後、販売が差し止められました。しかしこのように危険な事例があり、販売も禁止されているにもかかわらず、パーマネントタイプのヘアダイを眉やまつ毛のカラーリングに利用している人もいれば、酸化染料を使った眉やまつ毛のパーマネントカラーを薦めているサロンもあるのです。このような状況が特に顕著にみられるのが夏、プールの時期です。他のタイプのアイメイクでは、プールに入っているうちに落ちてしまうからでしょう。

　ですが、極東に端を発する、ヘアダイにかわりうる眉の染色方法があり、今日では西洋のサロンの一部でも薦めています。その方法のひとつが、眉の上下の皮下にベジタブルダイを注入し、効果的に色を埋め込んでいくもの――いわば入れ墨です。これならもちろん、永久に色は落ちません。とはいえこの技術、衛生面及び安全面に関しては、いまだ管轄機関による認可は得られていませんが。

ヘアダイと癌

　テンポラリー及びセミパーマネントタイプのヘアダイには、しばしばアゾ染料またはコールタール染料が含まれていますが、これらはいずれも動物実験において発癌性が実証されており、アレルギー反応を引き起こしている人

もいます。また、パーマネントタイプのヘアダイに使用されている化学物質も、癌との関係が取りざたされています。〈成分索引〉には、こうした化学物質に加え、様々な副作用を引き起こす物質も挙げてあります。

　ヘアダイの安全性については多くの議論がなされてきています。そして製造業者の中には、自社製品へのヘアダイの使用を自粛しているところもあります。米国の場合、FDAがその権限をもって、有害とみなしたコスメティックス製品の販売を差し止めていますが、ヘアダイは対象外となっているからです。事の起こりは1938年の食品医薬品化粧品法の制定時。当時から、ヘアカラー製品に含まれるコールタール染料に対してアレルギー反応を引き起こす人がいることは知られていました。製造業者たちは、FDAからヘアダイの販売禁止という圧力をかけられることを恐れ、ロビー活動を展開、見事自分たちの製品を例外扱いとさせたのです。しかしながらヘアダイも、警告ラベルを添付し、アレルギー反応を起こす人もいるということを明示するよう義務づけられています。さらにある種の成分には、以下のような警告を付記しなければなりません。

警告：肌に浸透しかねない成分、しかも動物実験の結果必ず癌を誘発している成分を含む。

　欧州の場合、このような警告を製品に付記する必要はありません。ちなみに、何の成分か興味があるという方にお教えしましょう。上記の有害成分は4-メトキシ-m-フェニレンジアミン。あるいは2,4-ジアミノアニソール、または4-MMPDともいいます。

　癌誘発物質（発癌性物質）の問題点は、癌が現れてくるのは長い時間がたってから、しかも徐々にしか現れてこないということです。これは心配でしょう。何といっても、男性も含めて40％にものぼる成人が髪を染めているのですから。危険を減らすには、カラーリングの回数を減らすことです——白髪を隠すために染めている年配の方より、ファッションや気分転換のために染めている若い人たちの方が、一生を通してみれば、こうした化学物質にさらされる状況ははるかに多くなります。つまり、カラーリングを始める年齢

が若ければ若いほど、化学物質にさらされる時間も長くなり、癌の危険も増してくるのです。

　また、このような製品を使用する際には、成分をきちんとチェックし、パッチテストを行ってからにして下さい。パッチテストは簡単です。少量の染料を耳の後ろの肌につければいいだけ。そのまま2日間放置しておきます。もし痛みや痒みなどの症状が現れた場合には、その染料は使用しないで下さい。他の染料を試し、その都度パッチテストを行った上で、自分にあったものを見つけましょう。米国の場合、ヘアダイ製品——それも副作用を引き起こすといわれている未承認のコールタール染料を含む製品のラベルには、パッチテストを行う指示及びその方法を明記するよう義務づけています。そこには必ず、以下のような命令調の言葉が並んでいます。

　　注意：本品には、人によって皮膚炎を引き起こしかねない成分が含まれているため、添付の指示にしたがって事前にテストを行うこと。また本品のまつ毛や眉への染色使用を禁止する。使用すれば失明の危険あり。

　サロンでも、カラーリング前にパッチテストが義務づけられています。もちろん全てのサロンが行っているわけではありませんが。なおこうした義務は欧州には存在しません。ちなみにパッチテストは、あくまでもアレルギー反応を調べるもので、癌の発生を抑制するものではありません。

パーマとストレートパーマ

　パーマは、化学処理を行うことで毛幹の形を永久にかえます。ストレートヘアをカーリーヘアにしたり、カーリーヘアや縮毛をストレートヘアにできますが、後者は特にストレートパーマと称されます。ストレートヘアかカーリーヘアかは、髪の断面によって決まります。断面が丸ければストレートで、楕円形なら通常はカーリーヘアです。パーマもストレートパーマも、その機

能は全く同じといえます。

　髪のたんぱく質繊維は硫黄重合体によってまとめられています（ジスルフィド結合）。これが髪に硬直性を与えているのです。パーマをかけると、還元剤というアルカリ剤によって硫黄重合体が壊れ、まとまっていたたんぱく質がばらばらになってきます。そこでカーラーや、髪に張力を与える道具などを使ってたんぱく質繊維を完全に分離させ、新たな形をつくっていくのです。その後第2の化学物質、酸化剤を使い、硫黄重合体を再度構築して、新たにつくられた形のまま繊維を固定させます。酸化剤は通常過酸化水素で、これによって髪色がわずかながら明るくなることがあります。酸化剤は、ほとんど全ての硫黄重合体を再構築しますが全部ではなく、当然毛幹は、パーマをかける前に比べて少々弱くなってしまいます。これが、パーマが髪にダメージを与えるといわれる所以なのです。したがって、頻繁にパーマをかければ、多くのジスルフィド結合を破壊することになり、髪は永遠に傷んだまま。あとはただひたすら、新しい髪が伸びてきて、傷んだ髪と入れ替わっていくのを待つしかありません。このように、1度傷ついた髪をもとに戻すことはできませんが、上質なコンディショナーを使えば、質感や見栄えをよくすることはできます。また、腕のいい美容師であれば、パーマをかけることで髪にダメージを与えるようなことは滅多にありません。

　自宅でできるパーマキットも市販されており、たいていは上手にパーマがかけられます。それでも時に失敗がみられる主な原因は、溶液を均等につけなかったり、髪をしっかり伸ばさずいいかげんに巻いたりすることでしょう。

10章 ベビー製品

かわいい赤ちゃん泣かないで
このシャンプーは目に染みないから。
喘息が辛そうね。
でも安息香酸塩で止めてあげるから。

赤ちゃん専用にデザインされたトイレタリー製品の数には圧倒されます。しかも巧みな宣伝を前にすれば、それを購入したり、赤ちゃんが生まれたその日からクリームやローションを塗ってあげないような親は、親にあらずといった気持ちにさせられるのです。広告はさらにいいます、大人もベビー製品を使うべきだ、そうすれば、赤ちゃんのような柔らかな肌を保てるからと。本章では、大人用のトイレタリーやコスメティックス製品を赤ちゃんに使用すべきではない理由を説明し、ベビー製品を選ぶ際に留意すべき点や、何歳から大人用または家族用の製品に切り替えていけばいいのかといったことをみていきます。

ベビー製品は何が特別なのか

新生児用、乳児用、幼児用と様々な製品が市販されていますが、成分をみれば、標準的な家族用トイレタリー製品とほとんど同じです。それならなぜ、

わざわざ高いお金を払ってベビー製品を買わなければならないのでしょう。答えは簡単です。欧州の規定では、3歳以下の子ども用のトイレタリー製品は、カテゴリ1の製品に分類されています。つまりこれらの製品は、3歳以上の子ども及び大人用のコスメティックスやトイレタリー製品に対して、細菌含有率が1/50以下でなければならず、それだけのレベルを維持するために、十分な保存料が含まれていなければならないのです。大人や、ある程度大きくなった子どもよりも、幼児の方が細菌による影響を受ける危険は高く、そのためこうした規制が必要なのです。新生児は免疫システムがまだ十分に発達しておらず、頼れるものといえば肌や粘膜のような天然のバリアや、抗体や免疫グロブリン――子宮にいる時には母親から、さらにその後は母乳を介して摂取していきます――しかありません。この時期は、その後の発達を左右する重要な時期でもあり、そのような時に赤ちゃんを不必要な細菌にさらすなど、あってはならないことなのです（カテゴリ1及び2の製品に関する詳細は4章――保存料――を参照）。

どれを選べばいいの？

赤ちゃんにコスメティックスやトイレタリー製品を使わなければならない、そう思ったら、まず刺激性物質や有害物質が含まれている可能性のある製品は避けましょう。赤ちゃんの肌は大人の肌に比べて薄く、敏感です。概してベビー製品は、通常のトイレタリー製品ほど刺激が強くなく、そうした製品をつくるために、様々な方法がとられています。ベビーシャンプーにはほとんど常にラウレス硫酸ナトリウムが含まれています。これは、入手可能な洗浄剤の中で最も刺激が少ないと考えられているものです。ちなみに、大人用のシャンプーやシャワージェル、入浴剤、クレンジング製品の大半に最もよく使用されているものといえばラウリル硫酸ナトリウム（SLS）ですが、それに比べれば明らかに刺激が弱くなっています。もしこのSLSが含まれているベビー製品をみかけたら、それはすぐに棚に戻し、ラウレス硫酸ナトリ

ウム入りのものを選びましょう。
　副作用を引き起こす主な原因といえば、着色料と香料です。そのためベビー製品の大半は、ほのかな香りとわずかな色味があるだけです。もし香りがきつかったり、鮮やかな色をしているようであれば、他のブランドを選んで下さい。赤ちゃんは皆、おなじみのベビーローションの香りがしなければならない、そんな法律はないのです——したがって、無着色、無香料のベビー製品があれば、一考の価値があるでしょう。そういった製品なら、他の成分もおそらく問題ないはずです。
　では、他の成分はどうでしょう。これは少々答えるのが難しい問題です。理想をいえば、本書で取り上げている成分（つまり副作用のある成分です）が一切含まれていない製品が望ましいのですが、現実にはほとんど不可能です。ベビー製品にも、他の製品同様様々な保存料が含まれています。大半の保存料は、大量に使用すれば害を及ぼしかねないと考えられているため、使用量が制限されています。そういった保存料が3、4種類も記載されている製品よりは、1種類だけの製品を選びましょう。実際、最もいいのは、記載されている成分がなるべく少ない製品を選ぶことです。成分リストが長くなればなるほど、そのうちの1種、または数種の成分が混合したもの——もちろん単独では通常無害な成分です——に対して、赤ちゃんが副作用を引き起こす可能性も高くなるのですから。

いつから普通の製品に切り替えればいいの？

　大まかにいえば、3歳になったら普通のトイレタリー製品を使い始めても大丈夫です。子どももうしっかりとした免疫システムを持っていますから、一般的な製品の通常レベルの細菌には十分対処できるでしょう。コスメティックス成分には、その使用に際して年齢規制が設けられているものが比較的少なく、規制がある場合でも、それらはほぼ全て、3歳の時点で排除できます。唯一の例外はヒドロキノンです。これは一部の美白製品及びある種の酸

化毛髪染料に使用されていますが、12歳以下の子どもには決して使わないで下さい（2000年2月29日以降、欧州で市販されている美白製品への使用は全面的に禁止されました）。しかしだからといって、ベビー石鹸やシャンプーの使用をさらに数年続けてはいけない理由はありません。また、一般の製品に切り替える際には、極力シンプルなタイプから始めるといいでしょう。前述したように、鮮やかな色や香りの強いトイレタリー製品は避け、記載されている成分数が少なく、シンプルな製品を選んで下さい。シンプルな製品を選んでいれば、子どもが副作用に苦しむことも少ないはずです。

どうなると危険なの？

　幼児は、痒くて辛いことをうまく伝えられません。また、自分で掻けるだけの運動能力も、掻きすぎないようにする調整能力もまだまだ未発達です。となれば、できるのはせいぜい泣くことだけ。そのような時はまず、肌に異常がないか確認してあげて下さい。赤い斑点や変色はないか、腫れ物ができてはいないか、発疹はないか、皮膚が剥離してはいないか、などです。もし頭皮に問題があれば、原因はおそらく使用しているシャンプーでしょう。ですが浴槽の中で赤ちゃんの頭を洗ってあげている場合には、同様の問題が身体の他の部位にもみられるかもしれません。もちろん、トイレタリー製品とは無関係の症状であることも考えられます。新生児頭部皮膚炎──頭皮からの黄色い剥離片が特徴です──は、驚くほどよくみられる疾患ですし、自宅で簡単に治療できます。一般的な治療薬なら店頭で購入できますが、1週間ほどたっても症状に改善がみられない場合には、医師の診察を受けて下さい。脂漏性皮膚炎のような、より重大な疾患の可能性があります。ちなみにこの疾患は、顔や首、耳の後ろやおむつをあてている部分などにもみられることがあります。
　おむつをあてている部分の肌がただれてきたら、おそらくおむつかぶれ──尿や便に含まれる化学物質への反応──の始まりです。まずおむつかぶれ

を防ぐのが何よりの治療になります。おむつをあてておく部分をできる限りさらさらの状態に保つこと。また、こまめにおむつをかえることも基本です。ワセリンのような軟化剤を利用して肌表面を耐水性の薄い膜で覆ってあげることも、化学物質から肌を守る一助となります。肌が赤みを帯びたりただれ始めてきたら、軟化剤の使用量を増やさなければ、という思いに駆られるでしょうが、軟化剤が赤みやただれの原因である場合もあります。したがって、クリームの使用量を増やして症状が悪化するようであれば、その製品の使用をやめ、別の製品を試してみて下さい。それでも症状が改善されなければ、医師の診察を受けて下さい。

　おむつかぶれは、赤ちゃんが敏感肌を有しているという最初の兆候かもしれず、今後もコスメティックスやトイレタリー製品にうまく対応できないことがあるかもしれない、ということをしっかりと心に留めておいて下さい。子どもの肌の状態に常に気を配り、症状が容易に改善されない時には、いつでもトイレタリー製品をかえられるようにしておきましょう。また、敏感肌は日焼けもしやすいので、日差しからしっかりと守ってあげるようにもして下さい。6ヶ月前の乳児は、過度な日光にさらさないこと。その後も、最初のうちは日光浴の時間は短めにしておきましょう。最も日差しが強くなる真昼の太陽も避けて下さい。また、子どもの肌がすでに日焼けしてしまったからといって、日焼け止めの使用をやめたりしないで下さい。良質な日焼け止め——SPFが少なくとも15はあるもの——そしてもちろん、子どもの肌に合ったものを継続的に使用しましょう。

他に注意すべきことは？

　コスメティックス成分の中には、3歳以下の子どもを対象とした製品への添加を禁止されているものもあり、乳幼児への使用が薦められないものもあります。そのような成分を以下に挙げておきますが、いずれの成分もベビー製品には使用されていませんから、乳幼児専用につくられた製品を選んでい

るかぎり、問題はありません。

幼児への使用を禁止している成分

　欧州の規制では、3歳以下の子ども用の製品に対して以下の成分の使用を禁止しています。

- ホウ酸
- サリチル酸Ca＊
- サリチル酸Mg＊
- サリチル酸MEA＊
- サリチル酸カリウム＊
- サリチル酸＊
- サリチル酸Na＊

＊3歳以下の子ども用のシャンプーには、使用されていることがあります。
欧州では2000年2月29日以降、美白剤へのヒドロキノンの使用が禁止されました。それ以前、この成分を含んだ美白剤には、12歳以下の子どもに使用してはならないという警告文掲載が義務づけられていました。

　子どもの髪にカラーリングしたりパーマをかけたいという誘惑に駆られないで下さい。こうした製品には強い化学物質が含まれていますから、子どもの肌を刺激してしまうでしょう。ヘアダイやパーマ溶液に含まれる化学物質の中には、子ども用の製品への使用を禁止されているものや、子どもへの使用を薦められないものもあるのです。

　タルクを含むベビーパウダーも、吸入すると危険です。赤ちゃんの口や鼻の近くではタルクを使わないこと、親も赤ちゃんもうっかり粉末を吸入しないよう、くれぐれも気をつけて下さい。

　赤ちゃん用のボディウォッシュは、どうしても購入しなければいけないと

いうものではありません。これはいわば子ども用のシャワージェルやボディシャンプーに相当しますが、石鹸はその高い安全性が実証されており、良質なブランドやよく知られたプライベートブランドのベビー石鹸の方が、おそらくはるかに安全でしょう。石鹸のようにシンプルなものを利用できるのに、わざわざ子どもをカクテル――それも洗浄剤と起泡力増進剤と増粘剤と保存料と着色料と香料を混ぜたカクテルまみれにすることはないでしょう？

　赤ちゃんの髪は、まずマイルドタイプのベビーシャンプーで洗ってあげること。コンディショナーは二の次です。そもそもコンディショナーなど、子どもの髪には必要ないのです。界面活性剤やオイルや帯電防止剤や保存料といった余計な化学物質で定期的に髪を覆ってしまうより、何もつけない方がよほどいいでしょう。コンディショナーを使えば、子どもの髪はべたつきがひどくなり、ますます頻繁に洗ってあげなければならなくなりますし、その結果、髪が化学物質にさらされる機会も増えてしまうわけです。

　外出中におむつを取り換えなければならない時には、ウェットティッシュは実に重宝しますが、自宅では使用しないで下さい。ウェットティッシュには様々な化学物質が含まれているのです。たとえばアルコール、保存料、香料、界面活性剤、保湿剤、抗菌剤など。こうした化学物質に定期的にさらしていれば、肌の疾患を引き起こしかねません。今は大丈夫でも、大きくなってから何かしらの影響が出てくるでしょう。洗い流すことのできない化学物質まみれのウェットティッシュを多用するより、石鹸とぬるま湯、それに使い捨てのティッシュやタオルを使う方が、長い目で見ればはるかに安全です。

　着色料の中には、長期間肌に残る製品への使用が認められていないものがあります。しかしそういった着色料も、シャンプーやシャワージェルのように使用後すぐに洗い流す製品には添加が可能です。とはいえ、数分肌につけているだけで危険という着色料なら、とてもではありませんが子どもの肌には（もちろん大人の肌にも）使いたくないでしょう？　そこで、あなたが避けたいであろう着色料を以下に挙げておきます。

有害着色料

以下の着色料は、長期間肌につけておくと、肌に害や過剰な刺激を及ぼします。欧州の規制では、使用後すぐに洗い流せる製品にかぎって利用が認められています。

CI 10006	CI 50325	CI 27290	CI 11725
CI 20470	CI 12370	CI 61585	CI 21100
CI 51319	CI 28440	CI 12700	CI 60724
CI 12420	CI 62045	CI 42100	CI 12480
CI 40215	CI 15620	CI 74100	CI 42080
CI 73900	CI 42170	CI 18736	CI 73915
CI 18130	CI 74180		CI 18690
CI 42520	CI 45190		CI 45100
CI 18820	CI 45220		
CI 20040	CI 12120		

最後に、コスメティックス及びトイレタリー製品はいずれも、小さな子どもの手の届かない場所に保管しておいて下さい。また13章――常識：コスメティックス製品を安全に使うために――でも、一般的な安全に関する情報を述べていますので、参照して下さい。

ベビー製品は大人にもいいの？

答えは「イエス」です。まあ、赤ちゃんのような匂いをさせていることが気にならなければ、ですが。概してベビー製品は、同様の大人用の製品よりも刺激が少なくなっています。含有成分も少なく、色や香りも抑えてあり、

細菌も少ないのが普通です。一般のトイレタリー製品があわない場合でも、ベビー製品なら大丈夫でしょう。マイナス面としては、細菌汚染のレベルを抑えるため、大人用の同じ製品に比べて保存料の使用量が多くなりがちであるということが挙げられます。そもそもこうした保存料が問題を引き起こしかねないのですから（4章——保存料——を参照）。なお、固形石鹸も刺激が少ないので、購入金額以上の効果を期待できるでしょう。

フェイスペイント——オモチャ？ それともコスメティックス？

　子どものフェイスペイントに関しては、FDAの〈コスメティックス製品の安全性に関するハンドブック〉にも、欧州の化粧品要項にも明示されていません。一方英国の通商産業省が刊行している〈コスメティックス製品に関する（安全）規制ガイド〉には、規制適用製品の実例が挙げてあり、子どものフェイスペイントとおぼしき製品について「顔と目に対するメイク及びメイク除去製品」と記してあります。しかしこれでは、フェイスペイントをコスメティックスと断定するには不十分です。オモチャ屋の棚をのぞいてみれば明らかなように、この規制に対する製造業者の見解は異なっており、フェイスペイントのブランドの中には、ラベルが添付されていなかったり、パッケージのどこにも着色料や成分リストが記載されていないものもあれば、欧州のラベル法に基づき、国際的命名法（INCI）を用いて全ての成分が掲載されているものもあるのです。

　確固たる指針がない以上、頼るべきは常識しかありません。法律は極めてシンプルです。小売業者は安全性が確認されていない製品を販売してはならず、欧州ではオモチャの場合、1995年に制定された欧州玩具安全規制に準拠していなければなりません。とはいえこの程度では、親の不安を完全に払拭することはできないでしょう。それゆえ、ラベルに不備がみられる製品の購入は控えるよう、強くお薦めします。しかしながら、箱に全ての成分が記載されていれば、その製品は安全かといえば、そうともいいきれません。また

着色料の場合、その多くが使用を制限されています。長時間肌に残る製品への使用を禁止されているもの、目や粘膜近くに使用する製品への添加を禁止されているものなど。このように使用を制限されている着色料を以下に挙げておきます。ここに挙げた着色料が含まれているフェイスペイントの購入は控えて下さい——目のそばで使うものであり、元気な子どもなら必ず、顔のペイントを口の粘膜につけてしまうでしょうから。

目の損傷を引き起こしかねない着色料

欧州の規制では、目及びその周囲に用いるいかなる製品に対しても、以下の着色料の使用を認めていません。

CI 10316　　CI 15510　　CI 26100　　CI 45405　　CI 74260

11章——メイクアップ製品——も参照のこと。FDAによりアイメイク製品への使用を禁止された着色料のリストを掲載してあります。

より有害性の高い着色料

欧州の規制では、まぶたや口、鼻、気道、及び性器の粘膜またはその周辺に用いる製品に対し、以下の着色料の使用を禁止しています。

アシッドブルー1	CI 11710
アシッドグリーン1	CI 12010
アシッドオレンジ24	CI 15800
アシッドレッド195	CI 16230
アシッドバイオレット43	CI 20170
ベーシックブルー26	CI 21108
ベーシックバイオレット14	CI 21230
CI 11680	CI 24790

CI 42045	CI 50420
CI 42510	CI 59040
CI 42735	CI 60730
CI 44045	CI 71105
CI 47000	

　使用されている着色料に規制が適用されていないとしても、その多くはアゾ染料またはコールタール染料であり、副作用が認知もしくは疑われています。したがって、フェイスペイントをしても、数時間のうちに除去するようお薦めします。子どもが1日中フェイスペイントしている、ましてやフェイスペイントをしたまま眠ってしまうなどということのないよう、気をつけて下さい。ペイントを除去する際には製造業者の指示にしたがい、ペイントが目や口に入らないよう注意することも大切です。石鹸と水で十分に落ちますが、メイク落としを使う場合には、子どもの肌に合っているか確認しましょう。フェイスペイントをしている間も除去する時も、子どもから目を離さないようにして下さい。

　いたずらに危険を煽るからという理由で、フェイスペイントによる子どもの事故報告は1件も公にはなっていません。フェイスペイントは概して安全性が高い、ということになっているのです。しかし、たまにとはいえ、こうした製品やその他のコスメティックス製品を使ったために、肌に軽い炎症がみられただの、痛みがあるだのといった人が、目立たないながらかなりの数にのぼるという話を、耳にしているはずです。

　舞台メイクもまた、安全規制に明記されていない曖昧な分野です。何かのフェアの会場やテーマパーク、博覧会などで、プロのフェイスペインターが子どもの顔にペイントしてあげていることがあります。おそらく安全面での問題は全くないでしょうが、もう一度繰り返しておきます、子どもが1日中フェイスペイントをしたまま、などということのないよう、くれぐれも注意して下さい。

子どもに適さないもの

3歳以下の子どもには薦められない成分が多々あります。以下に挙げておきましょう。

以下のアルファ及びベータヒドロキシ酸を含む剥離剤

アルファヒドロキシ及び植物性薬品化合物	アルファナトリウム
アルファヒドロキシエタン酸	L-アルファヒドロキシ酸
アルファヒドロキシオクタン酸	乳酸
グリコール酸アンモニウム	リンゴ酸
ベータヒドロキシ化合物	混合果実酸
ベータヒドロキシブタン酸	サトウキビエキス
クエン酸	テソカニック酸
グリコール酸	トロパ酸
脂肪酸アルファナトリウム重合体内グリコマー	

以下のものを含む脱毛剤

水酸化物*	チオグリコール酸*
硫化物*	チオグリコール*

フッ化物またはストロンチウム化合物を含むオーラルケア製品

以下のフッ化物を含む歯磨き粉を子どもが使用する場合には、ごく少量にとどめおいて下さい。また、そのような歯磨き粉及び、フッ化物を含むあらゆるオーラルケア製品を飲み込ませないよう注意が必要です。

フッ化物	フッ化水素酸塩	モノフルオロリン酸
フルオロケイ酸	ジヒドロフルオリド	

酢酸ストロンチウム*または塩化ストロンチウム*を含むオーラルケア製品は、幼児の頻繁な使用にはお薦めできません。

その他の製品

酢酸鉛＊を含むプログレッシブタイプのヘアダイは子どもに使用しないで下さい。

＊欧州の規制では、これらの成分を含む製品には以下のような警告文――「3歳以下の子どもへの頻繁な使用はお薦めできません」「子どもの手の届かない場所に保管して下さい」――の記載が求められています。

11章　メイクアップ製品

鏡よ、鏡
世界で一番美しいのは誰？

　シャンプーやコンディショナー、デオドラント、スキンケア製品などを使えば、肌や髪がますます健康になり、コンディションもよくなると繰り返し、私たち消費者にそうした製品を買わせているのは製造業者ですが、メイクアップ製品の市場を動かしているのは流行であり、人々の欲望——美点は強調し、欠点は隠してより魅力的にみせたいという欲望です。若い人たちはしばしば、手本となるモデルのまねをして、仲間意識を持ちたいがためにメイクをし、髪を染め、着飾ります。つまりメイクアップ製品は、製造業者が躍起にならずとも使ってもらえるのです。となれば製造業者は当然、自社製品のアピールに全精力を注ぎます。曰く、我が社の赤い口紅が他者のブランドより優れている点は、低刺激性で、にじんだりせず、保湿剤を65％配合、長持ちし、それでいて簡単に落とせるのです、などなど……。

　ですが、1度でもメイクアップ製品の製造工場に足を運んでみれば、普通は大半の人が、その時の記憶が消え去るまでメイクをするのをやめるでしょう。巨大な桶の中には、何やらドロドロに溶けた油っぽい液体があり、悪臭が漂ってきています。刺激臭に目をやれば、そこにあるのは、ワックス状に固められ、けばけばしい彩色を施された、ラードの分厚い板……。こうしたものが果たして何からできているのか、本章ではみていきたいと思います。

アイライナー

アイライナーは美しく装うためのコスメティックス製品で、目元を明るくみせたり、目を際立たせるために使われます。細いブラシで塗る、着色された水性塗料のようなタイプもあれば、油性成分でかためた、圧縮したタルクとステアリン酸マグネシウムから成るケーキタイプ、さらには、高密度ワックスクリームのペンシルタイプもあります。このアイライナーを使って、上まぶたのまつ毛の際に細い線を描いていくのです。また下まぶたのまつ毛の際にも、同じように線を描くことがあります。

一般的な成分──アイライナーの場合

成分

水、イソプロピルアルコール、アクリレーツコポリマーアンモニウム、ケイ酸（アルミニウム/マグネシウム）、PEG-75、ステアリン酸、ヒドロキシプロピルメチルセルロース、プロピレングリコール、トリエタノールアミン、メチルパラベン、エチルパラベン、ラウレス硫酸Na、BHA、［+/− CI 77491、CI 77492、CI 77499、CI 77891］

- 水　　　　　　　　　主成分。
- イソプロピルアルコール　他の成分を溶かし、肌に馴染ませやすくし、素早く乾かす溶剤。
- アクリレーツコポリマーアンモニウム
  　　　　　　　　　　塗膜形成剤。肌に薄い膜を形成し、他の成分を肌に密着させて、にじみを防ぎます。
- ケイ酸（アルミニウム/マグネシウム）
  　　　　　　　　　　アイライナーにかたさを付加する増粘剤。
- PEG-75＊　　　　　　増粘剤。均一にのばす助けをします。

- ステアリン酸　　　　　　融合を助け、他の成分の分離を防ぐ乳化剤。
- ヒドロキシプロピルメチルセルロース＊
　　　　　　　　　　　　　増粘剤。
- PG＊　　　　　　　　　　製品を乾燥から守る湿潤剤。
- TEA＊　　　　　　　　　アイライナーの酸度を調整します。使用量上限は完成品の2.5%。
- メチルパラベン＊　　　　水溶性の保存料。
　　　　　　　　　　　　　使用量上限は完成品の0.4%。＋
- エチルパラベン＊　　　　水溶性の保存料。
　　　　　　　　　　　　　使用量上限は完成品の0.4%。＋
- ラウレス硫酸Na＊　　　　界面活性剤。均一にのばす助けをします。
- BHA＊　　　　　　　　　酸化防止剤。空気中の酸素にさらされることで起こる製品の変質を防ぎます。

　製品には、以下の着色料の一部または全てが、様々な割合で含まれていることがあります。いずれも天然鉱物からの精製品です。

CI 77491…………酸化鉄—赤。
CI 77492…………酸化鉄—黄。
CI 77499…………酸化鉄—黒。
CI 77891…………二酸化チタン—白。

＊規制対象成分。もしくは有害、副作用が懸念されている成分。
＋：保存料以外の目的で使用される場合には、制限値を上回る量が使用されることがあります。

　アイライナーには、天然または石油から精製され、溶剤あるいはオイルで柔らかくしたワックスが含まれていることがあります。もしくは、ウォーターベースに界面活性剤、塗膜形成剤、乳化剤、増粘剤が含まれていることもあるでしょう。いずれにも着色料、酸化防止剤、保存料が含まれています。

目もとで使用するものなので、アイライナーはカテゴリ1に分類されるコスメティックス製品であり、製品内の細菌汚染レベルに関する厳しい規制もあります。したがって、規制を満たすだけの十分な保存料が添加されていなければなりません（詳細は4章——保存料——を参照）。

アイシャドウ

　アイシャドウは、目の見栄えをよくするために使われます。通常は、クリーム、パウダー、ケーキ、ジェルの各タイプが入手可能です。クリームタイプに一般に含まれているのは、ビーズワックスまたはカルナバワックスのような天然のワックスか、オゾケライトまたはセレシンのような石油ベースのワックスで、それが油性の乳濁液に混ぜられています。パウダー及びケーキのベースはタルク、カオリン、ステアリン酸マグネシウムです。ジェルは、不溶性の色素（レーキ）の入った水ベースの懸濁液で、粘度を増すためにメチルセルロースまたはポリマー重合体（カルボマー）が付加されています。
　いずれのタイプの製品にも、のびやすくする界面活性剤、均一かつ滑らかに塗るための塗膜形成剤、皮脂や涙による変色を防ぐpH調整剤が含まれています。保存料と酸化防止剤も添加され、製品の品質保証期限を延ばしています。シリコンポリマー（メチコン）を添加して、アイシャドウを落ちにくくしている製造業者もいます。市場の都合でたんぱく質やビタミン、プロビタミンが添加されていることもありますが、こうした添加物は、製品の効果や肌の健康の増進にさして寄与するものではありません。

マスカラ

　マスカラは、まつ毛にボリュームを与え、くっきりとみせるために使用します。目がより大きく、魅力的にみえるでしょう。加齢とともにまつ毛は細

く、色も薄くなってきますから、マスカラには、目をより若々しくみせる効果があるのです。

　使いやすいのはリキッドタイプのマスカラですが、ケーキタイプも人気が復活してきています。最近のマスカラは、にじんだりはがれたりして目に入らないよう様々な成分が含まれています。通常市販されているのは暗めの色で、主流は黒、茶、藍色です。リキッドタイプは水ベースで、成分溶解を促進するためある種のアルコールが添加されていることもあります。ビーズワックスやカルナバワックス、あるいはマイクロクリスタリンワックスのようなワックスが、たんぱく質やナイロンまたはレーヨン繊維、あるいは合成高分子や樹脂によって補強され、それがまつ毛を太くみせ、かつマスカラを水に強く、にじみにくくしています。また、マスカラが乾燥したり剥がれ落ちたりしないようベジタブルオイルが付加され、界面活性剤と塗膜形成剤が、マスカラの簡単かつ均一なのびを促すために加えられています。もちろん酸化防止剤と保存料も。ケーキタイプにも同様の成分が含まれていますが、こちらはしばしば石鹸をベースにつくられています。

　マスカラはカテゴリ1に分類されるコスメティックス製品で、細菌汚染に関する厳しい基準の対象製品となっています。どうかくれぐれも、使っているマスカラに細菌を繁殖させないよう気をつけて下さい。結膜炎（目の充血）をはじめとする何らかの症状が目に現れたら、使っているアイメイク製品を全て処分し、症状が完治するまでいかなるアイメイク製品も使用しないで下さい。また、アイメイク製品は決して他の人と共用しないこと。薄めて使うのもいけません。特に、ケーキタイプのマスカラに唾をつけてのばすなど論外です。

155

一般的な成分――マスカラの場合

成分

水、PVP、(ビニルピロリドン/ヘキサデセン) コポリマー、PEG-75、カルナウバロウ、ミツロウ、ケイ酸 (アルミニウム/マグネシウム)、オレイン酸、セタノール、マイクロクリスタリンワックス、ブチレングリコール、セスキステアリン酸PEG-20メチルグルコース、フェノキシエタノール、リン酸Na、リン酸2Na、ブチルパラベン、エチルパラベン、メチルパラベン、プロピルパラベン、BHA、[＋/－ CI 77007、CI 77491、CI 77492、CI 77499、CI 77891]。

- 水　　　　　　　　　主成分。
- PVP＊及び (ビニルピロリドン/ヘキサデセン) コポリマー＊
　　　　　　　　　　　塗膜形成剤。まつ毛に厚い膜を形成し、他の成分を結合させ、にじみを防ぎます。
- PEG-75＊　　　　　　増粘剤。均一なのびを促進します。
- カルナウバロウ＊　　植物性ワックス。質感調整剤。
- ミツロウ＊　　　　　ビーズワックス。質感調整剤。
- ケイ酸 (アルミニウム/マグネシウム)
　　　　　　　　　　　マスカラにかたさを付加する増粘剤。
- オレイン酸＊　　　　他の成分を結合させる乳化剤。
- セタノール＊　　　　他の成分を結合させる乳化剤。
- マイクロクリスタリンワックス
　　　　　　　　　　　石油精製ワックス。質感調整剤。
- ブチレングリコール　湿潤剤。マスカラが乾ききってしまわないよう、剥がれ落ちない程度の柔軟性を保ちます。
- セスキステアリン酸PEG-20メチルグルコース＊
　　　　　　　　　　　他の成分を結合させる乳化剤。
- フェノキシエタノール＊　保存料。使用量上限は完成品の1％。＋
- リン酸Na　　　　　　マスカラの酸度を調整します。
- リン酸2Na　　　　　 マスカラの酸度を調整します。

- **ブチルパラベン**＊、**エチルパラベン**＊、**メチルパラベン**＊、
  プロピルパラベン＊　　パラベン類の保存料としての使用量上限は、単体の場合0.4％、総計の場合0.8％。＋
- **BHA**＊　　酸化防止剤。空気中の酸素にさらされることによって起こる製品の変質を防ぎます。

　製品には、以下の着色料の一部または全てが、様々な割合で含まれていることがあります。いずれも天然鉱物からの精製品です。

CI 77007、CI 77491、CI 77492、CI 77499、CI 77891。

＊使用制限対象もしくは有害、副作用が懸念されている成分。
＋：保存料以外の目的で使用される場合には、制限値を上回る量が使用されることがあります。

ファンデーション

　ファンデーションは、他のメイクアップ製品を使用するためのベースをつくるものです。パウダー、ケーキ、クリームと様々なタイプがあり、肌に合った色を顔全体に均一にのばせるよう、微妙な色合いがデザインされています。そばかすやニキビのような欠点も、日焼けによるくすみや赤みもカバーできます。クリームタイプのファンデーションだけでは見た目がつやつやしすぎてしまう、という場合には、仕上げにタルクベースのパウダータイプをつければ、光沢を抑えることができます。他のメイクアップ製品同様、傷や腫れのある肌、炎症や感染を起こしている肌には使用しないで下さい。ですが、ニキビがひどい肌を隠したいという場合、最近は薬用のクリームファンデーションが市販されていますから、それを使用するといいでしょう。

　クリームタイプは水ベースであることが多く、含まれているのは増粘剤、塗膜形成剤、オイル、ワックス、オイルと水を均等に混ぜておくための乳化

剤、クリームの均一な伸びを促進する界面活性剤です。それからもちろん保存料、酸化防止剤、着色料も。

　肌は様々な化学物質を分泌している上、1日中pH値（酸度）が変化しています。こうした酸によって、メイクの色味はかわってしまいかねません。そこで、他の着色されたメイクアップ製品同様、ファンデーションにもおそらく酸の影響を弱め、肌のpH値を一定に保つための成分が含まれているはずです。このようにpH値を調整する化学物質を緩衝液と称します。また、油性の皮脂の分泌もメイク変色の原因となりかねませんから、クリームタイプのファンデーションには、肌から分泌される皮脂による黒ずみや変色を防ぐための吸収剤が添加されていることもあります。

粉おしろい（パウダー）

　さらさらのパウダー（ルース）タイプや固形（ケーキ）タイプを用いて、脂性肌のてかりやファンデーションの光沢を抑えたり、チークや（口紅）、ハイライト、シャドウを入れるベースをつくります。粉おしろいは、基本的には鉱物の混合物です。タルクとカオリンをメインに、マグネシウムとカルシウム、またはステアリン酸亜鉛を加え、付着しやすくしています。ケーキタイプは、パウダーをしっかりとかためておかなければならないため、ルースタイプよりもステアリン酸の含有率が高くなっています。酸化亜鉛や二酸化チタンのような顔料がカバー力を高め、チョークがよりマットな仕上げを演出します。顔料（レーキ）は様々な量が付加され、淡色から濃色まで幅広い色味をつくりだしています。ちなみに、タルクやカオリンのような鉱物は細菌のエサにならないため、粉おしろいに含まれている保存料は、往々にして他のコスメティックス製品よりも少なくなっています。とはいえ、販売上の理由から、製造業者がたんぱく質やアミノ酸、ビタミンをはじめとする添加物を付加することはままあり、そのために保存料の含有量が増えることもあります。

なお、鉱物の粉末を吸入すると危険です。呼吸困難やアレルギー、さらには重度の肺病を引き起こしかねません。

口紅及びリップグロス

口紅は様々なタイプのものが市販されています。ワックス製のスティック、ペンシル、クリーム、リキッド、そしてジェル。コスメティックス製品として唇を際立たせるために使いますが、傷ついたり感染したり炎症を起こしたりした唇の治療にも利用できます。

ワックス製の口紅に含まれているのは、ビーズワックスやカルナバワックスのような天然のワックスか、石油から精製したオゾケライト、セレシン、マイクロクリスタリンワックスです。こうしたワックスは鉱物油かベジタブルオイル、あるいはワセリンで柔らかくされます。製品が唇に均一にのびるよう、また落ちにくくしておけるよう、塗膜形成剤も添加されています。着色料と保存料も添加されていますし、ワックスとオイルの濃度が高いことから、しばしば酸化防止剤も付加されています。ラノリンやPEG派生物、あるいはシリコン（メチコンまたはジメチコン）派生物のような保湿剤も含まれていて、唇の潤いを保っています。また中には、唇を太陽光から守るために紫外線吸収剤を含んだ口紅もあります。

クリームタイプに含まれる成分も基本的には同じですが、ワックスの割合はかなり低くなっています。反対にペンシルタイプはワックスの含有量が多く、ワックスを柔らかくするために使われる油性成分は少なくなっています。

一般的な成分——口紅の場合

成分

　ヒマ油（学名：*Ricinus communis*）、オゾケライト、蜜蝋、酢酸ラノリル、酢酸セチル、マイクロクリスタリンワックス、ステアラルコニウムベントナイト、カルナウバロウ、ブチルパラベン、PG、ラノリン、没食子酸プロピル、クエン酸、水、オキシベンゾン-3、［＋/－　二酸化チタン、マイカ、CI 15850、CI 15880、CI 19140、CI 45410、CI 77007、CI 77491、CI 77492、CI 77499、CI 77510］。

- ヒマ油（学名：*Ricinus communis*）＊
  ワックスを柔らかくするひまし油。
- オゾケライト　　　　石油から精製されたワックス。
- ミツロウ＊　　　　　ビーズワックス。
- 酢酸ラノリル　　　　成分混合を促進する乳化剤。
- 酢酸セチル　　　　　保湿剤及び溶剤。
- マイクロクリスタリンワックス
  石油から精製されたハードワックスで、成分の分離を防ぐ乳化安定剤及び結合剤としても機能します。
- ステアラルコニウムベントナイト
  ベンゾナイトクレイから精製された粘度調整剤で、口紅の濃淡を調整します。
- カルナウバロウ　　　植物性ワックス。唇に薄い膜を形成する一助となります。
- PG＊　　　　　　　　口紅の乾燥を防ぐ湿潤剤。溶剤としても機能し、保湿効果も有します。
- ラノリン＊　　　　　保湿剤。
- 没食子酸プロピル＊　酸化防止剤。
- ブチルパラベン＊　　保存料。使用量上限は完成品の0.4％。＋

- **クエン酸** 　　　　　　　酸度を調整し、没食子酸プロピルの酸化防止効果を促進します。
- **水** 　　　　　　　　　　口紅に潤いを付加します。
- **オキシベンゾン-3＊** 　　紫外線吸収剤。オキシベンゾンとも称されます。色褪せを防ぎ、唇を太陽光の紫外線から守ります。

　製品には、以下の着色料の一部または全てが、様々な割合で含まれていることがあります。
CI 15850＊（アゾ染料・赤）、CI 15880＊（アゾ染料・赤）、CI 19140＊（アゾ染料・黄）、CI 45410（合成染料・赤）、CI 77510（鉄塩及びシアン化物から生成されるプルシアンブルー）。

　上記以外の着色料はいずれも天然鉱物からの精製品です。
二酸化チタン（CI 77891）（白）、マイカ（黒/シルバースパークル）、CI 77007（青）、CI 77491（赤レンガ）、CI 77492（黄）、CI 77499（黒）。

＊規制対象成分。もしくは有害、副作用が懸念されている成分。
十：保存料以外の目的で使用される場合には、制限値を上回る量が使用されることがあります。

　水ベースの口紅に主として含まれているのは水ですが、それはメチルセルロースまたは天然ガムによって粘度を付加されています。着色料も、一般的な量の保存料及び塗膜形成剤とともに添加されており、口紅を早く乾かすために少量のアルコールが付加されていることもあります。

保湿剤の事実

　多くの製造業者が、メイクアップの「新製品」を「新たに保湿剤65％配合」などと宣伝しています。しかしこうした宣伝は特に驚くようなことではありません。というのも、メイクアップ製品、それも特に口紅の

161

> 様々なタイプは、その主成分を油性及びワックス成分が占めており、こうした成分が、肌に耐水性の膜を形成し、水分の蒸発を防いで、肌や唇の潤いを保っているのですから。

リップグロスは通常非脂肪性のジェルで、唇につやを与えます。水中油タイプの乳濁液か、ベントナイトクレイと混ぜてジェル状にした鉱物油を含んでいます。普通は半透明か、色がついているとしてもごく薄い色です。一般的な量の塗膜形成剤と保存料が含まれています。リップグロスは、口紅の上からつけて、つやを強調することもあります。

リップクリームは、唇がかさついたりひび割れたりした時に唇に脂肪性の膜を形成し、唇に潤いを与えます。通常紫外線吸収剤を含んでいて、太陽光からのさらなるダメージを防ぎます。また、ある種の薬剤が含まれていることもあります。普通は無色で、色がついているとしてもごく薄い色です。

口紅は口の粘膜近くに使用するものですから、カテゴリ1に分類されるコスメティックス製品であり、細菌汚染レベルに関しても、欧州の厳しい規制対象となっています。

目に危険を及ぼしかねない着色料

以下に挙げる着色料及びそのレーキは、FDAにより、全てのコスメティックス製品への利用が認められていますが、目またはその周囲に使用する製品は除外されています。

CI 15850（D&C Red No.6）	CI 73360（D&C Red No.30）
CI 15850（D&C Red No.7）	D&C Yellow No.10
D&C Red No.21	CI 42053（FD&C Green No.3）
D&C Red No.22	CI 19140（FD&C Yellow No.5）
CI 45410（D&C Red No.27）	CI 15985（FD&C Yellow No.6）
CI 45410（D&C Red No.28）	

以下に挙げる着色料及びそのレーキは、FDAにより、全ての体外使用コスメティックス製品への利用が認められていますが、目またはその周囲に使用する製品は除外されています。

D&C Blue No.4	D&C Red No.33
D&C Brown No.1	CI 15880（D&C Red No.34）
CI 61565（D&C Green No.6）	CI 12085（D&C Red No.36）
CI 59040（D&C Green No.8）	D&C Violet No.2
CI 15510（D&C Orange No.4）	CI 45350:1（D&C Yellow No.7）
D&C Orange No.5	CI 45350（D&C Yellow No.8）
D&C Orange No.10	D&C Yellow No.11
D&C Orange No.11	CI 60730（Ext. D&C Violet No.2）
CI 26100（D&C Red No.17）	CI 10316（Ext. D&C Yellow No.7）
CI 15800（D&C Red No.31）	CI 14700（FD&C Red No.4）

　以下に挙げる着色料及びそのレーキは、付加規制の対象です。

D&C Green No.8	―使用量上限は完成品の0.01％。
D&C Orange No.5	―使用量上限は完成品の5％。
D&C Red No.33	―使用量上限は完成品の3％。
CI 12085（D&C Red No.36）	―使用量上限は完成品の3％。

12章 ネイルケア

　　　　3日間ひたすらゼリーを食べたって
　　　　それで爪はのびやしない。
　　　　折れにくくなることもない。
　　　　お腹が痛くなるだけだって。

　爪は、ライフスタイルや癖、性格、健康状態を如実に物語るもの。手入れの行き届いた爪は、ゆとりある暮らしを示します。清潔で、折れていない爪は、肉体労働者や皿洗いのベテランより、頭脳労働者に多いでしょう。噛まれてボロボロになった爪からは、悪い癖やストレス、神経障害が窺われますし、黄色くなった爪は喫煙者の定番です。だからこそ私たちは、マニキュアを施したりネイルケア製品に大金をつぎ込むのでしょう。ここからは、爪を科学的に検証し、基本的な手入れの仕方を挙げ、爪を甘やかすために使っているコスメティックス製品について、改めてみていきましょう。

爪とは？

　髪や肌同様、爪もケラチンといわれる丈夫な繊維性のたんぱく質からできています。主要部位は爪甲。これは、爪床と呼ばれる根底にある皮膚に付着しています。爪の縁周辺に皮膚が形成しているのが爪郭で、これが爪の縁を

包み込むように盛り上がっています。あま皮は薄い皮膚弁で、爪郭をカバーし、爪甲に付着しています。あま皮がなければ、ほこりや細菌が爪郭に没入し、そこから感染症を引き起こしかねません。それを防ぐ機能を、このあま皮は有しているのです。

爪が伸びる早さは？

　平均すれば、爪は1週間に0.5mmのびますが、最短0.05mmから最長1.2mmまでと大きな幅があります。子どもの爪の方が大人よりものびが早く、加齢とともにのび方もゆっくりになってきます。夏や暖かい時期の方が早く、手の爪の方が足の爪よりも早くのびます――おそらく足の方が体温が低く、血液循環も遅いため、栄養分や酸素が爪先までなかなか届かないからでしょう。また同じ手の爪でも、親指よりも中指の方が早くのび、完全にのびるまでには、平均すると5〜7ヶ月を要します。ちなみに足の爪はその倍です。

　爪は、その先端にある胚芽細胞層からのびてきます。細胞は当初生きていて、ゼリー状の構造をしていますが、次第に死んでいき、細胞含有物をケラチンにかえていきます。淡い色をした半月は、胚芽細胞層内の生体細胞と爪甲の死細胞の中間の状態にあります。爪甲には神経も通っておらず、血液も供給されていませんから、痛みを知覚することはありません。やがて爪床からのびて自由縁を形成するようになると、やすりをかけ、形を整えていきます。こうしたことができるのも、神経がないからなのです。しかし半月と爪床には神経終末が密集しているため、触覚や痛覚に敏感に反応します。

爪のお手入れ

爪は絶えず酷使されています。仕事中に割れたり汚れたり、噛んでボロボロにされることもあれば、煙草のせいで染みがついたり。間違ったダイエットや病気のために欠けたりはがれたり、かと思えば、バクテリアや菌類のせいで感染症に冒され、ひどく変色してしまうことも。長い爪は、何かに引っかかったり、傷ついたり、爪甲からもはがれやすいでしょう。繰り返し傷つければ、いずれ爪を失うことにもなりかねません。

爪の見栄えをよくできるコスメティックス製品も、汚れや染みを除去できる簡単な治療薬も、多数あります。ですが、もし爪の変色の原因が感染症または何らかの病気だと思うなら、医師に診てもらった方がいいでしょう。そして、医師から許可がでるまで、ネイルケア製品の使用は控えて下さい。

民間療法──爪に効くゼリー

残念ながらこれは嘘です。確かにゼラチンに含まれるたんぱく質と爪のたんぱく質は似ているかもしれませんが、ゼラチンのたんぱく質は、消化後アミノ酸に分解され、それを必要としている身体の他の部位で使用されるのです。爪に効いてほしい、そんなあなたの思いは、アミノ酸には届きません。

爪から染みを除去する

爪に付着している染みの原因はおそらく、煙草のニコチンやマニキュア液の残り、ヘアダイ、化学物質などでしょう。通常は、優しくこすれば除去できます。その際使用するのが、小さじ1杯の家庭用漂白剤と小さじ10杯の水を混ぜたものです。これを綿棒につけてこすれば大丈夫。ただし、漂白剤は

長時間爪につけたままにしないで下さい。また、周辺のあま皮や肌にもつけないよう注意が必要です。こすり終わったら、爪をきれいに洗って、油性のモイスチャークリームをつけておきます。それでも落ちないしつこい染みなら、爪を研磨するといいでしょう。とはいえこれは外層を除去するわけですから、当然爪は薄く、脆くなります。

色のついたマニキュアで隠すという方法もありますが、何をやってもうまくいかない場合には、爪がのびてきて、染みともども切れるようになるまで待つしかありません。なお、漂白剤を使って、傷や感染症による変色などを除去しようとするのはやめて下さい。そのような変色などは爪甲の下にあるものだからです。傷や、爪の下にできた斑点などは、いずれ消えるか、のびて切れるようになります。それまでは、色のついたマニキュアで隠しておきましょう。

> ### 民間療法──ハーバルネイルケア
>
> ホーステールを水に滲出させたものは、指の爪の白い斑点を除去するといわれています。

自由縁にみられる傷や染みは、ネイルブリーチで落とせます。様々な研磨剤や漂白剤、白い着色料を含んだクリームの形態で売られていますが、このようなブリーチ剤であれば自分でつくることもできます。青果物を扱っていて付着した染みなら、レモンのスライスで爪をこすれば、往々に除去できます。二酸化チタンや酸化亜鉛のような白い色素を含んだ石鹸ベースのペンシルタイプでも、のびた爪の染みを隠すことができます。

マニキュア

　ネイルエナメルとも称されるマニキュアは、通常アクリルポリマーかその他の樹脂を溶剤に溶かしたもので、色がつけられています。ナイロンまたは他の繊維のストランドで補強されている場合もあり、ひび割れしないように可塑剤を付加し、わずかですが柔軟性を持たせてもいます。マニキュアを簡単かつ均一にのびるようにし、爪に付着させるようにしてるのは、界面活性剤と塗膜形成剤です。なおネイル関係のコスメティックス製品には、たんぱく質やビタミンが付加されていますが、爪はそれらを吸収しないため、爪甲にも爪郭にも、さらにはあま皮にも、治療効果はありません。

　爪に塗ったマニキュアは、溶剤の乾燥につれて固まっていきます。通常は足の爪よりも指の爪の方が暖かいので、マニキュアも指の爪の方が早く乾くことがままあります。マニキュアは、振ってから使用することとよくいわれますが、振るとマニキュア液の中に小さな気泡ができてしまい、きれいに仕上がらなくなります。ですが、手のひらの間でボトルを転がす分には気泡もできず、手のぬくもりがマニキュアののびをよくし、むらなくきれいに塗れるでしょう。マニキュアを塗る際には、爪が乾いていること、ハンドクリームやモイスチャークリームの油分が残っていないことを確かめて下さい。爪がべたついていたり濡れていたりすると、マニキュアは爪に付着しません。

　爪にはもともと凹凸があります。しかしこうした凹凸を、マニキュアを塗るために削り取ってしまうのはお薦めできません。そんなことをすれば爪が薄くなり、割れやすくなってしまうからです。その結果、爪の硬化剤や強化剤のようなネイルケア製品を使うようになり、またそれを削って……といった悪循環に陥ってしまうでしょう。そこで、色のついたマニキュアを塗る前に、まず透明のマニキュアを塗ってみて下さい。それがベースコートとして機能し、凹凸を埋めてくれる上、マニキュアの色素が爪甲に侵入して染みをつくってしまうこともなくなるのです。

リムーバー

　リムーバーは、マニキュアを溶かす溶剤です。通常溶剤として使用されているのはアセトン、酢酸エチル、酢酸ブチル、酢酸アミルですが、これらは爪や周辺の肌から天然の油分も除去してしまいます。したがって、こうした溶剤を使ったあとは、オイルベースのハンドクリームをつけておきましょう。また、水中油タイプの乳濁液をベースにしたリムーバーなら、マニキュアを溶かすのに多少時間はかかりますが、爪に与えるダメージは少なくてすみます。

ネイルバッファー（爪磨き）

　ネイルバッファーには、酸化鉄（高級ベンガラ）、カオリン、タルク、スズ酸のような粉末の研磨剤が含まれています。このような粉末で爪の表面を磨くことで、表面はつややかになり、また爪床への血流も刺激しますから、きれいなピンク色の爪にもなるでしょう。ですが、磨けば当然爪は薄く、弱くなり、割れやすくもなります。

爪の伸長剤、強化剤、硬化剤

　伸長剤は、自由縁を噛んだり、削ったり、割ったりすることなく、爪をのばすのに役立つ製品です。強化剤はマニキュアに似ていますが、マニキュアよりも厚く、補強力の高いコーティングができるようになっています。無色の場合も、着色されている場合もあります。硬化剤にはホルムアルデヒド樹脂が含まれています。これは爪に付着し、非常に固い膜を形成します。このホルムアルデヒド樹脂に対しては、多くの人がアレルギー反応を引き起こし、またホルムアルデヒドに対しても敏感に反応します。発癌性も疑われていま

すから、樹脂を爪郭周辺やあま皮に決して付着させないようにして下さい。欧州では、ホルムアルデヒドを含む硬化剤のラベルに警告文を記載することを義務づけ、製品使用前にあま皮に油脂またはオイルをつけてあま皮を保護するよう注意を促しています。

ネイルチップ

　ネイルチップはプラスチック製で、爪甲に接着剤で付着させます。傷や変色のある爪でも、非常に美しくみせられますし、爪噛みも防げます。ただ、爪がのびてくると根元部分にすき間が生じてきます。こうしたすき間は、アクリルまたはジェルベースの爪用強化剤で埋めるといいでしょう。また、ネイルチップが爪甲から浮き上がってきてはいないか、定期的に確認することも必要です。爪甲とネイルチップの間に水が入ると、バクテリアが繁殖し、水のせいで柔らかくなっている爪甲をバクテリアがエサとして、そこから爪床へと侵入していってしまうからです。

　ネイルチップは、接着剤を溶剤で柔らかくすればはがすことができます。ただし、アセトニトリルベースの溶剤は非常に強い毒性を有しているため、使用しないで下さい。ちなみに欧州では販売を禁止されています。

キューティクルソフトナー（あま皮用軟化剤）

　爪の手入れをしてあま皮を押し込んでいく前に軟化剤をつければ、あま皮ははがれやすく、また柔らかくなります。軟化剤に通常含まれているのは、皮膚を柔らかくするための水、あま皮を素早く湿らせ、柔らかくするための界面活性剤、そして肌と爪に潤いを与えるオイルです。油性成分と水を混ぜ合わせるため、乳化剤及び乳化安定剤もしばしば含まれています。保存料は、軟化剤内の細菌を死滅させるために付加され、抗菌剤は、肌や爪の細菌を抑

制し、爪甲下の感染症発症を防ぎます。香料及び着色料も当然のように付加され、不必要な添加物——ビタミン、植物エキス、アミノ酸、たんぱく質など——も往々にして含まれています。また、アルファまたはベータヒドロキシ酸のような剥離剤を含んでいるものもあります。これらが肌のたんぱく質を溶かし、あま皮を一段と柔らかくするのです。

あま皮用溶剤も、軟化剤のかわりに利用されることがあります。これは、水酸化ナトリウムや水酸化カリウムのような強いアルカリを含む溶液であま皮を溶かします。ただし非常に腐食性の高い物質なので、取り扱いには細心の注意が必要です。

13章　常識：コスメティックス製品を安全に使うために

常識が一般的なものだというなら、
非常識な人間が多いのはなぜなのか。

　コスメティックス製品の安全性を担っているのは、以下の4者です。まずは管轄機関。コスメティックス及びトイレタリー製品の安全な製造、販売に関する基本原則を定め、工場に監視の目を光らせ、規制違反や新たに生じた問題に対して、随時処置を講じていきます。次に、一流の製造業者は、規制当局の定めた規制に準じ、消費者の安全を確保しつつ、極力質の高い製品を製造していきます。また小売業者や美容師、エステティシャンは、製品が安全に保管され、正しく使用され、衛生的に販売されているかを確認し、必要な時には専門的な助言を与えていきます。そして最後があなたです。あなたには、コスメティックスやトイレタリー製品を、自宅で安全に保管し、使用する責任があるのです。とはいえ、多くの問題が発生するのもやはりここです。そこで、あなたのバスルームのキャビネットをより安全なものにするため、以下に常識的な予防策を挙げていきましょう。

指示にしたがう

　必ずラベルを読み、その指示にしたがうこと。つけ過ぎ、使い過ぎは厳禁

です。特に脱毛剤や美白剤、ヘアダイ、パーマ液といった強い製品は気をつけて下さい。また、炎症や痒み、痛みなどの症状が現れたら、すぐに使用を中止し、別のブランドにかえてみて下さい。

一般的な成分——発泡入浴剤
家庭用の場合

成分

水、ラウレス硫酸Na、香料、コカミドプロピルベタイン、PEG-90M、EDTA-4Na、ホルムアルデヒド、クエン酸、ベンゾフェノン-4、[＋/－ CI 15985、CI 17200、CI 42094、CI 47005]

これは、透明なプラスチック製の大きなボトルで売られている、明るい色の製品です。

- 水   主成分。
- ラウレス硫酸Na*   泡を形成するために使われている界面活性剤。
- 香料   芳香物質を混ぜ合わせたもの。その数はしばしば50以上にのぼりますが、多くが人工のものです。
- コカミドプロピルベタイン*
　　　　　　　　　　　界面活性剤及び起泡力増進剤。しっかりとした泡を大量につくります。
- PEG-90M*   他の成分の水っぽさをカバーする増粘剤。
- EDTA-4Na   キレート剤。泡の生成を妨げるカルシウム及びマグネシウムイオンを硬水から除去します。
- ホルムアルデヒド*   安価な保存料。使用量上限は完成品の0.2％。発癌性が疑われており、スウェーデン及び日本ではコスメティックス製品への使用が禁止されています。
- クエン酸*   製品の酸度をコントロールします。

・ベンゾフェノン-4＊　　この製品に使用されている明るい色の染料が、日光によって色褪せしないようにする紫外線吸収剤です。いわば不要な着色料を守るために使用されている不要な成分であり、いずれも泡の質を高めるものではありません。

この製品には、以下の着色料の一部が含まれている場合があります。

CI 15985＊………アゾ染料・黄。
CI 17200＊………アゾ染料・赤。
CI 42090＊………コールタール染料・青。
CI 47005＊………コールタール染料・黄。

＊規制対象成分。もしくは有害、副作用が懸念されている成分。

　発泡性のバスオイルや入浴剤を入れた湯船に浸かれば、当然肌や尿路が刺激されます。したがって説明書をよく読み、その指示にしたがって下さい。決して指定量を上回る量を入れたりしないように。家庭用の発泡性入浴剤には危険が潜んでいるのです。このタイプの入浴剤の多くは、大きな容器に入れられた、明るい色のついた液体ですが、日光による色褪せが頻繁にみられることから、それを防ぐためにしばしば紫外線吸収剤（ベンゾフェノン-3やベンゾフェノン-4など）が付加されています。これらに対しては、不必要な着色料を守るために付加された不必要な成分だとの議論もなされています。というのも、着色料、紫外線吸収剤ともに、泡の質を高めるものではないからです。欧州の化粧品要項における付属文書Ⅶには、コスメティックス製品への添加を認可、及び条件付きで認可した紫外線吸収剤の一覧が挙げてありますが、そこには以下のような言葉も続いています――

他の紫外線吸収剤──紫外線から製品を保護するという目的のためだけにコスメティックス製品に使用されているものに関しては、この一覧に含まないものとする。

　つまりこの製品は、有害な紫外線から肌を守るために肌に使用するものではなく、したがって製造業者は、自社製品保存のために、広範な成分の中から自由に選択することができ、その中には認可されていない紫外線吸収剤も含まれている、ということなのです。無認可化学物質を浴槽に入れ、その中で子どもを遊ばせても平気でいられますか？

　また、製品に「有効期限」が明示されている場合、期限を過ぎた製品は使用しないで下さい。欧州では、製造後30ヶ月以内に劣化が懸念される製品に対しては、有効期限の明示が義務づけられています。包みに日付が印刷されていれば、それは、製品の検査を行った結果、保存及び使用中に悪化する可能性があるとの製造業者からの明確な指摘を意味しているのです。ただしFDAの規定では、米国内で販売されている製品への日付の明示は義務づけられておらず、しかも消費者に対しては、容器に印刷された日付は経験則とみなし、あくまでもだいたいの目安と考えるよう忠告しているのです。しかし一流の製造業者は、内心消費者の関心を気にしています（少なくとも、訴えられるような事態は望んでいません）。ですから、こうした「有効とおぼしき期限」は多いに活用すべきでしょう。期限の過ぎたものは使用しないにかぎる、というわけです。

していいこと、いけないこと

　製品から悪臭が漂ってきた、変色した、透明だった液体が濁ってきた。それらはいずれも製品内でカビや菌類、バクテリアが繁殖してきた証ですから、すぐに廃棄して下さい。酸素もまた、脂肪性、油性の物質に化学作用を及ぼし、やがて製品は悪臭を放つようになります。そうなったら、もう一度いい

ます、すぐに製品を捨てて下さい。

　こうした細菌汚染や酸化の危険を減らすには、以下に挙げる簡単なルールを守れば大丈夫です。

- コスメティックス製品は共用しない。製造業者は、製造中に製品に混入した細菌及び通常使用時に製品に寄生する可能性のあるあらゆる細菌を死滅させるために保存料を添加していますが、複数の人間を介してコスメティックス製品に細菌が付着していけば、添加してある保存料だけではとても全ての細菌に対応しきれません。また共用すれば、人から人へとバクテリアも移っていきます。
- 必ずきれいな手で。コスメティックスやトイレタリー製品を扱う際の基本です。汚れた手からバクテリアがコスメティックス製品に移れば、そこから細菌が広がっていき、その結果、身体の他の部位が感染してしまいます。
- マスカラに唾をつけない。さもないと、バクテリアの繁殖したマスカラを目につけることになります。
- コンタクトレンズの汚れを落としたり、潤いを与えるのになめたりしない。口に入れるのも同じです。必ず、コンタクトレンズ専用の良質な洗浄液を使用して下さい。その後滅菌水または食塩溶液で洗浄液をきれいに洗い流し、それから装着します。なお洗浄液は必ず、アカントアメーバを死滅できるものを使用します。このアメーバ（または単細胞原生動物）が、アカントアメーバ角膜炎──激しい痛みをともない、目の機能を損いかねない疾患を引き起こすことはよく知られています。
- 希釈したコスメティックス製品はすぐに使い、残りは破棄する。シャンプーを最後の1滴まで使い切りたい、あるいは、乾燥してしまったものをもう1度使いたい。理由は様々でしょうが、理由の如何にかかわらず、守って下さい。保存料は、通常使用時の細菌死滅に十分な量が添加されていますが、希釈することでその含有率が下がってしまうと、細菌を効果的に死滅させることができず、細菌は急速に繁殖してしまいます。こ

うした現象は特に、アミノ酸やたんぱく質、ビタミン、植物エキスといった滋養分の高い成分を含む製品に顕著にみられます。

- コスメティックス及びトイレタリー製品は、必ず蓋をして保管する。開けっ放しにしたまま空気にさらしておくと、すぐに細菌や酸素が入り込んできてしまい、保存料や酸化防止剤では対処しきれなくなります。

- コスメティックス製品は冷暗所に保存する。バスルームの窓の下枠はもちろんのこと、暑い車内などもってのほかです。光は保存料にダメージを与え、細菌殺傷能力を落としますし、熱はバクテリアやカビ、菌類の増殖を促します。それに食器棚の奥にしまっておけば、子どもにも見つかりません。

- コスメティックス製品を、傷や腫れのある肌、感染している肌には使用しない。使用すれば、細菌が製品内に混入してしまいます。悪くすれば、コスメティックス内の細菌が体内に侵入するでしょう。クリーム、それも特にモイスチャークリームをつけた部位は暖かく、湿気を帯びてきます。それはまさに、バクテリアが急速に増殖できる環境なのです。

- 目の感染症を患ったら、その時使用していたアイメイク製品は全て破棄すること。たとえば結膜炎（目の充血）などですが、こうした疾患は、まずコスメティックス製品から感染する可能性が高く、たとえそうでなくとも、そのまま使用していれば製品に菌を付着させてしまい、後々再感染することが多々あるからです。

- まず容器にごみや埃が付着していないことを確認する。それから使用して下さい。さもないと、あっという間に手からコスメティックス製品へ、そして身体の他の部位へと移っていってしまいます。

- 自宅であれサロンであれ、爪の手入れをする際には、手も爪も使用する道具も、全てが必ず清潔であること。それを確認してから、あま皮を押し込んでいきましょう。さもないと、ほこりや細菌が付着したままのあま皮が爪郭の下に入り込んでしまい、感染症を引き起こしかねません。場合によっては、その感染症が爪床にまで影響を及ぼし、爪を失いかねないのです（12章——ネイルケア——を参照）。

封の開いた製品は決して購入しないこと。たとえ安売りをしていても、です。買い物客の中には、テスターを試すより、買おうと思った実際の商品の封を開けて香りを確かめ、気に入らないからといってそのまま棚に戻していく人もいます。そうやって香りを確かめていった人たちの鼻から、細菌が混入しないともかぎらないのです。

スプレー製品の安全性

多くの製品に、それぞれ特有の問題があります。エアゾールスプレー及びポンプ連射式のスプレーは、空気中に細かい溶滴の霧を生成します。この霧を吸入すると、本来、空気中に存在してはならないはずの化学物質が肺に入ってしまい、それによって呼吸困難や肺病が引き起こされることがあるのです。したがって、乳幼児のいる部屋では決してスプレーを使用しないで下さい。乳幼児の肺は、大人よりもはるかにダメージを受けやすいのです。デオドラントや制汗剤なら、ロールオンタイプやスティック、ジェルの方が安全でしょうし、ヘアスプレーもムースで代替できます。

それ以外にもスプレーの問題点として、高圧ガスの可燃性が往々にして非常に高くなっていることが挙げられます。したがって、火気の近くでは決して使用しないで下さい。使用中の喫煙も厳禁です。またボリュームたっぷりのヘアスタイルをしているなら、スプレー使用後数分間は、可燃性のガスが髪に充満していることでしょう。

危険な事実

一般的なスプレータイプのデオドラントは150ml入り。主に含まれているのはアルコールと高圧ガスです。これがもし全焼すると、およそ3.8メガジュールのエネルギーが放出されることになります。これだけのエネルギーがあれば、体重76キロの人間を5000メートル上空まで投げ

上げられます。もちろんこのエネルギーの大半は、爆発の際の熱や光、音となって消えてしまいますが、そばに人がいれば、上空に放り上げられる前に全身を焼かれ、引き裂かれてしまうでしょう。10代のお子さんによく注意してあげて下さい。

ネイルチップ

　きちんと接着されていないネイルチップは、バクテリアやカビによる感染症を引き起こし、その結果爪を失ってしまいかねません。チップと地爪の間にすき間があれば、水や空気が入り込み、細菌が増殖しやすくなります。そこで細菌は、すでにたまっていた水によって軟化していた地爪のたんぱく質に攻撃を仕掛けてくるのです。爪の下で真菌感染症が発症しても診ることはできず、治療はほぼ不可能です。

　また、ネイルチップをはがす際にも問題があります。チップをとめている接着剤用の溶剤は毒性を有していることがあるからです。アセトニトリルはかつて溶剤としてよく使われていましたが、毒性が強く、飲み込んだら命を落としかねないため、現在欧州では使用を禁止されています。思春期の娘さんが正しくネイルチップをつけているか、きちんと気を配ってあげて下さい。また、溶剤は親が管理するのが一番でしょう。

スキンピーリングとAHA

　ピーリング剤（剥離剤）は強い製品ですから、使用する際には注意が必要です。角質を溶解する酸が含まれていて、肌細胞の外層をまさに溶かして除去するのです。これによってさらに敏感な下の層があらわになり、肌も間違いなく薄くなります。つまり、紫外線から身体を守ってくれるものが少なくなり、体外使用コスメティックス製品の化学物質が、今や身体の内側に入り

込み、血流にまで侵入しかねなくなってきた、ということなのです。したがってピーリング剤を使う場合には、太陽の光を遮断して下さい。強力なサンスクリーン——日焼け止め指数（SPF）が少なくとも15はあるもの（25前後あればさらにいいでしょう）——をつけ、日よけ用の帽子も必ず被りましょう。また、ピーリング剤使用直後に他のメイクアップ製品をつけたりしないで下さい。

　あなたも、そうとは知らずにスキンピーリング用のコスメティックス製品を使っているかもしれません。「一段と新鮮な肌が現れます」だの「シワが消える」だのといった言葉に気をつけ、アルファ及びベータヒドロキシ酸のような成分が記されていないか調べてみるといいでしょう（この問題についての詳細は5章——スキンケア——を参照）。コスメティックス製品を使っていて、腫れ物ができたり、痒みやヒリヒリした感じが残るようであれば、すぐにその製品の使用をやめて下さい。そして製造業者に手紙を書き、製品についての不満をぶちまけてみましょう——そうでもしなければ製造業者には、自社製品が問題を引き起こしているという現実がわからないのですから。

隠れた危険

　多くの成分に使用規制があるのは、大量に使うと危険だからです。たとえば欧州の法律では、保存料としてのトリクロサンの使用量上限は、完成品の0.3％ですが、他の目的で使用される場合には、制限値を上回る量の使用が可能です。つまり、マウスウォッシュのような製品に保存料として使用される場合、制限値を上回れば危険だが、デオドラントに抗菌剤として大量に用いられる分にはさほど危険ではない、といっているのです。また、紫外線フィルターとしてオキシベンゾンが含まれているサンスクリーンは、ラベルに「オキシベンゾン含有」と明記しなければなりませんが、同じ物質を、色褪せ防止のために含んでいる色鮮やかな入浴剤は、申告する必要がないのです。たとえ子どもが——それも、まだそうした物質に十分対処できるだけの能力

を有していない子どもが、オキシベンゾンの中にどっぷり浸かるとしても、です。したがって、もし警告の表示がなくても、避けたいと思う化学物質が成分に含まれてはいないか、チェックした方がいいでしょう。量が増えれば危険だという化学物質なら、確実に安全な量など誰にもわからないでしょうし、そもそもその物質には安全な量など存在しない、そう信じている人もいるのですから。

マスカラの問題点

　マスカラは、正しく使っている分には問題ありません。ですが必ず、寝る前にはきれいに落として下さい。さもないと、寝ている間に剥がれ落ちて目に入り、角膜を傷つけかねません。さらには炎症や痒み、感染症を引き起こすかもしれないのです。また、移動中の車や列車、地下鉄、飛行機の中で使用するのもやめて下さい。乗り物の急な動きに、眼球を傷つけてしまうことがあります。さらにひどいことになる場合も。もちろん、運転中にメイクをするのも論外です——危険なだけでなく、法律にも違反しています。

コスメティックス製品と子ども

　多くのコスメティックスやトイレタリー製品が、3歳以下の幼児に使用しないよう警告しています。しかしこうした警告がなくても、ラベルに安全性が謳われていない製品はいずれも、幼児に使用すべきではないでしょう。コスメティックス製品には、目や肌を刺激する成分が多く使用されており、幼児の肌は大人に比べてはるかに敏感なのです。欧州の規制では、コスメティックスやトイレタリー製品への内在を許容されている細菌の数や種類がきちんと定められています。そして、年齢のいった子どもや大人用の製品に比べ、幼児用の製品は、その許容レベルが1/50にまで規制されているのです。つま

り、幼児に大人用の製品を使えば、幼児にとって安全なレベルの50倍にもなるバクテリアに、幼児をさらすことにもなりかねないのです。

　また、たとえラベルに表示されていなくても、コスメティックスやトイレタリー製品は、幼児の手の届かない場所に保管しておくようにして下さい。幼児は、鮮やかな色やいい香りについ惹かれてしまうもの。それにそもそも子どもは好奇心おう盛で、真似をするのが大好きです。口紅をつけているところをみられたら、まず間違いなく子どもの口に入るでしょう。子どもはお化粧したくてうずうずしています。ですから、もしさせてあげるなら、親の監視のもと、必ず小さな子どもにも合ったコスメティックス製品を使用して下さい。また、必要以上に長い間メイクをしたままにさせないこと、子どもに合ったメイク落としを使うことも忘れずに。アイメイク製品及びアイメイク落としには、水銀化合物が含まれていることがあります。したがって成分をきちんと調べ、水銀を含む製品は決して幼児に使用しないで下さい。チメロサールや、酢酸フェニルという言葉で始まる成分──酢酸フェニル水銀など──に注意しましょう。

買ってからではもう遅い

　休暇で海外に行くとしても、コスメティックスやトイレタリー製品は、自国または西洋諸国の一流販売業者から買いましょう。第三世界諸国や、衛生及び品質管理レベルがあなたの日常生活圏のレベルより低い地域では、決して買わないこと。たとえ一流ブランドのコスメティックス製品を買ったとしても、それが香港の市場であれば（空港であれ、大手デパートであれ）、製品が海賊版である可能性は多分にあるのです。そして海賊版であればまず間違いなく、ラベルに記された成分は含まれていません。また、偽造品には余計な費用はかけませんから、原料から細菌や1,4-ジオキサンのような有害汚染物質を丁寧に除去した形跡も見当たらないでしょう。なお、サンスクリーンも買わないで下さい。海賊版であれば、ラベルに記されたSPF値（日焼け

止め指数）と同等の防止効果を求めることはできません。

　第三世界及び非西洋諸国の製造業者は、時に危険な成分を使用することがあります。1996年7月、テキサス州立保健局は、メキシコで製造されたフェイスクリーム2種から高レベルの水銀が検出されたと警告を発しました。このクリームは、メキシコを訪れた観光客が購入したものでしたが、ニューメキシコやアリゾナ、さらにはワシントンのフリーマーケットや小さな店先でも売られていたのです。クリームには、総重量の最大10%にも相当する水銀が、非常に毒性の高い白い色素として含まれていました。この色素の名称はカロメル、塩化第1水銀の通称です。しかも製造業者には、この成分混入を伏せておこうという意図もみられませんでした――スペイン語で書かれた成分表には、カロメルと明記されていたのです。

　コスメティックス製品に保存料として水銀を使用する場合、厳しい規制が設けられています。そしてこのメキシコ製品に含まれていた水銀は、FDAによって認められたレベルの何千倍にものぼっていたのです。幸い、この製品の使用により甚だしく健康を害して苦しんでいるという報告は1件もありませんでしたが、このクリームを使ったと地元の州立保険局に届けでた人は230名を越えていました。そのうち113名から血液サンプルを採取した結果、89%の人に、体内の水銀レベルの上昇がみられたのでした。

　またコスメティックス製品は、値段が品質を保証するものでもありません。プライベートブランドと有名ブランドのシャンプーの成分を比べてみれば、驚くほど似ていることに気づくでしょう。スーパーやドラッグストアのブランドが安いのは、間接費を抑えているからなのです。いわば製品のイメージを売り込むために、高い宣伝費をかける必要もありません。大量生産、さらには大量購入力にものをいわせて経費を大幅に削減し、コストを下げているのです。広告業者は、高い製品を買わせようと大金を投じていますが、そうした製品は実際のところ、ドラッグストアやスーパーのブランドにさして優るわけでもなく、往々にして違いなどありません。時には両者が同じ工場で製造されていることすらあるのです。となれば、コスメティックスやトイレタリー製品に無駄なお金をかけることなどないでしょう？

183

コスメティックス製品の汚染物質

　コスメティックスやトイレタリー製品の汚染は、信じたくないほど頻繁にみられ、中には健康に深刻な脅威をもたらしている汚染物質もあります。汚染物質は様々な形で製品内に侵入してきます。微量であることがほとんどですが、にもかかわらず副作用を引き起こす危険があります。最も悪名高い汚染物質3つといえば、1,4-ジオキサン、ニトロソアミン、そしていわゆる「ジェンダーベンダー」（外因性内分泌撹乱物質またはEDC）と称されるものでしょう。これらに関しては、以下に詳しく記してあります。また、さほど大騒ぎする必要はないものの、それでもおそらく見逃せない問題として挙げられるのが残留農薬です。この原因は、より「自然な」製品を求める消費者の飽くことなき欲望を満たすためにコスメティックス製品に添加される、過剰な植物エキスにあります。こうした残留物の多くには有毒性が認められており、EDCとして知られているものもあるのです。

ジェンダーベンダー

　これは、外因性内分泌撹乱物質（EDC）または環境ホルモン化合物（HDC）として知られる一群の化学物質の通称です。内分泌系は様々なホルモンを分泌します。ホルモンは、人間の身体の成長や機能をコントロールする化学物質であり、これによって性別も決まります。こうしたホルモンの分子とよく似た形の分子を有している化学物質がEDCです。これが体内に入るとホルモンと誤認されます。すると、普段は体内で分泌されているホルモンによってコントロールされている機能が、このEDCによってコントロールされてしまうことがあるのです。ホルモンは非常に強い化学物質ですから、体内では少量しか分泌されません。だからこそ、ごく少量のEDC汚染物質にも、内分泌系は混乱させられてしまうのです。

　「ジェンダーベンダー」という造語がつけられたのは、EDCによる主な弊

害の1つに、雌性ホルモン模造能力があるとわかってからでした。そのようなEDCの1つが、DDE——DDTという農薬がゆっくりとしか生分解されないために発生した化学物質です。DDTはかつて、マラリアを媒介するハマダラカの絶滅のために広く使われていました。実際世界保健機関は、マラリア撲滅のため、地球全土へのDDT散布を意図していたのです。しかし効果はありませんでした。ハマダラカはDDTに対する耐性を身につけていき、生き残ったのです。そして不幸なことにDDTも。DDTは、生分解に対する甚だしい耐性を有し、長い時間をかけてようやく分解されても、DDEとして環境内に残存していました。それは今日でもかわらないのです。DDTの大規模な使用が禁止されて何十年もたった今日でも。

　DDEは、強力な女性化能力を有するEDCで、環境内の他の化学汚染物質とともに精子の数を減少させ、雄の性器の奇形を引き起こすのです。こうした現象は、ほ乳類、爬虫類、鳥類、魚類、両生類を含め、世界中のほぼ全ての動物種にみられます。もちろん人間の男性も例外ではなく、人間の精子の数も減少しています。かつて流行した、身体にぴったりとフィットした下着。そのせいで精巣の放熱が阻害され、結果精巣内の温度があがって精子が死ぬと考えられたこともありました。しかし今やその原因がEDCにあることは明らかです。

　ジェンダーベンダーとして認知されているものは45を越えます。リストに掲載されているものを一部挙げてみましょう。農薬や一部退化した農薬、プラスチック容器の外に付着し、中のコスメティックス製品や食品にまで侵入していく化学物質、洗浄製品やコスメティックス、トイレタリー製品、殺精子剤、食品に使用されている洗浄剤や界面活性剤、酸化防止剤、PCB（ポリ塩化ビフェニル）のように通常環境内に広く分布している汚染物質、洗浄剤やごみ、プラスチックを含む、工場及び家庭からの排水などです。その他、よく知られているEDCについては以下に詳しく記していきます。

　ノニルフェノールは、洗浄製品、コスメティックス製品、殺精子剤に広く使われている界面活性剤です。強力なEDCで、細胞の組織内に堆積し、そのまま危険なレベルに達することもあります。BHA（ブチル化ヒドロキシア

ニソールまたはE320）は、コスメティックスやトイレタリー製品、加工食品に広く使われている抗菌剤です。EDCの可能性が疑われています。ビスフェノールAは別のEDCで、食品やコスメティックス製品を汚染することがあります。缶詰め食品のプラスチックライニングやポリカーボネートボトルの製造に使われます。

　PVCはハードプラスチックで、外装材や排水管、雨樋、ドア、窓の建材として利用されます。このPVCにフタル酸と称される化学物質が付加されると、可塑剤として機能し、PVCは柔らかく、成形しやすくなります。この状態のPVCは、食品やコスメティックス、トイレタリー製品のパッケージや容器、幼児用のぬいぐるみやおしゃぶりの製造に利用されます。PVCにはフタル酸可塑剤が大量に付加されており（一般にPVCの全重量の30～40％を占めます）、この化学物質がプラスチック容器から漏れて、食品やコスメティックス製品、さらには子どもの口に入ったという、非常に危険な事例も報告されています。

　PVC軟化に使用されるフタル酸の一般的な量は、EDCの活料検査によって決まります。フタル酸ジブチル、フタル酸ジ2-エチルヘキシル、フタル酸ジイソプロピル、フタル酸ブチルベンジルは皆、一般に可塑剤として利用されていますが、コスメティックス成分として実際に使用されているものは皆無です。

　公衆を安心させるため、欧州科学評議会は耐用1日摂取量（TDI）を規定しています。それによれば、上記物質の前3種は、体重1キロに対して0.5mg、4番目の物質は、同じく1mgとなっています。つまり体内組織に対して0.5または1ppm――少量にきこえるかもしれませんが、忘れてはならないことが2点あります。まず、EDCの中には、体内組織に堆積していくものもあり、やがて蓄積され、量が増えていく可能性があるということ。そしてもう1つが、私たちは膨大な数のこうした化学物質にさらされているということです。私たちが口にする食べ物、飲み水、肌につけるコスメティックスやトイレタリー製品、さらには食事に使う皿に残った洗浄剤の中にも、こうした化学物質は存在しているのです。したがって、たとえ各ジェンダーベンダーをTDIの

1/20しか摂取していなくても、日々20を超えるこのような化学物質にさらされていれば、あっという間に1日の耐用摂取量に達するか、越えてしまうでしょう。

ジオキサン（1,4-ジオキサン）

　この化合物は発癌物質として知られ、齧歯動物の皮膚に付着させれば全身に、また実験動物にエサとして与えれば肝臓や鼻に癌を誘発します。人間の肌に付着した場合も、瞬く間に吸収されていきます。大半はすぐに蒸散すると思われていますが。

　1,4-ジオキサンは、ある種のコスメティックス成分の製造の過程で、望ましくない副産物として図らずも生成されています。不必要な化学反応の中で、エチレンオキシドの2つの分子が結合してしまうのです。もちろん1,4-ジオキサンは、成分が使用される前に、バキュームストリッピングと称される方法で、丁寧に除去しなければなりません。エチレンオキシドは非イオン界面活性剤や乳化剤、塗膜形成剤の製造に使われています。いずれも、成分中にPEGやポリエチレングリコール、ポリオキシエチレンなどが含まれていることで知られています。

　エチレンオキシドを用いてエトキシル化された54のコスメティックス成分について検査した研究があります。そのいずれもが、100ppmを超える高レベルの1,4-ジオキサンに汚染されていたのです。ただ完成品内の汚染レベルは極めて低い数値を示していました。おそらく製造業者が、成分使用前にジオキサンを丁寧に除去したからでしょう。しかし1991年の『国際皮膚科学』誌に寄せられた研究報告によれば、完成品をテストした結果、その40％に85ppmを超える高レベルのジオキサンが含まれていたのです。また、エチレンオキシドの派生物を含むコスメティックス及びトイレタリー製品にかぎった調査では、48％にジオキサンが含まれており、その量は7.3～85.9ppmまでと広範にわたっていました。とはいえこの調査は、極東で行われたものです。基準も低く、コスメティックス製品の海賊版が多数でまわっている地域です。

欧州及び米国の場合、一流の製造業者は成分使用前に厳しいテストを行っています。

ジオキサンの安全レベルは、実のところ誰にもわかりません。ですが、癌のような生命を脅かす病気を誘発する以上、発癌性の化学物質に安全なレベルなどない、そう信じている人も多くいます。

ニトロソアミン

N-ニトロソ化合物とも称されるニトロソアミンは、強い発癌性を有する物質で、人間の肌から浸透していくことでも知られています。コスメティックス成分には使用されませんが、ジオキサン同様個々の成分の製造過程において、または、完成品に含まれている、それぞれ単体では無害な2つの成分の相互作用によって図らずも生成されることがあります。また、私たちの肌から分泌される化学物質が、コスメティックス成分と反応してニトロソアミンを生成するという報告もあります。

1977年、29のコスメティックス製品を調査したところ、そのうち27品がニトロソアミンに汚染されていました。その濃度は10ppb〜50ppm。また1978年から80年にかけて、FDAは300を超えるコスメティックス製品を分析しました。結果、ニトロソアミンの含有量が30ppb以下だったものは7％、30ppb〜2ppmが26％、2ppm〜150ppmが7％でした。1979年4月10日、FDAは官報に公示を掲載、ニトロソアミンを含むコスメティックス製品は法定基準不適合製品であり、法の強制執行対象とみなすと述べました。そして12年後、1991年から92年にかけて追跡調査が実施され、調査対象となったコスメティックス製品の65％に3ppmを超えるニトロソアミンが含まれていました。つまり、製造業者の基準低下を示唆する結果となったのです。

もしニトロソアミンが製造過程で図らずも生成されるなら、成分がパーソナルケア製品に付加される前に慎重に除去されなければなりません。一流のコスメティックス製造業者は、ニトロソアミンに汚染されやすい成分を認識していて、厳しい純度規制に適うよう定期的に検査することを怠りません。

一連の規制は、規制値を超えないよう、業者にニトロソアミン汚染物質の減少を求めています。ただ多くの科学者が、ニトロソアミンに安全なレベルなどないという点で同意していることから、完全な除去を求める規制が必要なのかもしれません。時間も費用も要しますし、成し遂げるのはかなり難しいことですが。しかしあなたにもできることはあります。高級ブランドのコスメティックス製品が、ディスカウントストアや露店、あるいは安全基準の低い外国で安く売られていても、決して買わないことです。そうした製品は海賊版である可能性が高く、そういったものをつくっている連中には、西洋の安全規制を守ろうという気などまずないのですから。

ニトロソアミンは、第2級アミンといわれる成分が、ニトロ化剤と称される成分と反応して生成されます。第1級及び第3級アミンも、条件が整えばニトロソ化されます。成分の中でも防蝕剤の亜硝酸ナトリウムや硝酸処理されたヘアダイ、2-ブロモ-2-ニトロプロパン-1,3-ジオール（BNPDまたはブロノポル）や5-ブロモ-5-ニトロ-1,3-ジオキサン（ブロニドクスC）のような保存料も、ニトロソ基保有物質として知られており、一流の製造業者は、上記アミンが含まれている製品にはこうした成分は使用しません。

このニトロソアミンは、コスメティックス製品だけの問題ではありません。亜硝酸はしばしば食品の保存料、中でも、サラミやパストラミ、ハム、ベーコンといった塩漬け肉の保存料に使用されているのです。たんぱく質の基本成分であるアミノ酸はアミンですが、これが調理中熱い金属に接触した時などに亜硝酸と反応し、低レベルのニトロソアミンを生成することもあります。この問題に関しては1970年代に様々書かれましたが、重大な健康問題とまではなりえませんでした。したがって結論としては、コスメティックスの製造業者が規制に従い、純度及び安全性に関する高度な基準を維持しているかぎりは、コスメティックス製品に含まれるニトロソアミンが問題を引き起こすことはない、というところが妥当でしょう。もちろん、たとえば2種類の異なるブランドのシャンプーを混ぜ、知らないうちに一方のシャンプーに含まれるニトロソ基保有保存料に、もう一方のシャンプーの第2級アミンと化学反応を起こさせてしまえば、製造業者の努力も水の泡です。

最後に

　ここまで読んで、全てのコスメティックス製品が健康に害を及ぼすのではないか、という印象を持ったかもしれません。しかし大部分のコスメティックスやトイレタリー製品のこれまでの歴史が自ずと明らかにしていることを決して忘れないで下さい。統計的にみても、コスメティックス製品を使って健康が甚だしく脅かされるようなことはまずありません。ただ、好みに合わないものがある、というだけのことです。この好みという点に関する専門家のアドバイスは矛盾しています。自分に合ったものをみつけたら、それをひたすら使うよういう人もいれば、明けても暮れても同じ化学物質にさらされていると感作やアレルギー、そしておそらくは癌の危険性も増すため、かえるよういう人もいるのです。しかし実のところ、こうした問題は往々にして製造業者によって解決されています。やっとお気に入りのものをみつけても、すぐに「改良」されてしまったり、製造中止になってしまったりするのですから！

14章　日光と肌

> **生命と美を分け与え、じっとみつめていた彼は**
> **やがて紫外線の力をもって、与えたものを取り戻す。**

　サンスクリーンの世界市場は、年間およそ40億ドルにものぼり、さらなる成長を続けています。これはひとえに、消費者が、太陽にさらされることで引き起こされる危険——日光性皮膚炎や肌の早期老化、皮膚癌など——にますます関心を持つようになってきているからです。サンスクリーンや鮮やかに着色されたサンブロックは広く使われるようになってきており、今やスポーツファッションに欠かせない付属品。当然、こうした市場に見合った精巧な製品が丁寧に製造されています。日焼け止め指数（SPF）を考慮に入れたサンスクリーンの選択肢は、気が滅入ってしまうほど膨大であり、どんな肌質の人がどんな休暇を過ごすにせよ、対応できるようになっています。あとはその中から、適切かつUV-A及びUV-Bの双方から肌を守ってくれる製品を選べばいいだけです。ただそれは誰もが知っていることですが、その意味するところまで知っている人はほとんどいないでしょう。最近の報告が示唆しているように、サンスクリーンが完璧に守ってくれるという誤解のもと、あまりにも多くの人が、あまりにも長時間太陽を浴びながら過ごしています。そこで本章では、太陽や日焼け、サンスクリーンについての事実を明らかにし、人々が拠り所としている俗説を払拭していきたいと思います。

太陽と皮膚癌

黒色種（太陽にさらされることによって引き起こされる皮膚癌）の発生率は、1960年代以降急激に増加しています。個人資産と余暇時間が増え、太陽降り注ぐ観光地に旅行ができるようになったからか、小麦色に日焼けした肌をみせびらかすために露出度の高い服を着る流行のせいか、はたまた汚染により、保護してくれるオゾン層が薄くなってきたからか、いずれにせよ、太陽の有害光線にさらされることが増えてきたためです。ちなみにここに、米国内での皮膚癌に関する驚くべき事実があります。

- 皮膚癌による米国人死亡者は毎年7000人。うち女性が2000人、男性は5000人。1時間に1人の割合。
- 25～29歳の米国人女性の間で最も発生率の高い癌が黒色種。30～34歳女性の間でも2位である。
- 今日生存している米国人の5人に1人が、死ぬまでに必ず皮膚癌を発症する。
- アフリカ系米国人も太陽に起因する黒色種になるが、皮膚の色素沈着レベルの違いから、発生率は白系米国人の1/20～1/40である。
- 黒色種の増加は憂慮すべきものがある。1938年、皮膚癌を発症する米国人は1500人に1人だったが、1991年には105人に1人に、そして2000年には75人に1人となっている。1930年以降2000％の増加率ということになる。
- 1997年に報告された黒色種の新たな患者は40,000名。1996年の統計に比して5％もの増加である。
- 炎症性の日焼けに苦しむたびに、皮膚癌発症の可能性は倍加する。
- しかしながら黒色種が早めに——真皮に到達する前に発見されれば、生存率は90％となる。

こうした恐ろしい統計にもかかわらず――

- 米国人の60％が、いまだ積極的に肌を焼いている。それも炎症を起こすほど――このような炎症は、太陽が肌に与える損傷の最初の兆候である。
- 平均的な人間が生涯を通して太陽にさらされている時間の約75〜80％が、すでに18歳前に終わっている。そしてこの年齢以降、かりに太陽に肌をさらす時間を減らしたとしても、癌は長い年月の後、発症することがある。
- 休暇中、定期的にサンスクリーンをつける米国人は30％に満たない。
- 1年中サンスクリーンをつけている米国人は20％に満たない。

皮膚癌はオーストラリアでも問題になっており、大衆に向けて健康キャンペーンを展開、サンスクリーンを正しく使用するよう薦めています。また英国でも危険は増加しています。休暇を利用して、太陽の降り注ぐ地域への安いパック旅行を楽しむ英国人観光客が増加の一途を辿っているためです。

紫外線

太陽は大地に温もりと光を与え、植物に生命を吹き込みます。昼光の中で生きとし生けるものは皆、太陽に依存しているのです。私たち人間も、太陽なしには生きていけません。しかし太陽はまた、極めて有害な放射線も浴びせてきます。その大半は、大気圏上層部やオゾン層によって吸収され、地上に届くことはありませんが、中にはオゾン層などを突き抜けてくるものもあります。それが紫外線（UV）です。この紫外線のせいで肌は炎症を起こし、髪は色が抜け、皮膚癌を発症しかねないのです。しかし肌を焼いてくれるのもこの紫外線です。そして私たちの多くが、焼けた肌を魅力的で見栄えもよく、健康的だと考えていますが、果たして本当にそうなのでしょうか。

紫外線は光線によく似ていますが、はるかに強力なエネルギーを有し、肉眼ではみられません。光と音は波状に伝わります。人間は幅広い音波をきくことができますが、犬笛の音はきこえません。音程が高すぎ、人間にきこえる音域を超えているからです。同様に、私たちの目は虹の7色で表される様々な光波はみられますが、紫外線は犬笛の音程と同じで波数が高すぎ、みられないのです。とはいえ、紫外線が最も波数が高いわけではありません。放射性物質から発されるX線やガンマ線の方がはるかに高く、その危険性は周知の通りです。

　紫外線A波（UV-A）は、私たちの視覚の限界に最も近い光線から成り、太陽光にも、サンベッドのランプの中にもあります。オゾン層も薄い雲も突き抜けることができ、肌を焼いていきます。このUV-Aを過度に浴びると、肌が赤くなったり炎症を起こしたりするのです。表皮を突き抜け真皮に達することもあり、そうなると肌細胞に損傷を与えて、細胞を乾燥させ、弾力性を奪い、老化を早めます。また、黒色種を含む何種類かの皮膚癌の原因でもあります。

　UV-BはUV-Aよりもさらに波数が高く、大半はオゾン層に吸収されます。UV-Aよりもはるかに危険で、日焼けの過程をほとんど経ることなく、一気に肌の炎症を引き起こします。皮膚癌や早期老化にも多いに関係があるといえるでしょう。またサンベッドの中には、少量ながらこのUV-Bを照射しているものもあります。

　UV-Cは、X線にわずかに及ばないという、紫外線の中で最も高い波数を有しています。たいていはオゾン層に吸収されますが、午前10時から午後2時までの間、つまり太陽が最も照りつける時間帯には、かなりの量が地上に降り注いできます。肌に甚だしい損傷や熱傷を引き起こします。ある種の消毒工程における殺菌にも利用されています。このUV-Cを照射しているサンベッドはほとんどありません。

UV指数

　UV指数は、1から10までの数字で、太陽から発される紫外線の強さを示します。地元の天気予報の際に発表されることもままあり、ホテルやリゾート地でも知ることができます。なお、以下に挙げた日焼け時間は、平均的な肌の白さを有する人を対象にしています。

- 0～2（微小）──紫外線による危険は極めて少ない。色白の人が真昼の太陽の下にいても1時間までなら日焼けしない。
- 3～4（低い）──紫外線による危険性は低い。日焼け時間は正午30～60分。
- 5～6（普通）──肌がダメージを受ける危険あり。肌を保護することなく太陽にさらしていれば、わずか20～30分で焼けてしまうことも。
- 7～9（高い）──肌を保護することなくさらしていれば、ダメージを受ける危険は高い。午前10時から午後4時までは、日なたにいる時間を制限すべき。日焼け時間は13～20分が限度。
- 10（非常に高い）──肌を保護することなくさらしていれば、ダメージを受ける危険は非常に高い。午前10時から午後4時までの日光浴はお薦めできない。肌を保護していない場合、日焼け時間は13分以下に。

太陽から身を守る

　太陽から身を守ることにかんしては様々な問題や誤解があります。太陽から降り注ぐのは、紫外線A波、B波、そしてC波です。B波とC波は大半がオゾン層に阻まれますが、A波は夏、冬を問わずすぐそばまでやってきます。薄い雲の層さえも突き抜けることができ、その結果日焼けや日光性皮膚炎、肌の早期老化（シワ）、そして長い目で見れば皮膚癌をももたらすのです。

専門家は、1年中太陽から身を守るよう忠告しています。夏の場合、太陽が最も照りつけてくる午前10時から2時の間は太陽を避け、適切なサンスクリーンを使用して下さい。それも、太陽の下にでていく前につけ、頻繁に——少なくとも60〜80分に1度は塗り直すことが必要です。また、必ずA波からもB波からも守ってくれるサンスクリーンを使用しましょう。それだけの機能があれば、通常はラベルにその旨が記してあるはずです。

C波カットを謳ったサンスクリーンはほとんどありませんが、特に高いSPF値を有する製品であれば、B波吸収剤でもC波からの保護は期待できます。ちなみにC波は、正午ごろ肌をしっかりカバーしておけば、きちんと避けることができます。

サンスクリーンは日焼け止め指数（SPF）の高いものを選んで下さい。サンスクリーンのSPFは、あなたに与えることのできる保護レベルを示しています。もしあなたが色白で、20分もすれば日焼けしてしまうようなら、SPF10のサンスクリーンを使うといいでしょう。今までの10倍の時間太陽にさらされていても、日に焼けることはありません。ただしこの間、60〜80分おきに必ずサンスクリーンを塗り直して下さい。さもないとそれだけの保護力は期待できません。また、SPF値10のサンスクリーンを3度塗ったからといって、SPF値30のサンスクリーンと同じ保護力が得られるわけでもありません。何回塗り直そうと、肌を保護していない時の日焼け時間の10倍までしか、太陽の下にいることはできないのです。

SPF値の高いサンスクリーンを使えば焼けない、そう信じている人が多くいますが、これは嘘です。時間は要するようになるかもしれませんが、日焼けはするのです。そのかわり、焼いている間に炎症を起こすようなことはなくなります。中には、日焼けの過程を早める日焼け促進剤が含まれている製品もありますが、「日焼けを追加」したからといって、それが紫外線からの保護力アップにつながるわけではないのです。また、どんなに日焼けに時間を費やす場合でも、日光性皮膚炎だけは何としても避けなければなりません。小麦色の肌を得るために、肌を赤くする必要などないのです。赤みを帯びてくれば、それは間違いなく炎症を起こし始めている証拠。ですが問題は、炎

症を起こしていると気づいた時にはもう手遅れだということです。赤みを帯びてきたり、ヒリヒリした痛みを感じるようになるのは、日光浴を終えて6時間ほどたってから。気がつくのは、ベッドに入って、シーツが紙やすりのようだと感じてから、ということが多いのです。

中には、休暇で出かける前に肌を焼いておきたいという人もいます。見事な小麦色の肌をした、太陽の申し子のような人たちで混みあうビーチで、真っ白な肌をさらしたくないという人は、特にそうでしょう。それにはサンベッドが理想的です。あるいは、裏庭で初夏の日光浴に挑戦するという手もあります。ただし、5月や6月の初旬だからといって、太陽が肌を焼く力を軽視してはいけません。また、こうした休暇前の日焼けは、適切なサンスクリーンのかわりになるものでもありません。このような日焼けの有するSPF値はせいぜい2から4、休暇中に遭遇するであろう強烈な太陽から身を守ってくれる力はほとんどないのです。

サンベッドに関する警告

サンベッドから主に照射されるのは紫外線A波。これはB波以上に肌の奥深くまで浸透していきます。サンベッドの定期的な使用は健康に害を及ぼすと、多くの専門家は考えています。

よく耳にする誤解があります。すでに日焼けしていれば、炎症を起こすことはないというものです。そのため多くの人が、サンベッドで軽く焼いたあと、さして保護することなく太陽の下にでていきます。しかしきれいに日焼けしていたとしても、上質なサンスクリーン——十分に保護できるだけのSPF値を有するもの——をつけなければ、肌にダメージを受けたり、日光皮膚炎に苦しむことになるのです。もし1日中太陽の下で過ごすつもりなら、SPF値が少なくとも25はあるサンスクリーンを使って下さい。また、皮膚が薄い顔は特に入念に保護することが必要です。同様に、たとえどんなものであれ、人工的な日焼けが太陽からあなたの身を守ってくれることもないのです。

また、日陰にいたからといって保護されるという保証もありません。砂地は、紫外線の25%を反射します。舗装された中庭は45%、壁を白く塗った建物やガラスなら、それ以上です。しかし芝生と水はわずか3%しか反射しません。また綿やポリコットン、リネンのように目の詰まった織物なら、保護材として申し分ないでしょう。ただし目の荒い織物やシースルー素材はかなりの紫外線を通しますから、日光皮膚炎になりかねません。

サンスクリーンを選ぶ

　太陽やサンベッドからの紫外線にさらされると、表皮（肌細胞の外層）の基底層にあるメラノサイトが刺激されます。すると大量の茶色い色素メラニンが生成され、有害な紫外線に対する天然のバリアとして機能し始めます。この色素は、アミノ酸のチロシンがメラニンにかえられる時にも生成されます。ただし、日光浴によって生成されたメラニンは、日焼けの程度にもよりますが、SPF値が2〜6しかありません。もし太陽の下で長時間過ごすつもりなら、もっと確実に保護することが必要です。さもないと肌は炎症を起こし、皮膚癌発症の危険も増します。そこで重要になってくるのが、あなたの肌質を守れるだけの高いSPF値を有する、上質なサンスクリーンの選択です。すでに日焼けしている場合でも同じこと。もしあなたが、太陽の燦々と降り注ぐ地域に住んでいて、定期的に太陽に肌をさらしていても、その小麦色の肌だけでは、肌の早期老化や皮膚癌は防ぎきれません。さらなる保護を心がけ、全身をくまなくカバーして下さい。

　サンスクリーンは、以下に記載した表を参照に、自分の肌質に合ったものを選んで下さい。概して色白の肌の人は（タイプⅠ及びⅡ）、数ヶ月ほど太陽にさらされていないわけですから、SPFが30〜50のサンスクリーンを使用する必要があります。肌の色が少し濃い場合（タイプⅢ及びⅣ）、太陽の強さや太陽の下で過ごす時間に応じて（200ページの〈UV指数〉を参照）、SPF値がもう少し低いものを使用してもいいでしょう。そして、肌の色が黒

い（タイプⅤ及びⅥ）にもかかわらず、デスクワークが中心という人は、休暇の最初の1週間の間、しっかり肌を保護しなければ、日光皮膚炎に苦しむことになります。また、肌の色味を問わず、トップレスで日光浴をする場合には、以下の表の数値を超える保護力が必要になってきます。

　SPFの数値がいくつであれ、サンスクリーンは必ず、紫外線のA波からもB波からも保護してくれるものにして下さい。泳ぐつもりであれば、水に強いタイプを選びます。紫外線は水深1メートルまで浸透できるのですから。また、休暇を利用して虫に悩まされそうな場所に行く場合には、ジエチルトルアミド（DEET）のような防蚊剤の含まれているものを探して下さい。

　もちろんサンスクリーンの場合、香りや肌触りも考慮すべき重要な点ですが、それに拘るあまり、自分にあわない製品を買ったりしないよう気をつけましょう。たいていの男性は、バラの香りのする日焼け止めローションの小さなピンク色のボトルを持って、混んだビーチにいることをよしとしないもの。そのため製造業者も、男性に受けのいい香りやパッケージのものをどんどん製造しています。だからといって、その製品に十分な保護力が望めない場合は、他のブランドを選択して下さい。男女共用のサンスクリーンも数多くあるのですから。

肌タイプⅠ
　赤毛またはブロンド、青緑色の瞳、色白の肌。すぐに肌が赤くなるが、日焼けはしない。肌をさらしていい時間を制限されている。
休暇当初必要なSPF　………………　35〜50（30〜40分おきに塗り直すこと）
休暇開始1週間後に必要なSPF……　25〜35（30〜40分おきに塗り直すこと）

肌タイプⅡ
　肌、髪、瞳の色は明るめから中間色。肌が赤くなることがよくある。わずかに日焼けする。肌をさらしていい時間を制限されている。
休暇当初必要なSPF　………………　35〜50（30〜40分おきに塗り直すこと）
休暇開始1週間後に必要なSPF……　15〜30（30〜40分おきに塗り直すこと）

肌タイプⅢ

中間色からオリーブ色の肌。中間色から濃い色の瞳。濃くも薄くもない茶色の髪。保護しなければごく軽めの炎症を引き起こす。たいてい日焼けしている。

休暇当初必要なSPF ……………… 25〜30（40〜60分おきに塗り直すこと）
休暇開始1週間後に必要なSPF…… 15〜25（60〜80分おきに塗り直すこと）

肌タイプⅣ

濃いオリーブから明るい茶色の肌。髪と瞳の色は濃い。保護しなければ軽めの炎症を引き起こす。常に小麦色に日焼けしている。

休暇当初必要なSPF ……………… 15〜20（60〜80分おきに塗り直すこと）
休暇開始1週間後に必要なSPF…… 8〜15（60〜90分おきに塗り直すこと）

肌タイプⅤ

茶色い肌、黒髪、黒い瞳。こんがり焼けた肌色が常にしっかりと残っている。炎症は滅多に起こさない。

休暇当初必要なSPF ……………… 8〜15（60〜90分おきに塗り直すこと）
休暇開始1週間後に必要なSPF…… 5〜8（数時間おきに塗り直すこと）

肌タイプⅥ

焦げ茶または黒い肌と髪。黒い瞳。太陽に耐性があり、炎症はまれにしかみられない。

休暇当初必要なSPF ……………… 5〜8（1、2時間おきに塗り直すこと）
休暇開始1週間後に必要なSPF…… 2〜5（数時間おきに塗り直すこと）

乳児―新生児から6ヶ月まで

太陽にさらさない。肌を覆い、日陰にいること。

幼児—6ヶ月から5歳まで

　肌をさらす時間は短めに。子どもの肌質に応じて薦められているSPFよりも数値の高いものを使用すること。

注：この表に記した数値は、あくまでもおおよその目安と考えて下さい。サンスクリーンの製造業者の中には、この数値よりも低い製品を薦めているところもあり、より高い数値の製品を使うようアドバイスしている医師や治療団体、癌研究施設もあります。何はともあれ、少ないよりは多めに保護しておく方がいい、ということです。

サンスクリーンのタイプ

　最もよく知られているサンスクリーン（日焼け止めクリームや日焼け止めローションともいわれます）は、肌に直接塗り込む調剤です。有害な紫外線が肌に届かないよう防いだり、肌のタイプに応じて害のないレベルにまでその強度を下げたりします。こうしたサンスクリーンは、大きく2種——ケミカルサンスクリーンとノンケミカルサンスクリーン——に分類できます。

ケミカルサンスクリーン

　紫外線を吸収し、そのエネルギーを弱める紫外線吸収剤が含まれています。また、日光皮膚炎の危険性を減らしつつ、きれいに肌を焼いていくことができます。通常服に染みをつけることのない軽めのオイルか油性の乳濁液から調剤されています。多くの製品が無色ですが、塗ると肌がつややかにみえるものもあります。紫外線吸収剤に吸収されたエネルギーが、徐々に吸収剤を分解していきますから、ケミカルサンスクリーンは60〜90分おきに塗り直し、適切な保護レベルを維持することが必要です。
　ケミカルサンスクリーンの種類は多岐にわたっていますが、その多くが、

最も一般的な紫外線吸収剤3種のうち、1種またはそれ以上を使用しています。最初の1種はPABA（パラアミノ安息香酸）及びPABA派生物。中には、肌の炎症や過敏症との関係を取りざたされているものもあります。2番目は、オキシベンゾンを含むベンゾフェノン系。これらはサンスクリーンによく含まれている成分で、モイスチャークリームやスキンケアクリームにも多くみられますが、欧州のリスト――紫外線吸収剤への使用を認可または条件付きで認可されている成分のリストには掲載されていないものもあります。そして3番目（最もよく使用されているもの）が、桂皮酸です。ただ中には刺激性――それも特に汗で流されて目に入った場合のヒリヒリした痛み――を生ずると報告されているものもあります。したがって、肌に刺激を感じたら、他の紫外線吸収成分を使用しているブランドにかえて下さい。ただし注意が必要です。刺すような痛みや炎症は、成分の副作用である場合もありますが、日光皮膚炎の兆候かもしれないのですから。

ノンケミカルサンスクリーン

　ノンケミカルサンスクリーンには、紫外線を肌から反射させる反射剤が含まれているため、日に焼けたとしても非常にゆっくりですし、時には全く焼けないこともあります。みるからに粘度の高い白または着色された被覆剤で、扱いにくく、服をはじめ触れたものにすぐ付着してしまうことがままあります。通常高いSPF値を有し、特に唇や鼻への使用に効果があります。クリケットやスキー、登山のようなスポーツの際によく使用されています。
　反射剤に含まれているのは、細かい粉末状の酸化亜鉛、二酸化チタン、タルク、あるいはカオリンなどで、ベースは脂肪性または油性の乳濁液です。反射剤は紫外線を吸収するのではなく、あくまでもはね返すだけなので、普通は紫外線のエネルギーによって保護力が低下してくることはありません。したがって、ケミカルサンスクリーンほど頻繁に塗り直す必要はないでしょう。多くの反射調剤には紫外線吸収剤も含まれていて、その威力をさらに減じています。また、ファッションという観点から、鮮やかな着色がなされて

いることもあります。

その他のサンスクリーン

　タブレット状の経口サンスクリーンもかつては人気がありましたが、現在はFDAによって禁止されており、英国では医薬品として認可されていないため、薬局でも販売はされていません。ただこのタブレットは、ニンジンやフラミンゴの羽根をはじめとする様々な生物に含まれている天然染料がベースになっているため、「栄養補助食品」としてなら健康食品販売店での入手が可能ですし、ネット上でも広く宣伝されています。肌が黄色くなりますが、太陽からの保護は望めません。

　最高のサンスクリーンは、何といっても綿やリネンのような目の詰まった織物です。これなら紫外線を完全にシャットアウトし、肌を守ってくれます。

　サンスクリーンの中には、ブロンザーやエクステンダー、増量剤といった、日焼けを促す物質が含まれているものもあります。そのため、素早く、しっかりと日焼けしていきます。また、日焼け剤を使ったと一目でわかるような、いかにも人工的な色に焼ける調剤もあります。なおこうした調剤に関する詳細は211ページを参照して下さい。

サンスクリーンを科学する

　ケミカルサンスクリーン内の紫外線吸収剤は通常、複雑な有機化合物であり、数多くの特殊な化学結合を含んでいます。それによって、物質の電子が紫外線から簡単にエネルギーを吸収し、その後そのエネルギーを徐々に、害を及ぼすことなく、周囲の大気中に熱として放出していくことができるのです。

　ただエネルギーを吸収した化学物質は、反応が活発になり、他の化学物質を破壊したり、または化学反応を起こしたりして、新たな物質を形成していくことがあります。したがって、サンスクリーン内の紫外線吸収剤が、こう

203

した予期せぬ化学反応から有毒物質を生成しないようにすることが不可欠です。そのため紫外線吸収剤には厳しい検査がつきもので、その検査に通らなければサンスクリーンへの使用許可は下りないのです。また、念には念を入れ、モイスチャークリームのような他のコスメティックス製品の上からはサンスクリーンをつけないようにして下さい。コスメティックス内の成分が強力な紫外線吸収剤と反応して、どんな望ましくない相互作用を起こすともしれないからです。

このように、サンスクリーン内の化学物質は確実に分解していきます。また服やタオルにこすれて少しずつとれてもいきます。だからこそ、太陽の下にいる間は、定期的に塗り直さなければならないのです。

新たな技術によるサンスクリーン

ゾル・ゲルと称される製品が、イスラエルのヘブライ大学で最近開発されました。サンスクリーンの成分に対するアレルギー反応や副作用といった問題を解決できると謳った製品です。研究者は、紫外線吸収物質を微細なガラス球の中に包み込む方法を発見しました。このガラス球は非常に小さく、直径が1/1000ミリほどしかありません。これを不活性ローションに添加するのです。その小ささゆえ、肌触りも滑らか、塗り込む際に肌に傷をつけることもないといいます。また、有効成分が肌に直接触れないので、皮膚反応を引き起こす危険もほとんどないそうです。紫外線吸収剤とコスメティックス成分が反応して、副作用を引き起こす、ということを考えると、こうした技術研究は、製造業者には支持されるでしょう。

日光皮膚炎に対する対処法

日光皮膚炎に対する治療は議論の的となっており、医師の間でもしばしば

治療内容に関する見解は分かれます。日光皮膚炎にはレベルが2種あります。肌が赤くなり、熱を帯びてきて、痛みを感じ、時に腫れがみられる場合は第1度熱傷です。家庭薬での治療が可能でしょう。まず水分をたっぷり摂取して下さい。ただし紅茶やコーヒー、アルコールといった利尿作用のあるもの、またカフェインを含むソフトドリンクは避けます。希釈したフルーツジュースか水が1番でしょう。冷たいシャワーが痛みを和らげてくれますし、鎮痛用のクリームも役に立ちます。専門家の中には、鎮痛剤の使用に異を唱える人もいます。彼らが反対している鎮痛剤は、ベンゾカインやノボカイン（プロカイン）、さらに最も悪いとされるリドカイン（リグノカイン）のように、「─カイン」とつく成分です。これらは局部麻酔薬であり、感作を引き起こしかねません。日光皮膚炎により、ただでさえ肌は化学物質に対するバリア機能が低下しています。そこに「─カイン」成分が付着すれば、真皮の奥深くまで浸透していき、そこから血流に侵入し、感作を引き起こす可能性があるのです。最悪の場合を想像してみて下さい。救急処置室に運ばれたあなたに対し、医師が「─カイン」を注射し、縫合していく場面を。もしこの時点で、あなたがすでに「─カイン」に感作されていたら、重度の反作用を引き起こすかもしれず、さらには反応過敏でショック状態に陥るかもしれないのです。

肌の黒い人も皮膚炎になる

肌の色が黒い人も、日光皮膚炎に苦しむことはあります。英国に留学しているアフリカの学生は、長い夏休みに故郷に戻っていると、その年の冬中ずっと、日光皮膚炎に苦しんでいることがままあります。

日光皮膚炎から水膨れができてきたら第2度熱傷です。熱傷部分が小さければ、第1度熱傷と同様の治療も可能ですが、バクテリア感染の危険がありますから、熱傷部分には消毒した包帯を巻いておいて下さい。また、もし第2度熱傷の範囲が身体全体の1％を超える場合には（1％は片手とほぼ同じ広

さです）、すぐに医師に相談すべきでしょう。また、以下の場合も医師の診察を受けて下さい。どんなに軽度でも、またどんなタイプであっても、日光皮膚炎に苦しんでいるのが幼児である場合。第2度熱傷よりもひどそうにみえる日光皮膚炎の場合。甚だしい体調不良、発熱、しきりに汗をかいていたのが、やがて全くかかなくなる、ぐったりしてきたり、うわごとをいいはじめたり、気を失ったり、意識不明に陥った場合。こうした症状は、熱射病や日射病のように、さらに危険な、命をにかかわる疾患の兆候かもしれないのですから。

民間療法——ハーブを用いた日光皮膚炎の治療

オランダワレモコウの葉を水に滲出させたものは、日光皮膚炎にともなう痛みを除去するといわれています。効果はあるかもしれませんが、くれぐれも注意して下さい——日光皮膚炎になった肌はバリア機能が低下していますから、滲出液を肌から吸収してしまうかもしれません。したがってハーブは、必ず清潔で、残留農薬のないものを使用して下さい。

日焼け剤

日焼け剤には4種類あります。ブロンザー、エクステンダー、促進剤、そしてピルです。

ブロンザー

ブロンザーは着色ローションで、一時的に肌に色をつけるものです。サンスクリーンの一部として利用されることもあれば、単体で使用されることもあります。石鹸と水で洗い流せます。太陽からの保護は望めません。中には、落ちにくくするために肌細胞の最外層に吸収されるようデザインされている

ものもあります。この層はすぐに自ずと剥離していく層ですし、そうでなくても、剥離剤を含むコスメティックス製品や研磨剤を含むクレンジングパッドを使えば、すぐに除去できます。ブロンザーの効果を少しでも長く持続させるには、足のむだ毛を剃り、剥離剤使用後に塗るといいでしょう。

日焼け用エクステンダー

　エクステンダーは化学物質で、ローションとして、またはサンスクリーン製品への添加剤として使用します。この化学物質は、肌のたんぱく質と反応すると色が濃くなります。その結果、見事な偽物の小麦色の肌が生まれるわけですが、時には気に入らない色になることもあります。この偽物の日焼けは洗い流せません。ただし、やがて消えていきます。ジヒドロキシアセトン（DHA）は、日焼け用のエクステンダーに最もよく使用されますが、接触アレルギーを引き起こす人がいることでも知られています。エクステンダーでつくった偽物の小麦色の肌に、紫外線からの保護は望めません。

日焼け促進剤

　促進剤はFDAによる認可を得ていません。最もよく使われている促進剤はチロシンです。このアミノ酸は、体内でメラニン——肌の天然色素——生成に利用されています。つまり、皮膚のチロシンのレベルをあげれば、メラニン生成率も向上すると考えられているのです。しかしながら、チロシンが肌から浸透し、メラニンにかわるという科学的な証拠はありません。実際動物実験でも、チロシンを摂取、または肌に付着させても、メラニン生成の効果はみられないとの結果が出ています。では、きれいに日焼けした肌はいったいどこからくるのでしょう。促進剤には通常、銅化合物やDHAのような色を黒くする酸が付加されていて、それが肌の変色を促し、淡い褐色をブロンズ色にかえていくのです。このタイプの製品を用いてつくりあげた日焼けした肌には永続性があり、洗い流すこともできません。いかにもつくりもの

といった感じは否めず、太陽からの保護もほとんど望めません。

合成もされればベルガモット油の中に自然に存在してもいる5-メトキシプソラーレンは、メラノサイトによるメラニンの生成を刺激します。ただしそのために、肌は太陽光に対してさらに敏感になります。またこの物質は皮膚癌と関係があり、その変異体は染色障害を引き起こす可能性がある、との懸念も以前からあります。そのため欧州では、ソラレンの派生物数種類に対して、コスメティックス製品への使用を禁止しています。

日焼け用ピル

このピルはFDAによって禁止されており、英国でも医薬品として認可されていません。当然薬局では購入できませんが、ネット上で大々的に市販されています。含まれているのはカロチン（ビタミンAに関係あり）またはカンサキサンシンで、いずれもニンジンのような植物の有する天然の色素です。カンサキサンシンはマッシュルームや海洋動物、熱帯の鳥の羽根などからも検出されています。フラミンゴの羽の色は、エサである小さな水生動物内のカンサキサンシンからきているのです。なお日焼け用ピルの中には、チロシンも含んでいるものがあります。ピルによる日焼けに太陽からの保護は望めません。

カロチンやカンサキサンシンは、バランスのとれた食事の一環として適量を摂取している分には安全ですが、肌の色をかえようと思ったら大量に摂取しなければなりません。カロチンは普通、肌細胞内に存在し、肌に黄色みを与えています。またフリーラジカルスカベンジャーとして、フリーラジカルの収集、破壊も行います（フリーラジカルは非常に反応の早い有害粒子で、ある種の化学反応時及び、紫外線による肌細胞攻撃時に生成されます）。こうした性質はまた、太陽光による肌の老化を抑える効果があると考えられてもいます。2週間ほど、カロチンやカンサキサンシンを過剰に大量摂取し続ければ、染料が徐々に皮下脂肪層に蓄積されていき、やがて肌から透けてみえるようになって、肌は黄色っぽく、まるで黄疸にかかったような色になる

でしょう。この染料は、目以外の全身を染め上げ、顔や体内の老廃物には赤みまで付加していくのです。カンサキサンシンは目に水晶として堆積することもあり、日焼け用ピルの服用による再生不良性貧血で死亡した女性の例も1件報告されています。

なお経口摂取されたチロシンは血流に吸収され、体内のあらゆる細胞で利用されます。したがって、それがメラノサイトによって利用され、メラニンが生成される確率は、実のところ非常に低いといわざるをえないでしょう。

フリーラジカル

強烈な太陽光により、肌の早期老化が引き起こされることがあります。太陽の紫外線が肌にフリーラジカルを生成し、それが、肌に弾性を与えているコラーゲンを破壊すると考えられているのです。またこのフリーラジカルは、アミノ酸のチロシンが、肌の天然の茶色い色素であるメラニンにかわる際にも重要な役割を果たしています。

コスメティックス製造業者は、シワ形成におけるフリーラジカルの役割を誇張し、シワのない肌を保つには、ビタミンAやEのようなフリーラジカル阻害物質（フリーラジカルスカベンジャー）を含む製品を買わなければならないと消費者に思い込ませています。フリーラジカルスカベンジャーは、フリーラジカルと反応し、それを破壊する化合物です。しかしながらこうしたフリーラジカル阻害物質は、フリーラジカルが被害を及ぼしているとおぼしき肌の真皮の奥深くにまでは到達できないため、さしたる効果は期待できません。もし効力があれば、おそらく日焼けもしないでしょう。

フリーラジカルは、不対電子を有する原子または分子であり、それ故分子は極めて反応が早いのです。それも通常は破壊性を有する反応が。一方でフリーラジカルは、生物系の様々な自然化学過程においても重要な役割を担っていますが、こうした反応から生成されるフリーラジカルは、しかるべき環境内におとなしく含まれているだけで、害を及ぼすことはありません。です

が、本来存在すべきでない場所に現れるフリーラジカルは強烈な破壊性を有し、自らが破壊される前に、連鎖反応を引き起こして何千もの分子に被害を与えることがままあります。

　しかしながら、フリーラジカルの行動が時に都合よく働くこともあるのです。たとえば光合成の際、植物内の緑の色素が太陽のエネルギーを吸収し、葉細胞の葉緑体内にフリーラジカルが生成されます。このフリーラジカルは、パラコートのような除草剤を浴びることで葉緑体からでて、葉細胞を破壊していきます。そのため、いったん除草剤をスプレーされた植物は、太陽を葉に浴びてから数時間のうちに茶色く変色し、枯れてしまうのです。もう1例は、医療器具や食品、パーソナルケア製品の殺菌に照射されるガンマ線です。ガンマ線が水の分子に照射されるとフリーラジカルが生成され、それが細菌を全て死滅させるのです（用語解説の〈放射線照射〉の項を参照）。

15章　副作用など

> 多くの女性が、自分はコスメティックス製品に対してアレルギーを有していると信じており、事実（使用している製品内の化学成分による）炎症に苦しんでいる
> ……調査によれば、42%の女性が自分は敏感肌だと思っており……
>
> （化学会社ローム・アンド・ハースによる調査。
> "Clemist" 1999年7月号に掲載）

　コスメティックス製品は、様々な健康問題や肌の問題に関与しています。その主要原因は通常香料や着色料ですが、保存料や紫外線吸収剤のような成分、さらには天然、合成にかかわらず他の多くの成分もまた一因となっていることがあるのです。湿疹、乾癬、喘息をはじめ、同様の症状に苦しんできた人たちは、それらが生まれながらのものであり、一生つきあっていかなければならないものと思い込んでいたり、現代の環境にあっては避けられない要因のせいにして諦めたりしていることがままあります。件の症状の一因が、食物や粉末洗剤、コスメティックス製品などに含まれる大量の化学物質にあると気づきだしたのは、ごく最近のことなのです。

　コスメティックスやトイレタリー製品による副作用とおぼしき症状が現れたら、すぐにその製品の使用をやめ、症状が完治したあとは別の製品——それもできれば、原因と思われる成分が含まれていない製品にかえてみて下さい。低刺激性の製品はお薦めです。しかしきちんと成分をチェックし、香料

や着色料、その他副作用を引き起こしかねない成分が含まれていないかを必ず確認することが必要です。もちろん、疑わしきコスメティックス製品の使用をやめても症状が完治しなかったり悪化した場合には、必ず医師の診察を受けて下さい。

　本章では、コスメティックスやトイレタリー製品の使用を機に引き起こされることのある主な症状及び、癌のような、コスメティックス成分との関係が取りざたされている症状についてみていきます。コスメティックス製品を使用していて何らかの症状が現れると、普通はそこに含まれている物質に対してアレルギー反応を示したと思いますが、必ずしもそうとはかぎりません。大半の人は、接触性皮膚炎のような簡単なケースと本格的なアレルギー反応との違いがわからず、アレルギーと敏感肌の違いもはっきりとは知らないのです。そこでまずは、こうした言葉について詳しくみていきましょう。

アレルギーと敏感肌

　アレルギー、敏感肌、過敏症といった言葉は、コスメティックスやトイレタリー製品への反応を表現する際、誤解され、誤用されていることがままあります。

敏感肌

　肌はたいていの物質を遮断する効力の高いバリアですが、そんなバリアを突き抜け、炎症を引き起こす物質もあります。また、肌が薄ければ薄いほど、こうした刺激を遮断する力も落ちてきます。肌は、身体の部位によってその厚さが異なります。最も厚いのが手のひらと足の裏、逆に最も薄いのがまぶたです。強酸や冷たい液体をはじめとする、腐食性や刺激性の物質により素早く刺激を受けるのは、厚い肌よりも薄い肌や傷のある肌です。したがって、もしあなたの肌が、刺激性を有するコスメティックス成分に素早く反応する

ようであれば、あなたの肌は敏感肌といって間違いないでしょう。痒みや赤い斑点、そして時には発疹（蕁麻疹）もみられるかもしれませんが、こうした症状は、患部を洗ったり鎮痛用のローションをつければすぐに引いていきます。また、ある種のコスメティックス製品にかぎって過敏になる場合には、全く違う成分を含んだ別のブランドを試してみるのが1番です。

アレルギー

　それに対し、アレルギー反応は全く異なります。これは、通常大半の人には何の影響も及ぼさない物質に体内の免疫システムが反応、作動することで起こるものです。こうした物質にはじめて遭遇すると、敏感にはなりますが、これといった症状は提示されません。アレルギー反応が起こるのは、そうした物質——今ではアレルゲンと称されている物質に2回以上さらされてからなのです。

　アレルギー反応を起こすと、体内の細胞がヒスタミンと呼ばれるホルモンを過剰に分泌し、それがアレルギーによくみられる症状を引き起こすのです。ヒスタミンは通常、少量のみ分泌され、胃の中の消化液の分泌をコントロールしたり、平滑筋を伸縮させ、怪我や感染によってダメージを受けた組織を癒していきます。ほとんどの体内細胞に含まれているヒスタミンは、細胞が損傷すると漏出してきて、周囲の組織内の細い血管を拡張させます。こうして、損傷部位への血液をはじめとする体液の供給量を増やすのです。これによって大量の血液凝固剤が供給され、傷口を塞いでいきます。また抗体や白血球の数も増え、損傷組織内に侵入してきたあらゆる細菌も排除されていくのです。

　あなたの免疫システムは通常、有害なバクテリアやウィルスとおぼしき異種蛋白を探しだしては破壊しています。ただし破壊するまでには数日を要しますから、その間に様々な病状を呈してくることがあるわけです。体内に侵入していた細菌が排除されると、あなたは元気になります。免疫システムもこれで異種蛋白の形状を記憶しましたから、次回現れた時には素早く攻撃し

てくれます。だからこそ、ある種の病気には1度しかかからないですむのです。

　しかし時に免疫システム内のリンパ球が、比較的無害な物質を侵入異種蛋白と誤認し、破壊過程に入ってしまうことがあります。するとその物質――無害なコスメティックス成分や花粉のような単純な物質であることもあります――がアレルゲンとなってしまうのです。リンパ球は、免疫グロブリンEというアレルゲンを認識するための特殊な抗体を生成します。こうした抗体は、ヒスタミンを含むマスト細胞として知られる細胞に付着し、アレルゲンとの再会の機会を狙ってひたすら待っているのです。マスト細胞は胃の内壁や肌、肺、鼻や咽喉の気道にあります。そして抗体は、アレルゲンと接触するや、マスト細胞にヒスタミンを放出するよう合図を送ります。その結果、すぐにアレルギー症状が現れてくるのです。主な症状は、肌の痒みや腫れ、発疹、くしゃみ、過度な粘液分泌、筋痙攣などです。こうしたアレルギー反応も、ひどくなれば器官が影響を受け、専門家による治療介入が求められてくる場合もあります。ただ通常はさほど強烈な症状を引き起こすこともなく、すぐに落ち着きます。また、抗ヒスタミン剤を服用すれば、回復はさらに早くなるでしょう。

　この種の単純なコスメティックスアレルギーであれば、原因となる製品の使用をやめることで避けられます。また、試行錯誤を繰り返し、医師に相談したりパッチテストを行うことで、コスメティックス製品に含まれている多数の成分の中から、原因となる成分を特定することもできるでしょう。

アレルギーを引き起こしかねない
コスメティックス成分

　人によってアレルギー反応を引き起こしかねないコスメティックス成分は80を超えます。その中でも、最もよく使用されているものを以下に挙げておきましょう。

2,4-ジアミノフェノール（及びHCl）	ステアリン酸グリセリル
2-ブロモ-2-ニトロプロペイン-1,3-ディオル	イソプロパノールアミン
BHA	m-フェニレンジアミン（及び硫酸塩）
BHT	メチルクロロイソチアゾリノン
コカミドDEA	メチルイソチアゾリン
コカミドMEA	ミリスチルアルコール
コカミドMIPA	オレアミドプロピルジメチルアミン
コカミドプロピルベタイン	フェノキシエタノール
オレス-10リン酸DEA	没食子酸プロピル
ジヒドロキシアセトン（DHA）	プロピレングリコール
オレイン酸グリセリル	ステアリルアルコール

過敏症

　アレルギー同様、過敏症はアレルゲンに対する免疫反応の異常です。種類は4つ。タイプⅠは、即時型またはアナフィラキシー過敏といわれ、一般的には前述したアレルギー反応と同じです。アナフィラキシーショックは、まれですが命を脅かすタイプⅠの過敏反応で、アレルゲンに対して極度に敏感に反応する人にみられます。タイプⅡ及びⅢでは、免疫システムによるアレルゲンへの攻撃のみならず、体内細胞の破壊もみられ、慢性関節リウマチのような自己免疫障害をも引き起こしかねません。そしてタイプⅣの過敏症は、炎症を引き起こしたり、接触性皮膚炎（化学物質が肌に接触することで起こる皮膚炎）を含む一連の皮膚疾患の原因となることもあります。コスメティックス.製品に対する過敏症は、アレルギー同様、原因となる成分を避けることが1番の治療です。

　ある種のアレルギーや過敏症による反応は、非常に重症であったり、命の危険もともなうことがありますが、コスメティックスやトイレタリー製品が原因である場合はごく少なく、その数は総数の100万分の1にも満たないといわれてはいます。しかしながら不幸なことに、そのまれなケースが新聞の1面を飾り、確たる根拠もないままに不安や、全く安全な製品に対する悪評を

煽ることがあるのです。

皮膚炎

　皮膚炎は肌の炎症で、湿疹に関係があります。肌に接触してきたものに対するアレルギーや反応が原因であることもありますが、容易に原因を特定できないこともあります。皮膚炎の主なタイプは、接触性皮膚炎、脂漏性皮膚炎、光線皮膚症の3種類です。剥奪性皮膚炎は、重度疾患を患った際、命を脅かす合併症としてみられる程度で、さほど一般的ではありません。あるいは、乾癬や湿疹が悪化した際、またはある種の薬に対するアレルギー反応としてみられることもあります。

接触性皮膚炎

　接触性皮膚炎は、原因となる物質と接触した際、患部に発疹として現れます。発疹は通常痒みをともない、剥離したり水膨れができたりすることもあります。物質に対するアレルギー反応の結果であることもあれば、物質が肌に対する直接的な中毒作用を有していることもあります。最もよく知られている原因物質といえば、化学物質や金属、ツタウルシやブタクサ、ハナウドのような植物です。化学物質は、職場で接触したり、洗剤やコスメティックス成分に含まれている工業用化学薬品であったり、ゴム手袋やコンドームの残留化学物質であることもあります。金属の場合、ブレスレットや時計のバンド、イヤリング、飾りボタン、眼鏡、洋服のファスナーなどに含まれる全ての金属が、接触性皮膚炎を引き起こしかねません。どんな金属であれ、皮膚炎を引き起こす可能性はありますが、しばしば原因となっているのはニッケルです。一方金及び金メッキは通常安全です。

　接触性皮膚炎は普通、原因が除去されればすぐに完治します。だからといって、そのうち慣れるだろうと考えて、コスメティックスやアクセサリー類をと

っておくようなことはしないで下さい。症状が悪化して、医師にコルチコステロイドを処方してもらわなければならなくなるかもしれないのですから。

脂漏性皮膚炎

脂漏性皮膚炎の場合、ウロコ状の赤い発疹が頭皮や鼻、眉、胸、背中にみられ、しばしば痒みをともないます。頭皮の発疹はフケ症と関係がありますが、だからといってフケ防止シャンプーは滅多に効果がなく、むしろ症状を悪化させてしまうこともあります。様々な治療法がありますが、一般に効果があるのはコルチコステロイド薬と抗菌物質の併用です。症状が現れたら早めに治療をし、きつめの洗剤のような肌を刺激するものは全て避けて下さい。また、症状に改善がみられるまでコンディショナーの使用はやめ、かわりにマイルドタイプのシャンプー──SLS（ラウリル硫酸ナトリウム）のかわりにラウレス硫酸ナトリウムまたはラウレス硫酸アンモニウムを含むもの──を使用するようにしましょう。

皮膚炎を引き起こしかねないコスメティックス成分

皮膚炎との関係が取りざたされているコスメティックス成分は300を超えます。その中でも、最もよく使用されているものを以下に挙げておきましょう。

2-ブロモ-2-ニトロプロペイン-1,3-ジオル	ラノリン及びラノリン派生物
アルコール（変性を含む）	メチルジブロモグルタロニトリル
グリコール酸アンモニウム	オキシベンゾン(ベンソフェノン-3)
ベンジルアルコール	p-フェニレンジアミン
BHA	（HCl及び硫酸塩を含む）
BHT	プロピレングリコール

セテアリルアルコール	リシノレイン酸またはリシノール酸
セチルアルコール	パルミチン酸ソルビタン
クロロアセトアミド	セスキオレイン酸ソルビタン
コカミドDEA、MEA、MIPA	ステアラミドエチルジエチルアミン
コカミドプロピルベタイン	（及びリン酸塩）
ビ-t-ブチルヒドロキノン	ステアリルアルコール
ジチオジグリコール酸ジアンモニウム	t-ブチルハイドロキノン
DMDMヒダントイン	ココイル加水分解コラーゲンTEA
チオグリコール酸グリセリル	ココイル加水分解ダイズタンパクTEA
グリコール酸	ステアリン酸TEA
イミダゾリジニルウレア	トコフェロール（ビタミンE）

光線皮膚症

　感光性の人は光、それも特に太陽光に対して異常に敏感です。太陽光は、曇った日でも、どんな人工光より何倍も明るく輝いているのです。このような人たちは、光線皮膚症になる可能性があります。症状としては、直接太陽にさらされた身体のあらゆる部位に、小さな斑点や疱疹から成る発疹が現れます。ただし感光性は、さらに重度の疾患の症状であることもあり、あるいは何らかの処方薬やコスメティックス成分、キンポウゲやパースニップ、カラシナといった植物エキスが原因で発症することもあります。したがって、もし太陽にさらされた部位に発疹が現れ、そうした副作用の元とおぼしき薬を服用していない場合は、今使っているパーソナルケア製品の使用をやめ、別のブランドにかえてみて下さい。それでも症状がすぐに治まらなかったり悪化するような時は、医師に診てもらいましょう。

湿疹

　湿疹は肌の炎症で、痒みがあり、肌がボロボロはがれてきたり、水膨れができることもあります。また時に感染することもあるのです。その種類は様々で、たとえば皮膚炎やアトピー性湿疹、貨幣状湿疹、鬱血性湿疹、手湿疹などがあります。この中で、コスメティックスやトイレタリー製品と関係があるかもしれないのは手湿疹と皮膚炎だけです。ただし他の種類は、パーソナルケア製品や食器用洗剤、ゴム手袋、ある種の布地、衣類に残った洗剤や柔軟剤などに刺激を受けることがあります。

　アトピー性湿疹は、花粉症や喘息などのアレルギー体質を有する家系に現れます。乳児に多い症状で、最初の兆候は2ヶ月から18ヶ月の間にみられます。軽度の場合は、簡単な家庭薬でも治療が可能です。ワセリンなどのモイスチャー（軟化）クリームを徐々に塗っていくといいでしょう。ただし、湿疹をひっかいてしまうと滲出が起こるかもしれず、それによって湿疹の部位が広がって感染が起こり、医師による治療が必要になってくることもあります。感染の治療には抗生物質軟膏が、湿疹そのものの治療にはコルチコステロイドが処方されるでしょう。抗ヒスタミン剤が痒みを抑えてくれることもあります。乳児期に発症したアトピー性湿疹は、子どもが思春期になるころには自然に治っていることがままあります。家系的なものであれば、数年で完治することもあるでしょう。太陽を浴びると湿疹が小さくなることもよくあります。

　貨幣状湿疹の原因は不明で、ありとあらゆる治療法に耐性があります。主に大人に発症します。鬱血性湿疹は、静脈瘤のある年配の人の足に現れます。貨幣状湿疹同様治療は難しいですが、コルチコステロイドクリームが一時的に症状を緩和してくれるでしょう。

　手湿疹は通常、肌への化学物質の接触により引き起こされます。食器用洗剤や洗濯洗剤に反応して、しばしば手に現れます。コスメティックスやトイレタリー製品は、身体の他の部位に同様の症状を引き起こすことがあります。

こうした症状は接触性湿疹と称され、普通は原因物質を肌から遠ざけておけば完治します。ただし、原因物質をコスメティックスやトイレタリー製品の中から特定するのは難しいといえます。というのも湿疹は、個別使用では何の副作用も有さない成分が、混ぜ合わされて使用されるために起こることがあるからです。したがって、肌に問題を引き起こしているかもしれないと思われるパーソナルケア製品は、使用をやめるべきでしょう。そうした製品を使い続ければ湿疹は慢性化し、治療が難しくなることもあります。こうして悪化した症状を治療するには、医師からコルチコステロイド剤を処方してもらわなければならないでしょう。

いずれの湿疹の場合であれ、それを患っている人は、剥離剤や美白剤のような強いコスメティックスやトイレタリー製品の使用は避けて下さい。どんなにわずかであれ、痛みや刺激を感じる製品は使うのをやめましょう。湿疹は、冷やしておくことで症状が緩和されます。また、ウールやシルクをはじめとする合成繊維や合成素材が肌に直接触れないよう気をつけて下さい。湿疹を患っている人の場合、一番快適な素材といえば、通常は綿でしょう。もし綿でも刺激を感じるようであれば、粉末洗剤や柔軟剤などの化学物質が残っているのかもしれません。

湿疹の原因物質は干し草の山の中

以下のコスメティックス成分はいずれも、湿疹との関係が取りざたされているものです。

1,2-ジブロモ-2,4-ジシアノブタン	グリコール
アルコール	メチルアルコール
変性アルコール	メチルジブロモグルタロニトリル
(ブタジエン/アクリロニトリル)コポリマー	牛脂脂肪酸カリウム
	ラウリル硫酸ナトリウム (SLS)
ジチオジグリコール酸ジアンモニウム	牛脂脂肪酸ナトリウム

（スチレン/アクリル酸ブチル/アクリロニトリル）コポリマー

乾癬

　乾癬と湿疹はしばしば混同されます。目にみえる症状が似ているからでしょう。どちらも肌表面にウロコ状の厚い斑点が現れます。ただし乾癬の斑点は炎症性で赤く、銀色っぽいウロコ状の表皮に覆われていることが多く、身体の広範な部位にわたって発症しないかぎり滅多に痒みはありません。原因は不明ですが、遺伝性の傾向がみられます。乾癬は通常ウロコ状の赤い斑点が肘や膝、頭皮に現れます。皮膚が過度に成長し、定期的に肌の死細胞の大きな塊が剥離してくるようになるため、フケ症と間違われることもあります。また、かりにコスメティックス製品によって症状が悪化することがあったとしても、悪化の原因がコスメティックスまたは肌に触れた他の何らかの化学物質にあるとの証明はできません。乾癬は、症状が現れたり消えたりする傾向にあり、発症の要因も様々なものが考えられており、たとえば食事や精神的なストレス、肉体的な病気、肌へのダメージなどがあります。とはいえ治療は、コルチコステロイドなどの薬を使用すれば可能です。

乾癬を引き起こしかねない
コスメティックス成分

　乾癬との関係を報告されているコスメティックス成分は2種類しかありません。

リナロール
ヒドロキシシトロネラール

座瘡とニキビ

　肌の毛嚢または脂腺が、油性の混合物である皮脂（肌の天然油脂）やケラチン（肌や髪、爪をつくる丈夫な繊維性たんぱく質）によって塞がれると、吹き出物がみられるようになります。皮脂やケラチンはやがて硬い栓となり、空気に触れた部分が黒ずんできます。その際もしバクテリアが閉じこめられていれば、この栓をエサとして増殖していきますから、ニキビが感染していくこともあります。すると、丘疹といわれる赤い吹き出物が現れてきます。感染が悪化すれば、毛嚢は炎症を起こし、やがて稗粒腫や座瘡ができてくるのです。

　最もよく知られている座瘡のタイプは思春期の座瘡（尋常性座瘡）で、思春期のホルモン変化によりみられるようになります。また、急に熱くて湿度の高い地域に行っても、熱帯座瘡を引き起こすことがあります。これは主に若い白人旅行者にみられる症状です。一方、塩素座瘡はあまり知られていませんが、毒性の高い塩素化合物が肌に接触することで起こります。ただしこの化合物は、コスメティックス製品には使用されていません。

民間療法──ハーブを用いた座瘡の治療

　タイムは発疹やニキビ、吹き出物を治すといわれています。効果はあるかもしれませんが、接触アレルギーを引き起こし、症状を悪化させる可能性もあります。

　化学物質による座瘡は、面皰形成性の物質（座瘡を促進させる物質）によって引き起こされます。こうした物質は油性または脂肪性であることが多く、それが毛穴に入って毛穴を塞ぎ、皮脂を毛嚢内に堆積させていくのです。鉱物油や食用油と接触することで発症、または症状が悪化することがあります。コスメティックス成分もまた、その多くが面皰形成性ですから、座瘡を患っ

ている人は使用を避けた方がいいでしょう。また、突然ニキビや座瘡ができた時は、しばらく他のコスメティックス製品にかえてみて下さい。

面皰形成性物質（座瘡を促進させる物質）

以下に挙げる成分は、面皰形成性として認識もしくは疑われているものです。ニキビや座瘡を患っている場合には避けた方がいいでしょう。

- ステアリン酸ブチル
- コールタール
- オレイン酸デシル
- ステアリン酸イソセチル
- イソステアリン酸イソプロピル
- ネオペンタン酸イソステアリル
- ラノリン
- 牛脂脂肪酸ナトリウム
- カカオ
   （学名：*Theobroma Cacao*）
- キサンテン
- コーン油（学名：*Zea Mays*）
- ステアリン酸オクチル
- オリーブ油
   （学名：*Olea Europaea*）
- オレイン酸
- 牛脂脂肪酸カリウム
- プロピオン酸PG-2ミリスチル
- ラノリンアルコール
- ラウリルアルコール
- アマ種子エキス
   （学名：*Linum Usitatissimum*）
- オレイン酸メチル
- プロピオン酸ミリスチル

ミリスチン酸、パルミチン酸、ラネスを含む数種類の成分も、座瘡やニキビとの関係が取りざたされています。

座瘡は、数日経てば自然ときれいになることがままあります。小膿疱を潰すのはやめましょう。小さな傷が残りかねませんし、身体の他の部位にバクテリアが広がることもあるのですから。紫外線を浴びたり、太陽光を直接浴びるのも、座瘡をきれいにするのに役に立ちますが、症状がひどい場合は医薬品を用いた治療が必要になってきます。しつこい座瘡に処方されるのは、

過酸化ベンゾイル（欧州では現在コスメティックス及びトイレタリー製品への使用が禁止されています）、レチノイン酸、抗生クリームやローションなどです。それでも完治しなければ、経口用の抗生物質かレチノイド薬が処方されると思われます。ただしこれらには不快な副作用がともないますから、他にどうしようもなくなった時にだけ利用するといいでしょう。

癌とコスメティックス製品

　多くの癌は、いまだその原因が解明されていませんが、発癌物質として知られる様々な要因が癌誘発の危険を高めているといえます。癌は通常、発癌物質に少しずつ、長期間にわたってさらされて後、現れてくるのです。
　この発癌物質には様々なタイプがあります。化学性発癌物質は、癌を誘発する化学物質です。よく知られている例は紫煙でしょう。多環式芳香族炭化水素の中にタールがたっぷり含まれています。無鉛ガソリンに含まれるベンゼンの気体も、よく知られた発癌物質です。一方物理性発癌物質に含まれているのは、アスベスト粉塵、太陽からの紫外線、X線をはじめとする放射線などです。ウィルスの中にも、癌と関係のあるものがあります。非常にまれですが、そのような物質は生物性発癌物質と称されています。
　化学物質の中には、動物実験の結果癌を誘発し、目下発癌性を疑われているものの、癌との因果関係がいまだ明確に証明されていない物質もいくつかあります。こうした不確かさゆえに、1960年、あの悪名高いディラニー修正条項が、1938年に制定されたFDAの食品医薬品化粧品法に付加されたのでした。実験環境にかかわらず、どんなタイプであれ癌誘発の疑念を払拭できない物質は全て——たとえどれほどリスクが小さくても——あらゆる食品、コスメティックス製品、経口薬への使用を禁ずるというのが、この修正条項の概要です。この条項に批判的な人たちは、当然いいました。毎日死ぬまで大量の砂糖を食べさせられた実験用のラットに腫瘍ができたら、それだけで砂糖の使用を禁止するのかと。まあ、おそらく、そんな実験は行われていない

でしょうが。

　ただ欧州には、そのような規制は存在していません。化学物質はそれぞれ別々に検査され、個々に規制が設けられています。もちろん危険が非常に高ければ、その物質は使用を禁止されます。そして危険かどうかはっきりしない場合、たとえばコスメティックス製品に保存料として使用されるホルムアルデヒドなどは、使用は認められていますが、規制対象となっているのです。

癌を誘発しかねない成分

　以下に挙げる成分はいずれも、癌の恐怖と関係があり、癌または癌疑診との関係を取りざたされているもの、あるいは発癌物質の残留物を含んでいるかもしれないものばかりです。しかしながら、こうした成分を含むコスメティックス製品が直接個々の癌を引き起こしていると証明するに足る事実はありません。

1,2-フェニレンジアミン	ジアミン
2,4-ジアミノアニソール	ジメチコン
2,4-ジアミノアニソール硫酸塩	ダイレクトブラック38
2,4-トルエンジアミン	ダイレクトブルー6
2,5-ジアミノアニソール	FD&C Red No.3
2-クロロ-p-フェニレンジアミン	ホルムアルデヒド
2-クロロ-p-フェニレンジアミン硫酸塩	過酸化水素
2-メトキシアニリン	ナフタレン
2-ニトロ-p-フェニレンジアミン	ニトロ三酢酸
2-ニトロプロパン	o-ニトロ-p-アミノフェノール
4-クロロ-1,2-フェニレンジアミン	フェナセチン
4-メトキシアニリン	フタル酸
BHT	フタル酸を含む成分
CI 77266	ステラミドプロピルジアメチルアミン
CI 77268:1	トコフェロール

225

クマリン	ニトリロ三酢酸3ナトリウム
DEA（DEAを含む成分はDEA残留物を含むことがある）	

突然変異原とテラトゲン

　突然変異原は、生体細胞内に突然変異を引き起こすことのある物質です。ウィルスのこともあれば化学物質のこともあり、様々なタイプの放射線——（岩石や太陽から放射される）天然の放射線や、原爆実験にともなう核降下物、放射能漏れ、医療用X線、放射線治療など——の1種であることもあります。変異は細胞の核内で起こり、癌や遺伝病をも誘発しかねません。なお、癌を誘発する突然変異原は発癌物質と称されます。

　テラトゲン（ギリシア語の「怪物」を意味する"terat"が語源）は突然変異原で、胚細胞や胎児の細胞内で変異を引き起こし、結果、奇形児の原因となっています。最も有名なテラトゲンといえば、風疹ウィルスとサリドマイド——妊娠中のつわりを抑える薬——です。

突然変異原とテラトゲン

　以下に挙げるコスメティックス成分や酸化ヘアダイは、細胞の突然変異との関係を取りざたされています。しかしながら、こうした成分を含むコスメティックス製品が直接個々人に対して害を及ぼしていると証明するに足る事実はありません。

2,4-ジアミノアニソール（及び硫酸塩）	ジメチコン
	m-フェニレンジアミン
2,4-トルエンジアミン	m-フェニレンジアミン硫酸塩

2-ニトロ-p-フェニレンジアミン　　　p-フェニレンジアミン
4-ニトロ-o-フェニレンジアミン　　　（及びHCl、硫酸塩）
4-ニトロ-o-フェニレンジアミンHCl　　フタル酸（系）

ホウ酸及びホウ酸塩は、胎児の奇形との関係が取りざたされています。

コンタクトレンズの感染症

　コンタクトレンズ装着にまつわる恐ろしい話は枚挙に暇がありません。アカントアメーバといわれる細菌による目の炎症は、コンタクトレンズ利用者の増加とともに急激に増えてきています。この細菌が引き起こすのはアカントアメーバ角膜炎。痛みがひどく、目の機能が失われてゆく眼病です。とはいえ、診断が早ければ治療も可能です。しかし中には、角膜移植をしなければならない患者もいます。そして少数ですが、失明してしまう患者も。英国の場合、この感染症と診断されたケースの85％が、不衛生なコンタクトレンズと関係がありました。実は専門家の中には、アカントアメーバ角膜炎の症例数そのものは増加していないと指摘する人もいます。以前に比べ、単に医師や販売業者がこの病気を認識、診断できるようになってきただけだというのです。

　なお、コンタクトレンズの洗浄液は、必ずアカントアメーバを死滅させられるものにして下さい。この細菌は最もよく知られているアメーバ（単細胞原生動物）で、発生場所は多岐にわたり、土壌、淡水やかん水、空気中のほこり、温水浴槽、エアコン内、さらには人間や動物の鼻や咽喉なども含まれます。だからこそ、コンタクトレンズに付着したごみを取ったり湿らせたりするのに、なめたり口の中に入れたりしてはいけないのです。

> ## 事実
>
> 　毎年、とんでもないところに飛んでいったシャンパンのコルク栓や、スポーツをしている最中の事故で目に怪我をしたという報告がありますが、そのような報告は、不衛生なコンタクトレンズによって発症するアカントアメーバの感染症の数を上回っています。

　コンタクトレンズの洗浄液は必ず品質のいいものを使用し、その後レンズを滅菌水または塩水で洗ってから装着して下さい。多くの洗浄液には過酸化水素が含まれており、これが大半の細菌の死滅に大きな効果を発揮します。ただし非常に腐食性が高く、目にもダメージを及ぼしますから、レンズを洗浄液で洗ったあとは必ず、液を完全に落としてから使用しましょう。通常は、洗浄液による洗浄後に酵素を付加します。すると、それがゆっくりと過酸化水素を水と酵素の泡に分解してくれるのです。洗浄液の中には、酵素のかわりに合成触媒を付加して過酸化水素を分解しているブランドもあります。いずれの場合であれ、中和物はタブレットとして付加されるか、コンタクトレンズのケースに組み込まれているかしているはずです。なお、もしあなたが後者の方法を利用しているなら、ケースは必ず、製造業者の指示にしたがって定期的にかえて下さい。

　ちなみに過酸化水素方式の場合、2つの問題が引き起こされることがあります。急いでいて、過酸化水素を分解するだけの十分な時間がない時、または古いケースを使っていて、そこに組み込まれている中和剤がほとんど効かなくなっている時、腐食性の強い物質が目に入ってしまう危険があるのです。レンズの回りに泡が付着していれば、それはまだ過酸化水素が残っている証拠。泡が完全に消えてからレンズを装着するようにして下さい。もう1点は、中和物があまりにも素早く過酸化水素を分解してしまうと、細菌を死滅させる時間がたりないかもしれない、ということです。こうした状況が起こるのは、中和剤を多量に付加したり、レンズケースを日当たりのいい窓の下枠に

置いておくなどして、洗浄液が温まってきた時です。また、時間が経過して過酸化水素の力が弱くなってきた時にも起こりますから、品質保証期限を過ぎた洗浄液は決して使用しないで下さい。

過酸化水素のかわりに、洗浄液はベースに界面活性剤（洗浄剤）や抗菌剤を使用することもできます。ただしどちらも、完全に洗い落とさないとレンズに成分が残ってしまい、炎症を引き起こしかねません。いずれの方法にせよ、完全に安全を期するなら、必ず製造業者の指示にしたがうことです。

充血用目薬

いわゆる充血用目薬と称される点眼薬は、処方箋なしで購入することができます。この点眼薬は、目の表面を覆っている毛細血管を収縮させることで、疲れて血走っている目の充血を抑えます。効き目が消えれば、血管は再び拡張します。しかもたいていは、点眼薬をさす前よりも拡張し、充血もひどくなります。当然、さらに点眼薬をさすでしょうから、気がつけばいつのまにか点眼薬を手放せない状況に陥っているのです。したがってこうした製品は、その使用をよほどの時のみに限定し、日常的なコスメティックス製品としての使用は避けて下さい。

目は普通、充血するものです。疲れからだったり、アレルギー、環境条件によって起こる冷たい風や乾燥のせいだったり、（まれですが）怪我や感染症によることもあります。要するに充血は警告——これ以上放置しておくと、悪化して、薬物療法に頼らなければならないという、目が発する自然な警告なのです。充血用目薬は、充血を抑えてはくれますが、充血を引き起こした根本の原因までは治療してくれません。そうやって症状をごまかし、肝心の医療治療を遅らせることで、症状を悪化させないともかぎらないのです。

充血用目薬には通常、血管を収縮させる血管収斂剤が含まれています。また、アレルギー反応を緩和させるため、抗ヒスタミン剤が含まれていることもあります。こうした成分はいずれも、炎症やアレルギー、局所毒性のよう

な副作用を引き起こしかねません。もし充血した目が痛んだり、目やにがでる、視力が落ちてきたといったような症状が現れた場合には、すぐに充血用目薬の使用をやめ、医師の診察を受けて下さい。

16章　サロンと美容外科手術

仰向けに寝てくつろいで下さい。
ビキニワックスを行いますから。
ついでに
脂肪を吸引し、皮膚を剥離し、胸を小さくいたしましょうか？

　自分にご褒美をあげたいなら、サロンやフィットネスクラブで1日ゆっくり過ごすのがいいでしょう。気分は最高。しかもメイクのプロがあなたを一段と美しくみせてくれるのです。シワも消えます。けれど悲しいかな、それが続くのはメイクをしている間だけ。もし本気で外見をかえたい、シワをなくしたいと思っているなら、美容外科に大枚を投じるしかありません。そこで本章では、サロンが実際にどういったことをしてくれるのかをみていきましょう。それから、簡単にではありますが、いくつか有名な美容外科的な処置についてももう一度みていきたいと思います。なお、サロンで行ってくれる処置——脱毛やまつ毛のカラーリング（米国では禁止されています）などについてはすでに取り上げてあります（5章——スキンケア——及び9章——ヘアケア——を参照）。

231

サロン

　プロの美容師やエステティシャンが使うコスメティックスやトイレタリー製品は、あなたが町中で買えるようなものとは異なります。プロの使うトイレタリー製品にはしばしば、パーマ液や脱毛剤にみられるように、高濃度の有効成分が含まれています。そしてラベリングにも特別な規制があり、通常は健康や安全に関する情報が補足的に付加されています。ということは、プロは高度な訓練を受け、こうした製品の正しい使用法をわきまえているはず。ですが、どうか腕のいいエステティシャンのところへ行くようにして下さい。くれぐれも経験不足の人のところへは行かないように。さもないと、強い溶剤を間違って使われ、肌を焼かれたり髪を傷められたりするかもしれません。しかし腕のいい、きちんとした美容師なら、あなたの髪は脆くてパーマがかけられないとか、安全に使える溶剤の強度などを正確に知っているはずです。腕のいい、きちんとしたエステティシャンなら、あなたの肌が製品に対して過敏かどうかがわかるでしょうし、それをしっかりと説明もしてくれます。あるいは、あなたの爪にできた斑点が通常の損傷によるものか、医師に診てもらうべき細菌性のものかも教えてくれるでしょう。

電気分解

　電気分解を行えば、むだ毛を永久に脱毛できます。方法は2つ、すでに何度も試されているニードルエピレーターと、最近導入されたツィーザーエピレーターです。
　ニードルエピレーターは細い針を使い、それを毛幹にそって肌の奥深く、毛嚢までさしこんでいきます。そこに、針を伝って微電流を流し、毛根を死滅させるのです。しかる後、むだ毛をピンセットで除去していきます。治療がうまくいけば、2度と毛が生えてくることはありません。
　専門的なエピレーターを使った治療は、腕のいいエステティシャンまたは

電気分解の施術者に行ってもらうにかぎります。使い方を誤れば、感染症や感電、さらには一生消えない傷が残る危険があるのです。適切な施術の時でさえ、電気分解は不快感や痛みをともなうことがあるのですから。前腕や足への電気分解は費用も時間も要し、全てのむだ毛を除去しようと思ったら、何度も通わなくてはなりません。そこで、自宅仕様のニードルエピレーターを購入するという方法があります。サロンのものより電圧も低めに設定してありますから、通常は安全ですが、感染症の危険は残ります。また、このタイプの電気分解を、肌が薄く簡単にダメージを受ける眉の下側の縁や、バクテリアが多数いる脇の下ではあまり行わないで下さい。感染症の危険が増します。

ツィーザーエピレーターはごく最近開発されたもので、針を肌にさしこまない分ニードルエピレーターのような痛みがありません。絶縁タイプのピンセットでむだ毛をつまみ、そこに電流を流していくのです。すると電気が毛幹を伝って毛根へと流れていき、毛根を破壊します。それから、死滅した根とともに、むだ毛をピンセットで抜くというわけです。

どちらのエピレーターも、針やピンセットがたまたま肌に触れたりすると、一瞬ですが、痛みをともなう感電状態を引き起こすことがあり、またいずれの方法とも治療には数回を要します。さらに、たとえ肌から全てのむだ毛を除去できたとしても、まだ他に休眠中の毛嚢があるかもしれず、次の成長サイクル時に生えるべく準備しているかもしれません。大ざっぱにいって、一方の前腕から全てのむだ毛を除去するには、2ヶ月以上かけておよそ8時間の治療を施さねばならず、その後も8ヶ月から10ヶ月の間は、月に1度、新たに生えてくるむだ毛の処理をしなければなりません。

また最近は、永久脱毛にレーザーを使用する方法が研究されています。黒い染料を肌につけ、毛嚢まで浸透させます。その後あまった染料を洗い流してから、レーザー光線で肌を走査します。レーザー光線の熱は、毛嚢内の染料に吸収されますが、周囲の肌組織には影響を与えません。そしてレーザーが毛根を加熱し、死滅させるのです。本書執筆時点の実験では、この方法により、1回の治療でおよそ30％のむだ毛が除去できています。

前腕や足のような広い部位のむだ毛には、除去にかわる方法もあります。濃い色の毛を明るくしたり脱色したりして目立たなくし、見た目をごまかすのです。過酸化水素と希釈アンモニアを混ぜたものを利用すれば、簡単に行えるでしょう。

耳ピアス

かつて耳ピアスをするには、針で耳たぶに穴を開け、それからその穴に金のスタッドをさして、穴が塞がらないようにしておきました。しかしプロはもはやこうした方法を行ってはいません。感染症発症の危険があるからです。とはいえ、勇気ある人たちはいまだ自力で、または友人をおだてて協力してもらいながら、この方法を行っているようですが。

現在プロが行っている好ましい方法は、ピアッシングガンを使ったもので、事前に耳たぶに穴を開けておく必要もなく、直接ピアスを撃ち込めます。ピアスは無菌の密閉パッケージに入っており、ガンを扱う人も直接触れることはありませんし、ガンが耳に直接触れることもありません。いったん撃ち込まれたピアスは、数日の間消毒した包帯で巻いておきます。その後4週間から6週間の間、ピアスを1日に2度回転させ、肌の密着を防ぎます。また耳たぶは、エチルアルコールか過酸化水素で消毒し、感染症を予防します。

一般に、こうした方法で耳たぶにピアスをする分には危険もほとんどありませんが、ピアスにニッケルが含まれていると皮膚炎を引き起こす可能性があります。しかし感染症を発症しても、医師に抗菌薬を処方してもらえば簡単に治療できます。最近はイヤリングやピアスをつけるのが、それも耳の上の方からいくつもつけるのが流行ってきています。ですが耳の上の方は、血液供給の少ない軟骨から成っています。もしこの部分に感染症が発症したら、治療は難しいでしょう。場合によっては、感染した外耳の一部を外科的切除しなければならないかもしれず、そうなれば永遠に外観が損われたままとなってしまいます。

横から車に追突されたり、スポーツ中の事故だったり、理由は様々ですが、

側頭部への一撃は常に危険を秘めています。そしてその危険は、耳の上部にイヤリングやピアスをしていることでますます高まっていくのです。一撃を受けた衝撃で、イヤリングやピアスが頭蓋骨側面に押し込まれ、骨折、あるいはそれ以上のひどい事態を引き起こすかもしれません。これに対し耳たぶにしたイヤリングやピアスなら、単に顎接合部の上の肉厚なくぼみに押し込まれるだけですから、損傷を引き起こすこともほとんどないでしょう。

アロマセラピー

　アロマセラピーは、エッセンシャルオイルを用いて肌をマッサージしていくもので、伝統（代替）療法の1分野です。様々な軽度疾患の治療に利用されています。アロマセラピストが治療してくれるのは、咳、風邪、火傷、頭痛、不眠、ウィルスやバクテリア、真菌による感染症、過労、乾癬、湿疹などです。精神的及び感情的な不調も癒してくれますが、他の全ての代替医療同様、宣伝文句の大半は非科学的で、それを裏付ける臨床的な証拠はほとんど、もしくは全くありません。しかしながら医療従事者が認めているように、アロマセラピーのセッションは心身ともにリラックスさせてくれ、ストレス性の軽疾患や心因性の病気を見事に治療することもできるのです。

　治療の基本はエッセンシャルオイル、またはオイルに溶解した成分で、それが肌吸収または蒸気吸入により体内に入っていきます。ただ、他の化学物質に対してと同様、肌は見事なバリア機能を誇っていますから、肌の奥深くまで浸透し、血流にまで乗れるオイルは、たとえあったとしてもごくわずかです。なお、最も頻繁に利用されるオイルは、ベルガモット、ゼラニウム、ラベンダー、ローズマリー、ティートリー、イランイラン（学名：*Cananga odorata*）です。

　ベルガモットオイルには、感光性の原因物質として知られている5-メトキシプソラーレンが含まれています。したがって患者は、このオイルを使用した治療を受けた直後は直射日光を避けるよういわれます。欧州では、5-メトキシプソラーレンのコスメティックス製品への使用が禁止されていますが、

235

天然のエッセンシャルオイルの場合、規定含有量を超えなければ例外として認められています。ローズマリーオイルも、感光性を引き起こすと報告されています。刺激物でもあり、アレルギー性皮膚炎の原因となることもあります。

ゼラニウムオイルは皮膚炎の原因物質として知られており、接触性皮膚炎との関係も取りざたされています。また、顔面乾癬を引き起こすとの報告があるのはリナロールですが、これはラベンダー及びベルガモットオイルの成分に含まれています。

ところで、アロマセラピー製品はコスメティックス製品でしょうか、それとも医薬品でしょうか。これはなかなか難しい問題です。英国の場合、店頭で販売されているアロマセラピー製品は、1994年に施行された製品安全規則の範囲に入ります。ただしそれは、医療またはコスメティックス機能を有する、もしくは有する意図があると謳わないかぎりにおいてです。そして、肌の洗浄、体臭や見栄えをかえる、あるいは肌を保護したりコンディションを保つといった目的をもって、肌（または口や歯を含め、どこかしら身体の外側）につけることを意図している場合には、コスメティックス製品に分類されます。さらに、医療効果を謳ったり、医学的根拠のもとに使用されることを意図している時には医薬品扱いとなり、医薬品としての規制を受けるのです。

美容外科手術

　本書の目的は、美容外科手術を薦めることではありません。しかしながら現実的に考えれば、シワを除去するにはレチノイド剤の使用であれ外科的処置であれ、医療の介入に拠る他はないのです。そこで、よく知られていて利用も可能な美容療法をいくつか取り上げ、みていきたいと思います。

コラーゲン療法（CRT）と脂肪移植

　CRTは、シワの除去が可能な、最も簡単かつ身体的損傷の程度も低い処置

療法です。

　コラーゲンは、丈夫で柔軟性に富んだ繊維性のたんぱく質で、肌の奥深くにある層内で自然発生し、肌の弾性を担っています。しかし加齢とともにコラーゲンの繊維網も徐々に弱くなっていきます。また、絶えず肌に負担をかけたり、紫外線にさらしてきたことで、さらには紫煙や傷などのせいもあって、傷んでもきています。それだけではありません。笑ったりしかめっ面をしたり目を細めたりするたびに、顔面のコラーゲンに負担をかけ、さらに弱めてもいるのです。そうやって長い年月の間にコラーゲンは損傷し、肌から徐々に失われていきます。肌のはりとともに。すると、笑うのをやめても笑いジワは消えず、しかめっ面をやめても、目尻にはくっきりとカラスの足跡が残ります。そんなコラーゲンの状態をもとに戻し、シワの状態を改善してくれるのがコラーゲン療法（CRT）なのです。この療法はまた、膿疱の跡や小さな傷跡、ちょっとしたくぼみなどを隠すのにも利用されることがあります。

　療法を行う1ヶ月前になると、患者の腕でパッチテストを行い、コラーゲンに対するアレルギーがないかを確認します。使用されるコラーゲンは通常牛から抽出します。もちろん他の動物から抽出したコラーゲンを使用することもあります。CRTは痛みもなく、15～20分もあれば終わります。肌に麻酔クリームを塗ってから、皮下注射用の細い針を使って、コラーゲンを直接真皮（肌の奥の層）に注入していくのです。小さな傷などは1度の治療ですみますが、目立つものになってくると2回またはそれ以上の治療が必要になってくることもあります。通常治療直後は多少の腫れや赤みがみられますが、1週間以内にはおさまり、肌はもとの状態に戻ります。しかも、前以上にふっくらとして滑らか、それでいて引き締まった、実に若々しい肌に。

　注入されたコラーゲンは徐々に分解し、体内に吸収されていきます。美しく蘇った肌を維持するには、毎年2～4回の再治療が必要です。

　一方コラーゲンインプラントは、技術的には全く同じですが、眉や顎、唇にさらなるボリュームを持たせ、顔の他のパーツとのバランスがとれるよう形を改良するために利用されます。特に鼻形成術（鼻梁のサイズや形を変える手術——鼻の美容整形）の代替としての利用率は高く、鼻を小さくして顎

を強調し、顔全体のバランスをさらによくみせるのです。ただしこの場合も再治療が必要です。より永続的な効果を望むなら、シリコンやPTFE（テフロン加工のフライパンと同じ素材）のような分解しにくい素材を移植するという方法もあります。ですがこの種の移植の場合、さらに身体を傷つける施術が必要になってきますから、全身麻酔をかけることもままあります。

コラーゲンインプラントにかわる安全な施術といえば、脂肪移植です。これは、脂肪細胞を身体の他の部位（よく臀部が利用されます）から採取し、顔に移植するものです。この療法には、CRTに優るメリットが2点あります。自身の身体から採取した脂肪を利用するため、アレルギー反応を起こす可能性がないこと、そして、CRTよりも効果が持続することです。移植された脂肪細胞のうち、およそ80％は死滅し、体内に吸収されますが、血管近くに移植されたものは生き残り、永遠に顔のはりを保ってくれるでしょう。

フェイスリフト

フェイスリフトは、シワをのばし、顎や頬の下のたるんだ肌を引っぱり上げるための手術です。年齢の刻まれてきた顔を、5～10歳程若くみせる効果があります。手術といっても局部麻酔で、外来扱いで行われることがほとんどです。手術後数日から2週間ほどは不快感があり、痣や時に腫れもみられます。抜糸は術後3～5日後。傷跡は通常、髪の生え際か肌本来のシワの下に隠されます。残った傷も、普通は1年以内に消えます。ちなみに痣や腫れが全てひいてもとに戻るまでは、化粧をしてもさほどの効果は期待できないかもしれません。

手術の際には、皮膚の一部を除去します。額の1番上、丸みを帯びた部分から始まり、髪の生え際にそって、耳と頬の接合部である耳の上までいき、それから耳の前を通ってさらに下、耳たぶと頬の接合部までです。その後、頬を覆っている皮膚を、鼻及び口角に至るまで全て切除し、しかる後切除した皮膚をしっかりとのばしてもとに戻し、生え際部分で縫合していくのです。そして普通は、この処置を顔の両側で同時に行います。

どんなものであれ、手術には多少の危険がつきものですが、この手術の場合術後の満足度は通常非常に高く、思っていたのと違うという患者はほとんどいません。もちろん術後も顔は普通に年齢を重ねていきますから、5～10年後にはまたシワがでてくるでしょう。しかしその時でも、かわらず実年齢より5～10歳は若くみえるのです。なお、手術代はともあれ、大事なのは、評判のいい美容整形外科医を選ぶことです。

リポサクションとマイクロサクション

脂肪吸引とも称されるリポサクションは、美容整形外科医によって行われる手術で、身体の余分な脂肪（脂質）を物理的に除去し、それによって体形を美しくみせるものです。通常は全身麻酔をかけ、肌を小さく切開します。切開するのは、傷を肌本来のシワに隠せるような場所です。それから、内部が空洞になっているステンレススチールのチューブを、真皮のすぐ下にある脂肪質の皮下層に注入し、不要な脂肪を吸引、除去していきます。ちょうど掃除機がごみを吸い込んでいくように。通常は1度の手術で、身体の両側から吸引していきます。手術後は腫れや痣、痛みがあるのが普通です。これによって減少した体重の効果はずっと続きます。再び過食に走り始めるまでは。

事実

西洋社会では、リポサクションは最も普及した美容外科手術です。それに続くのが乳房形成です。これは、手術を行うことで、胸を大きくしたり小さくしたり、あるいは再建したりするものです。

体重が増えても、体内の脂肪細胞の数が増えるわけではなく、余分な脂肪によって細胞が膨張し、今ある細胞のサイズが大きくなるのです。たとえば、太股にだけ脂肪がついているようにみえるなら、それはその部分に大量の脂肪細胞があるからです。そこで、リポサクションによって太股の脂肪細胞数

を減らせば、そこに溜め込める脂肪の量を永遠に減らすことができるのです。つまり、その後過食に走って体重が増えても、脂肪は今までよりも均等に、体全体に分配されるようになりますから、美しくなった体形もそのまま維持できるでしょう。

　マイクロサクションも、リポサクションとよく似た手術です。ただしこちらは、非常に細いチューブを使って、顔のデリケートな組織から過剰な脂肪細胞を除去するために利用されます。

アイリフト

　一般にアイリフトといわれている眼瞼形成は、美容外科手術で、涙袋やまぶたのたるみ、くぼみ、シワを除去します。上下のまぶたにともに施術することもありますが、ほとんどは、目の下に集まって見苦しい涙袋を形成している脂肪の塊の除去に利用されます。

　まず下まぶたの内側を切開し、そこから脂肪を吸引、除去していきます。ただし、涙袋の上の皮膚をぴんと張らせ、滑らかにするためには、外側——まつ毛のすぐ下も切開しなければなりません。

　目の下の皮膚をぴんと張らせるには、まつ毛のすぐ下の皮膚を、目に水平に細く除去します。傷は、肌本来のシワでごまかせます。その後、残った皮膚を切開部位近くまで引きのばし、それによってたるみやシワを除去していくのです。上まぶたの場合は、肌に水平に刻まれたシワを、左右それぞれのまぶたの中心から除去していきます。残った傷跡は、まぶた本来のシワの中に隠せます。

　アイリフトは通常90分ほどで終わり、一般的には局部麻酔を使用しますから、患者はその日のうちに帰宅を許されます。腫れや痣は普通3〜5日で元に戻りますが、早く戻したい時には、ウィッチヘーゼルのようなマイルドタイプの収斂溶剤をしみ込ませた冷たい当て物をしておくと効果があります。評判のいい美容整形外科医なら、傷ができやすい人や傷が残りやすい人には、この手術を薦めないこともあります。

ディープピーリング

　シワは、顔から皮膚の外層を剥離することで一時的に減らすことができます。当然、新しい皮膚が成長してくるまでの数日間、顔は剥き出し状態、赤くなり、ひりひりと痛みますが、新たな皮膚にはシワがほとんどありません。美容整形外科医が行うのは、強酸のような合成ピーリング剤を用いた剥離、または皮膚剥離術のようなフィジカルピーリングや、（今ではよく知られている）レーザーを用いた剥離などです。

　もともとは、フェノールベースの剥離剤を使って肌細胞の外層を溶解していましたが、この剥離剤は腐食性が高く、技術的にも不確かだったことから、トリクロロ酢酸（TCA）を使用したものに取って代わられました。こうした化学物質は、店頭購入品やサロン仕様のピーリング剤（剥離剤）よりもはるかに腐食性が高く、肌のより奥深くまで焼いていきます。結果は概ね良好ですが、一生傷が残ったり、目にダメージを受けたりといった恐ろしい話もあります。

　皮膚剥離術は、高速回転する小さな研磨パッドを使って肌細胞の外層を除去し、滑らかにしていきます。ちょうど、サンドペーパーでフローリングの床を滑らかにするのと同じです。しかし技術の進歩は目覚ましく、皮膚剥離術も最近はレーザー削剥に取って代わられつつあります。これは強力なレーザー光線で肌細胞の外層を焼き取っていくものです。こちらも結果は概ね良好で、本書執筆時点で著者が知るかぎり、新聞にはまだ恐ろしい見出しは躍っていません。

その他の処置

　美容整形外科医の創意工夫は留まるところを知らず、より美しい外見のために驚くような方法を考案します。たとえばしかめっ面をすると、皺筋と呼ばれる1対の小さな筋肉が収縮して、鼻の上に縦に溝が刻まれます。その溝

は加齢に連れてくっきりし、かつ、いつまでも残るようになります。これを解決すべく、美容整形外科医は2つの方法を考案しました。1つは皺筋切除といわれる手術で、筋肉を切除することで溝の発生を抑える単純な方法です。この筋肉には他に機能もないため、表情に影響を及ぼすこともありません。

　筋肉を切るのはどうも、という方は、かわりにボトックスという薬を用いて筋肉を麻痺させることもできます。いずれの療法とも、効果のほどはすぐに現れますし、6ヶ月ほど持続もします。唯一危惧すべきは、片側の筋肉だけが先に機能を回復してしまうことでしょう。そうなるとバランスの悪いしかめっ面になってしまいます。ちなみにこの薬は、額に横ジワを刻む筋肉を麻痺させるのにも利用できます。それ以外にこの横ジワを除去できる方法は今のところフォアヘッドリフトしかありません——切開部位も大きくなり、値段もはる手術です。

　なおボトックスは、ボツリヌスの毒素からつくられていますが、原料が猛毒であるにもかかわらず、薬自体は全く安全です。

17章　動物由来成分と動物実験

> **警告**——肌に浸透可能で、実験動物への発癌性が認められている成分を混入させないこと。
> 　　（2,4-ジアミノアニソールを含むヘアダイに関するFDAの強制警告）

　コスメティックスやトイレタリー製品への動物由来成分の使用及び動物実験にかんしては、議論が後を絶ちません。本章では、動物実験の必要性について検証し、代替法についてみていきたいと思います。ベジタリアンの方には、コスメティックスやトイレタリー製品に含まれている、動物から生成されているかもしれない成分に対して注意を促すとともに、自社製品は動物実験を行っていないと謳う製造業者の真意を明らかにしていきます。

動物実験

　動物実験などないのが理想ですが、私たちは皆、現代の薬や洗浄剤、コスメティックスやトイレタリー製品を使い、現代の農薬を用いて生産された手軽な食品を利用しています。そして同時に私たちは、こうした物質が完全に安全だと証明された後、購入品や消費品に利用されることを求めています。したがって、動物実験にかわる、現実的かつ信頼性の高い安全性試験の方法をみつけることが不可欠というわけです。

243

コスメティックス競争において大きな役割を担っているのは、西洋では米国と欧州ですし、東洋市場で圧倒的な強さを誇っている日本もそうでしょう。これらの国々及び共同体は協力して、信頼性の高い「インビトロ」法の確立のために努力を続けています。インビトロとは、動物とは無関係の、試験官やシャーレのような「ガラス管内」を意味する言葉で、培養組織を使ってコスメティックス成分の安全性をテストしようというものです。動物実験にかわる、満足のいく実験法を確立するための研究は困難の連続です。こうした技術を用いることで明らかに進展があったにもかかわらず、このような方法は不確かで、実験としても限界があると信じている人々からは様々な批判の声や、ある程度の動物実験は今後も絶対に必要であるといった意見があがっているのです。

　1993年、欧州ではある指示が出されました。1998年1月1日以降、コスメティックス成分またはその化合物に対する全ての動物実験を禁止する、というものでした。この指示は、要望――欧州内で販売されるいかなるコスメティックス製品も、通常または合理的に予測される状況下での使用に際し、人間の健康に害を及ぼしてはならないという要望と矛盾するものでした。そのため、動物実験禁止期限は2000年6月30日まで延期されたのです。そして2000年6月19日には、さらに2002年6月30日まで延期されました。ですが新たに設定されたこの期限も、完全に信頼できる非動物実験の技術が確立されるまで延期されるだろうというのが大筋の見方です。その時まで、動物実験は続けられるでしょう。

　実験に使用される動物は、コスメティックスやトイレタリー製品の場合は主に白ウサギで、その他の大半の物質はハツカネズミとラットです。猫や犬、霊長類、及び家畜が使用される割合は、全動物実験中1％にも達しません。ただコスメティックス製品によっては、肌への刺激を調べるため、人間がボランティアで協力することがあります。コスメティックスにかんして行われる最も一般的な実験はドレイズテストで、これは白ウサギの目または皮膚に直接化学物質を付着させ、炎症や損傷を調べるものです。

　非動物実験に用いられる培養組織は、ハツカネズミから採取した大量の生

体細胞を、ガラス皿の培養基で培養したものがよく利用されます。たった1匹の生物からほんの少し細胞を採取するだけで、何百皿分もの細胞を培養することができるのです。その皿の中の細胞に、コスメティックス製品または個々のコスメティックス成分を加え、細胞の生化学に何らかの変化がみられれば、化学物質に対する拒絶反応を示している、といえるでしょう。しかしながら、こうした変化が人間の場合にはどういった炎症や害となって現れるのかを正確に説明することは容易ではありません。

　コスメティックス製品のラベルには「動物実験をしていません」といった言葉が並んでいることがありますが、これは誤解を招く恐れがあります。こうした言葉が欧州で使用される場合、規制により、ラベルには何の実験か——完成品に対してなのか、個々の成分またはそれを組みあわせたものに対してなのか——を明示するよう求められます。ですが米国にはこのような規制はありません。そうして製品では動物実験を行っていないと謳っておきながら、製造業者が成分供給業者に手を回して、成分に対する実験を行っているかもしれないのです。あるいはただ単に文献を探して過去の実験結果を確認し、すでに実験済みの成分のみを使用している、ということもあるでしょう。長い間に多くの成分がでまわってきています。おそらくは誰かがどこかで、そうした成分に対して1度ならず徹底的な動物実験を行っていることでしょう。

　ですが、たとえコスメティックス製品に使用される全ての成分が実験済みで、無害が確認されていたとしても、その成分を組み合わせることで、炎症を引き起こしたり、予測不能な反応をして有害物質を生成するかもしれません。だからこそ、完成品に対する検査が重要なのです。コスメティックス製品の安全性試験にかんする欧州のガイドラインに記されているところによれば、インビトロ法は現在、完成品に対する有効性が正式には認められていません。しかし動物のためにも、完成品はこれ以上動物実験をすることなく販売されてもいいのではないでしょうか。ただしそれにはもちろん、以下の条件を満たす必要があります。

245

1　全ての成分の毒性を明らかにする
2　混合成分が反応して、副作用を引き起こしたりしないようにする
3　どの成分も、単体実験時をはるかに上回る肌への浸透性を他成分に引き起こさせるようなものを有しないこと

　一般に毒性や光毒症、細胞や遺伝子の変異、その他様々な潜在的有害性に対する実験は培養細胞で行われ、信頼すべき結果を得てもいます。顕微鏡のおかげで、異常な成長をしたり死に方をしたりする細胞が全て確認できるからです。しかしこうした実験の結果にもかかわらず、前述したような有害性を引き起こす成分の中には、いまだにコスメティックス製品に使用されているものがあるのです。

動物由来成分

　その名が示す通り、動物由来成分は動物、それも往々にして人間の消費に適さない部位から生成されています。人間の組織や絶滅危惧種、天然記念物から生成される物質のコスメティックスへの使用は禁止されています。使用されている主な動物由来成分はたんぱく質（及びそこから抽出されるアミノ酸）です。また、石鹸や洗浄剤製造には脂肪や油も使用されます――もっとも石鹸や洗浄剤は植物を原料にしたり、石油製品から合成することもあります。香料は、動物から得られるものは比較的少ないといえるでしょう。ただし貴重な香りであるムスクは、動物の臭腺から分泌されます。ちなみにその動物は、チベットに生息する雄のジャコウジカやジャコウウシ、カコミスル、カワウソなどです。また、マッコウクジラから分泌されるアンバーやビーバーから分泌されるカストリウムも高価な香水に使用されています。

石鹸

　石鹸は、天然の脂肪と油を、腐食性を有する強アルカリの水酸化ナトリウムで煮立たせて製造します。ステアリン酸ナトリウムは、固形石鹸及びその他石鹸ベースの洗浄製品に最もよく使用されている成分です。牛脂脂肪酸ナトリウムとカリウムもよく使用されます。これらは牛肉、そして時に子羊の脂肪から生成されます。現在牛脂脂肪酸の原料となる野菜はありませんが、ステアリン酸は動物以外からの抽出が可能です。

　BSE（牛海綿状脳症または「狂牛病」）騒動以来、欧州では牛脂抽出の際、厳しい規制条件のもとで行うことが求められています。その条件下では、鹸化（脂肪を石鹸にかえること）は必ず、12M水酸化ナトリウム——苛性ソーダの高濃溶液を使って行われます。バッチ処理の間は最低95℃を少なくとも3時間は保ち、牛脂を汚染している全ての細菌やたんぱく質を完全に死滅させ、破壊しなければなりません。続く工程では温度を140℃にあげ、最低2バールの圧力（常圧の2倍）を少なくとも8分間かけ続けることが義務づけられています。また牛や羊、生後12ヶ月もしくはそれ以上のヤギの頭蓋骨や脳、目、扁桃、脊髄、あるいは生後1年を経過した羊またはヤギの脾臓は、コスメティックスやトイレタリー製品への混入を禁止されています。なお羊とヤギに対する月齢制限は、動物の永久歯である切歯が歯肉から生えてきていれば適用のかぎりではありません。

ミンクオイル

　ミンクは、その上質な毛皮ゆえに繁殖が行われています。その毛皮を完璧な状態に保っておくためのオイルは、皮膚の皮下層にある腺から分泌されています。このオイルは、ミンクが殺された時に、皮膚の下にある脂肪組織から抽出されます。オイルは、不運に終わった動物に対するのと同じ働きを、人間の髪や肌にもしてくれる、そう考えられているのです。ミンクオイルの

半合成派生物の中には、コスメティックス製品にも使われているものがあります。それらはいずれもINCI名に「ミンク」とついているので、簡単に見極められるでしょう。

たんぱく質とアミノ酸

エラスチン、ケラチン、コラーゲンはいずれも動物性たんぱく質で、コスメティックスやトイレタリー製品に使用されています。エラスチンは弾性を有するたんぱく質で、ほ乳類の動脈壁、そして時には皮膚組織から抽出されます。コラーゲンは丈夫な繊維性のたんぱく質で、腱や靱帯、結合組織を形成しています。エラスチンとコラーゲンは肌に浸透し、通常の加齢で失われていく肌のはりを取り戻せると広告には謳われています。さらに肌や髪、爪を形成する丈夫な繊維性のたんぱく質ケラチンも、シャンプーやコンディショナーに添加されることで髪に浸透し、ダメージを補修してくれるといわれていますが、これも製造業者のつくりあげた俗説に過ぎません。こうした俗説は、嵐で被害を受けた木におがくずをすり込めば、折れた枝を修復できるというのと同じくらいばかげています。

プラセンタ

プラセンタ（胎盤）は、雌のほ乳類の血液と、その体内の胎児との間で栄養素や酸素の供給、老廃物の排泄ができる器官で、たんぱく質、ホルモン、ビタミンが豊富にあります。人間及び牛の胎盤から抽出されるプラセンタエキスは、肌を若返らせる効果があると考えられているため非常に貴重です。そして、コスメティックス製品にも広く使用されています。プラセンタプロテインは帯電防止及び湿潤剤として、またプラセンタ脂質（脂肪）は軟化剤として使われています。

製造業者の中には、自社コスメティックス製品にプラセンタエキスとして使用する前に、プラセンタからホルモンをはじめとする生物活性物質を除去

してしまうところもあります。この場合、業者は製品に対してプラセンタエキス配合と謳わないようFDAは勧告しています。現在欧州では、人間から採取した細胞や組織、その他の生成物質は、コスメティックス製品への利用が禁止されています。したがって、欧州で購入できる製品に含まれているプラセンタエキスは全て、牛から抽出したものです。

動物由来成分

以下に挙げる成分は動物から採取しています。これらの成分名がそのまま、もしくは別の成分名の一部として記載されていないか、注意してみて下さい。動物由来成分を避けたい場合は必ず、ラベルに動物由来成分不使用を謳ってあるコスメティックスまたはトイレタリー製品を選ぶようにして下さい。

殺された動物から採取した物質
- 動物由来の脂質
- 動物組織エキス
- 大動脈エキス
- CI 77267（骨炭）
- CI 77268:1（黒骨炭）
- コラーゲン
- エラスチン
- 魚油グリセリル
- 魚油
- ゼラチン
- ヒアルロン酸（動物骨格の接合部を取り囲む滑液から）
- ケラチン
- ミンクオイル及びミンクオイル派生物
- ムスク（ムスコン）
- プラセンタ
- ウシ血清アルブミン（血清から）

- スクワリレカー、スクワレン、ペンタヒドロスクワレン（サメの肝油から）
- 牛脂脂肪酸及び「牛脂」や「牛脂脂肪酸」という名称を含む多くの成分
- ユニペルタン

鳥の卵及びはらこを含む魚卵から採取した卵の物質

- 卵白
- 卵
- ホスファチジルコリン
- 魚卵エキス
- サルモ

動物及び植物源双方から抽出する成分

- レシチン
- リン脂質
- チロシン
- 脂肪酸及びその派生物。派生物の場合、名称には「ステアレート」「ラウレート」「ミリステート」「パルミテート」「オレアート」「リノレート」「リノレネート」という言葉が含まれます。それぞれに該当する脂肪酸は「ステアリン酸」「ラウリン酸」などというような名称になります。成分によっては、「ステアレス」「ラウレス」などと「―レス」と変化しているものもあります。
- グリセリン及び「グリセリル」「グリセレス」という言葉を含む多くの成分。

その他

セレシンは石油製品ですが、獣炭を用いて精製されることがあります。

18章　ラベルと法律

　　「法律がそうだというなら」バンブル院長はいった
　　……「法律は馬鹿なのさ——大馬鹿野郎さ」
　　　　　　　　（チャールズ・ディケンズ著『オリバー・ツイスト』）

　本章は章立て部分の最後になりますが、おそらく1番重要でしょう。個々のコスメティックス成分の機能や副作用についてはもう十分におわかりいただいていると思いますが、そういったせっかくの知識も、ラベルをどう解釈していくか、行間を読んでいくか、ということを知らなければ、ほとんど役に立ちません。そこで本章では、成分に対して使用が定められている名称や、それらがどのように記載されなければならないのかといったことも含めて、コスメティックスやトイレタリー製品のラベリングに関する法律について説明していきます。また、多くの製造業者が積極的に利用している法律の抜け穴についても指摘していきたいと思います。なお、コスメティックス製品のラベリングに関する規制は、大西洋を挟んだ両地域とも比較的似ているため、以下に述べていくことは、欧州の各国内または米国内で販売されている製品に等しく当てはまります。

成分の記載

　法律は、全てのコスメティックス及びトイレタリー製品に対して、明確なラベルの添付を求めています。製品内容が明白でなくても、ラベルをみれば、製品の目的や、製品を安全に使用するための簡単な方法がわかるようにすべきなのです。たとえばそれがシャンプーであれば、マウスウォッシュと間違われないよう、シャンプーと明確に伝えなければなりません。また何らかの規制がある場合は、「3歳以下のお子様には使用しないで下さい」などのように明示する必要がありますし、有害性や腐食性を有する成分はもちろん、有効成分も強調しなければなりません。オキシベンゾンを含んでいるサンスクリーンなら、「オキシベンゾン含有」とラベルに記さなければならないのです。さらにラベルには、含有量の多い順に全ての成分を明らかにした一覧を掲載すべきです。INCI名に基づいた名称も可能なかぎり使用すべきでしょう（265ページを参照）。

　米国の場合、専門のサロンで購入している製品に関しては、サロンでの使用に限定し、一般の消費者への販売を行わないという条件を満たせば、成分記載義務はありません。また欧州では、製造後30ヶ月以内に劣化が予想される製品には、「品質保証期限」を記載するよう求めていますが、米国ではそういった義務はありません。とはいえ、多くの製造業者が記載はしていますが。なお欧州では、製品コード及び製造業者のバッチ番号の記載も合わせて求められています。

　けれど実際には、ことはこれほど簡単ではありません。製品が小さすぎて成分を全て記載できなかったり、製造業者が商業上の正当な理由から成分名を伏せておきたいということもあるのです。米国でも欧州でも、製造業者にはある種の成分を伏せておきたいという意向があり、その際には管轄機関に対してラベリング規制の免除を求めることがあり、当局もそれを承認しています。とはいえ承認されるためには、業者は膨大な証拠を提出した上で、自社製品が安全であり、なおかつ企業秘密を守るための正当な理由があるとい

うことを明確にする必要があるのです。

　成分一覧は消費者に公開されていなければなりません。容器が小さく、全てを記載できない場合には（口紅など）、箱があれば箱に、あるいは箱の中に入れてあるリーフレットや、製品についているタグなどに記されることがあります。それも難しい時には、製品が販売されているすぐそば、見やすい場所に告知板を設け、そこに記さなければなりません。ただ現実には、こうした告知板は通常カウンターの下に隠されていて、こちらからいわなければみせてもらえませんが。それもできない場合は、最後の手段として、消費者から要求があった時には必ず、製造業者は成分一覧を送付するというものがあります。著者がこれを試してみたところ、ある有名な製造業者は、2週間以内に6点の製品にかんする情報をメールで送ってくれました。

　なお成分表には、コスメティックス製品の製造過程では使用したものの、完成品にはすでに残っていない物質を表示する必要はありません。たとえば酸は、製造過程においてコスメティックス製品に含まれるアルカリの中和に使用されていたかもしれませんが、完成品には残っていません。植物エキス内の残留農薬のように、原料に混入している不純物や、製造過程で偶然生成される合成副産物も、記載義務外物質です。同様に、香料の担体として使用される少量の溶剤も、わざわざその名称が成分一覧に記されることはないでしょう。また、月刊誌やダイレクトメールについてくるサンプルや、ホテルに置いてある小さなサービスボトルや匂い袋などにも成分を記載する必要はありません。

　成分は含有量の多いものから順に記載されていますから、各化学物質がどの程度含まれているか判断することもできます。液体のコスメティックスやトイレタリー製品の場合、しばしば水が主成分になっています（マイルドシャンプーのような製品ですと、水だけで80〜90％を占めています）。逆に、完成品内の含有量が1％未満の微細な成分は、含有量1％以上の成分のあとに、順不同で記載しても構いません。有効成分──（薬用シャンプーやマウスウォッシュなどの製品に含まれている）治療効果または医療効果を有するといわれている成分──は、「有効成分」という項目を設けた上で、主要成分一

覧に先んじて記載されなければなりません。

　美しく装うためのコスメティックス製品——口紅、アイシャドウ、マスカラ、ファンデーション、ヘアカラーなど——には、様々な色味が用いられており、製造業者は、ラベル添付の経費節減のため、該当製品に使用されている着色料を全種類明示することを条件に、全ての色味に対応可能なラベルを1枚製造しています。欧州の場合、こうした着色料は［＋／－ CI 77491, CI 77492, CI 77499］のように、成分一覧の最後に［　］でくくって記載されています。米国の場合は、「入っているかもしれません：……」という言葉のあとに記されます。つまり、あなたが手にしているメイクアップ製品の有する色味には、記載されている着色料のうち、全てではないにしても少なくとも1種類は「入っているかもしれません」し、逆に1種類も入っていないかもしれない、ということなのです。これでは、たとえば上記の例の場合、他の2種類は問題ないもののCI 77491に対してのみアレルギーがあるという人の役には立ちません。その製品が、CI 77491を含んでいるのかいないのかわからないのですから。

行間を読む

　行間を読めば、ラベルからは実に様々なことがみえてきます。たとえば、有害成分を含んでいる製品を買ってしまうのでは、と心配している場合には、「……含有」という言葉に注意するといいでしょう。欧州委員会では、安全性に若干の問題がある多くの成分を特定し、それらを使用している場合には主要成分一覧とは別に明記するよう求めているのです。「アルカリ含有」「過酸化水素含有」「チオグリコール酸含有」などというように。また、警告文も参考になります。もしラベルに、「3歳以下のお子様には使用しないで下さい」とあれば、大人のあなたも使うのをよそうと思うかもしれません。

　他にも、さらなる情報を得る方法があります。成分が記載されている順番に注目し、関心のある成分の位置を確かめるのです。たとえば、天然成分が

メインになっている製品を購入したい場合、行間を読むことで、その製品にどの程度天然成分が含まれているかがわかります。まず知っておくべきなのは、欧州の場合植物エキスは通常ラテン語の学名で記されている、ということです。一般的な植物名は地域によって異なるので、混乱を避けるためです。以下に挙げたデューベリーシャンプーのサンプルラベルには、フルーツエキス名がラテン語で記されています。それからもう1点。成分は、完成品内における含有量が1%以上の場合、含有量の多い順に記載されており、その後、1%未満の成分が順不同で続いている、ということです。

一般的な成分──天然成分のデューベリーシャンプーの場合

成分

水、ラウリル硫酸Na（SLS）、塩化Na、コカミドDEA、PEG-6コカミド、オレイン酸PEG-55プロピレングリコール、ポリクオタニウム-7、クエン酸、香料、2-ブロモ-2-ニトロプロペイン-1,3-ディオル、ブラックベリー、硝酸マグネシウム、メチルパラベン、安息香酸ナトリウム、安息香酸デナトニウム、安息香酸、塩化マグネシウム、プロピルパラベン、メチルクロロイソチアゾリノン、メチルイソチアゾリノン、CI 17200、CI 42090

- 水　　　　　　　　　主成分。
- ラウリル硫酸Na（SLS）*
　　　　　　　　　　　陰イオン界面活性剤。
- 塩化Na　　　　　　　塩──収斂剤。
- コカミドDEA*　　　　乳化剤及び高発砲界面活性剤。泡立ちを助けます。1〜5%が一般的な含有量です。
- PEG-6コカミド*　　　乳化剤及び界面活性剤。
- オレイン酸PEG-55プロピレングリコール*
　　　　　　　　　　　シャンプーに粘性を付加する増粘剤。

- ポリクオタニウム-7　　帯電防止剤。髪表面に油性の膜を形成する、いわばヘアコンディショナーでもあります。
- クエン酸　　　　　　　シャンプーのpH調整に使用されます。
- 香料　　　　　　　　　芳香物質を混ぜ合わせたもの。その数はしばしば50以上にのぼりますが、多くが人工のものです。
- 2-ブロモ-2-ニトロプロペイン-1,3-ディオル*
　　　　　　　　　　　　保存料。使用量上限は0.1％。✝
- ブラックベリー（学名：*Rubus fruticosus*）
　　　　　　　　　　　　ブラックベリーエキス——デューベリー（学名：Rubus caesius）に非常によく似ています。
- 硝酸Mg　　　　　　　　メチルクロロイソチアゾリノン及びメチルイソチアゾリノンの機能を促進します（以下を参照）。
- メチルパラベン*　　　　水溶性の保存料。使用量上限は0.4％。✝
- 安息香酸Na*　　　　　　水溶性の保存料。使用量上限は0.5％。✝
- 安息香酸デナトニウム　　変性剤——購買意欲をそぐ不快臭をかえます。
- 安息香酸*　　　　　　　水溶性の保存料。使用量上限は0.5％。✝
- 塩化Mg　　　　　　　　メチルクロロイソチアゾリノン及びメチルイソチアゾリノンの機能を促進します（以下を参照）。
- プロピルパラベン*　　　油溶性の保存料。使用量上限は0.4％。✝
- メチルクロロイソチアゾリノン*及びメチルイソチアゾリノン*
　　　　　　　　　　　　混合保存料。使用量上限は0.0015％。
- CI 17200*　　　　　　　染料・赤（合成アゾ染料）。
- CI 42090*　　　　　　　染料・青（合成コールタール染料）。

＊規制対象成分。もしくは有害、副作用が懸念されている成分。
✝：保存料以外の目的で使用される場合には、制限値を上回る量が使用されることがあります。

この例にある製品は、製造業者いうところの「天然成分」のトイレタリー製品であり、「天然」と謳ってあることで消費者は、「天然」ではない製品よりも身体に優しい、あるいは少なくとも合成成分は少ないと思ってしまうでしょう。しかし成分リストを注意して読めば、こうした思い込みが真実とはかけ離れていることがわかります。天然成分名が記されているすぐ上には、2-ブロモ-2-ニトロプロペイン-1,3-ディオルという成分名があります。これは主に保存料として使用されており、わずかですが有害性も認められています。そのため欧州の規制では、その使用量上限を完成品の0.1%としていますが、もしこの化学物質が保存料以外の目的で使用される場合には、制限値を上回る量の使用を製造業者は許されているのです。たとえばこの化学物質は、頭皮のバクテリア増殖を抑える抗菌剤としても使用されることがあります。ただそのような場合でも、製造業者がこの化学物質を1〜2%以上使用することはまずありません。そこまで濃度を高くしてしまうと、おそらく悪影響がでてくるからです。それに、製造業者がこうした有害物質を大量に使用していれば、「天然」という言葉は無意味なものになってきます。とはいえ、かりにこの物質の含有量が2%に抑えられているとしても、デューベリーエキスはそれよりも下に記載されています。つまりこのシャンプーに含まれている「天然」エキスは2%にも満たないということです——これではシャンプーに十分な色味を付加することさえできないでしょう！　さらに、2-ブロモ-2-ニトロプロペイン-1,3-ディオルが一般的な機能、つまり保存料として使用されている場合でも、デューベリーエキスの含有量は1%未満——やはり「天然」という言葉は全く意味がないということです。まあ、公平を期して記しておくなら、主成分である水は間違いなく天然の成分ですが。

　もう1つ、注目すべき点があります。製造業者がこの製品に使用しているのは、一般には馴染みの薄いデューベリー（学名：*Rubus caesius*）エキスではなく、それによく似ていて、より馴染みのあるブラックベリーまたはキイチゴ（学名：*Rubus fruticosus*）のエキスだということです。にもかかわらず「デューベリーシャンプー」と銘打っているのは、おそらく「キイチゴシャンプー」や「ブラックベリーシャンプー」というより聞こえがいいからでしょう。

天然、低刺激性、皮膚科学テスト済み、アルコールフリー

　2章――マーケティング：その俗説と魔法――で説明したように、米国には「天然」や「低刺激性」「皮膚科学テスト済み」といった言葉に対する法的な定義がありません。そしてこれは英国の場合にもいえます。こうした言葉や、「アレルギーテスト済み」「非刺激性」という言葉があるからといって、その製品が肌の炎症やアレルギー反応を引き起こさないという保証はないのです。

　また、ラベルに2種類の言葉が併記されていることで、しばしば混乱を招くこともあります。「アルコールフリー」という言葉の文字通りの意味は、その製品がエチルアルコール（INCI名――アルコールまたは変性アルコール）を含んでいない、ということです。消費者の中には、デオドラントやアフターシェーブローションのような製品に含まれているアルコールのせいで、ひりひりとした痛みを感じることがあるので、アルコールを避けたがる人もいます。また多くの人が、アルコールのせいで肌がかさつくと信じています。さらにアルコールは、全身にみられる湿疹性接触皮膚炎の原因となることもあります。しかしながら「アルコールフリー」とラベルに記された製品にも、香料の担体として使用されたアルコールが微量ながら含まれており、さらに他のアルコール――セチルアルコール、ラノリンアルコール、ベンジルアルコールなど――が含まれていることもあるのです。ただしこれらのアルコールは、肌に対してエチルアルコールのような副作用を引き起こすことはなく、また成分リストにこれらが記されているからといって、必ずしもエチルアルコールも含まれているわけではありません。

　また「無香料」を謳っているブランドにも、少量の香料が含まれていることがままあります。製造業者が、他の成分が本来有してる不快臭をごまかすために付加しているのです。そのような場合、成分リストには「香料」と記されていますから、完全に香料を避けたい時には、製品正面の宣伝文ではなく、裏面の成分リストを見てチェックするようにして下さい。

18章 ラベルと法律

化粧品の成分名——INCI名について

　国際命名法委員会（INC）はワシントンDCに拠点が置かれ、米国はもちろん欧州各国からもメンバーが集っています。その目的は、現存する全てのコスメティックス成分及び開発される新たな成分に対して、シンプルかつ体系的な名前を付けることにあります。新たな成分を導入するコスメティックス製造業者は、INCに対してINCI名（国際的表示名称）を問い合わせなければなりません。ただし香料や芳香成分に使用される化学物質にはINCI名はなく、成分として個別に記載する義務もありません。欧州の場合、香料は単に「香料」と、芳香成分は「アロマ」と表示されています。

　また欧州の成分ラベルの場合、CI（カラーインデックス）ナンバーやHD（ヘアダイ）ナンバーを用いて、リスト末尾に着色料を記載しなければなりません。一方米国では、依然としてFD&C（食品、医薬品、コスメティックス製品）ナンバーが使用されています。たとえば食品への使用は禁止されているものの医薬品及びコスメティックス製品への使用は許されている着色料なら、その番号はD&Cで記されます。

　こうした着色料以外にも、米国と欧州には、INCI名を用いたラベリングの慣習に違いがあります。たとえば米国の場合、植物エキスや水のような「瑣末な」成分を記すのに、ラテン語名ではなく、必ず英語名を使用します（欧州では、地域によって異なる植物の一般名称による混乱を避けるため、むしろ好んでラテン語名を使用しています）。とはいえ、両名を併記することで——たとえば水（Aqua）、カカオバター（Theobroma cacao）、CI 14700（FD&C Red No.4）など——こうした違いは簡単に克服できます。

　また、「硫黄」を意味する英語の"sulphur"を、米語では"sulfur"と綴りますが、INCIでは英語ではなく米語を標準語として採用し、硫黄の派生物質にも使用しています。

　欧州委員会はこうしたINCI名のリストを保管し、折に触れて更新していますが、これはあくまでも認可成分リストとは異なりますから、誤解しないよ

259

うにして下さい。

FDAと欧州委員会による禁止成分

　製造業者は、使いたいと思う成分をほとんどどれでも自由に使用できますが、それには適切な安全性試験が行われ、なおかつ禁止成分リストに掲載されていないこと、という条件がつきます。ただし、この禁止成分リストに掲載されている成分が、FDAと欧州委員会では異なります。米国の場合、FDAは9種の化学物質またはそれに準じるものに対して、コスメティックス及びトイレタリー製品への使用を禁止、あるいは規制しています。ちなみにその9種類は、生物系チオノール、ヘキサクロロフェン（製造業者が、より安全な代替品よりも高い効果を提示できる場合は除く）、水銀化合物（目用のコスメティックス製品に保存料として使用される場合は除く）、CFC（クロロフルオロカーボン）高圧ガス、スプレー製品内の塩化ビニル及びジルコニウム塩、ハロゲン化サリチルアニリド、クロロホルム、塩化メチレンです。かたや欧州では、400を超える化学物質またはそれに準じるものが禁止されています。とはいえさすがにこれでは理不尽であり、まず使用されないであろう物質——放射性物質やタリウム化合物、シアン化合物、ストリキニーネのような猛毒など——まで含まれていることは明記しておかなければなりません。また面白いことに、欧州ではコスメティックス製品内の塩化メチレン含有量を35％まで認め、ほとんどのペイントリムーバー溶剤に有効成分として使用されているのに対して、FDAではその使用を全面的に禁止しています。

法律の抜け穴——コスメティックス製品と医薬品——

　これまで製造業者は、欧州委員会が定める規制の網の目をかいくぐって、危険かもしれないコスメティックス製品を、単に医薬品と分類することで販

売を可能にしてきました。たとえば欧州の化粧品要項では、オーラルケア製品内における過酸化水素（及び過酸化酸素を遊離させる物質）の含有量を0.1％以内に制限しています——つまりこうした成分は、大量に使用すると害を及ぼすと考えられているということです。しかし同じ欧州の医療機器要項では、こうした化学物質をより多く、オーラルケア調剤に使用してもいいと謳っています——要するに過酸化水素は、薬局で販売される分には安全だが、化粧品店の店頭で売られると危険になる、ということでしょう。

　最近では英国の通商産業大臣が、英国内における歯の漂白剤の販売を禁止しました。歯の漂白剤はコスメティックス製品であり、そうなると化粧品要項の定める条項に適合しないため、というのが理由でした。ですがこの製品、ドイツでは医薬品に分類されており、薬局店頭で自由に販売されていたのです。製造業者は、この製品が医薬品であるというドイツの決定を英国当局が考慮すべきであり、英国内でも販売を認めるよう法の改正を申請しましたが、1999年7月、上訴院は、歯の漂白剤はコスメティックス製品であるとの採決を支持したのでした。こうして歯の漂白剤に関しては、英国の消費者の安全は脅かされずにすみましたが、人々は、欧州のコスメティックス製品の安全基準に準拠していない他のコスメティックス製品が、かわりに薬局の店頭で販売されているのではないかと訝っています。

　米国の場合、こうした問題は白黒がはっきりしています。コスメティックスと医薬品はFDAによって明確に定義されており、製品は、コスメティックスか医薬品か医薬部外品のいずれかに分類されます。コスメティックスは基本的に、身体に用いて、一時的に外見や体臭を変化させるものです。これに対して、医療効果を謳ったコスメティックス——フケ防止シャンプーや虫歯を抑制する歯磨き粉、日光皮膚炎を防ぐサンスクリーン、シワを減らす製剤などは皆、医薬部外品に分類されます。また製品の安全性が証明され、コスメティックスあるいは医薬品、あるいはその双方の規制に準拠していれば、コスメティックス製品としてでも一般用医薬品としてでも自由に販売することができます。

261

用語解説

AHA
☞〈アルファヒドロキシ酸〉

BSE
　BSEは、牛海綿状脳症または「狂牛病」の略語です。この病気が牛や羊、ヤギから抽出されたコスメティックス成分を介して人間に伝染するのではないか。そうした恐怖から欧州委員会は1998年3月、上記動物の特定部位から抽出される成分の使用を規制したのです。
☞17章『動物由来成分と動物実験』

D&C
　D&C着色料は、米国で販売される医薬品またはコスメティックス製品への使用をFDAにより認可されていますが、食品には使用できません。
☞〈着色料〉〈コールタール染料〉〈アゾ染料〉、3章『着色料と香料』

DEA
　ジエタノールアミン(DEA)は、それ自体がコスメティックスやトイレタリー製品に使用されることはあまりありませんが、DEAを含んだ化学物質は広く利用されています。DEAを含む化学物質の中には、コカミドDEAのような成分もあります。これは強い発泡性を有する界面活性剤で、シャンプーやバスオイル、シェービングフォーム、リキッドソープ、シャワージェル、固形石鹸など、様々な製品に使用されています。またオレアミドDEA及びラウラミドDEAもよく知られているコスメティックス成分で、乳化剤及び起泡力増進剤として機能します。
　1998年FDAは研究の要点をまとめたデータを公表しました。研究は、DEA及びDEA関連成分を皮膚に付着させた際、実験動物にみられる癌と同化学物質との関係を調べたものでした。結果をみるかぎり、発癌物質はDEAそのものであり、しかもそれは、DEA関連成分の残余物の中にあります。FDAは目下、DEA関連成分を含んだコスメティックス製品を使用している消費者に対する危険(本当にあれば、の話ですが)を見極めています。

EXT.D&C
　EXT.D&C着色料は、飲み込むと害を及ぼします。FDAにより使用認可を受けているのは、外用の医薬品及びコスメティック製品にかぎられます。
☞〈着色料〉〈コールタール染料〉〈アゾ染料〉、3章『着色料と香料』

FD&C
　FD&C着色料は、米国内で販売されている全ての食品、医薬品、コスメティックス製品への使用をFDAにより認可されています。
☞〈着色料〉〈コールタール染料〉〈アゾ染料〉、3章『着色料と香料』

INCI
　化粧品原料国際命名法の略語です。
☞18章『ラベルと法律』

PPM
　百万分率。非常に微細な化学物質、それも通常は不純物や汚染物質の濃度計測単位です。1ppmは、製品内の粒子が100万個に1個の割合で汚染されていることを意味します。%にすれば0.0001%。化学分析や法医科学といった現代の化学技術をもってすれば、1ppb(10億分の1)程度の化学物質の検出も可能です。

SPF
☞〈日焼け止め指数〉

UV
　紫外線の略語です。
☞〈紫外線〉

【あ】

アイシャドウ

アイシャドウは美しく装うためのコスメティックス製品で、目の見栄えをよくするために使用されます。通常はクリーム、パウダー、ケーキ、ジェルの各タイプが入手可能です。
☞11章『メイクアップ製品』

アイライナー

アイライナーは美しく装うためのコスメティックス製品で、目元を明るくみせたり、目を際立たせるために使われます。このアイライナーで、上まぶたのまつ毛の際に細い線を描いていくのです。また下まぶたのまつ毛の際にも、同じように線を描くことがあります。細いブラシで塗る、着色された水性塗料のようなタイプもあれば、油性成分でかためた、圧縮したタルクとステアリン酸マグネシウムから成るケーキタイプ、さらには高密度のワックスクリームのペンシルタイプもあります。
☞11章『メイクアップ製品』

アイリフト

一般にアイリフトといわれている眼瞼形成は、美容外科手術で、涙袋や、まぶたのたるみ、くぼみ、シワを除去します。上下のまぶたにともに施術することもありますが、ほとんどは、目の下に集まって見苦しい涙袋を形成している脂肪の塊の除去に利用されます。
☞〈リポサクション〉、16章『サロンと美容外科手術』

汗

汗は汗腺から肌表面に分泌される水分です。分泌後肌表面で蒸発し、体内の余分な熱を放出しています。ほぼ全身、特に手のひらや足の裏、額は、肌表面に直接汗腺内の汗を全て放出するエクリン汗腺に覆われています。思春期になると、第2の汗腺が脇の下や性器周辺に発達してきます。このアポクリン汗腺は、陰毛やわき毛の毛嚢に汗を放出します。すると汗はそこで皮脂やたんぱく質のかけらを取り込みながら、毛嚢を通り、肌へと分泌されていきます。その際、皮脂などの物質がバクテリアに分解され、結果、脇の下特有の臭いを発するわけです。
☞7章『デオドラントと制汗剤』

アゾ染料

アゾ染料は合成着色料で、コールタールエキスまたは原油から精製された化学物質からつくられます。着色料及び香料は、コスメティックスやトイレタリー製品にみられる様々な副作用に関与しています。
☞〈コールタール染料〉、3章『着色料と香料』

あま皮

爪郭（爪を囲む皮膚の盛り上がった部分）に半月（半月のような形をした、爪の白っぽい部分）をつなげる肌の薄い皮膚弁をあま皮といいます。自宅やサロンで爪の手入れをする場合、時にあま皮用の軟化剤を用いて、あま皮を柔らかくし、爪郭に押し込むことがあります。それによって半月の露出部分が増え、爪を長くみせられます。しかしあま皮と一緒にバクテリアやほこりまで爪郭の下に押し込んでしまい、感染症を引き起こすこともあります。硬化剤やエナメル剤のような、以前使った爪の加工剤が少量付着したままになっていて、それも爪郭の下に押し込まれ、その結果炎症や痛み、アレルギー反応を引き起こすこともあります。
☞12章『ネイルケア』

あま皮用軟化剤

爪の手入れの際、あま皮（☞〈あま皮〉参照）を押し込む前に軟化剤をつければ、あま皮をはがれやすく、かつ柔らかくできます。軟化剤に通常含まれているのは、皮膚を柔らかくするための水と、あま皮を素早く湿らせ、柔らかくする界面活性剤です。アルファまたはベータヒドロキシ酸のような剥離剤も含まれていることがあります。皮膚のたんぱく質を溶かし、あま皮をより効果的に柔らかくするためです。
☞〈あま皮用溶剤〉、12章『ネイルケア』、剥離剤の副作用に関しては〈アルファヒドロキシ酸〉

あま皮用溶剤

水酸化ナトリウムや水酸化カリウムのような強いアルカリを含む溶液で、あま皮（爪郭に半月をつなげる肌の薄い皮膚弁）を溶かします。非常に腐食性の高いトイレタリー製品であり、取り扱いには注意が必要です。
☞〈あま皮〉〈あま皮用軟化剤〉、12章『ネイルケア』

アミノ酸

アミノ酸はたんぱく質の基本成分です。アミノ酸をカラービーズだとすれば、たんぱく質は、色鮮やかなビーズのロングネックレスということになります。人間のたんぱく質から検出されるアミノ酸は全部で20種類。そのうち12種は必須アミノ酸で、体内で生成されますが、残りの8種は不必須アミノ酸、食事に含まれているたんぱく質から摂取します。消化の過程で、食物の中にあった植物性及び動物性たんぱく質は、個々のアミノ酸へと分解されていきます。それを細胞内で再び結合させ、髪や肌、爪、筋肉、軟組織を形成するヒトたんぱく質及び、酵素のような球状たんぱく質を生成するのです。コスメティックスやトイレタリー製品に含まれているアミノ酸は、肌や髪の表面につけたところで、体内のたんぱく質には取り込めません。シャンプーを飲みでもすれば、アミノ酸の代謝も可能でしょうが、お薦めはできません。

コスメティックス製品には、アミノ酸やたんぱく断片が、様々な理由から使用されていますが、中でも特に大きな理由は、その製品が、肌や髪のたんぱく質の質を高められると消費者を惑わせ、信じ込ませるためです。アミノ酸やたんぱく断片は、シャンプーやコンディショナーに帯電防止剤として添加されています。また、発泡性の乳化剤や界面活性剤へと化学的に変性されることもあります。チロシンはサンスクリーンに添加され、日焼けの過程を促進します。
☞〈日焼け剤〉〈日焼け〉

アミノ酸とたんぱく断片の混合物を得るには、強酸またはアルカリでたんぱく質を豊富に含む物質を煮立てるか、あるいは消化酵素によって、たんぱく質の長い分子を分解(加水分解)します。たんぱく質は様々なもの(絹、小麦、髪、ひづめ、つの、牛乳など)から摂取できます。

アルファヒドロキシ酸(AHA)

アルファ(及びベータ)ヒドロキシ酸はコスメティックス成分で、肌の外層を柔らかくして除去します。一時的にですが肌のくすみや剥離を改善でき、シワをごまかすことさえできることがあります。
☞〈剥離剤〉、5章『スキンケア』

アレルギー反応

通常は大多数の人が何の症状も引き起こさない物質に対して、免疫システムが反応してしまうことをアレルギー反応といいます。
☞15章『副作用など』

アロマ

欧州で成分リストに使用される言葉で、オーラルケア製品に香料が付加されていることを示します。
☞〈香料〉参照

アロマセラピー

アロマセラピーは伝統(代替)療法の1分野で、エッセンシャルオイルを用いて肌をマッサージすることで、様々な軽めの症状を治療していきます。
☞〈エッセンシャルオイル〉、16章『サロンと美容外科手術』

安息香酸塩

安息香酸、安息香酸ナトリウム及びパラベンをはじめとする多くの関連化合物が、食品やコスメティックス製品に広く使われています。抗菌性の保存料で、食品やトイレタリー、コスメティックス製品に付着している細菌細胞を死滅させたり、その繁殖や感染を防ぐ化学物質です。喘息や湿疹のような様々な健康上の問題と関係があります。
☞〈保存料〉、4章『保存料』

イオン

イオンは、電荷を有する原子または分子です。原子は互いに結合し、新たな化学物質を形成します。その結合の方法の1つに、金属原子が、通常は非金属原子である他方に電子(陰電子を帯びたごく微細な粒子)を移動させる、というものがあります。すると金属原子には陽電荷だけが残ります。この金属原子を陽イオンといいます。一方陰電荷を得た非金属原子は、陰イオンと称されます。陽イオンと陰イオンは、互いに反対の電荷を得たことで強烈に引きあい、結合する、というわけです。

イオン結合は、多くのコスメティックス製品にとっても重要です。石鹸は、陽性のナトリウムイオンと、天然の油脂から得る陰イオンが結合してつくられる化合物です。主として陰イオンから成る石鹸を陰イオン界面活性剤といいます。この陰イオン界面活性剤が、合成洗浄剤としては最もよく知られています。陰イオン界面活性剤はまた、界面活性(洗浄)部分に負電

荷を集め、正電荷ナトリウム、カリウム、アンモニウムイオンと結合させることもあります。

イオンがコスメティックスやトイレタリー製品にとって重要なのは、もともと水を好む性質があり、水によく溶けたり、簡単に混ざったりするからです。油が水と混ざらないのは、イオンを含んでいないからなのです。したがって、油の原子同士の結合は非イオン方式で行われます。また、陽イオン界面活性剤の正電荷は、髪及び衣類の柔軟剤にとって重要です。陽イオン界面活性剤は、その中に正電荷を有しているため、ぱさついた髪を立ち上げる静電気を中和、または除去でき、髪も扱いやすくなるのです。

陰イオン
マイナス電気を帯びたイオン。
☞〈イオン〉

陰イオン洗剤
界面活性剤または洗浄物質として、間違いなく最もよく知られているタイプです。肌や髪を含め、あらゆるものの表面から汚れや油脂をきれいに除去するためにデザインされた製品に広く使用されています。もともと合成または半合成の物質です。
☞〈陰イオン界面活性剤〉〈界面活性剤〉〈洗浄剤〉、6章『石鹸、シャワージェル、クレンジングローション』の「石鹸や洗浄剤はどのように機能するのか」

陰イオン界面活性剤
界面活性剤分子の油溶性部分にマイナス電位変化をもたらす界面活性剤（石鹸や洗浄剤などの洗浄物質）。通常は、洗浄工程でさしたる役割を果たさないナトリウムやカリウム、アンモニウムのようなプラス帯電イオンと結合します。陰イオン界面活性剤は、明らかに最もよく知られている界面活性剤で、他にラウリル硫酸ナトリウム（SLS）やラウレス硫酸アンモニウムなどのような硫酸化洗浄剤もあります。シャンプーやシャワージェル、発泡性の入浴剤、リキッドソープ、クレンジングローションなどに広く使用されています。ステアリン酸ナトリウムや牛脂脂肪酸カリウム、パーム核脂肪酸ナトリウム（固形化粧石鹸やモイスチャーソープ、皮膚科用石鹸などに使用されます）のような石鹸も、陰イオン界面活性剤と構造がよく似ています。
☞〈界面活性剤〉、6章『石鹸、シャワージェル、クレンジングローション』の「石鹸や洗浄剤はどのように機能するのか」

エチレンオキシド
エチレンオキシド（オキシラン）は石油から精製される化学物質で、PEG及びその派生物のようなエトキシル化成分、そして「レス」という語で終わる成分の生成に利用されます。このエチレンオキシドから偶発的に生成される1,4-ジオキサン（癌誘発を疑われている化学物質）の残余物が、コスメティックス製品を汚染しているかもしれない、との不安があります。
☞〈ジオキサン〉

エッセンシャルオイル
「エッセンシャルオイル」という言葉には、2つの全く異なる意味があります。まずは、強い香りを有するオイルという意味です。この意味のエッセンシャルオイルは、コスメティックス製品の香料や食品の香味料として使用されます。また、代替療法の1種であるアロマセラピーにも利用されます。
☞〈アロマセラピー〉

もう1つは、健康維持に欠かせない（エッセンシャル：根本）油脂を意味しています。こうした油脂は、体内でも多少は生成できますが、それが難しいものは食事から摂取するしかありません。そのようなものを、栄養士はエッセンシャルオイルと称しているのです。

エラスチン
エラスチンは伸縮性のある柔軟なたんぱく質で、動脈壁及び血管内にあります。動物由来成分で、コスメティックス成分のたんぱく質やアミノ酸の生成に利用されます。ただし、肌に浸透し、肌に弾性を取り戻させるような構造ではありません。

オーラルケア剤
オーラルケア剤はオーラルケア製品に添加され、口腔を洗浄、保護します。マウスウォッシュには、抗菌剤と界面活性剤が付加され、口の中を洗浄、殺菌します。歯磨き粉をはじめとする歯磨剤に含まれる研磨剤と界面活性剤は、歯の洗浄及び研磨を促進し、フッ化物は歯のエナメル質を強化、ストロンチウム塩は急激な温度変化に対する知覚過敏を抑制します。

ただし口には粘膜がありますから、保存料や

着色料を含む数種の成分は、オーラルケア製品への使用を禁止されています。
☞8章『歯とオーラルケア製品』

オキシラン
エチレンオキシドの別名。
☞〈ジオキサン〉

【か】

界面活性剤
界面活性剤はコスメティックスやトイレタリー製品の表面張力を弱めることで、洗浄剤として機能したり、製品が簡単かつ均一に広がるようにしています。その多くは陰イオン洗剤で、シャンプーやシャワージェル、クレンジングローションなどにみられます。石鹸は、その構造や機能が陰イオン洗剤によく似た界面活性剤です。
☞〈洗浄剤〉〈石鹸〉、6章『石鹸、シャワージェル、クレンジングローション』の「石鹸や洗浄剤はどのように機能するのか」

角質層
角質層は肌細胞の最外層で、そのほとんどを占めているのが丈夫な繊維性のたんぱく質ケラチンです。この角質層を最も外側の層として有する表皮は、全部で5層から成っており、各層には発達段階の異なる肌細胞が含まれています。
☞5章『スキンケア』

カテゴリ（1または2）
カテゴリ1に含まれるパーソナルケア製品は、3歳以下の子どもに使用するもの、目及び粘膜に直接、またはその周辺に使用するものです。それ以外のコスメティックス及びトイレタリー製品は全てカテゴリ2に分類されます。各カテゴリの細菌汚染レベルは欧州委員会によって規定されており、カテゴリ1の製品はカテゴリ2の1/50以下と定められています。各製品は供給時にそれぞれの基準に準拠していなければならず、通常使用時もその基準を保持すべく、十分な保存料の添加が義務づけられています。
☞〈細菌〉、4章『保存料』

過敏症
過敏症は、アレルゲンといわれる原因物質に対する体内の免疫システムの過度な反応をいいます。アレルギー反応の強烈な症状です。パーソナルケア製品によって引き起こされる過敏症の事例は非常に少なく、事例全体の100万分の1にも満たないながら、命の危険をともなうこともあります。

軽度の炎症であれ重度の発疹であれ、コスメティックスやトイレタリー製品に対する副作用が肌にみられる場合、該当製品内の少なくとも1種類の成分に対して過敏に反応している、ということであり、過敏症は、その過敏さの程度を示します。当然人によっても、また身体の部位によっても異なります。たとえば、脂性肌は他の肌質に比べて水溶性の刺激物には耐性があり、皮膚の厚い手のひらよりも、薄いまぶたや唇の方が敏感だなど。ただし強酸やアルカリのような腐食性の高い化学物質に対しては、誰もが過敏に反応します。

自分があるパーソナルケア製品に対して過敏になっていると思ったら、別のブランドにかえてみて下さい。複数の製品に反応する場合には、それぞれの成分リストから、共通する成分がないか探し、以後はその成分を避けるといいでしょう。過敏症の原因とおぼしき特定の成分がみつからない場合には、おそらく着色料か香料が原因です。したがってその場合には、過度に着色された製品は避け、無香料の製品を使用して下さい。ただし大事な点を1つ。製品のラベルに無香料と記されていても、他成分の不快臭を隠すために多少の香料が付加されている場合があることを忘れないで下さい。
☞15章『副作用など』の「アレルギー」

還元剤
還元剤は酸化剤の対極に位置する化学物質で、他の物質内の化学変化を引き起こします。（ストレート）パーマの第1段階は、たんぱく質ストランドを弱めることですが、その際使用されるのが、チオグリコール酸のアルカリ溶液から成る還元剤です。ヒドロキノンも還元剤で、酸化ヘアダイや局部的な肌用美白剤に使用されます。

専門的な説明をすれば、還元剤は電荷を他の化学物質に付与します。その過程で、還元剤はしばしば、還元されている化学物質を対象に、水素原子を付加したり、酸素原子を除去したりするのです。還元剤は非常に強い化学物質であることがままあり、パーソナルケア製品に使

用される場合、通常はアルカリ性の状態で機能し、有害物質に転じる可能性も有しています。
☞〈ヘアパーマ〉〈酸化剤〉

感光性

感光性の人は太陽光に対する異常な過敏性を有しており、通常は太陽にさらされた身体の部位に発疹がみられます。また、ポルフィリン症や全身性エリテマトーデスのような内臓のより重大な疾患ゆえに感光性がみられる場合もあります。このような疾患は、太陽にさらされることで症状が悪化することがままあります。それよりもより一般的な感光性の原因といえば、服用薬や、肌に付着する化学物質（コスメティックス成分や植物エキスを含む）でしょう。キンポウゲやマスタード、イチゴ、パセリ、パースニップなどの抽出液は、感光性の原因物質としてよく知られており、光線感作物質といわれています。

感光性の原因物質として知られている医薬品には、以下のようなものがあります。
- テトラサイクリン、オキシテトラサイクリン、ナリジクス、及び数種のスルホンアミドを含む抗生物質。
- シクロペンチアジド（ナビドレックス及びナビドレックスK）、ベンゾフルアジド（ネオナクレックス）、ヒドロクロロチアジド（モデュレティック）を含む利尿薬。
- リチウムやアミトリプチリン（レンティゾールまたはリンビトロル）、トリフロペラジン（ステラジン）、フルフェナジン（モデケイト、モディテン、モティプレス、モティバル）、プロクロルペラジン（ステメチル及びベチゴン）のような抗鬱薬、鎮痛薬、鎮静薬。
- インスリン。
- キニーネ、キニーネ派生物、ダラプリム、ニヴァキンのような抗マラリア薬。
- 避妊薬。
- ホルモン補充療法薬。

もしこれらの医薬品のいずれかを服用している場合には、サンベッドの使用及び昼間の日差しは避けて下さい。昼間以外でも、SPF値の高いサンスクリーンを必ず使用して下さい。

こうした医薬品を服用していないにもかかわらず、日差しを浴びていて発疹ができるような場合には、使っているコスメティックス製品をかえ、品質のいいサンスクリーンをつけてみて下さい。それでも発疹が消えない時には、日差し（それも特に最も強くなる午前11時から午後3時の間）を避け、医師の診察を受けましょう。
☞〈皮膚炎〉〈フォトトキシン〉

感作

感作は免疫システムの不当な反応で、アレルギーを引き起こします。通常免疫システムは、侵入してくる細菌を認識すると、抗体を生成して細菌を死滅させます。感染がいったん除去されても、抗体は免疫システムによって保存されていますから、身体がその特定の細菌を「覚えて」いて、再感染した際にはすぐに対処できるのです。だからこそ、ある種の病気には1度かかったらもう2度とかかることはないのです。

ところが時に、花粉やコスメティックス成分のような無害な物質に対して、免疫システムが何の理由もなしに抗体を生成することがあります。抗体がはじめて生成された時点で、あなたはその物質に対して過敏になり、花粉やコスメティックス成分はアレルゲンと称されるようになります。とはいえ、普段はこれといった症状は現れません。ただし、次にそのアレルゲンを前にすると、軽重の差はあるものの、一様にアレルギー反応を引き起こすのです。
☞15章『副作用など』

緩衝液

緩衝液は、通常2種類から成る化学物質の混合溶液で、酸性またはアルカリ性の濃度変化に抵抗できるため、パーソナルケア製品内のpH値（酸度）の調整が可能です。コスメティックス及びトイレタリー製品の成分の中には、かなり酸度またはアルカリ度の高いものがあり、酸もアルカリもともに目や肌を刺激します。ですが製品に緩衝液を付加すれば、他成分によってもたらされている過度な酸性またはアルカリ性の影響を弱め、濃度を中和することができるのです。

肌は様々な化学物質を分泌するため1日の間に酸度が高くなってしまいがちです。また多くの着色料や染料が、酸やアルカリのために変色してしまうので1日中メイクをしていると色味が変わってくることもままあります。それに抗するため、ファンデーションや口紅、マスカラ、アイシャドウ、アイライナーといった、美しく装うためのコスメティックス製品には緩衝液が含まれ、酸度の変化を阻止し、色味を保つようにしてあるのです。

267

☞〈pH調整〉

乾燥肌
肌質の1種で、皮脂の分泌が少ないのが特徴です。
☞5章『スキンケア』

緩和剤
肌への刺激や炎症、傷を緩和する効果があります。

起泡剤
起泡剤（起泡力増進剤）は、水を加えて混ぜることで泡を形成する物質です。泡と洗浄との間には、切っても切れない心理的な関係があるため、洗浄過程においてほとんど用をなしていないにもかかわらず、起泡力の低い洗浄剤を含むトイレタリー製品にはしばしば添加され、泡立ちの悪さを補っているのです。また、シェービングフォームやヘアムースのようなフォーミング製品にも欠かせません。泡が、それぞれの製品に求められる高濃度の維持に一役買っているのです。

起泡力増進剤
起泡剤の別名。
☞〈起泡剤〉

吸収剤
吸収剤はコスメティックス製品に添加され、製品の外観を損いかねない不要な物質（水滴やべたついた液体など）を除去します。ボディパウダーやフェイスパウダーに使用され、肌から余分な水分や脂分を吸収することもあります。また、口紅やファンデーション、アイシャドウのような美しく装うためのコスメティックス製品に添加され、肌から分泌される天然の油脂である皮脂を吸収、肌の黒ずみやメイクアップ製品の変色を防ぎます。

キレート剤
キレート剤は、あたかもタコが獲物を包み込むように、金属イオンをすっぽりと包み込む化学物質です。そうすることでコスメティックス製品から効率よく金属イオンを除去し、イオンがコスメティックス製品の見た目や有効期限、効能などに影響を及ぼさないようにしているのです。また、硬水内のカルシウム及びマグネシウムイオンも包み込み、それらがある種の石鹸と結合して粉末状のかすを形成するのも防ぎます。そして実質的に硬水を軟水にするのです（硬水イオンは、石鹸や洗浄剤の洗浄機能を減少させます）。キレート剤はまた、コスメティックス成分の一部である金属イオンが、アルカリ成分や他の成分（金属イオンと結合し、不溶性混合物を形成することのあるもの）によって除去されることも防ぎます。

最もよく知られているキレート剤はETDA塩（エデト酸ともいわれます）で、ほとんど全ての石鹸、クレンジングローション、シャンプー、コンディショナー、及び他の多くの製品に含まれています。キレート剤は、食品においても同様の機能を果たしますが、下痢や嘔吐、腹部の痙攣といった副作用とも関係があります。

口紅
口紅は様々なタイプのものが市販されています。ワックス製のスティック、ペンシル、クリーム、リキッド、そしてジェル。メイクアップ製品として唇を際立たせるために、あるいは傷ついたり感染したり炎症を起こしたりした唇の治療に利用します。口紅は口の粘膜近くに使用するものですから、カテゴリ1に分類されるコスメティックス製品であり、細菌汚染に関しても厳しい規制対象となっています。
☞〈細菌〉、11章『メイクアップ製品』

結合剤
結合剤はしばしば、非常に大きい分子（ポリマー）から成り、固体または非常に粘度の高いコスメティックス製品に付加されています。製品成分の結合を助長し、製品に固体性を付与、そして製品を肌に馴染みやすく、かつ崩れにくくしているのです。

ケラチン
ケラチンは丈夫な繊維性のたんぱく質で、身体が髪や肌、爪を生成するのに使用されます。風や天候、環境内のある種の化学物質から受ける損傷に耐性があります。動物の皮膚、体毛、ひづめ、つのから抽出され、通常は、酸やアルカリ、酵素を用いて完全にまたは一部分分解され、加水分解ケラチンもしくはアミノ酸ケラチンの形状でコスメティックスやトイレタリー製品に添加されます。たんぱく質やアミノ酸はパーソナルケア製品内で様々な役割（帯電

防止、乳化、pH調整、界面活性など)を担っていますが、肌や髪、爪に吸収されることはなく、体内組織と結合したり、体内組織を修復、改善したりすることもありません。
☞〈アミノ酸〉

研磨剤

研磨剤はざらざらした物質で、コスメティックスやトイレタリー製品に添加され、摩擦抵抗によって肌から余分な物質を除去したり、歯から付着物を優しくこすりとったりします。ブランやオートミールのような柔らかな研磨剤は固形石鹸に付加され、肌を優しくマッサージするとともに、一時的にですが肌への血液供給も促します。

コールタール染料

コールタールからつくられる合成染料です。着色料及び香料はコスメティックスやトイレタリー製品に関する様々な副作用に関係しています。
☞〈アゾ染料〉、3章『着色料と香料』

高圧ガス

高圧ガスは加圧容器に押し込まれたガスで、圧力解除時の製品発射に利用されます。スプレーや、コンタクトレンズの殺菌済み洗浄液用加圧ディスペンサー、またシェービングフォームやヘアムースのある種のブランドなどに使われています。通常は気体ですが、加圧により液体に変化します。ガスそのものは吸入しても毒性はありませんが、調剤されている物質が害になることがあるため、原則として吸入はしないで下さい。

もともとはCFC(クロロフルオロカーボン)が使用されていましたが、その非毒性、非腐食性、非可燃性及び低コストにもかかわらず、炭化水素に取ってかわられてしまいました。CFCがオゾン層にもたらしてきたダメージゆえです。今日では、ブタン、イソブタン、プロパンの混合物が、高圧ガスとして最も普及しています。ただしこの混合物は非常に可燃性が高く、シンナー中毒者が吸入しては、中毒症状、幻覚、吐き気、嘔吐、昏睡といった症状を引き起こし、時に死に至ることもあるのです。

抗菌剤

抗菌剤は、身体の細菌増殖を抑制する物質です。シャンプーや歯磨き粉、マウスウォッシュ、殺菌ローション、デオドラントに使用されており、他のコスメティックスやトイレタリー製品に付加されている場合には、保存料として機能していることもあります。
☞〈保存料〉、4章『保存料』

硬水

硬水には少量のカルシウムまたはマグネシウムが含まれています。いずれも、雨水が川や貯水池に流れ込む際、白亜や石灰岩のような岩石や石膏から滲出してきます。逆に白亜や石灰岩、石膏などがない地域の水は、軟水と称されます。硬水は、食事に含まれるカルシウムの重要な源であり、水道会社によっては給水の際、石灰状のカルシウムを添加しているところもあります。欧州の保健条例では、飲料水に最小限のカルシウムを含むことを求めています。こうしたミネラル分のおかげで水がおいしくなっていると多くの人は信じていますが、中には、紅茶は軟水で入れた方がおいしいという人もいます。

硬水で洗うと、肌はかさつき、髪はぱさつくという人もいます。確かに、硬水でシャンプーしたあとは髪に多少のミネラル分が残り、質感に影響を及ぼすこともありますが、そうした状況は通常コンディショナーが改善してくれます。一方肌のかさつきは、カルシウムやマグネシウムの有するマイルドな収斂性のためでしょう。収斂剤は、肌の水分含有量を抑える機能を有しているからです。

と同時にこうしたかさつきは、かすによるものとも考えられます。たかがかす、されどかすです。石鹸の主成分は脂肪酸ナトリウム塩。原則として、全てのナトリウム化合物は水溶性です。ところが石鹸が硬水に溶かされると、ナトリウムの一部がカルシウム(またはマグネシウム)と入れかわり、脂肪酸カルシウム塩という新たな化合物が生成されるのです。この脂肪酸カルシウム塩は不溶性で、白または灰色の固形堆積物を形成します。それがかす、または石鹸かすと称されるもので、その一部が肌に残るために、肌がざらついた感じになるのです。ちなみにかすの大半は、浴槽にあの見慣れた輪を残したり、洗面器を曇らせたりしています。なおシャンプーには、石鹸よりも洗浄剤の方が多く含まれており、洗浄剤は硬水と反応しないため、髪にかすが堆積することがないのです。

269

肌の汚れを除去したあとの石鹸は、軟水よりも硬水の方が早く洗い流せるようです。肌に付着した石鹸は皆、硬水と化学反応を起こすことで石鹸らしさを失っていきます。泡立ったところに硬水を流すことでさっぱりとし、石鹸成分もきれいに洗い流されたと思うでしょう。しかし実際には、肌にはまだ化学物質が残っているのです。粉末状の薄いかすの膜が肌に付着していて、身体を乾かす際にタオルで拭いてはじめて、その一部が除去されます。これが軟水になると、洗い流したあとも石鹸が残っているような感じがすることがあります。軟水の方が石鹸の除去効果が低いからです。その結果、肌に残った石鹸の膜が潤滑油として機能し、軟水の方が肌がかさつかないという印象を与えることになるのです。

また、かすが残るということは、シャンプーやコンディショナーには石鹸は使用できない、ということを意味します。衣類洗濯用の粉末石鹸にはしばしば、洗濯ソーダ（炭酸ソーダ）のような硬水軟化物質や、ゼオライト（カルシウムが石鹸と反応してかすを生成する前に、硬水からカルシウムを除去する成分）が含まれています。一方洗浄剤にはかす生成の心配が全くありませんから、シャンプーやコンディショナーには洗浄剤の方が適しているでしょう。ただ化粧石鹸のブランドの大半にはEDTA-4ナトリウムが含まれています。これがカルシウムやマグネシウムイオンと結合し、かすの生成を防ぐのです。ただし効果があるのは水が少量の場合のみ、たとえば手を洗う時にできる泡を流す程度の水量に対してのみです。水量が多ければ、EDTA-4ナトリウムはカルシウム及びマグネシウムイオンに圧倒されてしまい、結果洗面器や浴槽にかすが付着してしまいます。

合成

合成成分は完全な人工物質で、自然界には存在しません（合成成分が天然物質の寸分違わぬコピーであれば話は別ですが）。通常は原油やコールタール、天然の鉱物から抽出された化学物質から生成されます。多くの人は、合成成分ときくだけで本能的に疑いの目を向けますが、これは全く不合理極まりなく、全ての物質はその実績で判断されてしかるべきです。たとえばナイロンは完全な合成素材ですが、この素材を知ったことでかえってひどい目にあったという人などほとんどいないでしょう。実際、世界中の何百万という人々が、ナイロンを用いた内部縫合の手術を受けていますが、ナイロンは無害のまま、縫合後もずっと体内に残っているのです。

光毒性皮膚炎

光毒性皮膚炎は皮膚炎の1種で、太陽光に対する異常な過敏性によって引き起こされます。太陽光にさらされた身体の部位に、多数の斑点や疱疹が現れます。

☞〈感光性〉〈皮膚炎〉〈フォトトキシン〉

香料

香料は、コスメティックス製品に特別な香りを付与するために添加されます。使用されている香料は複数であっても、成分リストには「香料」と一言でまとめて表示されます。したがってその中には、天然の植物エキスもあれば、数種類の人工香料をカクテルよろしく混ぜ合わせたものもあるかもしれないのです。欧州委員会のリストには、932もの香料が記載されているにもかかわらず、そのうちのどれ1つとして、成分リストに個別に記されるものはありません。香料及び着色料はしばしば、コスメティックス製品に対する副作用を引き起こします。こうした香料や着色料が基本的に含まれていないのが、低刺激性を謳った製品です。

☞〈ムスク〉、3章『着色料と香料』

コスメティックス

コスメティックスという言葉には一般に、全てのトイレタリー製品及びパーソナルケア製品が含まれます。たとえばサンスクリーン、防虫剤、コンタクトレンズの洗浄液、ヘアダイ、メイクアップ製品、化粧落とし製品、ネイルファイルやピンセットや脱毛用のテープといった道具類、さらには身だしなみを整えたり、個人衛生に使用するものまで、それら全てがコスメティックスなのです。世界的にみれば、コスメティックスは数十億ドル規模の産業で、そのうちのおよそ30％を占めているのが、美しく装うためのメイクアップ製品です。コスメティックス成分の安全性に関する調査の大半は、同産業界からの資金提供により行われています。その産業界は、欧州では欧州委員会によって統制されています。米国の場合は、コスメティックス成分査察委員会（CRIP）が、コスメティックス産業界の自主規制機関として、コスメティックス成分の

安全性問題に対応しています。しかしながら有害と証明されたり、FDAの規制に従わない製品があれば、FDAがその権力を持って介入し、対象製品を差し押さえます。

粉おしろい

さらさらのパウダー（ルース）タイプや固形（ケーキ）タイプを用いて、脂性肌のてかりやファンデーションの光沢を抑えたり、チークや（口紅）、ハイライト、シャドウを入れるベースをつくります。その色味はしばしば鉱物の混合物から得ています（主としてタルクとカオリンに、マグネシウムやカルシウム、あるいはステアリン酸亜鉛を加え、付着しやすくしています）。なおルースタイプを使用する時にはくれぐれも注意が必要です。鉱物の粉末吸入は危険であり、呼吸困難やアレルギー、さらには重度の肺病をも引き起こしかねません。

☞11章『メイクアップ製品』

コラーゲン

コラーゲンは、丈夫で繊維性が高いにもかかわらず柔軟性のあるたんぱく質で、腱や靭帯、骨、結合組織にみられます。肌の奥の層（真皮）にもみられ、肌に弾性を付与しています。加齢につれて真皮内のコラーゲン繊維が減少していくため、肌は次第に柔軟性を失っていくのです。コラーゲン療法（CRT）は、老化のみられる肌からシワを除去するために用いられます。コラーゲンインプラントは、顔や唇の見栄えをよくするために行われます。

☞〈コラーゲン療法〉

コスメティックスやトイレタリー製品の中には、加水分解コラーゲン（牛を主とする動物の骨や腱、靭帯から抽出されるコラーゲンで、酸、アルカリ、または酵素の働きによって一部分解されている物質）またはその派生物質を含んでいるものがあります。しかしこうした成分が肌に吸収され、失われた天然コラーゲンのかわりになることはないのです。製造業者は消費者にそう信じ込ませようと躍起になっていますが。

☞17章『動物由来成分と動物実験』

コラーゲン療法（CRT）

コラーゲン療法は美容的な処置で、一時的にですがコラーゲンのレベルをもとに戻し、シワを減らせます。膿疱の跡や小さな傷跡、ちょっとしたくぼみなどを隠すのにも利用されることがあります。動物から抽出したコラーゲンを、皮下注射用の細い針を使って直接真皮（肌の奥の層）に注入していきます。

☞〈コラーゲン〉、16章『サロンと美容外科手術』

混合肌

混合肌の人は通常、脂性肌のトライアングルがあります。そのトライアングルに囲まれているのが額、鼻、小鼻脇の両頬、そして顎です。ですがそれ以外の部分（顔の両脇の肌）は乾燥しています。

☞5章『スキンケア』

コンディショナー

コンディショナーは、シャンプー後に髪につけ、一段とつややかで手触りもよく、しなやかな髪に仕上げていきます。この製剤は通常洗い流しますが、最近は洗い流さないタイプのコンディショナーも多く市場にでまわってきています。主成分は一般に、油性物質で乳化された水、非イオン及び陽イオンの界面活性剤、そして帯電防止剤です。

☞〈毛髪〉〈シャンプー〉、9章『ヘアケア』

【さ】

細菌

細菌は、微生物を表する一般的な言葉です。あらゆる微細な単細胞生物を指す総称でもあり、拡大解釈をして、カビや菌類といった多細胞の複合生物、さらには細胞を有しないウィルスといったものまで含む場合も多々あります。コスメティックス製品は、カビや菌類、イースト菌、バクテリア、原虫によって汚染されることがあります。細菌は、いつでもパーソナルケア製品に侵入してきます。製造中、容器に製品を詰めている時、そして自宅での使用時にも。つまり、コスメティックスやトイレタリー製品に混入した細菌があなたの体内に侵入し、感染症を引き起こす危険があるのです。

コスメティックスやトイレタリー製品が汚染されると、急速に増殖していく細菌がしばしば悪臭を放ち、透明感のあった製品の混濁化を引き起こすこともあります。菌の塊が表面に浮

かんでくることも。細菌はコスメティックス成分を化学的にかえることができ、そのために色やにおいがかわってくるのです。そしてかえられた物質には、有毒あるいは有害性が認められることがあるのです。

細菌汚染の許容レベルを設定するため、欧州委員会では、コスメティックス及びトイレタリー製品を2つのカテゴリに分類しています。カテゴリ1に含まれる製品は、3歳以下の幼児を対象としたもの、目及び粘膜に直接あるいはその周囲に使用するものです。それ以外のパーソナルケア製品は全てカテゴリ2に入ります。
☞ 4章『保存料』、13章『常識：コスメティックス製品を安全に使うために』、〈放射線照射〉〈保存料〉〈抗菌剤〉

座瘡

肌の毛嚢や脂腺が、皮脂（肌から分泌される天然の油脂）やケラチン（肌や髪、爪を形成する、丈夫な繊維性たんぱく質）のべたついた混合物で塞がれてしまい、その中にバクテリアが寄生すると、座瘡ができます。コスメティックス成分の中には、面皰形成性を有するもの、つまり座瘡の発生を助長するものもあります。
☞ 〈面皰形成性物質〉、15章『副作用など』

酸化剤

酸化剤は、他の化学物質を酸化させる化学物質で、他の化学物質から電子を除去します。この時、他の酸化されつつある化学物質には、酸素原子が付加されるか、またはその物質から水素原子が除去されるかします。そしてこれが、コスメティックス製品においてはしばしばいい影響となって現れるのです。酸化剤は（過酸化水素であることが多い）酸化ヘアダイに付加されることで色味を際立たせ、ヘアダイを毛幹に付着させます。
☞ 〈ヘアダイ〉

髪に（ストレート）パーマをかけると、還元剤（酸化剤と逆の機能を有する化学物質）を使用することで髪のたんぱく質ストランドが弱められ、分離させられますが、その後髪は張力を受けて再構成され、たんぱく質ストランドも、最終的には酸化剤を用いて再結合されるのです。

酸化剤にはしばしば漂白や脱色効果もみられますし、殺菌剤でもあります。過酸化水素は髪の脱色やコンタクトレンズの消毒に利用されることがありますし、殺菌効果を有するマウスウォッシュとしても使用されます。次亜塩素酸ナトリウムは家庭用漂白剤に含まれていますが、水とともに使用されることで軟化剤や洗浄剤として機能し、義歯やブリーチの洗浄、殺菌に利用されることもあります。また、ほ乳瓶の殺菌溶液として使われることもあるのです。酸化剤はバクテリアの細胞を死滅させますが、それゆえに肌や目にも危険な物質といえます。したがって、酸化剤が含まれている製品を使用する際には十分な注意が必要です。

酸化防止剤

酸化防止剤は、油脂と酸素との反応を阻止して、悪臭を発しかねないコスメティックス成分の分解を防ぎます。中には、食品添加物としても使用され、調理済み食品に含まれる油脂を守っているものもあります。クエン酸及び乳酸は酸化防止剤の効果を高められますから、酸化防止剤の添加も少量ですみます。
☞ 4章「保存料」

サンスクリーン

日焼け止めクリームやローションとも称されるサンスクリーン。その最もよく知られているものは、肌に直接塗り込む調剤で、有害な紫外線が肌に届かないよう防いだり、肌に届く前にその強度を弱めたりします。サンスクリーンには2種類（ケミカルサンスクリーンとノンケミカルサンスクリーン）があります。ケミカルサンスクリーンには、紫外線を吸収し、そのエネルギーを弱める紫外線吸収剤が含まれています。一方ノンケミカルサンスクリーンには、紫外線を肌から反射させる反射剤が含まれています。タブレット状の経口サンスクリーンもかつては人気がありましたが、現在はFDAによって禁止されており、英国では医薬品として認可されていないため、薬局でも販売はされていません。
☞ 〈紫外線〉〈日焼け剤〉、14章『日光と肌』、肌の構造に関する詳細は5章『スキンケア』

シェービング剤（石鹸、ジェル、フォーム、クリーム）

ウェットシェービングでは、肌にそって鋭い刃を滑らせながらむだ毛を剃っていきます。こうしたシェービングをより快適かつ効果的に行うには、まず毛幹に水分を与えて柔らかくしておきます。また潤滑剤をつけておけば、肌を切

ったり傷つけたりしないですみます。その際水分を付与し、潤滑油として機能するのが、石鹸やジェル、フォーム、クリームなどのシェービング剤なのです。
☞5章『スキンケア』の「脱毛」

ジエタノールアミン
☞〈DEA〉参照

ジェンダーベンダー
これは、外因性内分泌撹乱物質（EDC）または環境ホルモン化合物（HDC）の通称です。ジェンダーベンダーはホルモン分子のように機能することが可能な化学物質で、それによって生体の化学反応や成長を変化させてしまうのです。雄の正しい性発達を混乱させることすらあります。
☞13章『常識：コスメティックス製品を安全に使うために』

ジオキサン（1,4-ジオキサン）
1,4-ジオキサンは、ある種のコスメティックス成分の製造の過程で、望ましくない副産物として図らずも生成されています。不必要な化学反応の中で、エチレンオキシドの2つの分子が結合してしまうのです。したがって、成分が使用される前に、バキュームストリッピングと称される方法で丁寧に除去しなければなりません。発癌物質として知られ、齧歯動物の皮膚に付着させれば全身に、また実験動物にエサとして与えれば肝臓や鼻に癌を誘発します。人間の肌に付着した場合も、瞬く間に吸収されていきます。大半はすぐに蒸散すると思われていますが。
☞13章『常識：コスメティックス製品を安全に使うために』

紫外線
紫外線は強力なエネルギーを有する電磁線で、光線に似ていますが、そのエネルギーははるかに強力で、肉眼ではみられません。日焼けや肌の熱傷、早老の原因でもあり、ある種の皮膚癌の原因としても知られています。
☞〈日焼け〉〈サンスクリーン〉、紫外線A波、B波、C波（UV-A、B、C）に関する詳細は14章『日光と肌』

紫外線吸収剤
紫外線吸収剤は、紫外線のエネルギーを吸収、分散し、紫外線によって引き起こされる肌へのダメージを防ぐ化学物質です。サンスクリーンにはおなじみの成分ですが、毎日使用するスキンケアローションにも含まれているものがあります。また、シャンプーやバスオイルをはじめとする、透明な容器に入れられた製品を、紫外線による色褪せから守るために利用されていることもあります。欧州では、サンスクリーンに使用できる紫外線吸収剤は、認可もしくは条件付きで認可されたものに限定されています。しかしながら、もし吸収剤が、紫外線による有害な影響からコスメティックスやトイレタリー製品を保護するために使用されるのであれば、製造業者が選択できる紫外線吸収剤の種類は一気に広がります。そしてその中には、認可もしくは条件付き認可成分のリストに記載されていないものまで含まれているのです。
☞〈サンスクリーン〉

色素
染料の別名。
☞〈着色料〉〈染料〉〈レーキ〉〈アゾ染料〉〈コールタール染料〉、3章『着色料と香料』

脂質
脂質は、動植物の組織にみられる天然の油脂またはワックスです。非水溶性で、トコフェロール（ビタミンE）、コレステロール、ラノリンをはじめ様々な物質を含んでいます。最もよく知られている脂質は、脂肪酸とグリセリンの化合物で、コスメティックス成分の貴重な源となっています。

牛脂（動物性脂肪）には多くの脂質が含まれていますが、中でも最も豊富なものの1つがニトログリセリンです。これは、ステアリン酸（脂肪酸）の3分子がグリセリンの1分子と結合してできています。この4分子は、鹸化（牛脂を水酸化ナトリウム（苛性ソーダ、非常に腐食性の高い強アルカリ）で煮立てることで起こる化学反応）によりばらばらに分離することがあります。すると、水酸化ナトリウムがグリセリンにかわってステアリン酸と結合し、石鹸として使用されるステアリン酸ナトリウムを形成するのです。

グリセリンは、コスメティックスや食品業界の他の場所で湿潤剤として利用され、脂肪酸は界面活性剤、乳化剤、乳化安定剤として利用さ

れます。脂肪酸は、化学的方法によってさらにかえられ、様々なコスメティックス成分を生成することがあります。たとえば脂肪酸アルコールにかえられ、塗膜形成剤や界面活性剤、乳化剤として使用されることもあります。またこれらが、エチレンオキシドによってエトキシル化され、様々な非イオン界面活性剤を形成することもあります。その界面活性剤が、次に三酸化硫黄によって処理されれば、非常に有名なラウレス硫酸ナトリウムをはじめとする、多数の陰イオン界面活性剤となるのです。

ワックスと油は石油(原油)から精製されます。どちらも正確には脂質ではなく、炭化水素と称されますが、脂質同様コスメティックス成分に活用されています。このような石油ベースの炭化水素には、口紅に使用されるハードワックスのオゾケライトや、モイスチャークリームやローションに広く利用されている鉱油物(流動パラフィン)などがあります。炭化水素は化学的にかえられ、脂肪酸アルコールを生成できます。これは、脂質から生成される脂肪酸アルコールと、あらゆる点で全く同じ物質です。これらはさらにエトキシル化され、硫酸化されて、天然の油脂から生成されるのと全く同じ界面活性剤を形成することもできます。

ビーズワックスや鯨蝋、カルナバワックスは固体の脂質で、増粘剤や塗膜形成剤として、口紅やマスカラ、ファンデーション、アイシャドウ、アイライナーなど、美しく装うためのコスメティックス製品に広く利用されます。樹脂と混ぜれば、脱毛ワックスのベースとなります。

脂性肌
肌質の1種で、皮脂の過剰分泌が特徴です。
☞5章『スキンケア』

湿潤剤
湿潤剤は、パーソナルケア製品を乾燥から守ります。また食品にも使用され、水ベースのコスメティックスやトイレタリー製品の大半にも含まれています。湿潤剤の選択肢は多岐にわたりますが、最もよく使用されているのはグリセリンです。ただしソルビトールも、選択されうる湿潤剤としての地位を急速にかためつつあります。いずれにせよどちらも天然の物質です。

ソルビトールは普通、果実に含まれていますが、大量のブドウ糖から生成することも可能です。食品産業界においては、ゼリーやジャムの増粘剤として使用されていますが、中でも特に糖尿病患者用の食品の下ごしらえには重宝しています。

グリセリンは、石鹸製造産業でみられる副産物です。あらゆる油脂に含まれていて、脂肪などがアルカリで分解される際に放出されます。フォンダンを用いたアイシングに利用され、しっとり感を保ち、アイシングが岩のようにかたくならないようにしています。

実は湿潤剤は、空気中の水分を吸収して膨張していきます。ボトルに液体のグリセリンを入れ、水位を記した上で、蓋を開けたまま1、2週間棚に放置しておけば、水位は上昇しているでしょう。これは、グリセリンが空気中の水分を吸収し、濃度が薄くなるためにおこります。だからこそ、歯磨き粉の蓋を閉め忘れても、グリセリンやソルビトールが乾燥から守ってくれるのです。

湿疹
湿疹は肌の炎症で、痒みがあり、肌がボロボロはがれてきたり、水膨れができることもあります。また、時に感染することも。その種類は様々ですが、コスメティックスやトイレタリー製品と関係があるかもしれないのは、手湿疹と皮膚炎だけです。
☞〈皮膚炎〉、15章『副作用など』

歯磨剤
歯磨剤はいまだ市販はされていますが、もはや流行のピークは過ぎています。歯磨き粉に似ていますが、ブロック状もしくは扁平状の塊で売られています。研磨剤に使用されているのは通常チョークで、含水シリカのような現代の研磨剤に比べて柔らかく、ダメージも与えにくいといえるでしょう。
☞〈歯磨き粉〉、8章『歯とオーラルケア製品』

シャワージェル
ボディシャンプーやボディジェルとも称されるシャワージェルは、基本的にはシャンプーと同じ製剤ですが、シャンプーが不透明でクリーム状の液体であるのに対し、シャワージェルは通常きれいに着色された透明なジェル状になっています。
☞6章『石鹸、シャワージェル、クレンジングローション』

シャンプー

シャンプーは洗浄剤と水の混合物で、髪に付着した汚れや油脂を除去するために使われます。シャンプーの洗浄剤として最もよく利用されているのはラウリル硫酸ナトリウム（SLS）です。普及率はおよそ90％。通常はラウレス硫酸ナトリウムのような他の成分と混合されています。髪のぱさつきやべたつきに応じて、シャンプー内の洗浄剤濃度は5〜20％までと幅があります。

☞シャンプーの様々なタイプに関する詳細は9章『ヘアケア』

収斂剤

収斂剤は肌の毛穴を閉ざすことで肌の色味や質感をよくし、引き締まった感じを与えます。肌細胞内の水分含有量を減らすことで機能し、肌の傷や炎症の治癒を促進することもあります。目の炎症または感染により分泌される涙の抑制に利用されることもあります。

☞5章『スキンケア』

消泡剤

多くのトイレタリー製品には界面活性剤（石鹸及び洗浄剤）が含まれていて、水を加えることで泡を形成する傾向にあります。ですが、それが魅力となる製品もあれば、そうではない製品もあるでしょう。製造工程中であれば明らかに望ましくなく、それゆえ、製造業者の利便性のためにしばしば消泡剤が添加されるのです。消泡剤を添加すれば、泡立ちは減るか、完全になくなります。ボウルの中の泡の上からマヨネーズをかけるようなものです。

消泡剤は通常、シリコンオイルのように油性または撥水性の物質で、界面活性剤に強力に吸着し、その分子を収集します。またそれ以外に、消泡剤自体が界面活性剤となって機能し、水の表面張力を減少させ、泡が形成される薄い膜の生成を阻止することもあります。メチコンやジメチコンのように「コン」を含む名称に注意して下さい。とはいえこうした物質は、塗膜形成剤や保湿剤、帯電防止剤としても利用されているのですが。

植物添加物

これは、様々な理由からコスメティックス製品に添加される植物エキスです。合成成分の代替品として添加されるものもあります。たとえば、種子から抽出したオイルは、石油から精製した鉱物油にかわりうるものです。また、消臭、抗菌効果のあるティートリーオイルなどのように、療法上の機能を有するものもあります。ちなみにファルネソールも消臭性に富んだ植物エキスです。植物はまた天然の香料をも供給し、製品に色味を付加して見栄えをよくすることもできます。

市場関係者は、こうした植物エキスが添加されていることで、コスメティックス製品が身体に良く、自然なものになっていると消費者に思い込ませようとしています。非の打ち所のない美しいブロンドの髪をなびかせながら、ほっそりした優美な女性が、ソフトフォーカスされた秋の森をそぞろ歩き、豊かな自然の恵みや新鮮な空気、きらめく朝露を満喫している様をテレビで目にするでしょう。実際それは真実からさほどかけ離れているわけではありません。植物は、最大限の利益をあげるべく、広大な地で、現代農業の最先端技術を駆使して育てられています。先行投資である植物は、除草剤や殺虫剤でつくるカクテルを飲まされ、大事に守られており、その除草剤や殺虫剤の残留物質が、コスメティックス製品を汚染するかもしれないのです。

なお植物成分のINCI名は通常ラテン語で記される学名ですが、ラベルに表記される際には一般名の場合がままあります。

シワ

シワは肌の老化の兆候。肌がはりを失っていくことで、通常はまず目の回りに、それから口元にもみられるようになってきます。そして、加齢につれて次第にくっきりと目立つようになっていくのです。

☞肌の老化に関する詳細は5章『スキンケア』、シワを除去する治療に関しては16章『サロンと美容外科手術』

真皮

真皮は生体細胞から成る肌の層で、死細胞から成る外層の真下にあります。真皮内には、肌に弾性を付与するコラーゲン繊維や、毛細血管と称される細い血管、神経終末、毛嚢、立毛筋、汗腺、脂腺があります。

☞5章『スキンケア』

蕁麻疹

発疹や皮疹としても知られる蕁麻疹は、表皮に体液が現れる一時的な肌の状態をいいます。黄みがかった斑点がいくつもぽちぽちと出てきたり、赤くなった肌に囲まれるようにして無数の膨疹がみられたりします。通常痒みをともないますが、抗ヒスタミン剤で症状は緩和できます。つまり蕁麻疹はアレルギー反応の1種ということです。原因は様々で、食事や薬、ある種の植物やそのエキス、コスメティックス成分を含めた何らかの化学物質との接触などもあります。肌の接触が原因の場合には、接触性蕁麻疹と称されます。その症状は、普通は突然現れ、数時間後には現れた時同様突然消えてしまいます。

☞15章『副作用など』

水和

ある物質が完全に水に浸り、水の分子がその物質の分子に付着している状態を、その物質が水和する、といいます。水の分子は、他物質の分子に対する弱い結合物質（水素結合）を形成します。コンディショナーやムース、ヘアスプレー、あなた自身が分泌する天然の脂分による界面フィルムがどの程度残っているかによりますが、毛幹は3～6分で完全に水和し、柔らかくなります。この場合、水の分子が毛幹内に浸透し、毛髪細胞を形成しているたんぱく質のストランドに付着するのです。こうした過程をサポートするのが界面活性剤です。水の表面張力を弱め、水和される物質の表面全体に膜を形成できるようにしてくれます。

ストレートアイロン

ストレートアイロンは、パーマに似た化学的な処置で、カーリーヘアやウェービーヘア、縮毛などをストレートにするために使用されます。美容師に行ってもらうこともできますし、自宅用のキットも入手可能です。

☞機能の詳細は9章『ヘアケア』

制汗剤

制汗剤は、肌の発汗力を抑制するものですが、むしろ一般的には体臭を抑えるために使用されています。制汗剤はアルミニウム化合物である場合が多々ありますが、時にジルコニウム塩と混ざることもあります。いずれも汗腺による汗の生成を抑え、汗を肌表面へ運ぶダクトを塞ぎます。

☞〈デオドラント〉〈収斂剤〉、7章『デオドラント及び制汗剤』

生物添加物

これはコスメティックス成分で、動植物から抽出します。マーケティングも含め、様々な理由から使用されています。ただし現在欧州では、ヒトの生成物をコスメティックス製品に使用することは禁じられており、絶滅危惧種や、少量ながら毒を分泌する植物（ベラドンナ（アトロピン；神経ガス）やキツネノテブクロ（ジキタリス；強心剤）など）の生成物質を使用することも違法となります。

よくコスメティックス製品に添加されているのは、ビタミンやプロビタミン、アミノ酸、さらに少量の消化たんぱくなどです。それらがいかに身体にいいか、宣伝業者はあの手この手で私たち消費者に信じ込ませようとしています。ですが実際には、肌や髪に対する効果はほとんど、もしくは全くありません。そればかりか、こうした物質を添加することでコスメティックス製品は非常に滋養分豊かになり、細菌感染しやすくなるので、それを防ぐべく、様々な保存料がカクテルのごとく添加されています。そのため、生物添加物を付加する主な効果は、有害な保存料が不必要に含まれていることを消費者に明らかにすることだとさえいわれているのです。

ただし植物エキスの中には有益な効果を有するものもあります。たとえばアロエベラエキスやアロエベラジェルには肌を癒す効果があることから、シャンプーやコンディショナー、スキンケアローション、そして肌の火照りを抑えるアフターサンローションによく使用されます（アロエベラはユリ科の仲間です）。しかしながら、大半のコスメティックス製品に付加されている量はわずかで、とても何らかの治療効果を期待できるものではなく、中にはそれが刺激物となってしまう人もいます。

一方、動物由来成分の中で使用されているのはミンクオイル（ミンクの脂肪質の皮下組織から抽出）、エラスチン（ほ乳類の動脈壁及び時に皮膚細胞からも抽出される伸縮性のあるたんぱく質）、ケラチン（肌や髪、爪を形成する、丈夫な繊維性のたんぱく質）、そしてコラーゲン（腱や靱帯、結合組織を形成する、もうひとつの丈夫な繊維性のたんぱく質）です。

☞17章『動物由来成分と動物実験』

生分解性

　ほとんどのコスメティックス製品は、洗い流されたあと、排水管へと消えていきます。しかし製品に含まれている化学物質は往々にしてしぶとく、下水管から川、湖、そしてやがては海へと続く長い旅の間も息絶えることはないのです。そうした化学物質を、細菌が分解し、エサにしようとすることがあります。もしそれが成功すれば、分解された化学物質は生分解性で、それゆえ環境に優しいと称されるのです。逆に分解されなければ、非生分解性といわれ、地球規模の公害問題に拍車をかけます。現代の界面活性剤は大半が生分解性ですが、分岐鎖状アルキベンゼンスルホン酸塩からつくられていた初期の石油精製洗浄剤は違いました。1950年代、はじめてこの洗浄剤が販売されると、瞬く間に人気を博していきました。粉末洗剤のように、洗濯した衣服に洗剤の白いかすが残らなかったからです。泡立ちも抑えてあったので、前面投入式の洗濯機や食器洗い機にも最適でした。ただ残念ながら、バクテリアには分岐鎖状アルキベンゼンスルホン酸塩が消化できなかったため、生分解性ではなかったのです。そして分岐鎖状アルキベンゼンスルホン酸塩は、下水管の中で起泡力増進剤であるたんぱく断片と混ざり合い、大量の泡が生成されました。その泡は、川や海へと続く流れを覆い、風に乗って通りを飛んでいき、町中をも覆っていったのです。そこでこうした界面活性剤は早急に、直鎖状アルキベンゼンスルホン酸塩（同じく石油から精製された生分解性の物質）に取ってかわられたのでした。
　もう1つ、家庭用化学品に由来する汚染物質の悪しき例といえば、ノニルフェノールでしょう。これは清浄剤や洗浄剤、一部コスメティックス製品にもよくみられる成分です。EDC（外因性内分泌撹乱物質または「ジェンダーベンダー」）で、エストロゲン（雌性ホルモン）を模倣します。このノニルフェノールは他のEDC汚染物質とともに、動物の全ての種（もちろん人間も含めてです）の雄の精子数減少の原因物質であることが最近判明しました。また、動物全種の雄にみられる雌化、及び雄の性器の先天性異常の原因物質でもあります。
　☞ジェンダーベンダーに関する詳細は13章『常識：コスメティックス製品を安全に使うために』

石鹸

　石鹸は基本的な界面活性剤（洗浄物質）で、脂肪酸のナトリウム塩またはカリウム塩から構成されています。各塩は、動植物性の油脂を水酸化ナトリウム（苛性ソーダ）のような強アルカリで煮立てて精製します。あるいは、水酸化ナトリウムほど一般的ではありませんが、かわりに水酸化カリウム（苛性カリ）を利用することもあります。あまったアルカリは、製品がトイレタリーやコスメティックス成分として使用される前に除去しなければなりません。
　☞〈硬水〉〈洗浄剤〉、石鹸に関する詳細は6章『石鹸、シャワージェル、クレンジングローション』

接触アレルギー

　接触性のアレルギー反応は、肌に接触する化学物質などの物質に対する免疫システムの反応です。
　☞15章『副作用など』

接触性湿疹

　水膨れや、肌の鱗屑、剥離をもたらす肌の炎症で、肌に接触する化学物質などの物質によって引き起こされます。
　☞15章『副作用など』

接触性蕁麻疹

　肌に接触する化学物質などの物質によって引き起こされる蕁麻疹です。
　☞15章『副作用など』

接触性皮膚炎

　肌に接触する化学物質などの物質によって引き起こされる肌の炎症です。
　☞15章『副作用など』

洗浄剤

　洗浄剤は、石鹸の代替として利用される界面活性剤（洗浄物質）です。最もよく知られている洗浄剤は陰イオン洗剤です。高濃度硫酸と石油から精製される炭化水素（油性物質）との反応または、脂肪酸アルコール（天然の油脂や石油から抽出）に対する三酸化硫黄の作用から生成されます。石鹸は、動植物性の油脂に対する強アルカリの作用から生成されており、硬水中

のカルシウムまたはマグネシウムと反応すると、かすと称される白または灰色の粉末状の堆積物が残りますが、洗浄剤にはそのようなことはありません。
☞6章『石鹸、シャワージェル、クレンジングローション』

洗浄論
洗浄論は、石鹸や洗浄剤が、いかに油脂をはじめとする非水溶性の汚れを除去するかを説明したものです。
☞6章『石鹸、シャワージェル、クレンジングローション』

染料
染料は水溶性の着色料です。天然の抽出物も、合成のコールタールやアゾ染料もあります。水溶性ゆえに、コスメティックスやトイレタリー製品に均等に分散し、色鮮やかな液体に仕上げていきます。髪や織物の繊維にも吸収されます。太陽光にさらされることで褪せてくる染料もあります。また、洗浄中に色落ちしたり、プール内の塩素のような漂白剤の影響を受けて、髪や布地から色が抜けていくこともあります。
☞〈レーキ〉〈着色料〉〈コールタール染料〉〈アゾ染料〉、3章『着色料と香料』

ソープレス洗浄剤
洗浄剤の別名です。石鹸の代替品で、石油及び硫酸、または脂肪酸アルコール及び三酸化硫黄から生成される石油派生物です。
☞〈洗浄剤〉

相乗効果
相乗剤は、他の物質の効果を高められる物質です。そのため、コスメティックスやトイレタリー製品に使用される成分物質の量を減らせるという利点を有しているといえるでしょう。たとえばある種の酸化防止剤には、クエン酸や乳酸、ナトリウム、カリウム、あるいはこうした酸のカルシウム塩の存在ゆえに、その機能で高まり、結果、添加量を減少させることができるのです。このような相乗剤は、製造業者のコストも、製品への化学物質の添加もともに減らしてくれます。保存料の化合物（メチルクロロイソチアゾリノンとメチルイソチアゾリノン）は、相乗剤としての効果を発揮し、硝酸マグネシウムと塩化マグネシウムの含有量を少量に抑えられます。医学の面でも、2種類の抗生物質を同時に投与した方が、それぞれを単体で投与する時よりもはるかに効率よく感染症に対峙できるでしょう。

もちろん、相乗効果がマイナスに働くこともあります。単体であれば通常何の副作用も有さないコスメティックス成分が、同じく無害の別の成分によって活性化され、予想もしなかった炎症やアレルギー反応を引き起こすこともあるのです。製造業者も、マイナスの相乗効果をもたらすとわかっている成分の組み合わせは避けていますが、わかっている組み合わせは滅多になく、ほとんどが予測不能です。あなたも、2つの異なる製品を同時に使用することで、知らず知らずのうちに、好ましくない成分の組み合わせを助長しているかもしれないのです。ちなみに欧州には、マイナスの相乗効果をもたらす物質に関する規制はありません。

【た】

帯電防止剤
静電気が起こると、髪はブラシや衣類にくっついてしまったり立ってしまったり、とても手に負えません。髪を湿らせればいったんは静電気を除去できますが、乾けばまた元の木阿弥。けれどコンディショナーやある種のシャンプーに添加された帯電防止剤が、静電気の発生を防いでくれます。帯電防止剤は陽イオン界面活性剤であることが多く、その分子が表面に付着してプラス電位変化をもたらし、余計な静電気を効果的に中和もしくは除去してくれるのです。
☞〈コンディショナー〉

脱毛
むだ毛の脱毛方法はいくつかあります。剃ったり抜いたりという方法もあれば、脱毛剤と称される強アルカリのクリームを塗って、肌表面のむだ毛を溶かすという化学的な方法もあります。ですがこうした方法はいずれも一時的な対応でしかなく、むだ毛はやがてまた普通にのびてきて、肌表面に現れます。しかしニードルまたはツィーザーを用いた電気分解なら、永久にむだ毛を除去することも可能です。
☞5章『スキンケア』、16章『サロンと美容外科手術』

脱毛剤

脱毛剤は、毛髪のたんぱく質構造を溶解し、毛髪を弱め、肌から引き離しやすくすることでむだ毛を除去していきます。最もよく知られている脱毛剤は硫化金属やチオグリコール酸です。しばしばアルカリ性を有し、非常に毒性の高い化学物質です。脱毛剤は肌表面にしか機能せず、毛根には作用しませんから、2、3週間もすればまたむだ毛は生えてきます。

☞〈電気分解〉〈脱毛〉、5章『スキンケア』

着色料

着色料は色素、または着色された化学物質です。単体または他の着色料と混ぜ合わせて、コスメティックスやトイレタリー製品にある程度の色味や陰影を付加するために使用されます。中には製品の見栄えをよくしたり、一時的に肌に明るさや色合いを付加するために使用されるものもあります。ヘアダイなどの他の着色料は、長期にわたる体色変化のためにデザインされたものです。

コスメティックス製造業者が使用可能な色は膨大な数に上ります。欧州のコスメティックス成分目録には、ヘアダイや着色料、さらにコスメティックス製品の見栄えをよくするためにつくられたその他の成分が記されており、その数は470を超えます。欧州では、着色料名はCI 10316のような色素指数番号か、二酸化チタン、マイカのような単純な名前で表されます。一方米国では、D&C Red No.33のようなFD&CやD&Cといった記号を用いて表示されています。

☞〈アゾ染料〉〈コールタール染料〉、3章『着色料と香料』

低刺激性

低刺激性のコスメティックスやトイレタリー製品は、低刺激性を謳っていないパーソナルケア製品に比してアレルギーの発症が確実に少なくなっています。低刺激性の製品に着色料や香料が付加されていることはほとんどありません。というのも、コスメティックス製品に対する副作用に関係があるのは、着色料や香料の場合がままあるからです。

☞2章『マーケティング：その俗説と魔法』

ディープピーリング

シワをなくすため、皮膚の層をかなり厚く除去する外科的処置です。ピーリング剤には、トリクロロ酢酸（TCA）のような強い剥離剤を使用しますが、こうした強い剥離剤は、家庭でのピーリングや他のコスメティックス製品への添加には適していません。一方フィジカルピーリングには、高速回転する研磨パッドを使用した皮膚剥離術や、レーザー光線を用いたレーザー削剥があります。

☞16章『サロンと美容外科手術』

デオドラント

デオドラントは、不快な体臭を抑えたり遮蔽したりします。通常、身体の温かく湿った部位にみられるバクテリアの繁殖を防ぎ、同時に遮蔽用の香料も付与していきます。制汗剤とともに使用されることがままあり、その形態もスプレー、スティック、ジェル、ロールオンタイプのローションなど様々です。

☞〈抗菌剤〉〈制汗剤〉、7章『デオドラントと制汗剤』

添加物

コスメティックス製品の品質向上のために少量付加される物質を添加物といいます。美しい光沢を付加したり、他の成分の効果を高めたり、逆に他の成分の好ましくない効果を抑制したりすることもあります。また、純粋にマーケティング上の理由から添加され、製品の品質向上には全く寄与しないことさえあります。

電気分解

電気分解を行えば、むだ毛を永久に脱毛できます。方法は2つ、ニードルエピレーターと、最近導入されたツィーザーエピレーターです。いずれの方法も、微電流を組織の奥まで流し、毛根を死滅させます。しかる後、むだ毛をピンセットで除去していきます。治療がうまくいけば、2度と毛が生えてくることはありません。

☞〈脱毛〉、16章『サロンと美容外科手術』

動物由来成分と動物実験

☞17章『動物由来成分と動物実験』

塗膜形成剤

塗膜形成剤はコスメティックス成分で、肌や髪、爪に付着し、薄く切れ目のない層または膜を形成します。またコスメティックス製品ののびをよくするためにも利用されます。製造業者が使用可能な塗膜形成剤はほぼ300種あり、そ

のうちの多くが、塗膜形成に留まらず、帯電防止剤や増粘剤、結合剤、保湿剤、乳化安定剤としても機能しています。

概して塗膜形成剤は3タイプにわけられます。水溶性、ワックス及びオイル、そしてポリマー（プラスチック）ベースです。

水をベースとした塗膜形成剤には、界面活性剤やたんぱく質派生物、アミノ酸があります。これらはコンディショナーやモイスチャークリーム、ヘアムースのような製品に広くみることができます。なおこうした製品にとっては、オイルも重要な塗膜形成剤です。オイルは通常、水ベースの製剤に乳濁液として利用され、そのおかげで、水分が蒸発しても髪や肌には膜が残っているのです。一方たんぱく質とアミノ酸は、水分が完全に蒸発するのを防ぎ、製品内の保湿成分の働きを助けています。

ワックスがよくみられる製品は、口紅やファンデーション、マスカラ、アイシャドウ、アイライナーなどです。ビーズワックスや植物から抽出されるワックスのような天然のワックスもあれば、石油ベースのワックス、さらには家具のつや出し剤に似た合成シリコンワックスまであります。ワックスを含む製剤には、アルコールやオイルのような成分も含まれていて、ワックスを柔らかくし、均一なのびを助長しています。

マニキュア液やヘアスプレーには、しばしばポリマーベースの塗膜形成剤が含まれています。これらは一般に溶剤を含む溶液として利用され、溶剤が蒸発しても膜は残ります。ヘアスプレー及びある種のムースには、樹脂ベースのポリマーや酢酸ビニルポリマー、シリコンポリマーが含まれています。溶剤が蒸発すると、ポリマーによって形成された薄い膜がかたまり、毛幹をきれいにまとめるので、ヘアスタイルがしっかりとキープされるのです。ポリマーの中でも酢酸ビニルポリマーは、水を使えば簡単に洗い流せることから人気を博しています。スプレーされた霧状の塗膜形成剤を吸入すると、肺損傷や呼吸困難、感作、アレルギー反応を引き起こすことがあります。

マニキュア液をはじめとする、爪の加工に用いる製品にはしばしば、アルコールベースの溶剤に溶解したアクリルポリマーが含まれています。製品が爪に塗られると、溶剤が蒸発したあと、ポリマーの膜が残るのです。こうした溶剤は通常可燃性が高いため、爪が完全に乾くまで火気に近づけないで下さい。膜は普通非水溶性で、数日は持ちますが、リムーバーを使えば除去できます。リムーバーにはよく、アセトンや酢酸エチル、酢酸ブチル、酢酸アミルといった、いずれも可燃性の液体が含まれており、オイルも混入されて、爪の乾燥を防いでいます。なお、水中油タイプの乳濁液もリムーバーとして利用されます。

突然変異原

突然変異原は、生体細胞内に突然変異を引き起こすことがある物質です。変異は細胞の核内で起こり、癌や遺伝病をも誘発しかねません。癌を誘発する突然変異原は発癌物質と称されます。テトラゲン（ギリシア語の「怪物」を意味する"terat"が語源）は突然変異原で、胚細胞や胎児の細胞内で変異を引き起こし、結果、奇形児の原因となっています。

コスメティックス成分の中には、その変異原性や催奇性、発癌性を知られているものもあります。たとえば2,4-ジアミノアニソールのような「ジアミノ」系のヘアダイや、ホルムアルデヒドやホウ酸のような抗菌剤や保存料、さらにトコフェロール（ビタミンE）のような添加物などです。

☞ 変異原性及び発癌性を有するコスメティックス成分の一覧に関しては15章『副作用など』

爪

髪や肌同様、爪もケラチンといわれる丈夫な繊維性のたんぱく質からできています。主要部位は爪甲。これは、爪床と呼ばれる根底にある皮膚に付着しています。爪の縁周辺に皮膚が形成しているのが爪郭で、これが爪の縁を包み込むように盛り上がっています。あま皮は薄い皮膚弁で、爪郭をカバーし、爪甲に付着しています。あま皮がなければ、ほこりや細菌が爪郭に没入し、そこから感染症を引き起こしかねません。

☞ 〈あま皮〉〈あま皮用溶剤〉、爪の構造や成長、爪用のコスメティックス製品に関する詳細は12章『ネイルケア』

天然

コスメティックス製品に使用されている天然の物質には、動植物エキス、それに大地から得られる鉱物などがあります。天然の物質は合成物質よりも身体にいい、あるいはより健康的だと、多くの人が考えています。

☞ 〈植物添加物〉、17章『動物由来成分と動物

実験』、「天然」という言葉の使用に関する詳細は2章『マーケティング：その俗説と魔法』

たんぱく質

　たんぱく質は巨大な分子で、無数のアミノ酸分子の結合により形成されます。たんぱく質は2つのグループに分けられます。1つは繊維性のたんぱく質で、コラーゲンやケラチンなど、筋肉や肌、髪、爪、軟骨、靱帯、腱などを生成します。もう1つは球状たんぱく質。体液内にあり、ホルモンや酵素、抗体、赤血球内のヘモグロビンとして利用されます。糖たんぱく質は糖分子に、リポたんぱく質は脂質にそれぞれ付着するたんぱく質です。

　たんぱく質は、様々な理由からパーソナルケア製品に添加されます。乳化剤や帯電防止剤、塗膜形成剤、増粘剤、湿潤剤として機能もしますが、生物学的意義はありません。広告業者の謳い文句とは反対に、髪や肌、爪に吸収されることもなく、体内組織を修復、改善することもできません。
☞〈アミノ酸〉

ツィーザーエピレーター

　電気分解によりむだ毛を永久に除去するために使用される装置です。金属製のピンセットでむだ毛をつまみ、そこに電流を流して毛根を死滅させてから、むだ毛を抜いていきます。
☞16章『サロンと美容外科手術』の「電気分解」

つやだし粉

　つや出し粉は歯磨き粉と似ていますが、粘度は低く、流動性と光沢に富んでいます。研磨剤にはしばしば、非常に細かく粉砕された含水シリカが使用されます。
☞〈フッ化物〉、8章『歯とオーラルケア製品』

トレチノイン

　レチノイン酸関連の一般薬で、座瘡をはじめとする肌疾患の治療に使用されます。シワを減らせるとも信じられていますが、欧州、米国ともにコスメティックス製品への使用は禁止されています。しかし美容整形外科医の中には、不快な副作用にもかかわらず、いとも簡単にトレチノインを処方し、日々のスキンケアの一環としての使用を薦めている人もいます。なおレチンAは、トレチノインのブランド名です。

☞〈レチノイン酸〉

【な】

軟化剤

　軟化剤は、肌の水分含有量を高めるために、肌または粘膜に使用します。軟化剤は、肌に薄い油脂性の膜を形成することで機能します。膜の下に水分を閉じこめ、いわばバリアとなって水分の蒸発を防ぎ、水分の消失を食い止めるのです。過剰な水分は肌細胞の外層に浸透させ、溜め込みます。それによって肌がしっとり滑らかになり、かさついた肌やひび割れの生じた肌を柔らかくし、痛みも緩和できるのです。
☞〈モイスチャークリーム〉〈湿潤剤〉〈乳濁液〉〈乳化剤〉、5章『スキンケア』

ニードルエピレーター

　ニードルエピレーターは、電気分解といわれる手順で身体のむだ毛を永久に除去していく際に用いられる装置です。
☞16章『サロンと美容外科手術』

ニキビ

　ニキビは顔や肩、上腕、胸、そして時に身体の他の部位にもできる、黒っぽい小さな斑点です。肌の毛嚢または脂腺が、肌から分泌される天然の油脂や油性物質、コスメティックス成分などで塞がれるとニキビができます。その際、毛嚢内に閉じこめられた様々な物質はかたくなり、やがて栓となると同時に、肌表面の空気に触れている部分が黒光りしてくるのです。ただしニキビの発生は、定期的な洗顔及び面皰形成性物質を避けることで抑えられます。

　ニキビが細菌感染することは滅多にありませんが、もし感染すれば、赤い吹き出物（丘疹）が現れてきます。さらに感染がすすめば、稗粒腫や座瘡ができてくるでしょう。
☞15章『副作用など』

ニトロソアミン

　ニトロソアミンは強い発癌性を有しており、コスメティックス成分の製造過程において、または、完成品に含まれている、それぞれ単体では無害な2つの成分の相互作用によって、図らずも生成されることがあります。また、私たち

281

の肌から分泌される化学物質がコスメティックス成分と反応して、ニトロソアミンを生成するという報告もあります。こうした汚染物質に対する厳格な検査があるにもかかわらず、ニトロソアミンは多くのコスメティックス製品から検知されているのです。
☞13章『常識：コスメティックス製品を安全に使うために』

乳化安定剤

乳濁液に添加され、その構成要素の分離を防ぎ、それによって製品の品質保持期限を延ばします。
☞〈乳濁液〉〈乳化剤〉

乳化剤

油と水は混ざりません。しかし多くのパーソナルケア製品には油分も水分も含まれているため、両者の混合を助長する化学物質の添加が必要になってきます。そして両者が混合すると、乳濁液といわれるクリーム状の物質が生成されます。牛乳、クリーム、マヨネーズ、そしてコスメティックス製品のクリームとローションの大半がこの乳濁液です。

サラダにかけるオイルとビネガーのシンプルなドレッシングは、かける前によく振らなければなりません。それでいて、ボトルを置けばすぐにオイルが分離してきます。ですがそこに小さじ1杯のマスタードを入れて振れば、どろりとしたクリーム状の乳濁液ができ、数分、もしくはそれ以上にわたって分離することなくそのままの状態が維持されます。つまりマスタードが乳化剤の機能を果たしているのです。コスメティックス製品の場合、乳化剤は往々にして界面活性剤です。また、コスメティックス製品の乳濁液には乳化安定剤も添加され、油分と水分の分離を防ぎ、さらに品質保持期限を延ばす働きもしています。
☞〈乳濁液〉〈乳化安定剤〉

乳濁液

パーソナルケア製品は乳濁液であることが多く、油分と水分がきれいに交じり合っています。そこには乳化剤及び乳化安定剤が含まれていて、油分と水分の分離を防いでいるのです。含有油分が水分より多いものを油中水（W/O）タイプの乳濁液といいます。濃厚なクリームやかなりかためのワックス状の物質がこれに相当します。バターやモイスチャークリーム、口紅も油中水タイプの乳濁液で、ワックスまたはオイルの中に20～30％の水分が分散してます。

逆に主成分が水で、わずか20～30％の油分しか含んでいないものは水中油（O/W）タイプの乳濁液といいます。当然製品は、粘度の低い液体が多くなります。シングルクリームやモイスチャーミルク、また多くのシャンプーやコンディショナーなどが水中油タイプの乳濁液です。
☞〈乳化剤〉〈乳化安定剤〉

乳白剤

乳白剤は、液体を通過できる光の量を減らします。増粘剤とともに使用され、透明またはわずかに濁りを有する（半透明）液体を、濃厚でクリーミーな液体にみせるのです。シャンプーやコンディショナー、シャワージェル、クレンジングローションといった製品の主成分は水ですから、増粘剤、そして時には乳白剤や着色料も付加して、そのような製品が水っぽくみえないよう、とろりとした質感を強調しています。

乳白剤の中には、製品に真珠のようなつやを付加して、製品が一段と消費者を魅了するようにしているものもあります。消費者が医薬品やトイレタリー製品の品質なり効果なりを判断する際、その見た目が心理的に大きくものをいうため、製造業者にとっては、いかに消費者に訴えかける見た目にするかが非常に重要な問題なのです。

製造業者が選択できる乳白剤は多岐にわたっています。その中には、チョークやシリカのような不溶性の鉱物、ステアリン酸カルシウムやベヘン酸アルミニウムのような脂肪酸の金属塩、天然又は合成のポリマーなどがあります。また多くの乳白剤が、乳白剤以外の役割も担っています。チョークは、製品内の不要な酸度を減らすことができ、ポリマーベースの乳白剤は、塗膜形成剤や増粘剤としても機能できるのです。

粘度調整剤

粘度調整剤はコスメティックスやトイレタリー製品に添加され、その粘度を低めたり高めたりします。シャンプーは大半が水ですから、増粘剤を加えて、とろりとした質感になるようにしています。シャンプーやシャワージェルが、容器から水のように流れ出てきて、使おうと思った時にはもう指の間を滑り落ちて消えていた、など誰も望みはしないでしょう。同様に、かたすぎて簡単に

のびない口紅やアイライナーも、ほしがる人など いはしません。そのためこうした製品にはしばし ば、軽めの油や脂肪酸アルコールが加えられ、 ワックスを柔らかくしているのです。

粘膜

粘膜は、口、消化管、鼻の気道、気管や肺、 性器及び泌尿器管、そしてまぶたにあります。 その表面は柔らかく、湿気を帯び、ピンク色を しており、杯細胞といわれる特別な細胞から、 粘液を含んだ滑らかな流体を分泌しています。 そのおかげで、体腔は常に適度な湿り気を帯 び、潤滑にして清潔な状態を保てるのです。

多くのコスメティックス成分は、肌に浸透する よりもはるかに簡単に粘膜に浸透できます。コ スメティックス成分が粘膜に接触すると、粘膜は 通常痒みや炎症を引き起こし、時に痛みを生じ ることもあります。中には粘膜への接触を非常 に危険とみなされている成分もあり、そういった 成分は、粘膜に直接またはその周囲に使用する ことを目的としたコスメティックスやトイレタリー 製品への使用を禁止されています。

粘膜は細菌よる感染を受けやすいため、粘 膜に直接またはその周辺に使用するパーソナ ルケア製品（口紅、アイメイク、歯磨き粉、マウ スウォッシュ、目薬、コンタクトレンズの洗浄液 など）は全て、細菌汚染の観点からカテゴリ1に 分類されています。したがってこうした製品の 細菌汚染に関する規定レベルは高く、それを順 守するため、大量の保存料が使用されています。 しかしコンタクトレンズの洗浄液のブランドの 中には、保存料を含んでいないものもあります。 そのかわり、高温加熱もしくはガンマ線照射に より、洗浄液を殺菌しているのです。殺菌され た洗浄液は、加圧式の容器に密閉されますか ら、細菌混入も製品汚染も難しいといえるでし ょう。非加圧タイプの製品は汚染されやすくな っていますから、1回分の使用量が個別にパッ ケージされることがままあります。大きな容器 の場合であれば、一定期間使用後は、汚染さ れていることを考えて、必ず処分するよう指示 が記されています。

また、その使用が粘膜及びその周辺に限定 されていないパーソナルケア製品も、決してそ ういった部位には使用しないで下さい。そのよ うな製品には、カテゴリ1の許容レベルを上回 る細菌が含まれているかもしれません。粘膜か ら吸収され、感作やアレルギー反応を引き起

こしかねない成分や、血流に入ると毒性を発揮 するかもしれない成分が含まれていることさえ あるのですから。

【は】

歯（構造）
☞ 歯の構造及びオーラルケア製品に関する詳細 は8章『歯とオーラルケア製品』

ハイライト
ハイライトは、着色または漂白することで髪 に装飾的な筋を入れていきます。着色料は、テ ンポラリータイプでもパーマネントタイプのヘ アダイでも構いません。ただパーマネントタイ プのヘアダイや漂白剤を使ってハイライトを入 れても、髪はやがてのびてきます。その場合は、 髪全体に着色し直すことで色の違いを除去す ることも可能です。中には、色素が少ない、ま たは全くない淡い色の髪や白髪が見え隠れし て、それが天然のハイライトになっている人も います。
☞〈ヘアダイ〉

剝離剤
剝離剤は表皮（死細胞の外層で、表皮角質層 ともいわれます）の外層を軟化または溶解し、 この層を除去する化学物質です。この肌細胞 の外層とともに、シワも除去されると広く信じ られていますが、実際には剝離剤は、シワをほ んのわずか目立たなくし、肌のくすみや剝離片 の除去を促進し、ニキビの発生を抑制すること しかできません。

サリチル酸やアルファ及びベータヒドロキシ 酸、フェノール、トリクロロ酢酸（TCA）、グリコ ール酸といった成分は皆、剝離剤です。
☞〈アルファヒドロキシ酸〉、5章『スキンケア』

発癌物質
発癌物質は癌の原因となる物質で、化学性 発癌物質は癌を誘発する化学物質です。一方 物理性発癌物質に含まれているのは、アスベ スト粉塵、太陽からの紫外線、X線をはじめと する放射線などです。ウィルスの中にも癌と関 係のあるものがあります。非常にまれですが、 そのような物質は生物性発癌物質と称されて

います。
☞〈突然変異原〉〈フォトトキシン〉、15章『副作用など』

肌、肌色、肌質
☞肌の構造や色、及び各肌質（普通肌、乾燥肌、脂性肌、混合肌）の特徴に関する詳細は5章『スキンケア』

歯の漂白剤
変色や汚れがひどい歯は、歯科医に漂白してもらうことが可能です。漂白剤を歯に塗り、その上から紫外線光を照射していきます。

歯磨き粉
歯磨き粉には洗浄剤や抗菌剤、保存料、その他の添加物（歯や歯肉、口腔からバクテリアや歯垢、食べかす、微細な汚れなどを除去するもの）が種々含まれています。
☞〈フッ化物〉、8章『歯とオーラルケア製品』

半合成
半合成物質は、天然の物質が化学反応によって著しい変化を受けたものです。起泡力増進剤のコカミドDEAは半合成化合物の1例です。「ココナッツオイルから抽出」のような但し書きは目にすることがあっても、自然界のどこにもコカミドDEAの単1分子をみつけることはできないでしょう。つまり半合成物質は天然の物質ではないのです。

非イオン界面活性剤
非イオン界面活性剤は界面活性剤（洗浄物質）で、単分子から成り、電荷は有していません。最もシンプルな非イオン界面活性剤といえば、セテアリルアルコールやステアリルアルコールのような脂肪酸アルコールです。これらにエチレンオキシドが結合することで、ポリエチレングリコール（PEG）の派生物や、ラネス、ステアレス、セテアレス系のような、語尾に"—eth"がつく界面活性剤が形成されることがあります。こうした物質の多くは、ほとんど泡を生成しません（生成するとしてもごくわずかです）が、泡が望ましくない状況下（ヘアコンディショナーや、前面投入式の洗濯機や食器洗い器への使用など）では特に役に立ちます。
☞〈界面活性剤〉、6章『石鹸、シャワージェル、クレンジングローション』の「石鹸や洗浄剤はどのように機能するのか」

皮脂
皮脂は肌の天然の油脂で、毛嚢のとなりに位置する脂腺から、その毛嚢に向けて分泌されます。
☞〈毛髪〉〈ニキビ〉〈座瘡〉

ビタミン
ビタミンは食事に含まれている重要な栄養素で、健康維持に欠かせません。また広くコスメティックス成分にも使用されています。最もよく利用されるビタミンはA、C、Eで、Bも時にオートブランや加水分解コムギタンパクのようなシリアルの形状で付加されることがあります。なお欧州では、ビタミンD2（エルゴカルシフェロール）及びD3（コレカルシフェロール）のコスメティックス製品への使用は禁止されています。
ビタミンA、C、Eには酸化防止効果があります。ビタミンCは酸素に反応するので、食品の酸化防止剤として利用されることがままあります。同様に、コスメティックス製品の酸化も防げるのです。ビタミンAとEは油溶性のビタミンですから、フリーラジカルに反応してそれを破壊できます。ちなみに、使用を禁止されているD以外のビタミンが肌から吸収されることはほとんどありません。
☞2章『マーケティング：その俗説と魔法』

皮膚炎
肌の炎症で、湿疹をともないます。アレルギーや、肌に接触したものに対する反応から引き起こされることもありますが、原因の特定が難しい場合もあります。
☞〈湿疹〉〈感光性〉、15章『副作用など』

皮膚剥離術
フィジカルピーリングで、美容整形外科医によって行われ、シワを根絶させます。高速回転する研磨パッドを用いて肌の外層を除去していきます。
☞16章『サロンと美容外科手術』

日焼け
紫外線にさらされることで、表皮（肌細胞の外層）の基底層にあるメラノサイトが刺激され、大量の茶色い色素メラニンを生成、紫外線の悪影響に対する天然のバリアとして機能します。
☞14章『日光と肌』

日焼け剤

日焼け剤は日焼けを促進するものです。
☞ブロンザー、エクステンダー、促進剤、ピルに関する詳細は14章『日光と肌』

日焼け止めクリーム

サンスクリーンの別名。
☞〈サンスクリーン〉

日焼け止め指数（SPF）

サンスクリーンのブランドによっては「SPF」や単に「ファクター」と称されることもある日焼け止め指数は、サンスクリーンによって得られる保護レベルを示した数値です。
☞14章『日光と肌』

美容食品

強い薬は細胞内部に具体的な変化を引き起こしますが、それに対して美容食品といわれるコスメティックス成分は、体内組織に生理的影響を与えることができ、それによって肌本来の回復力を促します。実際にそのような機能を有する化学物質はほとんど存在せず、レチノイン酸のように、そうした機能を有する数少ない物質も、コスメティックス製品への使用は禁止されており、医療当局により管理されています。

漂白剤

漂白剤は、髪や肌の色を明るくするために使用されます。往々にして強い物質なので、取り扱いには注意が必要です。歯の漂白をする場合は歯科医に行きましょう。紫外線光を照射し、変色した歯を白くしてくれます。義歯の洗浄剤には、次亜塩素酸ナトリウムや過ホウ酸ナトリウム、過炭酸ナトリウムが含まれていることがあり、それらが義歯を白くすると同時にバクテリアも死滅させてくれます。

髪は通常、過酸化水素とアンモニアのような刺激の少ないアルカリを混ぜたものを使って漂白します。この混合物は、爪に付着した汚れを漂白するのにも利用できますが、爪についた多くの見苦しい跡は、新鮮なレモンジュースでも除去できます。特に、ある種の青果物をいじっていて付着した汚れに効果があります。

肌の天然色素であるメラニンが過剰分泌される色素沈着過度。それによってみられる肌のくすみを明るくしてくれるのがヒドロキノンです。ヒドロキノンは、肌内部でメラニンを生成しているメラノサイトの働きを抑えます。くすみが消え、明るい肌の色が現れてくるまでには3、4週間を要します。この間は肌を太陽にさらさないようにして下さい。太陽光がメラノサイトによるメラニン生成を促進し、美白剤の使用が無意味になってしまうからです。ただし現在欧州では、美白製品へのヒドロキノンの使用は禁止されています。
☞〈酸化剤〉〈肌〉

表皮

表皮は肌の外層で、主な構成要素は層内に並ぶ死細胞です。顕微鏡でみると、舗装用タイルに似ています。バリアとして水や大半の化学物質、ある種の紫外線、そして細菌を効果的に防いでくれます。部位によって厚さは様々で、最も薄いのがまぶた、逆に最も厚いのが足の裏と手のひらです。女性よりも男性の方が厚く、幼児及び高齢者はともに薄くなっています。

表皮の最外層は表皮角質層といわれています。その下に、さらに4層の細胞から成る層があり、これら5層が表皮を形成しています。最下層は基底層といわれ、生体細胞及び、肌の天然色素メラニンを生成するメラノサイトから構成されています。こうした細胞が死ぬと、徐々に肌表面へと移動していきます。基底層を離れた死細胞は、有棘細胞層（細胞同士をつないでいる細い繊維にちなんでこういわれています）へと入っていきます。その後顆粒層へ移動、ここからケラチン化の過程が始まります。細胞核が縮小を始め、それはやがて細胞が第4の層、角質層に到達するころには消滅しています。そして細胞は角質層内で潰れ、厚みの不揃いな舗装用タイルのようになります。その後、最後の第5層、表皮角質層で、細胞は敷石のように平らになるのです。この時点で水分はほぼ完全に抜け、ほとんどがケラチンで占められています。
☞5章『スキンケア』

非リンスオフ

長時間肌に付着させたままのパーソナルケア製品は全て、非リンスオフ製品と称されます。こうした製品に含まれるのは、モイスチャークリーム、デオドラント、口紅、アイシャドウ、マスカラ、アイライナー、ファンデーション、ムース、そしてほんの数例ですがヘアダイなどです。このような製品は長時間肌に付着しているので、コスメティックス成分の中には、非リンスオ

フ製品への使用を禁止されているものもあります。保存料ではヨウ素酸ナトリウム、5-ブロモ-5-ニトロ-1,3-ジオキサン、フェノキシイソプロパノールが、フケ防止剤ではジンクピリチオンが、防食剤では亜硝酸ナトリウムなどがこれに相当し、チオグリコール酸を含む脱毛剤もその1種です。こうした物質を数分以上肌につけたままにしておくのは非常に危険だと考えられており、それゆえシャンプーやクレンジングローション、脱毛クリームのようなリンスオフ製品（利用後すぐに洗い流される製品）に対しても、使用が制限されています。
☞非リンスオフ製品への使用が禁止されている着色料の一覧に関しては10章『ベビー製品』

ファクター

日焼け止め指数（SPF）とも称され、サンスクリーンによって得られる保護のレベルを数値で示すものです。数値が大きくなればなるほど保護力も高まります。たとえばあなたの肌が強い日差しに慣れておらず、20分も外にいればヒリヒリしてきそうな場合、ファクター6のサンスクリーンを塗れば6倍の間（20分を6回でも、まとめて120分でも）太陽の下にいても大丈夫ということ、つまり2時間は熱傷の危険を心配しなくていい、ということです。
☞14章『日光と肌』

ファンデーション

ファンデーションは、他のメイクアップ製品を使用するためのベースをつくるものです。パウダー、ケーキ、クリームと様々なタイプがあり、肌に合った色を顔全体に均一にのばせるよう、微妙な色合いがデザインされています。そばかすやシミ、ニキビのような欠点も、日焼けによるくすみや赤みもカバーできます。
☞11章『メイクアップ製品』

フェイスリフト

フェイスリフトは美容外科的処置法で、年齢の刻まれてきた顔を5～10歳程若くみせることができます。シワは伸ばされ、顎や頬の下のたるんだ肌は引っぱり上げてぴんと張られます。手術の際用いられるのは往々にして局所麻酔であり、手術そのものも外来扱いで行われることがままあります。
☞16章『サロンと美容外科手術』

フォトトキシン

フォトトキシンは太陽エネルギーの吸収により変化する物質で、しかも毒性を有する物質にかわり、肌から吸収され、血流へと侵入していきます。こうした光化学反応は光化学刺激物（肌を刺激する新たな化学物質）や光化学突然変異原（遺伝子に損傷を与えることで細胞の変異を引き起こす新たな化学物質で、胎児の奇形、遺伝病、癌を誘発することもある）をも生成することがあります。

化合物は、その多くが光を吸収します。写真を撮る時も必ず、フィルム内の化学物質は光を受けて変化するのです。光はまた、カーテンや壁紙、家具などの色褪せをももたらすことがあります。サンスクリーンには紫外線吸収剤が含まれていて、それが紫外線のエネルギーを吸収し、肌の奥の層に届く前に無害な状態で分散させています。こうしたサンスクリーンは必ず、フォトトキシンや光化学刺激物、光化学突然変異原が生成されないよう、厳しい安全性テストを経た上で製品化されます。概してサンスクリーンは、太陽灯（紫外線のA波、B波を含むあらゆる波数の光から成る人工灯）の影響を受けやすいといえます。件のテストでは、化学物質にさしたる変化が起こらないことが前提となっていますが、もし変化がみられた場合には、この太陽灯と、バクテリア及びほ乳類から採取した生体細胞を使用して、新たな物質の毒性を調べなければなりません。その結果、10時間の疑似照射を経てもさほど化学的な変化がみられなければ、光化学突然変異原の細胞テストは行われません。なおテストは、正確な結果を得るために必ず2度行われます。最初は新しいサンスクリーン、そして2度目は8-メトキシプソラーレン（フォトトキシンとして知られる物質で、欧州では現在コスメティックス製品への使用が禁止されています）を利用します。

フッ化物

フッ化物を含む化合物は、歯磨き粉やマウスウォッシュをはじめオーラルケア製品に添加され、虫歯を予防します。歯のエナメル質を形成しているミネラルに吸収され、酸の侵食に対する耐性を高めていると考えられています。
☞8章『歯とオーラルケア製品』

フケ症

フケ症は、頻繁に目にする害のない症状で、

頭皮から死細胞の小片や薄片が過剰に剥離する状態をいいます。フケ症は主に思春期やヤングアダルト世代に顕著にみられ、中年期には減少します。しかし更年期に患うこともあり、特に卒中の発作に見舞われたことのある人には多いでしょう。女性よりも男性によくみられ、乾燥肌の人よりも、脂性の肌や髪の人の方が悩んでいます。

フケ症は、人々が市販されている医薬品で対処しようとする症状のベスト10に入っています。通常使用されるのは薬用シャンプーやフケ防止シャンプーなどですが、そういったシャンプーの使用をやめれば、またフケがみられるようになります。なお、こうしたシャンプーが効かない場合、その原因はより深刻な疾患（湿疹、感染、脂漏性皮膚炎など）にあると思われます。
☞9章『ヘアケア』

フケ防止剤
フケ防止剤は、シャンプーやコンディショナーをはじめとするヘアケア製品に添加され、フケを抑制します。
☞〈フケ症〉、9章『ヘアケア』

プラセンタ
人間及び牛の胎盤から抽出されるプラセンタは、貴重なコスメティックス成分であり、肌を若返らせると広く信じられています。現在欧州では、人間から採取した細胞や組織、その他の生成物質は、コスメティックス製品への使用が禁止されています。したがって、欧州で購入できる製品に含まれているプラセンタは全て、牛から抽出したものです。
☞17章『動物由来成分と動物実験』

フリーラジカル
フリーラジカルは不対電子を有する原子または分子で、この不対電子がフリーラジカルの過剰な反応、それも通常は破壊性を有する反応の原因なのです。強い日差しは肌の早期老化を引き起こします。これもひとえに、太陽の紫外線のせいで肌にフリーラジカルが生成され、それが、肌に弾性を付与しているコラーゲンを分解してしまうからだと考えられています。ただしフリーラジカルは、日焼けの過程においても重要な役割を担っています。フリーラジカルが、アミノ酸のチロシンをメラニン（肌の天然の茶色い色素）にかえているのです。
☞14章『日光と肌』

プロバイオティクス
プロバイオティクスは抗生物質の対極にあり、バクテリアの増殖を促進します。感染症は抗生物質の連続投与で治療できても、その後内臓疾患を引き起こすことがあります。これは抗生物質が、内臓内の健康な正常細菌叢までかえてしまったからです。しかし天然の生ヨーグルトのような食品を摂取すれば、細菌叢は急速に回復していきます。

「プロバイオティクス」という言葉は、健康的で身体にも良く、科学的にきこえます。まさにコスメティックス製品のマーケティングにとっては理想の言葉といえます。だからといって、コスメティックス製品内のバクテリアの増殖を促す成分を何でも添加していいといういいわけにはなりません。

プロビタミン
プロビタミンは食事に含まれている物質で、体内に取り込まれてビタミンにかわります。コスメティックス製品に使用されている最も一般的なプロビタミンといえば、パンテノール（プロビタミンB5）とベータカロチン（プロビタミンA）でしょう。ベータカロチンは、ニンジンをはじめとする多くの根菜類に含まれている天然の色素です。
☞〈ビタミン〉、2章『マーケティング：その俗説と魔法』

ベータヒドロキシ酸
アルファヒドロキシ酸に似た剥離物質です。
☞〈アルファヒドロキシ酸〉

pH調整
pHは、酸またはアルカリの強度を示す数値です。アルカリは酸とは反対の化学物質ですが、酸同様、様々な物質（特に肌や髪、目）に対して高い腐食性を有していることがあります。

pHは0～14までの数値で表されます。全ての酸とアルカリが、その強度に応じてこのpH値を定められるのです。最も強い酸は0か1。したがって、数字が増えるにつれて酸度は弱くなっていきます。最も弱い酸のpHはおよそ6です。水のような中性の物質、酸性でもアルカリ性でもない物質のpH値は7になります。数値が7を超えると、今度はアルカリの領域です。最も弱

いアルカリはpH値8か9。数値が増えるにつれ、アルカリ性は強くなり、最も強いアルカリ性を示すのがpH14です。

pH3を超える強酸（つまりpHが0か1か2）は、肌に重度の熱傷を引き起こすことがあります。同様にpH11を超える強アルカリ（pH12か13か14）も肌に瞬時にダメージを与えます。ただ、家庭仕様のコスメティックス製品にこのような強い溶剤が使用されていることはまずありません。ですが美容整形外科医は、pH値がおよそ1というトリクロロ酢酸を剥離剤（ピーリング剤）として使用することがありますし、美容サロンでプロが使用するピーリング剤はpH値3くらいです。しかし家庭仕様の剥離剤であれば、どんなに強くてもおそらくpH値は3.5か4でしょう。とはいえ、たとえ酸度がその程度でも、長時間肌につけていれば重度の熱傷を引き起こしかねません。

爪のあま皮用の溶剤には、水酸化ナトリウムのような苛性アルカリが含まれています。こうした製剤の場合は通常、含まれるアルカリは最大でも5％、pH値は12.7を超えないようになっています。12.7でも、目に重度の損傷を与え、肌に痛ましい熱傷を引き起こすには十分です。その他、脱毛クリームやパーマ液のようなアルカリ製品も、pH値は11～12程度になっています。

体液のpH値は7.4、肌は5～5.6で、男性の肌の方が女性よりわずかに酸度が高くなっています。肌のpH値は人によって様々ですし、1日のうちでも時間がたつにつれてわずかに酸度が高くなってきます。これは身体が汗腺や脂腺から様々な化学物質を分泌するためですが、それでもpH値が5を下回ることは滅多にありません。肌のこうした酸度は、不要なバクテリアの増殖を抑える一助ともなっています。

目及び肌はpH4以上の酸、及びpH10以上のアルカリに敏感です。そのため製造業者は、コスメティックスやトイレタリー製品内の過度な酸やアルカリを除去しなければなりません。余分な酸は、通常水酸化ナトリウムなどのアルカリを付加して抑え、一方不要なアルカリは、クエン酸や乳酸、脂肪酸のような弱酸で中和します。不要な酸やアルカリの除去に使用される化学物質は、他の成分のように明記する必要はありません。ただ中には、こうした情報を自主的に公開してる製造業者もあります。

適切なpH値が得られたら、今度はそれを維持するために緩衝液が付加されます。緩衝剤は通常、2種の単純な化学物質が結合したもので、その2種がともに機能し、使用中、または保管中の製品のpH値の変化を阻止するのです。

ところで"pH"という語には、いったいどのような意味があるのでしょう。実は何もありません。全ての酸には水素イオンが含まれており、その水素を意味するのが"H"です。水素イオンの密度は弱酸よりも強酸の方が高く、こうした酸内の水素は数値で表現することもできますが、しばしば膨大な数値になります。そこで、それを0～14までのわかりやすい数値に変換したのです。なお最大数値の14は、ただの水に含まれる水素イオンの数と直接関係があるものですが、pHの"p"は「ただの水」＝pure waterの"p"からきているようです。

☞〈緩衝剤〉

ヘアダイ

ヘアダイは、毛髪に一時的もしくは永久に着色するために使用されます。種類は4つ：プログレッシブ、テンポラリー、セミパーマネント、そしてパーマネント（酸化）です。

☞9章『ヘアケア』

ヘアパーマ

パーマは、化学処理を行うことで毛幹の形を永久にかえます。ストレートヘアをカーリーヘアにしたり、カーリーヘアや縮毛をストレートヘアにできますが、後者は特にストレートパーマと称されます。

☞9章『ヘアケア』

変性剤

相当量のエタノール（アルコール）を含む製品には、ベンジルアルコールやメチルアルコールのような変性剤が添加されており、エタノールを不快なものにかえています。当然人々は、そうした製品を積極的に口にしようとはしません。アルコール飲料に多額の税金や物品税を課している国々では、アルコールを非飲用にすることでこの税負担を減らし、製品の値段も下げています。つまり変性剤の添加量は、国法及び課税レベルに拠るわけです。ちなみに、概して課税レベルの高い国では、変性剤の添加量も多くなっています。

放射線照射

放射線照射は、電離放射線（通常はコバルト60のような強い放射性物質から放射されるガ

ンマ線）を用いて、パーソナルケア製品の殺菌を行う方法です。製品を容器に密閉後、強烈なガンマ線を照射して、製品を汚染している細菌を全て死滅させます。ガンマ線は、パッケージングに使用するあらゆる素材を貫通できるのです。放射性線源と放射線を浴びる製品との間には常にある程度の距離があり、放射性線源が直接製品に接触することは決してありません。強力な紫外線投光器から発される強い紫外線も、殺菌を死滅させることはできますが、紫外線は貫通力が弱いため、大半のプラスチックやガラス、金属製の容器を貫通できません。

　放射線照射によって殺菌処理された製品の中には、そのことをラベルに記さないものもあります。これはひとえに、多くの消費者にガンマ線の性質に対する誤解があり、放射線を浴びた製品を使うことへの不安が拭えないからです。しかしながら、放射線照射後の製品内に放射線は残っていません。ガンマ線は、非常に高エネルギーの電磁放射線です。それとほぼ同じなのがライトです。ただしこちらは非常に低エネルギーですが。舞台上のスポットライトが消えると、舞台は完全な闇に包まれます。客席の上にも、出演者たちの上にも、どこにもライトは残っていません。ガンマ線もこれと同じなのです。放射性線源がなくなれば完全に消えてしまいます。

　生鮮食品の一部及び医療機器の大半は、ガンマ線を用いて殺菌されます。ガンマ線が水の分子に照射されると、分子はガンマ線のエネルギーを吸収して2つに分裂、より活性的で小さな物質（フリーラジカル）になります。その後、フリーラジカルの多くが再結合し、まるで何事もなかったかのように水の分子が再形成されます。ですが、ガンマ線から吸収したエネルギーは、この再形成された新たな水の分子内に留まれないため、熱及び、不気味ながら無害な青い光となって放出されるのです。しかしフリーラジカルは非常に反応が早いため、水の分子内に戻るかわりに、別の物質に化学変化を引き起こすことがあります。したがって、フリーラジカルが細菌の細胞内で形成されれば、細胞内の最も重要な化学物質に損傷を与え、細菌を死滅させることができるのです。昆虫やその卵も同様に死滅しますが、カビ胞子の中には水を含んでいないものがあり、それらは放射線を照射されても死滅しません。

　ただし放射線も過剰に照射すれば、製品の劣化を招くことがあります。放射線を照射されたイチゴは、されなかったイチゴよりはるかに日持ちがするようになりますが、過剰に照射すれば、金属のような味になってしまうことがあるのです。また、オイルやワックスを多分に含む製品は、放射線照射に適していません。フリーラジカルがワックスやオイルを攻撃し、より小さな分子に分解することで、不快な、時に腐ったような臭いを発するからです。

☞〈細菌〉〈保存料〉

防食剤

　コスメティックス製品に付加され、パッケージング材や製品製造用機械類の腐食を防ぎます。腐食発生の通常の原因は金属です。コスメティックスやトイレタリー製品の大半は、プラスチックもしくは時にガラスにパッケージングされるため、パッケージ材が腐食することはありません。したがって、ガラスまたはプラスチック製の容器に記された成分リストに防食剤と記載してあれば、製造業者の利便性及び利益のために付加されたと考えて間違いないでしょう。ただしスプレーは、スチールまたはアルミニウム製の容器が使用されているにもかかわらず、防食剤の添加が求められることもあります。

　酸、アルカリ、あるいは水と（空気中の）酸素が化合したものが金属に作用することで、腐食は発生します。酸やアルカリの問題は、その濃度を規制することで解決が可能です。水/酸素の方は、酸素と反応する化学物質を付加し、酸素を除去することで解決します。これと同様の機能を有しているのが、セントラルヒーティングシステム内の錆止め剤です。問題は、こうした化学物質がコスメティックス製品にはふさわしくなく、欧州ではその使用が厳しく規制されている、ということでしょう。したがって、成分欄に亜硝酸ナトリウム及びニトロメタンと記されていたら注意して下さい。どちらも防食剤として広く使用されてはいますが、非常に危険な物質なのです。

保存料

　保存料は化学物質で、パーソナルケア製品に添加され、製品内の細菌の増殖を阻止、または抑制します。細胞を死滅させたり、増殖を阻止するためにつくられたものですから、保存料はいわば毒性の強いコスメティックス成分であり、大半の保存料がその使用を厳しく制限されてい

289

ます。とはいえ、パーソナルケア製品内の細菌汚染レベルに関する厳しい規制もあることから、購入可能な全ての製品に少なくとも1種類は保存料が含まれているといっても過言ではなく、強い毒性を有する化学物質を身体に付着させないようにするのはまず不可能でしょう。
☞〈安息香酸塩〉〈細菌〉〈抗菌剤〉〈デオドラント〉、4章『保存料』

ポリマー

ポリマーは、無数の小さな分子が結合してできる巨大な分子で、ビーズを集めてつくったロングネックレスのようです。プラスチック、布地、塗料に広く利用されています。もちろんコスメティックス製品にも増粘剤、塗膜形成剤、帯電防止剤、乳白剤、乳化安定剤として使用されています。

コスメティックス製品に使用されている天然のポリマーには、たんぱく質やセルロース派生物、デンプン派生物(加工デンプン)などがあります。一方成分リストでよく目にする人工ポリマーといえばアクリル酸塩、カルボマー、メチコン(シリコンポリマー)、PEG派生物、PVP(ポリビニルピロリドン)などです。PVPは口紅やマスカラなどの美しく装うためのコスメティックス製品によく利用されますが、この物質は癌と関係があります。

ナイロンなどの繊維組織の微細なストランドは、マスカラ数種のブランドの補強剤として利用され、マスカラのひび割れや剥離を防いでいます。微細なナイロンカプセル(ナノスフェア)もコスメティックス製品の充填剤として利用されています。つまりシワを埋め、滑らかな肌にするのです。

ホルモン

ホルモンは、体内の変化を促す化学物質です。性ホルモンを筆頭に、肌にすぐ、明らかな影響を及ぼすことで知られているホルモンもあります。思春期ならではのニキビや肌のべたつきに覚えがあるはず。さらには生理や妊娠、更年期障害、そして時にはHRT(ホルモン補充療法)やピルの服用にともなう肌の変化も経験していることでしょう。こうしたことから、製造業者の中には、コスメティックス製品にエストロゲン(雌性ホルモン)を添加しているところもあるのです。添加されている主な製品は、肌を若返らせ、シワを減らすと謳っているスキンケアクリームやローション、髪の修復や抜け毛予防を宣伝しているローション、脂漏症のような肌疾患の治療に使用される製品などです。

ただしエストロゲンの大半は、欧州ではコスメティックス製品への使用を禁止されており、FDAでも完成品内の含有量を厳しく制限しています。FDAの『コスメティックスハンドブック』には、こうした製品は効果がなく、コスメティックス製品に添加されているホルモンの安全性を明らかにする十分なデータはないと記されています。

【ま】

マスカラ

マスカラは、まつ毛にボリュームを与え、くっきりとみせるために使用します。目がより大きく、魅力的にみえるでしょう。加齢とともにまつ毛は細く、色も薄くなってきますから、マスカラには、目をより若々しくみせる効果があるのです。リキッドタイプ、ケーキタイプがあります。目の近くへの使用を目的としたものですから、カテゴリ1に分類されるコスメティックス製品であり、細菌汚染に関する厳しい規制対象にもなっています。
☞〈細菌〉、11章『メイクアップ製品』

耳ピアス

最新式かつ最も衛生的な方法は、ピアッシングガンを使って、事前に耳たぶに穴を開けておくことなくピアスを撃ち込むものです。ピアスは無菌の密閉パッケージに入っており、ガンを扱う人も直接触れることはありませんし、ガンが耳に直接触れることもありません。いったん撃ち込まれたピアスは、数日の間消毒した包帯で巻いておきます。その後4～6週間の間、ピアスは1日に2度回転させます。また耳たぶは、エチルアルコールか過酸化水素で消毒し、感染症を予防します。
☞16章『サロンと美容外科手術』

ムスク

ムスクはチベットに生息する雄のジャコウジカ、ジャコウウシ、カコミスル、カワウソ及びその他数種の動物の臭腺から分泌されます。動物にとっては、同種の雌を魅了し、関心を引く

ためのフェロモンです。ただし人間には特に効果があるわけではありません。にもかかわらず、多くの女性がこの香りに魅了されています。またムスクは、花の香りを際立たせ、長持ちさせる効果も有し、貴重な香料として、多くの香水やデオドラントに使用されています。

ニトロムスクは分子も単純で、簡単かつ安く生成できます。化学的にみれば、ムスコンやシベトンとは関係がありませんが、その香りは非常によく似ています。ただしこうした化合物の中には、その有害性を指摘され、欧州ではコスメティックス製品への使用を禁じられているものもあります。
☞3章『着色料と香料』

メラニン

メラニンは肌の天然色素で、表皮（肌の外層）の基底細胞内にあるメラノサイトにより生成されます。髪に色をもたらす色素でもあります。
☞5章『スキンケア』

面皰形成性物質

面皰形成性物質は痤瘡やニキビを助長させます。この物質は油脂性であることが多く、様々なコスメティックスやトイレタリー製品にみられます。この面皰形成性物質によって塞がれた毛嚢は、やがて皮脂やケラチンの混合物でいっぱいになり、そこにバクテリアが繁殖して、局部的な炎症や感染症を引き起こすことがあるのです。
☞15章『副作用など』

モイスチャークリーム

モイスチャークリームには、肌からの水分蒸発を防ぎ、肌に潤いを与えるために使用される物質、軟化剤が含まれています。軟化剤は、薄い油脂性の層を形成し、肌に水分を閉じこめます。最もシンプルな保湿物質は、原油から精製される油脂のワセリンか、ココナッツオイルやオリーブオイルのような単一のベジタブルオイルです。グリセリンやソルビトールのような湿潤剤も、肌に潤いを保っておくために添加されることがあります。合剤の中には水も含まれていて、肌細胞の乾いた外層の水和（潤すこと）を促進しています。水が細胞内に入ると細胞は膨張し、それによって肌は手触りもよく滑らかになり、シワも減少します。ただし6〜12時間後には細胞は再び乾燥し、縮んできます。

☞〈軟化剤〉〈乳濁液〉〈乳化剤〉〈乳化安定剤〉、5章『スキンケア』

毛髪

様々な長さ、太さ、色の毛髪が、身体のほぼ全ての部位から生えてきます。いずれの毛髪も、毛嚢といわれる穴から生え、丈夫な繊維性のたんぱく質ケラチンと、メラニンという色素を含む死細胞から成っています。毛髪がストレートかカールしているかは、その断面により決まります。断面が丸ければストレートであることが多く、楕円形であれば通常はカーリーヘアです。
☞〈コンディショナー〉〈ヘアダイ〉〈ヘアパーマ〉〈電気分解〉〈脱毛〉〈脱毛剤〉〈フケ症〉〈シャンプー〉、9章『ヘアケア』

【や】

陽イオン

プラス帯電イオン。
☞〈イオン〉

陽イオン界面活性剤

合成界面活性剤（洗浄物質）で、界面活性剤分子の表面活性部分にプラス電位変化をもたらします。陽イオン界面活性剤はよく、ヘアコンディショナーや衣類の柔軟剤に使用されます。
☞〈界面活性剤〉〈コンディショナー〉、6章『石鹸、シャワージェル、クレンジングローション』の「石鹸や洗浄剤はどのように機能するのか」

溶剤

溶剤は、他の物質を溶解する液体です。水も溶剤として利用され、シャンプーやコンディショナー、クレンジングローション、化粧落としなどのほとんどのトイレタリー製品を溶解、混合します。マニキュア液及びリムーバーにも酢酸エチルや酢酸アミルのような溶剤が含まれています。油も時に溶剤として利用されることがあり、口紅や、乾燥肌用のモイスチャークリームのような粘度の高い油中水タイプの乳濁液に使用するワックスを溶かしたり柔らかくしたりします。アルコールはしばしば、香料の担体溶剤として利用されます。

【ら】

落屑
　肌細胞外層の剥離を表する正確な用語です。落屑はごく普通のプロセスであり、決して終わることはありません。
☞　〈フケ症〉、5章『スキンケア』

リップグロス
　リップグロスは、極薄い色または半透明の非脂肪性ジェルで、唇につやを与えます。水中油タイプの乳濁液か、ベントナイトクレイと混ぜてジェル状にした鉱物油である場合が多々あります。口紅の上からつけて、つやを強調することもあります。
☞　〈口紅〉、11章『メイクアップ製品』

リポサクション
　脂肪吸引とも称されるリポサクションは、美容整形外科医によって行われる手術で、身体の余分な脂肪（脂質）を物理的に除去し、それによって体形を美しくみせるものです。
☞　〈アイリフト〉、16章『サロンと美容外科手術』

リポソーム
　リポソームは、別の物質で満たされた脂肪性の小胞です。1965年にはじめて生成され、医薬品の運搬システムとして利用されています。たとえば、脂肪性の小胞に抗癌剤を満たして患者に注射すると、リポソームに包まれた抗癌剤は、身体の他の部位にある健康な組織に中毒作用を引き起こすことなく癌腫瘍に到達し、そこではじめてリポソームから放出されるのです。また、水にしか溶けない医薬品を脂肪組織に運ぶこともできます。さらに抗癌剤同様、抗生物質やエイズ治療薬のAZTを含む抗ウィルス薬の運搬にも使用されています。
　リポソームは、サイズも構成も様々です。脂肪性の膜は様々な脂質から成っていますが、主として、コレステロールと混ぜた天然の非毒性リン脂質（リン酸塩を含む脂肪性物質）が使用されています。企業の中には、自社デザインを微調整しては、〈リポスフィア〉〈ナノソーム〉〈ナノソミン〉など様々な名前で特許権をとっているところもあります。〈ナノスフィア〉はリポソームに似ていますが、微細な球面が多種多様なプラスチックで形成されています。
　コスメティックス製造業者は、リポソームを、肌の奥の層までコスメティックス成分を運んでくれる運搬車のように考え、この技術を熱心に採り入れました。リポソームは基本的に天然の物質で無害であり、言葉の響きもよく、それでいて業者側の宣伝に科学的な信憑性も付加できるからです。とはいえ、こうした宣伝の多くは誇張に過ぎません。確かに、リポソームは肌の角質層に浸透できるという研究報告もあります。そうきけば、すごいと思うでしょうが、現実に目を向ければ、角質層というのは表皮（死細胞から成る外層）の最外層であり、さらに3層にも及ぶ死細胞の層を通過しなければ、生体細胞から成る基底細胞層（真皮の最上層にあたる、肌の主要な生体組織）には到達できないのです。
　生体細胞を包んでいる細胞膜を構成しているのは、たんぱく質のストランドとリン脂質で、これはリポソームを形成しているのと同じ原料である、そういう製造業者もいるでしょう。だからこそ、リポソームは細胞内に入り込み、コスメティックス成分を届けることができ、時にはコレステロールを収集して細胞の外に運びだすことさえできるのだと。しかし細胞膜は、細胞に出入りする物質を慎重に管理しています。それに、細胞内に不必要な化学物質が入り込んでくれば、細胞を傷つけるかもしれませんし、循環系内にコレステロールを放出してそこに居座られ、動脈を塞がれるくらいなら、細胞内に貯蔵しておく方が身体のためにはいいでしょう。
　コスメティックス成分であるリポソームはよく、ビタミンA、C、Eを肌に運搬します。こうしたビタミンは、酸化防止剤及びフリーラジカルスカベンジャーとして機能するといわれています。これにより、太陽に過度にさらされることで肌にみられる老化の影響を除去または抑制するといわれているのです。
☞　〈ビタミン〉
　リポソーム入りの製品を購入する場合には、必ず水ベースのジェルであることを確認して下さい。ワックスや油を含む油性またはクリーム状の乳濁液は、リポソームの脂肪性の小胞と反応して、製品の劣化を引き起こしかねないからです。リポソームの中には、しばしば製造工程の重要な段階で過度に熱せられるために酸化してしまうものもあります。酸化したリン脂質

は、侵入したあらゆる細胞を傷つけかねません。つまり、リン脂質を含むリポソームは、偶然とはいえ過度に熱せられれば、健康に害を及ぼしかねないのです。

リンスオフ

リンスアウト製品とも称されるリンスオフ製品は、短時間身体に付着した後、水で洗い流される製品をいいます。肌がさらされる時間が短いことから、こうした製品には強い成分（長時間付着していれば肌に損傷を与えかねない成分）の使用が許されています。ちなみにリンスオフ製品には、シャンプー、シャワージェル、脱毛剤、あま皮用溶剤、パーマ液などがあります。

レーキ

レーキは、染料と金属（通常はクロム、アルミニウム、ジルコニウムあるいはマンガン）の結合から生成される着色料です。非水溶性で、洗っても色落ちしないため、普通は染料よりもはるかに長持ちします。にじんだり、衣服に染みをつけたりすることがないことから、しばしばメイクアップ製品に使用されます。
☞〈染料〉〈着色料〉〈コールタール染料〉〈アゾ染料〉

レチノイン酸

レチノイン酸は、ビタミンA関連のレチノイド薬で、抗生物質や抗菌薬、過酸化ベンゾイルのような薬を用いても座瘡が完治しない時に、その治療薬として利用されます。レチノイン酸には肌の油性物質を減らす効果があり、過剰な油性物質や落屑、肌の肥厚などを引き起こす肌の諸症状の治療にも役に立ちます。また、加齢や紫外線に過度にさらされたことによってみられるシワを減らす治療薬としても評価を得ています。

座瘡の治療に利用する際、使い始めは症状が悪化することがままありますが、10週間ほどたてば症状は確実に改善されてきます。ただし、炎症や剥離、肌の変色（くすんでくる場合も青白くなってくる場合もあり）、肝臓障害といった重度の副作用を引き起こすことがあります。そのため処方箋なしには入手できず、欧州でも米国でもコスメティックス製品への使用は禁止されています。
☞〈トレチノイン〉

レチンA

レチンAはトレチノインのブランド名で、レチノイン酸関連の医薬品です。座瘡をはじめとする様々な肌疾患の治療に利用されます。
☞〈トレチノイン〉〈レチノイン酸〉

老化

細胞による適切な再生が不能になることから、生物が徐々に劣化していく状態をいいます。肌のはりが失われ、シワが出てきたら老化の兆候です。肌の褐色もよくみられます。
☞5章『スキンケア』

【わ】

ワックス

ワックスは脱毛法の1種で、足やビキニライン、前腕のような、肌の広い部位の脱毛に適しています。肌に溶かしたワックスを塗るか、冷たいワックステープを貼るかすれば、ワックスがかたまった時にはその中にむだ毛もしっかり埋まっていますから、ワックスをはがせば、むだ毛も一緒に抜けてきます。ただし通常毛根は残っていますから、1、2週間もすればまた毛は生えてきます。しかし中には、足のむだ毛を定期的にワックスで処理していれば、次第に毛は生えてこなくなる、という人もいます。
☞5章『スキンケア』の「脱毛」

1079成分の索引
化粧品の成分 —— 機能・起源・注意及び副作用

本索引の利用法

以下に挙げる成分は、INCI（化粧品原料国際命名法）名または一般に使用されている名称に基づき、五十音順に記載してあります。製造業者が使用可能なコスメティックス成分は6000を超えますから、その全てを記載するのは本書の力量の遠く及ばないところです。そのため、<u>使用頻度の高い物質及び規制があったり悪影響が知られている成分</u>にかぎって掲載してあります。それでも本索引には1000を超える物質が取り上げられているのです。

機能

各成分の最も一般的な機能を記しています。ただし製造業者は、その成分を他の目的で使用することもあります。たとえば、通常はシャンプーに添加されて保存料として利用される物質が、デオドラントに付加され、身体に繁殖するバクテリアの抑制に使用されることがあるのです。

起源

多くの成分は複数の原料から抽出されることがあるため、最も一般的な起源を挙げてあります。「合成」とあるものは、その成分が化学者によって生成されたものであり、自然界に起源を有していないことを表します。また、ビタミンEやある種のプロビタミンなどのように、動植物から抽出される天然の物質の中にも、人工生成されるものがあります。同様に、脂肪酸や脂肪酸アルコールは動物及び野菜の油脂から得られますが、石油（原油製品）の接触分解により人工生成も可能です。「半合成」は、天然物質が十分に化学変化を受けたことを意味します。たとえばラネス成分は、羊毛の天然エキス、ラノ

リンから生成されますが、生成後、大量の合成物質エチレンオキシドと混ぜ合わされるのです。要するに、自然界に半合成物質の分子など1つとして存在しない、ということです。

注意及び副作用

　規制は主に、欧州委員会によって定められているものを取り上げています。というのも、米国ではほとんど規制されていないからです。しかしFDAによる規制が定められている場合には言及してあります。

　指定量を上回る量がコスメティックス製品に添加されたり、使用を禁じられているにもかかわらず製品に用いられたりした時に、消費者の健康に害を及ぼす、そういう成分だからこそ、規制が定められているのだということを忘れないで下さい。

　おそらく、欧州の人々にとって危険とみなされ、欧州で規制対象となっている成分であれば、米国はもちろん、他の国の人々にとっても有害でしょう。また、副作用が認知もしくは疑われている成分で、その副作用が医学誌や科学誌、あるいはコスメティックスや化学産業関係の研究書や雑誌に報告されていれば、そうした副作用も記載してあります。しかしながら多くの場合、そのような副作用に見舞われる可能性がある人はごくわずかです。これまでの実績からも明らかなように、コスメティックス製品の大半は、正しく使用しているかぎり全く危険はないのです。どうかそのことを心に留めておいて下さい。

　「副作用未確認」という語は、製品が正しく使用されている際に成分が害を及ぼすという証拠を、目下著者は確認していない、ということを意味しています。

成分索引使用にあたってのご注意

- この成分索引は、基本的には英文原著に掲載されている成分をすべて載せています。そのうち日本化粧品工業連合会で確定された呼称は、それに従っています。ただし2007年1月時点で、上記連合会で命名されていないものについては、㊂マークを付すに留めています。
- 最近では食物関係など「カロテン」という表記が一般的ですが、本連合会では「カロチン」となっているのでそのままとしています。

1,2-ジブロモ-2,4-ジシアノブタン 困
- ◎機能：添加剤。
- ◎起源：合成物質。
- ◎注意及び副作用：接触性湿疹を引き起こす可能性あり。

1,2-フェニレンジアミン 困
（o-フェニレンジアミン）
- ◎機能：ヘアダイ。
- ◎起源：合成物質。
- ◎注意及び副作用：癌誘発懸念あり。☞「m-フェニレンジアミン」参照

1-ナフトール 困
（ナフトール）
- ◎機能：ヘアダイ。
- ◎起源：合成物質。
- ◎注意及び副作用：肌及び目に重度の刺激。

2,4-ジアミノアニソール 困
（4-MMPD）
- ◎機能：ヘアダイ。
- ◎起源：合成物質。
- ◎注意及び副作用：突然変異原。癌誘発懸念あり。FDAは以下の警告をラベルに記載するよう求めている。「警告；動物実験で癌誘発が確認された、肌に浸透することがある物質が含まれています」

2,4-ジアミノアニソール硫酸塩 困
（4-MMPD硫酸塩）
- ◎機能：ヘアダイ。
- ◎起源：合成物質。
- ◎注意及び副作用：突然変異原。癌誘発懸念あり。FDAは以下の警告をラベルに記載するよう求めている。「警告；動物実験で癌誘発が確認された、肌に浸透することがある物質が含まれています」

2,4-ジアミノフェノール 困
- ◎機能：ヘアダイ。
- ◎起源：合成物質。
- ◎注意及び副作用：人によって刺激性。

2,4-ジアミノフェノールHCl 困
- ◎機能：ヘアダイ。
- ◎起源：合成物質。
- ◎注意及び副作用：人によって刺激性。

2,4-トルエンジアミン 困
（m-TD、m-トルエンジアミン、トルエン-2,4-ジアミン）
- ◎機能：添加剤。
- ◎起源：合成物質。
- ◎注意及び副作用：癌誘発懸念あり。人間男性のX染色体及びRNA遺伝子の突然変異原であることが確認済み（RNAはDNAとともに機能する核酸）。FDAは以下の警告をラベルに記載するよう求めている。「警告；動物実験で癌誘発が確認された、肌に浸透することがある物質が含まれています」

2,5-ジアミノアニソール 困
- ◎機能：ヘアダイ。
- ◎起源：合成物質。
- ◎注意及び副作用：癌誘発懸念あり。

2-クロロ-p-フェニレンジアミン 困
- ◎機能：ヘアダイ。
- ◎起源：合成物質。
- ◎注意及び副作用：癌誘発懸念あり。

2-クロロ-p-フェニレンジアミン硫酸塩 困
- ◎機能：ヘアダイ。
- ◎起源：合成物質。
- ◎注意及び副作用：癌誘発懸念あり。

2-サリチル酸エチルヘキシル
- ◎機能：添加剤。
- ◎起源：合成物質。
- ◎注意及び副作用：目下副作用未確認。

2-ニトロ-p-フェニレンジアミン
- ◎機能：ヘアダイ。
- ◎起源：合成物質。
- ◎注意及び副作用：癌誘発及び突然変異原の懸念あり。

2-ニトロプロパン 困
- ◎機能：添加剤／溶剤。
- ◎起源：合成物質。
- ◎注意及び副作用：癌誘発懸念あり。

2-ヒドロキシ-4-メトキシベンゾフェノン-5-スルホン酸
- ◎機能：紫外線吸収剤。
- ◎起源：合成物質。

成分索引

◎注意及び副作用：低濃度であれば肌や粘膜への刺激はほとんどもしくは全くみられない。

2-ブロモ-2-ニトロプロペイン-1,3-ジオル 困
（ブロノポル）
◎機能：防腐剤。
◎起源：合成物質。
◎注意及び副作用：毒性。人によって刺激性。接触アレルギー及び接触性皮膚炎を引き起こす可能性あり。☞用語解説〈ニトロソアミン〉参照

2-メチルイソチアゾリン
◎機能：防腐剤。
◎起源：合成物質。
◎注意及び副作用：接触性皮膚炎を引き起こす可能性あり。

2-メトキシアニリン 困
◎機能：ヘアダイ。
◎起源：合成物質。
◎注意及び副作用：癌誘発懸念あり。

3-カルボエトキシソラレン 困
◎機能：日焼け剤。
◎起源：合成物質。
◎注意及び副作用：光毒性。

3-ベンジリデンカンファー 困
◎機能：紫外線吸収剤。
◎起源：合成物質。
◎注意及び副作用：この物質の安全性は不確かで、欧州ではコスメティックス製品への使用は1998年6月30日まで条件付きでしか認可されていなかった。しかし同年9月3日、さらなる科学実験に基づき、条件を撤廃した上で、この成分のコスメティックス製品への使用を許可。他のコスメティックスやトイレタリー製品の成分を、太陽光の有害な影響から保護するために使用されることもある。

3-メチルイソチアゾリン 困
◎機能：防腐剤。
◎起源：合成物質。
◎注意及び副作用：接触皮膚炎を引き起こす可能性あり。

4,5,8-トリメチルソラレン 困
◎機能：日焼け剤。
◎起源：合成物質。
◎注意及び副作用：光毒性。

4-イソプロピルジベンゾイルメタン 困
◎機能：紫外線吸収剤。
◎起源：合成物質。
◎注意及び副作用：接触性皮膚炎を引き起こす可能性あり。

4-クロロ-1,2-フェニレンジアミン 困
◎機能：ヘアダイ。
◎起源：合成物質。
◎注意及び副作用：癌誘発懸念あり。

4-ニトロ-o-フェニレンジアミン 困
（4-NOPD）
◎機能：ヘアダイ。
◎起源：合成物質。
◎注意及び副作用：突然変異原と認識。

4-ニトロ-o-フェニレンジアミンHCl 困
（4-NOPD塩酸塩）
◎機能：ヘアダイ。
◎起源：合成物質。
◎注意及び副作用：突然変異原と認識。

4-ヒドロキシ安息香酸 困
◎機能：防腐剤。
◎起源：合成物質。
◎注意及び副作用：安息香酸、安息香酸塩、パラベンは様々な健康問題に関係している。☞用語解説〈安息香酸塩〉参照

4-メトキシアニリン 困
◎機能：ヘアダイ。
◎起源：合成物質。
◎注意及び副作用：癌誘発懸念あり。

5,7-ジヒドロキシ-4-メチルクマリン 困
◎機能：添加剤。
◎起源：半合成または合成物質。
◎注意及び副作用：皮膚感作性。

5,7-ジヒドロキシクマリン 困
◎機能：添加剤。
◎起源：合成物質。

297

◎注意及び副作用：皮膚感作性。

5-メチルクロロイソチアゾリン
☞「メチルイソチアゾリノン」参照

5-ブロモ-5-ニトロ-1,3-ジオキサン 困
- ◎機能：防腐剤。
- ◎起源：合成物質。
- ◎注意及び副作用：毒性。人によって刺激性。アミン成分と相互作用して発癌物質を形成する可能性あり。☞用語解説〈ニトロソアミン〉参照

5-メトキシソラレン 困
- ◎機能：日焼け剤。
- ◎起源：合成物質。
- ◎注意及び副作用：光毒性。光化学発癌物質（太陽光の影響下で癌を誘発する可能性あり）。

6-メチルキノフタロン 困
- ◎機能：ヘアダイ。
- ◎起源：合成物質。
- ◎注意及び副作用：皮膚炎を引き起こす可能性あり。

6-メチルクマリン 困
- ◎機能：オーラルケア剤／香料。
- ◎起源：合成物質。
- ◎注意及び副作用：有害。皮膚感作性。感光性及び光線アレルギーを引き起こす。1978年、FDAはサンスクリーンの製造業業者に使用自粛を要請。

7-エチルビシクロオキサゾリジン 困
- ◎機能：防腐剤。
- ◎起源：合成物質。
- ◎注意及び副作用：有害。

7-メチルピリド[3,4,c]ソラレン 困
- ◎機能：日焼け剤。
- ◎起源：半合成または合成物質。
- ◎注意及び副作用：光毒性。

8-メトキシプソラーレン 困
（メトキサレン）
- ◎機能：日焼け剤。
- ◎起源：合成物質。

◎注意及び副作用：光毒性。

BHA
（E320、ブチルヒドロキシアニソール）
- ◎機能：酸化防止剤。
- ◎起源：合成物質。
- ◎注意及び副作用：接触アレルギー及び接触性皮膚炎を引き起こす可能性あり。吸収されると脂質及びコレステロール値を上昇させ、ビタミンDのような重要な栄養素の破壊を促進することがある。外因性内分泌攪乱物質（ジェンダーベンダー）の懸念あり。☞用語解説〈ジェンダーベンダー〉参照

BHT
（E321、ブチルヒドロキシトルエン）
- ◎機能：酸化防止剤。
- ◎起源：合成物質。
- ◎注意及び副作用：接触アレルギー及び接触性皮膚炎を引き起こす可能性あり。癌誘発懸念あり。吸収されるとビタミンDのような重要な栄養素の破壊を促進することがある。

CI 10006 困
- ◎機能：着色料・緑。
- ◎起源：合成コールタール染料。
- ◎注意及び副作用：肌への長期付着は有害または刺激性。

CI 10020（緑401）
- ◎機能：着色料・緑。
- ◎起源：合成コールタール染料。
- ◎注意及び副作用：まぶた、口、鼻、気道、性器の粘膜への接触は有害もしくは刺激を有する。

CI 10316（黄403(1)）
（アシッドイエロー1）
- ◎機能：着色料・黄。
- ◎起源：合成コールタール染料。
- ◎注意及び副作用：目に有害または刺激性。欧州の規制では、目への直接またはその周囲への利用を目的としたあらゆる製品への使用を禁止している。FDAは、目に関する製品を除く全ての体外使用コスメティックス製品への使用を認めている。

CI 11680（黄401）
- ◎機能：着色料・黄。

◎起源：合成アゾ染料。
◎注意及び副作用：まぶた、口、鼻、気道、性器の粘膜への接触は有害もしくは刺激を有する。☞用語解説〈アゾ染料〉参照

CI 11710　　　　　　　　　㊕
◎機能：着色料・黄。
◎起源：合成アゾ染料。
◎注意及び副作用：まぶた、口、鼻、気道、性器の粘膜への接触は有害もしくは刺激を有する。☞用語解説〈アゾ染料〉参照

CI 11725（橙401）
◎機能：着色料・オレンジ。
◎起源：合成アゾ染料。
◎注意及び副作用：肌への長期付着は有害または刺激性。☞用語解説〈アゾ染料〉参照

CI 11920　　　　　　　　　㊕
◎機能：着色料・オレンジ。
◎起源：合成アゾ染料。
◎注意及び副作用：☞用語解説〈アゾ染料〉参照

CI 12010　　　　　　　　　㊕
◎機能：着色料・赤。
◎起源：合成アゾ染料。
◎注意及び副作用：まぶた、口、鼻、気道、性器の粘膜への接触は有害もしくは刺激を有する。☞用語解説〈アゾ染料〉参照

CI 12085（赤228）
（ピグメントレッド4）
◎機能：着色料・赤。
◎起源：合成アゾ染料。
◎注意及び副作用：欧州で販売されている全ての製品への使用可。FDAは、全ての体外使用コスメティックス製品（目に関する製品以外）及び唇に関する製品への使用を認めている。☞用語解説〈アゾ染料〉参照

CI 12120（赤221）
◎機能：着色料・赤。
◎起源：合成アゾ染料。
◎注意及び副作用：肌への長期付着は有害または刺激性。☞用語解説〈アゾ染料〉参照

CI 12150　　　　　　　　　㊕
◎機能：着色料・赤。
◎起源：合成アゾ染料。
◎注意及び副作用：☞用語解説〈アゾ染料〉参照

CI 12370　　　　　　　　　㊕
◎機能：着色料・赤。
◎起源：合成コールタール染料。
◎注意及び副作用：肌への長期付着は有害または刺激性。☞用語解説〈アゾ染料〉参照

CI 12420　　　　　　　　　㊕
◎機能：着色料・赤。
◎起源：合成アゾ染料。
◎注意及び副作用：肌への長期付着は有害または刺激性。☞用語解説〈アゾ染料〉参照

CI 12480　　　　　　　　　㊕
◎機能：着色料・茶。
◎起源：合成アゾ染料。
◎注意及び副作用：肌への長期付着は有害または刺激性。☞用語解説〈アゾ染料〉参照

CI 12490　　　　　　　　　㊕
◎機能：着色料・赤。
◎起源：合成アゾ染料。
◎注意及び副作用：☞用語解説〈アゾ染料〉参照

CI 12700　　　　　　　　　㊕
◎機能：着色料・黄。
◎起源：合成アゾ染料。
◎注意及び副作用：肌への長期付着は有害または刺激性。☞用語解説〈アゾ染料〉参照

CI 13015　　　　　　　　　㊕
（E105）
◎機能：着色料・黄。
◎起源：合成アゾ染料。
◎注意及び副作用：☞用語解説〈アゾ染料〉参照

CI 14270　　　　　　　　　㊕
◎機能：着色料・オレンジ。
◎起源：合成アゾ染料。
◎注意及び副作用：☞用語解説〈アゾ染料〉参照

CI 14700（黄504）
（ポンソーSX）
◎機能：着色料・赤。
◎起源：合成アゾ染料。
◎注意及び副作用：欧州では全ての製品への使用可。米国では目に関する製品を除き、販売されている全ての体外使用コスメティックス製品への使用可。☞用語解説〈アゾ染料〉参照

CI 14720　　　　　　　　　　困
（E122）
◎機能：着色料・赤。
◎起源：合成アゾ染料。
◎注意及び副作用：☞用語解説〈アゾ染料〉参照

CI 14815　　　　　　　　　　困
（E125）
◎機能：着色料・赤。
◎起源：合成アゾ染料。
◎注意及び副作用：☞用語解説〈アゾ染料〉参照

CI 15510（橙205）
◎機能：着色料・オレンジ。
◎起源：合成アゾ染料。
◎注意及び副作用：目に有害または刺激性。欧州の規制では、目への直接またはその周囲への利用を目的としたあらゆる製品へのこの染料の使用を禁止している。FDAは、目に関する製品を除く全ての体外使用コスメティックス製品への使用を認めている。☞用語解説〈アゾ染料〉参照

CI 15525　　　　　　　　　　困
◎機能：着色料・赤。
◎起源：合成アゾ染料。
◎注意及び副作用：☞用語解説〈アゾ染料〉参照

CI 15580　　　　　　　　　　困
◎機能：着色料・赤。
◎起源：合成アゾ染料。
◎注意及び副作用：☞用語解説〈アゾ染料〉参照

CI 15620（赤506）
◎機能：着色料・赤。
◎起源：合成アゾ染料。
◎注意及び副作用：肌への長期付着は有害または刺激性。☞用語解説〈アゾ染料〉参照

CI 15630（赤205, 206, 207, 208）
◎機能：着色料・赤。
◎起源：合成アゾ染料。
◎注意及び副作用：☞用語解説〈アゾ染料〉参照

CI 15800（赤219）
（ピグメントレッド64：1）
◎機能：着色料・赤。
◎起源：合成アゾ染料。
◎注意及び副作用：目に有害または刺激性。欧州の規制では、目への直接またはその周囲への利用を目的としたあらゆる製品へのこの染料の使用を禁止している。FDAは、目に関する製品を除く全ての体外使用コスメティックス製品への使用を認めている。☞用語解説〈アゾ染料〉参照

CI 15850（赤201, 202）
D&C Red No.6はこのアゾ染料（ピグメントレッド57）のジナトリウム塩。D&C Red No.7はレーキ（不溶性カルシウム塩（ピグメントレッド57：1））。
◎機能：着色料・赤。
◎起源：合成アゾ染料。
◎注意及び副作用：米国では目に関する製品を除き、販売されている全ての製品への使用可。☞用語解説〈アゾ染料〉参照

CI 15856　　　　　　　　　　困
◎機能：着色料・赤。
◎起源：合成アゾ染料。
◎注意及び副作用：☞用語解説〈アゾ染料〉参照

CI 15865[*1]（赤405）
◎機能：着色料・赤。
◎起源：合成アゾ染料。
◎注意及び副作用：☞用語解説〈アゾ染料〉参照

CI 15880（赤220）
（ピグメントレッド63：1）
◎機能：着色料・赤。
◎起源：合成アゾ染料。
◎注意及び副作用：欧州では全ての製品への使用可。米国では目に関する製品を除き全ての製品への使用可。☞用語解説〈アゾ染料〉参照

CI 15980　困
（E111）
◎機能：着色料・オレンジ。
◎起源：合成アゾ染料。
◎注意及び副作用：☞用語解説〈アゾ染料〉参照

CI 15985（黄5）
（E110、サンセットイエロー）
◎機能：着色料・黄。
◎起源：合成アゾ染料。
◎注意及び副作用：米国では目に関する製品を除き全ての製品への使用可。☞用語解説〈アゾ染料〉参照

CI 15985：1（黄5）
◎機能：着色料・赤。
◎起源：合成アゾ染料。
◎注意及び副作用：☞用語解説〈アゾ染料〉参照

CI 16035（FD&C Red No.40）　困
（アルラレッド、フードレッド17）
◎機能：着色料・赤。
◎起源：合成アゾ染料。
◎注意及び副作用：☞用語解説〈アゾ染料〉参照

CI 16185（赤2）
（E123、アマランス）
◎機能：着色料・赤。
◎起源：合成アゾ染料。
◎注意及び副作用：☞用語解説〈アゾ染料〉参照

CI 16185：1（赤2）
（E123、アマランス）
◎機能：着色料・赤。
◎起源：合成アゾ染料。

◎規制及び副作用：☞用語解説〈アゾ染料〉参照

CI 16230　困
◎機能：着色料・オレンジ。
◎起源：合成アゾ染料。
◎注意及び副作用：まぶた、口、鼻、気道、性器の粘膜への接触は有害もしくは刺激を有する。☞用語解説〈アゾ染料〉参照

CI 16255（赤102）
（E124）
◎機能：着色料・赤。
◎起源：合成アゾ染料。
◎注意及び副作用：☞用語解説〈アゾ染料〉参照

CI 16290　困
（E126）
◎機能：着色料・赤。
◎起源：合成アゾ染料。
◎注意及び副作用：☞用語解説〈アゾ染料〉参照

CI 17200（D&C Red No.31）　困
（アシッドレッド33）
◎機能：着色料・赤。
◎起源：合成アゾ染料。
◎注意及び副作用：欧州では全ての製品への使用可。FDAは、目に関する製品以外の全ての体外使用コスメティックス製品への使用を認めている。☞用語解説〈アゾ染料〉参照

CI 18050　困
◎機能：着色料・赤。
◎起源：合成アゾ染料。
◎注意及び副作用：まぶた、口、鼻、気道、性器の粘膜への接触は有害もしくは刺激を有する。☞用語解説〈アゾ染料〉参照

CI 18130　困
◎機能：着色料・赤。
◎起源：合成アゾ染料。
◎注意及び副作用：肌への長期付着は有害または刺激性。☞用語解説〈アゾ染料〉参照

CI 18690　困
◎機能：着色料・黄。

◎起源：クロム酸を含む合成アゾ染料。
◎注意及び副作用：肌への長期付着は有害または刺激性。クロム酸は接触アレルギー及び接触性皮膚炎を引き起こす。☞用語解説〈アゾ染料〉参照

CI 18736 　㊒
◎機能：着色料・赤。
◎起源：クロム酸を含む合成アゾ染料。
◎注意及び副作用：肌への長期付着は有害または刺激性。クロム酸は接触アレルギー及び接触性皮膚炎を引き起こす。☞用語解説〈アゾ染料〉参照

CI 18820（黄407）
◎機能：着色料・黄。
◎起源：合成アゾ染料。
◎注意及び副作用：肌への長期付着は有害または刺激性。☞用語解説〈アゾ染料〉参照

CI 18965 　㊒
◎機能：着色料・黄。
◎起源：合成アゾ染料。
◎注意及び副作用：☞用語解説〈アゾ染料〉参照

CI 19140（黄4）
（E102、タルトラジン）
◎機能：着色料・黄。
◎起源：合成アゾ染料。
◎注意及び副作用：米国では目に関する製品を除き全ての製品への使用可。☞用語解説〈アゾ染料〉参照

CI 19140: 1（黄4）
◎機能：着色料・黄。
◎起源：合成アゾ染料。
◎注意及び副作用：☞用語解説〈アゾ染料〉参照

CI 20040 　㊒
◎機能：着色料・黄。
◎起源：合成アゾ染料。
◎注意及び副作用：肌への長期付着は有害または刺激性。有害不純物（3,3'-ジメチルベンジン）混入が認知されている。☞用語解説〈アゾ染料〉参照

CI 20170（橙201）
◎機能：着色料・オレンジ。
◎起源：合成アゾ染料。
◎注意及び副作用：まぶた、口、鼻、気道、性器の粘膜への接触は有害もしくは刺激を有する。☞用語解説〈アゾ染料〉参照

CI 20470（黒401）
◎機能：着色料・黒。
◎起源：合成アゾ染料。
◎注意及び副作用：肌への長期付着は有害または刺激性。☞用語解説〈アゾ染料〉参照

CI 21100 　㊒
◎機能：着色料・黄。
◎起源：合成アゾ染料。
◎注意及び副作用：肌への長期付着は有害または刺激性。有害不純物（3,3'-ジメチルベンジン）混入が認知されている。☞用語解説〈アゾ染料〉参照

CI 21108 　㊒
◎機能：着色料・黄。
◎起源：合成アゾ染料。
◎注意及び副作用：まぶた、口、鼻、気道、性器の粘膜への接触は有害もしくは刺激を有する。有害不純物（3,3'-ジメチルベンジン）混入が認知されている。☞用語解説〈アゾ染料〉参照

CI 21230 　㊒
◎機能：着色料・黄。
◎起源：合成アゾ染料。
◎注意及び副作用：まぶた、口、鼻、気道、性器の粘膜への接触は有害もしくは刺激を有する。☞用語解説〈アゾ染料〉参照

CI 24790 　㊒
◎機能：着色料・赤。
◎起源：合成アゾ染料。
◎注意及び副作用：まぶた、口、鼻、気道、性器の粘膜への接触は有害もしくは刺激を有する。☞用語解説〈アゾ染料〉参照

CI 26100（赤225）
（ソルベントレッド23）
◎機能：着色料・赤。
◎起源：合成アゾ染料。

◎**注意及び副作用**：目に有害または刺激性。欧州の規制では、目への直接またはその周囲への利用を目的としたあらゆる製品へのこの染料の使用を禁止している。FDAは、目に関する製品を除く全ての体外使用コスメティックス製品への使用を認めている。この着色料には5種の有害不純物混入が認知されている。☞用語解説〈アゾ染料〉参照

CI 27290　　　　　　㋕
◎**機能**：着色料・赤。
◎**起源**：合成アゾ染料。
◎**注意及び副作用**：肌への長期付着は有害または刺激性。☞用語解説〈アゾ染料〉参照

CI 27755　　　　　　㋕
（E152）
◎**機能**：着色料・黒。
◎**起源**：合成アゾ染料。
◎**注意及び副作用**：☞用語解説〈アゾ染料〉参照

CI 28440　　　　　　㋕
（E151）
◎**機能**：着色料・黒。
◎**起源**：合成アゾ染料。
◎**注意及び副作用**：肌への長期付着は有害または刺激性。☞用語解説〈アゾ染料〉参照

CI 40215　　　　　　㋕
◎**機能**：着色料・オレンジ。
◎**起源**：合成アゾ染料。
◎**注意及び副作用**：肌への長期付着は有害または刺激性。☞用語解説〈アゾ染料〉参照

CI 40800　　　　　　㋕
（ベータカロチン）
◎**機能**：着色料・オレンジ。
◎**起源**：天然植物色素。
◎**注意及び副作用**：副作用未確認。

CI 40820　　　　　　㋕
（E160e）
◎**機能**：着色料・オレンジ。
◎**起源**：天然植物色素。
◎**注意及び副作用**：副作用未確認。

CI 40825　　　　　　㋕
（E160f）
◎**機能**：着色料・オレンジ。
◎**起源**：天然植物色素。
◎**注意及び副作用**：副作用未確認。

CI 40850　　　　　　㋕
（E160g）
◎**機能**：着色料・オレンジ。
◎**起源**：天然植物色素。
◎**注意及び副作用**：副作用未確認。

CI 42045　　　　　　㋕
◎**機能**：着色料・青。
◎**起源**：合成コールタール染料。
◎**注意及び副作用**：まぶた、口、鼻、気道、性器の粘膜への接触は有害もしくは刺激を有する。

CI 42051　　　　　　㋕
（E131、パテントブルーV）
◎**機能**：着色料・青。
◎**起源**：合成コールタール染料。
◎**注意及び副作用**：肌の過敏症、痒み、蕁麻疹（発疹または皮疹）、呼吸困難、吐き気、血圧低下、ショック症状を引き起こす可能性あり。アレルギーの既往症を有する人は使用を避けること。

CI 42053（緑3）
（ファストグリーンFCF）
◎**機能**：着色料・緑。
◎**起源**：合成コールタール染料。
◎**注意及び副作用**：米国では目に関する製品を除き全ての製品への使用可。

CI 42080　　　　　　㋕
◎**機能**：着色料・青。
◎**起源**：合成コールタール染料。
◎**注意及び副作用**：肌への長期付着は有害または刺激性。

CI 42090（青205）
（E133、ブリリアントブルーFCF）
◎**機能**：着色料・青。
◎**起源**：合成コールタール染料。

CI 42100　　　　　　　　　　　㊒
◎機能：着色料・緑。
◎起源：合成コールタール染料。
◎注意及び副作用：肌への長期付着は有害または刺激性。

CI 42170　　　　　　　　　　　㊒
◎機能：着色料・緑。
◎起源：合成コールタール染料。
◎注意及び副作用：肌への長期付着は有害または刺激性。

CI 42510　　　　　　　　　　　㊒
（フクシン）
◎機能：着色料・紫。
◎起源：合成コールタール染料。
◎注意及び副作用：まぶた、口、鼻、気道、性器の粘膜への接触は有害もしくは刺激を有する。

CI 42520　　　　　　　　　　　㊒
◎機能：着色料・紫。
◎起源：合成コールタール染料。
◎注意及び副作用：肌への長期付着は有害または刺激性。

CI 42735　　　　　　　　　　　㊒
◎機能：着色料・青。
◎起源：合成コールタール染料。
◎注意及び副作用：まぶた、口、鼻、気道、性器の粘膜への接触は有害もしくは刺激を有する。

CI 44045　　　　　　　　　　　㊒
◎機能：着色料・青。
◎起源：合成コールタール染料。
◎注意及び副作用：まぶた、口、鼻、気道、性器の粘膜への接触は有害もしくは刺激を有する。

CI 44090　　　　　　　　　　　㊒
（E142、グリーンS、アシッドブリリアントグリーンBS、リッサミングリーン）
◎機能：着色料・緑。
◎起源：合成コールタール染料。
◎注意及び副作用：副作用未確認。

CI 45100（赤106）
◎機能：着色料・赤。
◎起源：合成コールタール染料。
◎注意及び副作用：肌への長期付着は有害または刺激性。

CI 45190（赤401）
◎機能：着色料・紫。
◎起源：合成コールタール染料。
◎注意及び副作用：肌への長期付着は有害または刺激性。

CI 45220　　　　　　　　　　　㊒
◎機能：着色料・赤。
◎起源：合成コールタール染料。
◎注意及び副作用：肌への長期付着は有害または刺激性。

CI 45350（黄202（2））
（フルオレセインナトリウム、アシッドイエロー73）
◎機能：着色料・黄。
◎起源：合成コールタール染料。
◎注意及び副作用：欧州では全ての製品への使用可。FDAは、目に関する製品以外の全ての体外使用コスメティックス製品に対し、濃度規制なしに使用を認めている。

CI 45350：1（黄201および黄202（1））
（フルオレセイン、ソルベントイエロー94）
◎機能：着色料・黄。
◎起源：合成コールタール染料。
◎注意及び副作用：FDAは、目に関する製品以外の全ての体外使用コスメティックス製品に対し、濃度規制なしに使用を認めている。

CI 45370　　　　　　　　　　　㊒
◎機能：着色料・オレンジ。
◎起源：合成コールタール染料。
◎注意及び副作用：この着色料には2種の有害不純物混入が認知されている。

CI 45370（橙201）
◎機能：着色料・オレンジ。
◎起源：上記CI 45370から派生したジルコニウムを含む合成コールタール染料で、同じ色素指数番号を有する。
◎注意及び副作用：この着色料には2種の有害

不純物混入が認知されている。ジルコニウム塩は肺損傷及び肉芽腫を引き起こす。欧州、米国ともにスプレータイプの製品への使用を禁止。

CI 45380（赤223, 赤230（1）, 赤230（2））
（アシッドレッド87、エオシン）
◎機能：着色料・赤。
◎起源：合成染料。
◎注意及び副作用：この着色料には2種の有害不純物混入が認知されている。感光性を引き起こすことがある。

CI 45380
◎機能：着色料・赤。
◎起源：上記CI 45380から派生したジルコニウムを含む合成染料で、同じ色素指数番号を有する。
◎注意及び副作用：この着色料には2種の有害不純物混入が認知されている。ジルコニウム塩は肺損傷及び肉芽腫を引き起こす。欧州、米国ともにスプレータイプの製品への使用を禁止。

CI 45396
◎機能：着色料・オレンジ。
◎起源：合成コールタール染料。
◎注意及び副作用：この着色料には2種の有害不純物混入が認知されている。

CI 45405
◎機能：着色料・赤。
◎起源：合成染料。
◎注意及び副作用：目に有害または刺激性。この着色料には2種の有害不純物混入が認知されている。

CI 45410（赤104（1））
本来のCI 45410（ソルベントレッド28）はD&C Red No.27。D&C Red No.28はCI 45410（アシッドレッド92）のジナトリウム塩。
◎機能：着色料・赤。
◎起源：合成染料。
◎注意及び副作用：この着色料には2種の有害不純物混入が認知されている。FDAは、目に関する製品以外の全てのコスメティックス製品に対して使用を認めている。

CI 45410（赤104（1）, 218, 231）
◎機能：着色料・赤。
◎起源：上記CI 45410から派生したジルコニウムを含む合成染料で、同じ色素指数番号を有する。
◎注意及び副作用：この着色料には2種の有害不純物混入が認知されている。ジルコニウム塩は肺損傷及び肉芽腫を引き起こす。欧州、米国ともにスプレータイプの製品への使用を禁止。

CI 45425（橙206, 207）
◎機能：着色料・赤。
◎起源：合成コールタール染料。
◎注意及び副作用：この着色料には2種の有害不純物混入が認知されている。

CI 45430（赤3）
（E127、エリトロシン）
◎機能：着色料・赤。
◎起源：合成コールタール染料。
◎注意及び副作用：この着色料には2種の有害不純物混入が認知されている。

CI 47000（黄204）
◎機能：着色料・黄。
◎起源：合成コールタール染料。
◎注意及び副作用：まぶた、口、鼻、気道、性器の粘膜への接触は有害もしくは刺激を有する。

CI 47005（黄203）
（E105）
◎機能：着色料・黄。
◎起源：合成コールタール染料。

CI 50325
◎機能：着色料・紫。
◎起源：合成コールタール染料。
◎注意及び副作用：肌への長期付着は有害または刺激性。

CI 50420
◎機能：着色料・黒。
◎起源：合成コールタール染料。
◎注意及び副作用：まぶた、口、鼻、気道、性器の粘膜への接触は有害もしくは刺激を有する。

CI 51319 ㊛
◎機能：着色料・黒。
◎起源：合成コールタール染料。
◎注意及び副作用：肌への長期付着は有害または刺激性。

CI 58000 ㊛
◎機能：着色料・赤。
◎起源：合成コールタール染料。

CI 59040（緑204）
（ソルベントグリーン7）
◎機能：着色料・緑。
◎起源：合成コールタール染料。
◎注意及び副作用：まぶた、口、鼻、気道、性器の粘膜への接触は有害もしくは刺激を有する。欧州では、前記部位への直接またはその周囲への利用を目的としたあらゆる製品への使用を禁止。FDAでは使用量上限を0.01％に、目に関する製品以外の全ての体外使用製剤に対して使用を認めている。

CI 60724 ㊛
◎機能：着色料・紫。
◎起源：合成コールタール染料。
◎注意及び副作用：肌への長期付着は有害または刺激性。

CI 60725（紫201）
◎機能：着色料・紫。
◎起源：合成コールタール染料。

CI 60730（紫401）
（アシッドバイオレット43）
◎機能：着色料・紫。
◎起源：合成コールタール染料。
◎注意及び副作用：まぶた、口、鼻、気道、性器の粘膜への接触は有害もしくは刺激を有する。欧州では、前記部位への直接またはその周囲への利用を目的としたあらゆる製品への使用を禁止。FDAでは、目に関する製品以外の全ての体外使用コスメティックス製品に対して使用を認めている。

CI 61565（緑202）
（ソルベントグリーン3）
◎機能：着色料・緑。
◎起源：合成コールタール染料。
◎注意及び副作用：欧州では販売されている全ての製品への使用可。米国では目に関する製品以外の全ての体外使用コスメティックス製品に対して使用を認めている。

CI 61570（緑201）
（アシッドグリーン25）
◎機能：着色料・緑。
◎起源：合成コールタール染料。

CI 61585 ㊛
◎機能：着色料・青。
◎起源：合成コールタール染料。
◎注意及び副作用：肌への長期付着は有害または刺激性。

CI 62045 ㊛
◎機能：着色料・青。
◎起源：合成コールタール染料。
◎注意及び副作用：肌への長期付着は有害または刺激性。

CI 69800 ㊛
（E130）
◎機能：着色料・青。
◎起源：合成コールタール染料。

CI 69825（青204）
◎機能：着色料・青。
◎起源：合成コールタール染料。

CI 71105 ㊛
◎機能：着色料・オレンジ。
◎起源：合成コールタール染料。
◎注意及び副作用：まぶた、口、鼻、気道、性器の粘膜への接触は有害もしくは刺激を有する。

CI 73000（青201）
◎機能：着色料・青。
◎起源：合成コールタール染料。

CI 73015（青2）
（E132、インジゴカルミン、インジゴチン）
◎機能：着色料・青。
◎起源：合成コールタール染料。
◎注意及び副作用：刺激性。皮膚発疹及び痒みを引き起こす可能性あり。

CI 73360（赤226）
（バットレッド1）
◎**機能**：着色料・赤。
◎**起源**：合成コールタール染料。
◎**注意及び副作用**：米国で販売されている目に関する製品を除く全ての製品への使用可。

CI 73385 困
◎**機能**：着色料・紫。
◎**起源**：合成コールタール染料。

CI 73900 困
◎**機能**：着色料・紫。
◎**起源**：合成コールタール染料。
◎**注意及び副作用**：肌への長期付着は有害または刺激性。

CI 73915 困
◎**機能**：着色料・赤。
◎**起源**：合成コールタール染料。
◎**注意及び副作用**：肌への長期付着は有害または刺激性。

CI 74100 困
◎**機能**：着色料・青。
◎**起源**：クロロフィル関連の合成染料。
◎**注意及び副作用**：肌への長期付着は有害または刺激性。

CI 74160（青404）
◎**機能**：着色料・青。
◎**起源**：クロロフィル関連の合成染料。

CI 74180 困
◎**機能**：着色料・青。
◎**起源**：クロロフィル関連の合成染料。
◎**注意及び副作用**：肌への長期付着は有害または刺激性。

CI 74260 困
◎**機能**：着色料・緑。
◎**起源**：クロロフィル関連の合成染料。
◎**注意及び副作用**：目に有害または刺激性。

CI 75100 困
（サフラン）
◎**機能**：着色料・黄。
◎**起源**：天然植物（クロッカス）エキス。

CI 75120 困
（E160b、アンナット、ビキシン、ノルビキシン）
◎**機能**：着色料・オレンジ。
◎**起源**：ベニノキ（学名：*Bixa orellana*）の種皮に含まれる天然植物染料。

CI 75125 困
（E160d、リコピン）
◎**機能**：着色料・黄。
◎**起源**：トマトから抽出される天然染料。

CI 75130 困
（E160a、ベータカロチン）
◎**機能**：着色料・オレンジ。
◎**起源**：天然植物染料。

CI 75135 困
（E161d、ルビキサンシン）
◎**機能**：着色料・黄。
◎**起源**：バラの実に豊富に含まれる天然植物染料。同じ色素指数番号CI 75135を有する食品着色料カンサキサンシンと非常に近い関係にある。

CI 75170 困
◎**機能**：着色料・白。
◎**起源**：天然染料（グアニン）。塩基と称される天然物質で、DNA分子の主要成分。

CI 75300 困
（E100）
◎**機能**：着色料・黄。
◎**起源**：ウコン根から抽出される天然染料。
◎**注意及び副作用**：副作用未確認。

CI 75470 困
（E120、コチニール、カルミン酸、カルミン・オブ・コチニール）
◎**機能**：着色料・赤。
◎**起源**：変性天然染料。
◎**注意及び副作用**：子どもの運動過剰に関係あり。

CI 75810 困
（E140、クロロフィル）
◎**機能**：着色料・緑。
◎**起源**：天然染料。他の主として無害な植物素材の除去が難しいため、不純物を含むこと

がままある。
◎注意及び副作用：副作用未確認。

CI 77000 困
◎機能：着色料・白または銀。美しく装うためのコスメティックス製品にきらめきを付加するためにしばしば利用される。
◎起源：アルミニウム粉。

CI 77002 困
◎機能：着色料・白。
◎起源：合成物質（水酸化硫酸アルミニウム）。

CI 77004 困
◎機能：着色料・白。
◎起源：精製天然鉱物（ベントナイト、主としてモンモリロナイトを含むコロイド粘土）。

CI 77007 困
◎機能：着色料・青。
◎起源：精製天然鉱物。

CI 77015 困
◎機能：着色料・赤。
◎起源：精製天然鉱物（青金石）。

CI 77120 困
（硫酸バリウム）
◎機能：着色料・白。
◎起源：精製天然鉱物。人工生成も可能。

CI 77163 困
◎機能：着色料・白。
◎起源：合成物質（酸化塩化ビスマス）。
◎注意及び副作用：ビスマス化合物は毒性。知能障害、記憶喪失、意識混濁、調整不能（ぎこちない動き）、震え、痙攣、歩行困難を引き起こす。

CI 77220 困
（E170、炭酸カルシウム）
◎機能：着色料・白。
◎起源：精製天然鉱物（白亜または大理石）。人工生成も可能。

CI 77231 困
（硫酸カルシウム、石膏）
◎機能：着色料・白。

◎起源：精製天然鉱物（石膏）。人工生成も可能。

CI 77266 困
（カーボンブラック）
◎機能：着色料・黒。
◎起源：空気量を限定し炭化水素を燃焼させて生成する煤。
◎注意及び副作用：石油製品の燃焼により得るカーボンブラックからは発癌物質が検出されている。

CI 77267 困
◎機能：着色料・黒。
◎起源：骨炭。密閉容器内で動物の骨を燃焼させて得る黒い微粉末。主としてリン酸カルシウムと炭素から成る。

CI 77268：1 困
（E153）
◎機能：着色料・黒。
◎起源：動物（炭素）から得るコークスまたは炭の微粉末。
◎注意及び副作用：癌と関係があることから、米国では食品添加物としての使用を禁止。

CI 77288 困
（三酸化第二クロム、酸化クロム(III)、クロム煉瓦）
◎機能：着色料・緑。
◎起源：合成物質。クロムを含み、以下に挙げるCI 77289と非常に近い関係にあるが、物理的特性は異なる。
◎注意及び副作用：この染料は使用前にクロム酸のイオンから完全に分離しておかなければならない。クロム酸は接触アレルギー及び接触性皮膚炎を引き起こす。

CI 77289 困
（三酸化第二クロム、酸化クロム(III)、クロム煉瓦）
◎機能：着色料・緑。
◎起源：合成物質。クロムを含み、前出CI 77288と非常に近い関係にあるが、物理的特性は異なる。
◎注意及び副作用：この染料は使用前にクロム酸のイオンから完全に分離しておかなければならない。クロム酸は接触アレルギー及

び接触性皮膚炎を引き起こす。

CI 77346
- ◎機能：着色料・緑。
- ◎起源：クロロフィルと関連のある合成染料。

CI 77400
- ◎機能：着色料・茶。
- ◎起源：銅微粉末。

CI 77480
（E175）
- ◎機能：着色料・茶。美しく装うためのコスメティックス製品にゴールドのきらめきを付与できる。
- ◎起源：金微粉末。

CI 77489
（E172、オレンジ）
- ◎機能：着色料・オレンジ。
- ◎起源：鉄精製酸化物。

CI 77491
（E172、赤）
- ◎機能：着色料・赤。
- ◎起源：鉄精製酸化物。

CI 77492
（E172、黄）
- ◎機能：着色料・黄。
- ◎起源：鉄精製酸化物。

CI 77499
（E172、黒）
- ◎機能：着色料・黒。
- ◎起源：鉄精製酸化物。

CI 77510
（プルシアンブルー）
- ◎機能：着色料・青。
- ◎起源：鉄塩及びシアン化合物から生成する合成物質。
- ◎注意及び副作用：製造工程の副産物として含まれているシアン化合物は、使用前に必ず除去すること。

CI 77713
- ◎機能：着色料・白。
- ◎起源：天然鉱物（炭酸マグネシウム）。しばしば人工生成される。

CI 77742
- ◎機能：着色料・紫。
- ◎起源：人工合成の二リン酸マンガンアンモニウム。

CI 77745
- ◎機能：着色料・赤。
- ◎起源：二リン酸マンガンを含む天然鉱物。しばしば人工生成される。

CI 77820
（E174、銀）
- ◎機能：白または銀の着色料。マニキュア液のような美しく装うためのコスメティックス製品にきらめきを付加するために使用される。
- ◎起源：銀微粉末。
- ◎注意及び副作用：欧州では販売されている全ての製品への使用可。FDAは使用量上限を完成品の1％に規制。

CI 77891
（E171、二酸化チタン）
- ◎機能：着色料・白。
- ◎起源：天然鉱物（ルチル）、しばしば人工合成される。

CI 77947
（酸化亜鉛）
- ◎機能：着色料・白。
- ◎起源：合成物質。

C数字-数字パレス系
例：C11-15パレス-28、C12-15パレス-12オレイン酸。
- ◎機能：主として乳化剤及び界面活性剤。
- ◎起源：エチレンオキシドから生成される様々な合成成分。これらエトキシル化された物質は多様な他分子と結合して多岐にわたるコスメティックス素材を生成することがある。数字が大きいほどエトキシル化も高くなり（分子が大きくなる）、結果、通常は水溶度も高くなる。
- ◎注意及び副作用：エチレンオキシド（オキシラン）を利用して生成されるエトキシル化成分は、製造過程の副産物として発癌物質の

1,4-ジオキサンを形成することがある。☞用語解説〈ジオキサン〉参照

D&C Blue No.4 ㊤
◎機能：着色料・青。
◎起源：合成コールタール染料。

D&C Brown No.1 ㊤
◎機能：着色料・茶。
◎起源：合成アゾ染料。
◎注意及び副作用：☞用語解説〈アゾ染料〉参照

D&C Orange No.5 ㊤
◎機能：着色料・オレンジ。
◎起源：CI 45370（ソルベントレッド72）及びCI 45380（ソルベントレッド43）を含む合成コールタール染料の混合物。

D&C Orange No.10 ㊤
◎機能：着色料・オレンジ。
◎起源：CI 45425（ソルベントレッド73）を含む合成コールタール染料の混合物。

D&C Orange No.11 ㊤
◎機能：着色料・オレンジ。
◎起源：合成コールタール染料の混合物。

D&C Red No.21 ㊤
◎機能：着色料・赤。
◎起源：CI 45380：2（ソルベントレッド43）を含む合成コールタール染料の混合物。

D&C Red No.22 ㊤
◎機能：着色料・赤。
◎起源：CI 45380（アシッドレッド87）を含む合成コールタール染料の混合物。

D&C Red No.39 ㊤
◎機能：着色料・赤。
◎起源：合成アゾ染料。
◎注意及び副作用：☞用語解説〈アゾ染料〉参照

D&C Violet No.2 ㊤
◎機能：着色料・紫。
◎起源：合成コールタール染料。

D&C Yellow No.10 ㊤
◎機能：着色料・黄。
◎起源：CI 47005（アシッドイエロー3）を含む合成コールタール染料の混合物。

D&C Yellow No.11 ㊤
◎機能：着色料・黄。
◎起源：合成コールタール染料。

DEA
（ジエタノールアミン）
◎機能：pH調整剤（酸度減少に使用）。DEAそのものがコスメティックスまたはトイレタリー製品に使用されることはまれだが、DEA関連成分は様々な製品に広く利用されている。たとえばコカミドDEAは多くのトイレタリー製品によくみられる界面活性剤及び起泡力増進剤である。
◎起源：合成物質。
◎注意及び副作用：目下調査中だがDEA残留物に癌誘発懸念あり。☞用語解説〈DEA〉参照

（ラウラミド／ミリスタミド）DEA
◎機能：界面活性剤／起泡剤。
◎起源：半合成または合成物質。
◎注意及び副作用：目下調査中だがDEA残留物に癌誘発懸念あり。☞用語解説〈DEA〉参照

セテアレス-2リン酸DEA ㊤
◎機能：乳化剤。
◎起源：合成物質。
◎注意及び副作用：目下調査中だがDEA残留物に癌誘発懸念あり。エチレンオキシド（オキシラン）を利用して生成されるエトキシル化成分は、製造過程の副産物として発癌物質の1,4-ジオキサンを形成することがある。☞用語解説〈ジオキサン〉〈DEA〉参照

DEDMジラウリン酸ヒダントイン ㊤
◎機能：抗菌剤。
◎起源：合成物質。
◎注意及び副作用：ヒダントインは接触性皮膚炎に関係あり。

DEDMヒダントイン ㊤
◎機能：抗菌剤。

◎**起源**：合成物質。
◎**注意及び副作用**：ヒダントインは接触性皮膚炎に関係あり。

DMDMヒダントインPEG-5　　困
◎**機能**：抗菌剤。
◎**起源**：合成物質。
◎**注意及び副作用**：ヒダントインは接触性皮膚炎と関係あり。エチレンオキシド（オキシラン）を利用して生成されるエトキシル化成分は、製造過程の副産物として発癌物質の1,4-ジオキサンを形成することがある。☞用語解説〈ジオキサン〉参照

DEDMヒダントインPEG-15　　困
◎**機能**：抗菌剤。
◎**起源**：合成物質。
◎**注意及び副作用**：ヒダントインは接触性皮膚炎と関係あり。エチレンオキシド（オキシラン）を利用して生成されるエトキシル化成分は、製造過程の副産物として発癌物質の1,4-ジオキサンを形成することがある。☞用語解説〈ジオキサン〉参照

DEET
☞「ジエチルトルアミド」参照

DMDMヒダントイン
◎**機能**：防腐剤。
◎**起源**：合成物質。
◎**注意及び副作用**：接触性皮膚炎を引き起こす可能性あり。

DMヒダントイン　　困
◎**機能**：粘度調整剤。
◎**起源**：合成物質。
◎**注意及び副作用**：ヒダントインは接触性皮膚炎に関係あり。

EDTA-2Na
（エデト酸二ナトリウム）
◎**機能**：キレート剤／粘度調整剤。
◎**起源**：合成物質。
◎**注意及び副作用**：目下副作用未確認。

EDTA-4Na
（エデト酸4ナトリウム）
◎**機能**：キレート剤／防腐剤。水を軟水にし、細菌増殖に不可欠な鉱物と結合、保存料として機能する。
◎**起源**：合成物質。
◎**注意及び副作用**：目下副作用未確認。

L-アルファヒドロキシ酸　　困
（アルファヒドロキシ酸）
◎**機能**：剥離剤。
◎**起源**：様々。
◎**注意及び副作用**：アルファヒドロキシ酸（AHA）は肌の剥離に利用される（肌細胞の外層を溶かして除去するピーリング剤）。AHAは太陽に対する過敏性を助長する場合がある。AHAを用いた処置後すぐに肌を太陽にさらさないこと。必ず目立たない部位で試してから使用する。肌に刺激や赤み、出血、痛みがあらわれた場合使用を中止する。子どもへの使用は避けた方がいい。剥離性皮膚炎を引き起こすことあり。

MDMヒダントイン　　困
◎**機能**：抗菌剤。
◎**起源**：合成物質。
◎**注意及び副作用**：ヒダントインは接触性皮膚炎と関係あり。

MEAo-フェニルフェノール　　困
◎**機能**：防腐剤。
◎**起源**：合成物質。

MEA-ウンデシレン酸
◎**機能**：防腐剤。
◎**起源**：合成物質。

MEA-サリチル酸　　困
◎**機能**：防腐剤。
◎**起源**：合成物質。

MEA-ホウ酸　　困
◎**機能**：粘度調整剤。
◎**起源**：合成物質。
◎**注意及び副作用**：ホウ酸は毒性。胎児の奇形に関係あり。

MEA-安息香酸　　困
◎**機能**：防腐剤。
◎**起源**：安息香酸塩系の合成物質。
◎**注意及び副作用**：安息香酸及び安息香酸塩

は様々な健康問題に関係あり。☞用語解説〈安息香酸塩〉参照

MIPAホウ酸 ㋺
◎機能：粘度調整剤。
◎起源：合成物質。
◎注意及び副作用：ホウ酸は毒性。胎児の奇形と関係あり。

m-フェニレンジアミン ㋺
◎機能：ヘアダイ。
◎起源：合成物質。
◎注意及び副作用：刺激性。変異原性（細胞の突然変異を引き起こす）が発見されている。

m-フェニレンジアミン硫酸塩 ㋺
◎機能：ヘアダイ。
◎起源：合成物質。
◎注意及び副作用：刺激性。変異原性（細胞の突然変異を引き起こす）が発見されている。

N-フェニル-p-フェニレンジアミンHCl ㋺
◎機能：ヘアダイ。
◎起源：合成物質。
◎注意及び副作用：刺激性。

o-ニトロ-p-アミノフェノール ㋺
◎機能：ヘアダイ。
◎起源：合成物質。
◎注意及び副作用：癌誘発懸念あり。

o-フェニルフェノールカリウム ㋺
◎機能：防腐剤。
◎起源：半合成または合成物質。

PABA
（p-アミノ安息香酸、4-アミノ安息香酸）
◎機能：紫外線吸収剤。
◎起源：安息香酸塩系の合成物質。
◎注意及び副作用：安息香酸及び安息香酸塩は様々な健康問題に関係あり（☞用語解説〈安息香酸塩〉参照）。人によって刺激性。接触性皮膚炎及び感光性を引き起こす可能性あり。

PCAヒドロキノン ㋺
◎機能：添加剤。
◎起源：合成物質。
◎注意及び副作用：色素沈着過度（肌に茶色い斑点が現れる）及び接触性皮膚炎を引き起こす可能性あり。

PCA亜鉛
◎機能：湿潤剤。
◎起源：合成物質。
◎規制及び副作用：溶性亜鉛塩は毒性。

PEG-25PABA ㋺
◎機能：紫外線吸収剤。
◎起源：合成物質。
◎注意及び副作用：この物質の安全性は不確かで、欧州ではコスメティックス製品への使用は1998年6月30日まで条件付きでしか認可されていなかった。しかし同年9月3日、さらなる科学実験に基づき、条件を撤廃した上で、この成分のコスメティックス製品への使用を許可。他のコスメティックスやトイレタリー製品の成分を、太陽光の有害な影響から保護するために使用されることもある。エチレンオキシド（オキシラン）を利用して生成されるエトキシル化成分は、製造過程の副産物として発癌物質の1,4-ジオキサンを形成することがある。☞用語解説〈ジオキサン〉参照

PEG系
（ポリエチレングリコール、ポリオキシエチレングリコール、ポリ（エタン-1,2-ジオル））
◎機能：含有種が多く、機能も多岐にわたる。たとえばPEG-75ラノリンは保存及び軟化効能を有し、ステアリン酸PEG-20は乳化剤である。他にも、界面活性剤、乳化安定剤、粘度調整剤（しばしば増粘剤）などとして利用される。
◎起源：エチレンオキシドから生成される様々な合成ポリマー。このような合成ポリマーは、多様な他分子と結合して数多くのコスメティックス成分を生成する。数字が大きくなるにつれてエトキシル化度も高くなり（分子が大きくなる）、通常水溶性も高くなる。
◎注意及び副作用：エチレンオキシド（オキシラン）を利用して生成されるPEG系の成分は、製造過程の副産物として発癌物質の1,4-ジオキサンを形成することがある。☞用語解説〈ジオキサン〉参照

PVP
（ポリビニルピロリドン）
- ◎機能：帯電防止剤／結合剤／乳化安定剤／塗膜形成剤。
- ◎起源：合成ポリマー。
- ◎注意及び副作用：癌誘発懸念あり。美しく装うためのコスメティックス製品に広く用いられている多数のPVPコポリマー。その中にPVP残留物が混入していることがある。

p-フェニレンジアミン　［禁］
（パラフェニレンジアミン）
- ◎機能：ヘアダイ。
- ◎起源：合成物質。
- ◎注意及び副作用：肌への強い刺激。吸入及び摂取により毒性。突然変異誘発物質と実証されている。接触性皮膚炎を引き起こす可能性あり。

p-フェニレンジアミンHCl　［禁］
（塩酸パラフェニレンジアミン）
- ◎機能：ヘアダイ。
- ◎起源：合成物質。
- ◎注意及び副作用：肌への強い刺激。吸入及び摂取により毒性。アルカリ基が突然変異誘発物質と実証されている。接触性皮膚炎を引き起こす可能性あり。

p-フェニレンジアミン硫酸塩　［禁］
- ◎機能：ヘアダイ。
- ◎起源：合成物質。
- ◎注意及び副作用：肌への強い刺激。吸入及び摂取により毒性。アルカリ基が突然変異誘発物質と実証されている。接触性皮膚炎を引き起こす可能性あり。

p-メチルアミノフェノール　［禁］
（アミノメチルフェノール）
- ◎機能：ヘアダイ。
- ◎起源：合成物質。
- ◎注意及び副作用：目下副作用未確認。

p-メトキシ桂皮酸イソアミル　［禁］
- ◎機能：紫外線吸収剤。
- ◎起源：合成物質。
- ◎注意及び副作用：この物質の安全性は不確かで、欧州ではコスメティックス製品への使用は1998年6月30日まで条件付きでしか認可されていなかった。しかしさらなる科学実験に基づき、条件を撤廃した上で、この成分のコスメティックス製品への使用を許可。他のコスメティックスやトイレタリー製品の成分を、太陽光の有害な影響から保護するために使用されることもある。桂皮酸は人によって刺すような刺激を引き起こすとの報告あり。

t-ブチルハイドロキノン　［禁］
- ◎機能：酸化防止剤。
- ◎起源：合成物質。
- ◎注意及び副作用：唇用メイク製品に使用した場合、アレルギー性の接触性皮膚炎を引き起こす可能性がある。

t-ブチルメトキシジベンゾイルメタン
（t-ブチル-4-メトキシジベンゾイルメタン、アヴォベンゾン）
- ◎機能：紫外線吸収剤。
- ◎起源：合成物質。
- ◎注意及び副作用：人によって刺激性。

【あ】

アーモンドアミドDEA　［禁］
- ◎機能：界面活性剤。
- ◎起源：アーモンドオイルからの半合成物質。
- ◎注意及び副作用：目下調査中だが、DEA残留物には癌誘発懸念あり。☞用語解説〈DEA〉参照

アーモンドオイル（学名：*Prunus dulcis*）
- ◎機能：軟化剤。
- ◎起源：スイートアーモンドの種子から抽出されるオイル。
- ◎注意及び副作用：目下副作用未確認。アーモンドアレルギーの人は、アーモンド成分を含む製品の使用前にパッチテストを行うことをお薦めする。

アクリレーツコポリマー
- ◎機能：帯電防止剤／結合剤／皮膜形成剤。
- ◎起源：石油精製の合成物質。
- ◎注意及び副作用：目下副作用未確認。

アクリレーツジメチコンクロスポリマー　［禁］
- ◎機能：塗膜形成剤。

◎起源：合成シリコンポリマー。
◎注意及び副作用：目下副作用未確認。

アシッドイエロー1（黄403（1））
（CI 10316）
◎機能：ヘアダイ。
◎起源：合成コールタール染料。
◎注意及び副作用：目に有害または刺激性。目への直接またはその周辺への利用を目的とした全ての製品への使用禁止。FDAは、目に関する製品を除く全ての体外使用コスメティックス製品への使用を認めている。

アシッドイエロー23（黄4）
（CI 19140）
◎機能：ヘアダイ。
◎起源：合成アゾ染料。
◎注意及び副作用：☞用語解説〈アゾ染料〉参照

アシッドイエロー73─ナトリウム塩（黄202）
（CI 45350、フルオレセインナトリウム）
◎機能：ヘアダイ。
◎起源：合成コールタール染料。
◎注意及び副作用：FDAは、目に関する製品を除く全ての体外使用コスメティックス製品への使用を認めている。

アシッドオレンジ6
（CI 14270）
◎機能：ヘアダイ。
◎起源：合成アゾ染料。
◎注意及び副作用：用語解説〈アゾ染料〉参照

アシッドオレンジ7（橙205）
（CI 15510）
◎機能：ヘアダイ。
◎起源：合成アゾ染料。
◎注意及び副作用：目に有害または刺激性。☞用語解説〈アゾ染料〉参照

アシッドオレンジ24（橙201）
（CI 20170）
◎機能：ヘアダイ。
◎起源：合成アゾ染料。
◎注意及び副作用：まぶた、口、鼻、気道、性器の粘膜に付着した場合は有害もしくは刺激性。☞用語解説〈アゾ染料〉参照

アシッドグリーン1（緑401）
（CI 10020）
◎機能：ヘアダイ。
◎起源：合成コールタール染料。
◎注意及び副作用：まぶた、口、鼻、気道、性器の粘膜に付着した場合は有害もしくは刺激性。

アシッドグリーン25（緑201）
（CI 61570）
◎機能：ヘアダイ。
◎起源：合成コールタール染料。

アシッドグリーン50
（CI 44090）
◎機能：ヘアダイ。
◎起源：合成コールタール染料。

アシッドバイオレット43（紫401）
（CI 60730）
◎機能：ヘアダイ。
◎起源：合成コールタール染料。
◎注意及び副作用：まぶた、口、鼻、気道、性器の粘膜に付着した場合は有害もしくは刺激性。欧州では前記部位への直接またはその周辺への利用を目的とした全ての製品への使用禁止。FDAは、目に関する製品を除く全ての体外使用コスメティックス製品への使用を認めている。

アシッドブラック52
（CI 15711）
◎機能：ヘアダイ。
◎起源：合成アゾ染料。
◎注意及び副作用：☞用語解説〈アゾ染料〉参照

アシッドブルー1
（CI 42045）
◎機能：ヘアダイ。
◎起源：合成コールタール染料。
◎注意及び副作用：まぶた、口、鼻、気道、性器の粘膜に付着した場合は有害もしくは刺激性。

アシッドブルー3
（CI 42051）
◎機能：ヘアダイ。
◎起源：合成コールタール染料。

アシッドブルー9（青205）
（CI 42090）
◎機能：ヘアダイ。
◎起源：合成コールタール染料。

アシッドブルー62
（CI 62045）
◎機能：ヘアダイ。
◎起源：合成コールタール染料。
◎注意及び副作用：肌への長期接触の場合有害もしくは刺激性。

アシッドブルー74（青2）
（CI 73015）
◎機能：ヘアダイ。
◎起源：合成コールタール染料。

アシッドレッド14
（CI 14720）
◎機能：ヘアダイ。
◎起源：合成アゾ染料。
◎注意及び副作用：☞用語解説〈アゾ染料〉参照

アシッドレッド18（赤102）
（CI 16255）
◎機能：ヘアダイ。
◎起源：合成アゾ染料。
◎注意及び副作用：☞用語解説〈アゾ染料〉参照

アシッドレッド27（赤2）
（CI 16185）
◎機能：ヘアダイ。
◎起源：合成アゾ染料。
◎注意及び副作用：☞用語解説〈アゾ染料〉参照

アシッドレッド33（D&C Red No.33）
（CI 17200）
◎機能：ヘアダイ／着色料・赤。
◎起源：合成アゾ染料。
◎注意及び副作用：欧州で販売されている全ての製品への使用可。FDAでは、体外使用の全てのコスメティックス製品への添加は許可しているが、オーラルケア製剤及び唇に使用するコスメティックス製品に関しては、使用量を完成品の3％に制限している。☞用語解説〈アゾ染料〉参照

アシッドレッド35
（CI 18065）
◎機能：ヘアダイ。
◎起源：合成アゾ染料。
◎注意及び副作用：☞用語解説〈アゾ染料〉参照

アシッドレッド51（赤3）
（CI 45430、エリスロシン）
◎機能：ヘアダイ。
◎起源：合成コールタール染料。
◎注意及び副作用：2種類の有毒不純物含有が認められている。

アシッドレッド52（赤106）
（CI 45100）
◎機能：ヘアダイ。
◎起源：合成コールタール染料。
◎注意及び副作用：肌への長期接触の場合有害もしくは刺激性。

アシッドレッド73
（CI 27290）
◎機能：ヘアダイ。
◎起源：合成アゾ染料。
◎注意及び副作用：肌への長期接触の場合有害もしくは刺激性。☞用語解説〈アゾ染料〉参照

アシッドレッド87（赤223，赤230（1），赤230（2））
（CI 45380、エオシン）
◎機能：ヘアダイ。
◎起源：合成染料。
◎注意及び副作用：2種類の有毒不純物含有が認められている。感光性を引き起こすことあり。

アシッドレッド92（赤104（1），赤218，赤231）
（CI 45410）
◎機能：ヘアダイ。
◎起源：合成染料。
◎注意及び副作用：2種類の有毒不純物含有が認められている。FDAは、目に関する製品を除く全ての体外使用コスメティックス製品への使用を認めている。

アシッドレッド95（赤223，赤230（1），赤230（2））
（CI 45380）
◎機能：ヘアダイ。
◎起源：合成コールタール染料。
◎注意及び副作用：2種類の有毒不純物含有が認められている。

アシッドレッド195 困
◎機能：着色料・赤。
◎起源：合成アゾ染料。
◎注意及び副作用：まぶた、口、鼻、気道、性器の粘膜に付着した場合は有害もしくは刺激性。☞用語解説〈アゾ染料〉参照

アジピン酸ジイソブチル
◎機能：軟化剤／保湿剤。
◎起源：半合成または合成物質。
◎注意及び副作用：目下副作用未確認。

亜硝酸ナトリウム 困
◎機能：防腐剤。
◎起源：合成物質。
◎注意及び副作用：第2級または第3級アミン成分との接触により、発癌性物質のニトロソアミンを形成することがある。☞用語解説〈ニトロソアミン〉参照

アスパラギン酸亜鉛
◎機能：生物添加物。
◎起源：半合成または合成物質。
◎注意及び副作用：溶性亜鉛塩は毒性。

アセチルメチオニルメチルシラノールエラスチネート
◎機能：帯電防止剤。
◎起源：ほ乳類の皮膚層及び動脈壁から抽出される柔軟性に富んだたんぱく質エラスチンから派生した半合成物質。
◎注意及び副作用：目下副作用未確認。☞BSEの予防に関しては17章『動物由来成分と動物実験』参照

アセトニトリル 困
◎機能：溶剤。特にネイルチップ用。
◎起源：合成物質。
◎注意及び副作用：吸引すれば致命的（シアン化物中毒を引き起こす）。

アセトン
（プロパノン）
◎機能：変性剤／溶剤。
◎起源：石油からの合成物質。
◎注意及び副作用：目下副作用未確認。ただし非常に可燃性が高い。

アプリコットアミドDEA 困
◎機能：界面活性剤／起泡剤／粘度調整剤。
◎起源：アプリコットオイルから生成する半合成物質。
◎注意及び副作用：目下調査中だがDEA残留物に癌誘発懸念あり。☞用語解説〈DEA〉参照

アボカダミドDEA
◎機能：乳化剤／乳化安定剤／界面活性剤／粘度調整剤。
◎起源：アボカドオイルから生成する半合成または合成物質。
◎注意及び副作用：目下調査中だがDEA残留物に癌誘発懸念あり。☞用語解説〈DEA〉参照

アマ種子エキス（学名：*Linum usitatissimum*）
◎機能：軟化剤／保湿剤。
◎起源：植物エキス。
◎注意及び副作用：面皰形成性（座瘡を助長）。☞用語解説〈面皰形成性物質〉参照

アモジメチコン
◎機能：帯電防止剤、皮膜剤。
◎起源：合成シリコン。
◎注意及び副作用：目下副作用未確認。

亜硫酸アンモニウム
◎機能：防腐剤。

◎起源：合成物質。
◎注意及び副作用：刺激性。

亜硫酸MEA
（亜硫酸モノエタノールアミン、亜硫酸エタノールアミン）
◎機能：防腐剤。
◎起源：合成物質。
◎注意及び副作用：接触性皮膚炎及び接触アレルギーを引き起こす可能性あり。

亜硫酸K
◎機能：防腐剤。
◎起源：合成物質。
◎注意及び副作用：刺激性。

亜硫酸水素Na
◎機能：防腐剤。
◎起源：合成物質。
◎注意及び副作用：刺激性。

亜硫酸Na
◎機能：防腐剤。
◎起源：合成物質。
◎注意及び副作用：刺激性。

アルキル（C12,13）硫酸DEA
◎機能：界面活性剤。
◎起源：合成物質。
◎注意及び副作用：目下調査中だがDEA残留物に癌誘発懸念あり。☞用語解説〈DEA〉参照

アルファヒドロキシエタン酸 〔禁〕
◎機能：剥離剤。
◎起源：合成物質。
◎注意及び副作用：アルファヒドロキシ酸（AHA）は肌の剥離に利用される。肌外層を溶かし、除去することからピーリング剤としても知られる。保護材である肌細胞の外層消失により、太陽に対して一段と過敏になる場合がある。AHAを用いた処置後すぐに肌を太陽にさらさないこと。必ず目立たない部位で試してから使用する。肌に刺激や赤み、出血、痛みがあらわれた場合使用を中止する。子どもへの使用は避けた方がいい。剥離性皮膚炎を引き起こすことあり。

アルファヒドロキシオクタン酸 〔禁〕
（ヒドロキシオクタン酸、アルファヒドロキシカプリル酸）
◎機能：剥離剤。
◎起源：半合成または合成物質。
◎注意及び副作用：アルファヒドロキシ酸（AHA）は肌の剥離に利用される。肌外層を溶かし、除去することからピーリング剤としても知られる。保護材である肌細胞の外層消失により、太陽に対して一段と過敏になる場合がある。AHAを用いた処置後すぐに肌を太陽にさらさないこと。必ず目立たない部位で試してから使用する。肌に刺激や赤み、出血、痛みがあらわれた場合使用を中止する。子どもへの使用は避けた方がいい。剥離性皮膚炎を引き起こすことあり。

アルファヒドロキシ及び植物性薬品化合物
◎機能：剥離剤。 〔禁〕
◎起源：天然果実エキス及び合成物質の化合物。
◎注意及び副作用：アルファヒドロキシ酸（AHA）は肌の剥離に利用される。肌外層を溶かし、除去することからピーリング剤としても知られる。保護材である肌細胞の外層消失により、太陽に対して一段と過敏になる場合がある。AHAを用いた処置後すぐに肌を太陽にさらさないこと。必ず目立たない部位で試してから使用する。肌に刺激や赤み、出血、痛みがあらわれた場合使用を中止する。子どもへの使用は避けた方がいい。剥離性皮膚炎を引き起こすことあり。

アルファ-ピネン 〔禁〕
◎機能：添加剤／香料。
◎起源：カンフル関連の天然テルペン。針葉樹から抽出。
◎注意及び副作用：接触性皮膚炎を引き起こす可能性あり。

（イソステアリン酸／パルミチン酸）
アルミニウム 〔禁〕
◎機能：乳化安定剤／乳白剤／粘度調整剤。
◎起源：合成物質。
◎注意及び副作用：パルミチン酸は接触性皮膚炎と関係あり。

(イソステアリン酸／ミリスチン酸)アルミニウム 困
- ◎機能：乳化安定剤／乳白剤／粘度調整剤。
- ◎起源：合成物質。
- ◎注意及び副作用：ミリスチン酸は面皰形成性。☞用語解説〈面皰形成性物質〉参照

(イソステアリン酸／ラウリン酸／パルミチン酸) アルミニウム 困
- ◎機能：乳化安定剤／乳白剤／粘度調整剤。
- ◎起源：合成物質。
- ◎注意及び副作用：パルミチン酸は接触性皮膚炎と関係あり。

(ミリスチン酸／パルミチン酸)アルミニウム 困
- ◎機能：乳化安定剤／乳白剤／粘度調整剤。
- ◎起源：合成物質。
- ◎注意及び副作用：ミリスチン酸は面皰形成性(☞用語解説〈面皰形成性物質〉参照)。パルミチン酸は接触性皮膚炎と関係あり。

アルミニウムジルコニウムオクタクロロハイドレート 困
- ◎機能：制汗剤／制臭剤。
- ◎起源：合成物質。
- ◎注意及び副作用：有害。肺損傷及び肉芽腫を引き起こす可能性あり。欧州、米国ともにスプレータイプ製品への使用禁止。製品使用に際し肌への損傷や刺激の可能性があることをラベルで警告しなければならない。

アルミニウムジルコニウムオクタクロロハイドレックスグリシン 困
- ◎機能：制汗剤／制臭剤。
- ◎起源：合成物質。
- ◎注意及び副作用：有害。肺損傷及び肉芽腫を引き起こす可能性あり。欧州、米国ともにスプレータイプ製品への使用禁止。製品使用に際し肌への損傷や刺激の可能性があることをラベルで警告しなければならない。

アルミニウムジルコニウムテトラクロロハイドレート 困
- ◎機能：制汗剤／制臭剤。
- ◎起源：合成物質。
- ◎注意及び副作用：有害。肺損傷及び肉芽腫を引き起こす可能性あり。欧州、米国ともにスプレータイプ製品への使用禁止。製品使用に際し肌への損傷や刺激の可能性があることをラベルで警告しなければならない。

アルミニウムジルコニウムテトラクロロハイドレックスグリシン 困
- ◎機能：制汗剤／制臭剤。
- ◎起源：合成物質。
- ◎注意及び副作用：有害。肺損傷及び肉芽腫を引き起こす可能性あり。欧州、米国ともにスプレータイプ製品への使用禁止。製品使用に際し肌への損傷や刺激の可能性があることをラベルで警告しなければならない。

アルミニウムジルコニウムトリクロロハイドレート 困
- ◎機能：制汗剤／制臭剤。
- ◎起源：合成物質。
- ◎注意及び副作用：有害。肺損傷及び肉芽腫を引き起こす可能性あり。欧州、米国ともにスプレータイプ製品への使用禁止。製品使用に際し肌への損傷や刺激の可能性があることをラベルで警告しなければならない。

アルミニウムジルコニウムトリクロロハイドレックスグリシン 困
- ◎機能：制汗剤／制臭剤。
- ◎起源：合成物質。
- ◎注意及び副作用：有害。肺損傷及び肉芽腫を引き起こす可能性あり。欧州、米国ともにスプレータイプ製品への使用禁止。製品使用に際し肌への損傷や刺激の可能性があることをラベルで警告しなければならない。

アルミニウムジルコニウムペンタクロロハイドレート 困
- ◎機能：制汗剤／制臭剤。
- ◎起源：合成物質。
- ◎注意及び副作用：有害。肺損傷及び肉芽腫を引き起こす可能性あり。欧州、米国ともにスプレータイプ製品への使用禁止。製品使用に際し肌への損傷や刺激の可能性があることをラベルで警告しなければならない。

アルミニウムジルコニウムペンタクロロハイドレックスグリシン 困
- ◎機能：制汗剤／制臭剤。
- ◎起源：合成物質。

◎注意及び副作用：有害。肺損傷及び肉芽腫を引き起こす可能性あり。欧州、米国ともにスプレータイプ製品への使用禁止。製品使用に際し肌への損傷や刺激の可能性があることをラベルで警告しなければならない。

アロエベラ（学名：*Aloe barbadensis*） 困
（アロエエキス、アロエジュース、アロエベラオイル、アロエベラジェル）
◎機能：軟化剤／緩和剤。水和及び鎮静効果を有するといわれており、アフターサンローションなどに使用される。天然の植物エキスで、鎮静効果を謳ってコスメティックス製品に広く利用されているが、通常こうした製品の含有量では、効果を期待できる薬用量にはるかに及ばない。
◎起源：アロエベラ（通常は葉から抽出）またはアロエ属（ユリ科の仲間）の他種からの油溶性エキス。
◎注意及び副作用：人によって刺激性。

安息香酸
◎機能：防腐剤。
◎起源：合成物質。
◎注意及び副作用：安息香酸及び安息香酸塩は様々な健康問題に関係あり。☞用語解説〈安息香酸塩〉参照

安息香酸アルキル（C12-15）
（安息香酸アルコール（C12-15））
◎機能：軟化剤／保湿剤／防腐剤。
◎起源：合成物質の混合物。
◎注意及び副作用：目下副作用未確認。

安息香酸アンモニウム 困
◎機能：防腐剤。
◎起源：安息香酸塩系の合成物質。
◎注意及び副作用：安息香酸及び安息香酸塩は様々な健康問題に関係あり。☞用語解説〈安息香酸塩〉参照

安息香酸イソブチル 困
◎機能：防腐剤。
◎起源：安息香酸塩系の合成物質。
◎注意及び副作用：安息香酸及び安息香酸塩は様々な健康問題に関係あり。☞用語解説〈安息香酸塩〉参照

安息香酸イソプロピル 困
◎機能：防腐剤。
◎起源：安息香酸塩系の合成物質。
◎注意及び副作用：安息香酸及び安息香酸塩は様々な健康問題に関係あり。☞用語解説〈安息香酸塩〉参照

安息香酸エチル 困
◎機能：防腐剤。
◎起源：安息香酸塩系の半合成物質。
◎注意及び副作用：安息香酸及び安息香酸塩は様々な健康問題に関係あり。☞用語解説〈安息香酸塩〉参照

安息香酸カリウム 困
◎機能：防腐剤。
◎起源：安息香酸塩系の合成物質。
◎注意及び副作用：安息香酸及び安息香酸塩は様々な健康問題に関係あり。☞用語解説〈安息香酸塩〉参照

安息香酸カルシウム 困
◎機能：防腐剤。
◎起源：安息香酸塩系の合成物質。
◎注意及び副作用：安息香酸、安息香酸塩は様々な健康問題に関係あり。☞用語解説〈安息香酸塩〉参照

安息香酸ステアリル 困
◎機能：軟化剤／保湿剤。
◎起源：安息香酸塩系の合成物質。
◎注意及び副作用：安息香酸及び安息香酸塩は様々な健康問題に関係あり。☞用語解説〈安息香酸塩〉参照

安息香酸デナトニウム
◎機能：変性剤。
◎起源：合成物質。
◎注意及び副作用：目下副作用未確認。

安息香酸Na
◎機能：防腐剤。
◎起源：安息香酸塩系の合成物質。
◎注意及び副作用：安息香酸及び安息香酸塩は様々な健康問題に関係あり。☞用語解説〈安息香酸塩〉参照

安息香酸フェニル 困
◎機能：防腐剤。
◎起源：安息香酸塩系の合成物質。
◎注意及び副作用：安息香酸及び安息香酸塩は様々な健康問題に関係あり。☞用語解説〈安息香酸塩〉参照

安息香酸フェニル水銀 困
◎機能：防腐剤。
◎起源：合成物質。
◎注意及び副作用：水銀化合物は肌吸着により毒性。皮膚炎を引き起こし体内に蓄積する。水銀塩の使用は、欧州、米国ともアイメイク製品及びメイク落としにかぎって禁止されている。安息香酸及び安息香酸塩は様々な健康問題に関係あり。☞用語解説〈安息香酸塩〉参照

安息香酸ブチル 困
◎機能：防腐剤。
◎起源：安息香酸塩系の合成物質。
◎注意及び副作用：安息香酸及び安息香酸塩は様々な健康問題に関係あり。☞用語解説〈安息香酸塩〉参照

安息香酸プロピル 困
◎機能：防腐剤。
◎起源：安息香酸塩系の合成物質。
◎注意及び副作用：安息香酸及び安息香酸塩は様々な健康問題に関係あり。☞用語解説〈安息香酸塩〉参照）。

安息香酸マグネシウム 困
◎機能：防腐剤。
◎起源：安息香酸塩系の合成物質。
◎注意及び副作用：安息香酸及び安息香酸塩は様々な健康問題に関係あり。☞用語解説〈安息香酸塩〉参照

安息香酸メチル 困
◎機能：防腐剤。
◎起源：安息香酸塩系の合成物質。
◎注意及び副作用：安息香酸及び安息香酸塩は様々な健康問題に関係あり。☞用語解説〈安息香酸塩〉参照

アントシアニン
（E163）
◎機能：着色料・赤。
◎起源：天然植物色素。

アンモニア水 困
◎機能：pH調整剤。
◎起源：合成物質。
◎注意及び副作用：有害気体。刺激性。

【い】

イセチオン酸ジブロモヘキサミジン 困
◎機能：防腐剤。
◎起源：合成物質。

イソオイゲノール 困
◎機能：添加剤。
◎起源：半合成物質。
◎注意及び副作用：人によって接触性皮膚炎を引き起こすことがある。

イソステアラミドDEA
◎機能：帯電防止剤／粘度調整剤／起泡剤。
◎起源：半合成または合成物質。
◎注意及び副作用：目下調査中だがDEA残留物に癌誘発懸念あり。☞用語解説〈DEA〉参照

イソステアリン酸イソプロピル
◎機能：軟化剤／保湿剤。
◎起源：半合成または合成物質。
◎注意及び副作用：面皰形成性（座瘡を助長）。☞用語解説〈面皰形成性物質〉参照

イソステアリン酸DEA
◎機能：界面活性剤。
◎起源：半合成または合成物質。
◎注意及び副作用：目下調査中だがDEA残留物に癌誘発懸念あり。☞用語解説〈DEA〉参照

イソステアレス系
ステアリン酸イソステアレス-10、イソステアレス-20などを含む。
◎機能：主として乳化剤及び界面活性剤。
◎起源：エチレンオキシドから生成される様々

な合成物質。このようなエトキシル化化合物は、多様な他分子と結合して数多くのコスメティックス成分を生成することがある。数字が大きくなるにつれてエトキシル化度も高くなり（分子が大きくなる）、通常水溶度も高くなる。
◎注意及び副作用：エチレンオキシド（オキシラン）を利用して生成されるエトキシル化成分は、製造過程の副産物として発癌物質の1,4-ジオキサンを形成することがある。☞用語解説〈ジオキサン〉参照

イソセテス系
イソセテス-20、ステアリン酸イソセテス-10などを含む。
◎機能：主として乳化剤。
◎起源：エチレンオキシドから生成される様々な合成物質。このようなエトキシル化化合物は、多様な他分子と結合して数多くのコスメティックス成分を生成することがある。数字が大きくなるにつれてエトキシル化度も高くなり（分子が大きくなる）、通常水溶度も高くなる。
◎注意及び副作用：エチレンオキシド（オキシラン）を利用して生成されるエトキシル化成分は、製造過程の副産物として発癌物質の1,4-ジオキサンを形成することがある。☞用語解説〈ジオキサン〉参照

イソチアゾリノン 困
◎機能：防腐剤。
◎起源：合成物質。
◎注意及び副作用：人によって接触性皮膚炎を引き起こすことがある。

イソノナン酸セテアリル
◎機能：軟化剤／保湿剤。
◎起源：半合成または合成物質。
◎注意及び副作用：目下副作用未確認。

イソパルミチン酸PEG-6 困
◎機能：乳化剤。
◎起源：合成物質。
◎注意及び副作用：パルミチン酸は接触性皮膚炎と関係あり。エチレンオキシド（オキシラン）を利用して生成されるエトキシル化成分は、製造過程の副産物として発癌物質の1,4-ジオキサンを形成することがある。☞用語解説〈ジオキサン〉参照

イソパルミチン酸ポリグリセリル-2
◎機能：乳化剤。
◎起源：合成物質。
◎注意及び副作用：パルミチン酸は接触性皮膚炎に関係あり。

イソブタン
◎機能：スプレー用高圧ガス（しばしばプロパン及びブタンとの組み合わせで使用される）。
◎起源：石油製品。
◎注意及び副作用：オゾン層破壊で知られるCFCの代替として利用される可燃性の炭化水素ガス。強力な温室ガス（地球温暖化を助長）で、シンナー中毒者が吸入。低濃度の吸入なら無害。火気近くでの使用は火災、爆発の危険あり。

イソブチルパラベン
◎機能：防腐剤。
◎起源：安息香酸塩系の合成物質。
◎注意及び副作用：安息香酸、安息香酸塩、パラベンは様々な健康問題に関係あり。☞用語解説〈安息香酸塩〉参照

イソプロパノールアミン
（MIPA）
◎機能：pH調整剤。
◎起源：合成物質。
◎注意及び副作用：有害。目及び肌に重度の刺激性。接触アレルギー及び接触性皮膚炎を引き起こす可能性あり。ニトロソアミン汚染の危険。☞用語解説〈ニトロソアミン〉参照

イソプロピルクレゾール 困
◎機能：防腐剤。
◎起源：合成混合物質。
◎注意及び副作用：刺激性。

イソプロピルパラベン
◎機能：防腐剤。
◎起源：安息香酸塩系の合成物質。
◎注意及び副作用：安息香酸、安息香酸塩、パラベンは様々な健康問題に関係あり。☞用語解説〈安息香酸塩〉参照

321

イソプロピルヒドロキシパルミチルエーテル
◎機能：界面活性剤／乳化剤。　　　　㊗
◎起源：半合成または合成物質。
◎注意及び副作用：人によって接触アレルギーを引き起こすことがある。

イソラウレス系
イソラウレス-10、イソラウレス-3、イソラウレス-6などを含む。
◎機能：主として乳化剤。
◎起源：エチレンオキシドから生成される様々な合成物質。このようなエトキシル化合物は、多様な他分子と結合して数多くのコスメティックス成分を生成することがある。数字が大きくなるにつれてエトキシル化度も高くなり（分子が大きくなる）、通常水溶度も高くなる。
◎注意及び副作用：エチレンオキシド（オキシラン）を利用して生成されるエトキシル化成分は、製造過程の副産物として発癌物質の1,4-ジオキサンを形成することがある。☞用語解説〈ジオキサン〉参照

イミダゾリジニルウレア
◎機能：防腐剤。
◎起源：合成物質。
◎注意及び副作用：皮膚炎を引き起こす可能性あり。

【う】

ウィッチヘーゼルエキス
◎機能：香料／収斂剤。
◎起源：マンサクからの天然エキス。
◎注意及び副作用：人によってアレルギー性の接触皮膚炎を引き起こすことがある。

ウロカニン酸　　　　　　　　　　　㊗
◎機能：紫外線吸収剤。
◎起源：合成物質。
◎注意及び副作用：フォトトキシン。有害と考えられており、欧州ではコスメティックス製品への使用を禁止されている。

ウロカニン酸エチル　　　　　　　　㊗
◎機能：紫外線吸収剤。
◎起源：合成物質。
◎注意及び副作用：この物質は有害と考えられており、欧州ではコスメティックス製品への使用を禁止されている。

ウンデシレンアミドDEA
◎機能：フケ防止剤／抗菌剤／帯電防止剤／粘度調整剤。
◎起源：合成物質。
◎注意及び副作用：目下調査中だがDEA残留物に癌誘発懸念あり。☞用語解説〈DEA〉参照

ウンデシレン酸
◎機能：防腐剤。
◎起源：合成物質。

ウンデシレン酸カルシウム　　　　　㊗
◎機能：防腐剤。
◎起源：半合成または合成物質。

ウンデシレン酸ナトリウム　　　　　㊗
◎機能：防腐剤。
◎起源：半合成または合成物質。

【え】

エタノール
◎機能：溶剤／香料担体。
◎起源：炭水化物の発酵から調合、もしくは石油から精製。
◎注意及び副作用：湿疹状の接触性皮膚炎を全身に引き起こす可能性あり。

エタノールアミン
◎機能：pH調整剤。
◎起源：合成物質。
◎注意及び副作用：有害。肌に刺激。ニトロソアミン汚染の危険。☞用語解説〈ニトロソアミン〉参照

エチドロン酸
◎機能：キレート剤。
◎起源：合成物質。
◎注意及び副作用：有害。

エチドロン酸4カリウム　　　　　　㊗
◎機能：キレート剤／防腐剤。
◎起源：合成物質。

◎注意及び副作用：有害。人によって肌及び粘膜に刺激性。

エチドロン酸4Na
◎機能：キレート剤／乳化安定剤／粘度調整剤／防腐剤。固形石鹸の保存料としての使用頻度は群を抜いている。
◎起源：合成物質。
◎注意及び副作用：有害。人によって肌及び粘膜に刺激性。

エチルパラベン
◎機能：防腐剤。
◎起源：安息香酸塩系の半合成物質。
◎注意及び副作用：安息香酸、安息香酸塩、パラベンは様々な健康問題に関係あり。☞用語解説〈安息香酸塩〉参照）。

エチルパラベンK ㊛
◎機能：防腐剤。
◎起源：安息香酸塩系の合成物質。
◎注意及び副作用：安息香酸、安息香酸塩、パラベンは様々な健康問題に関係あり。☞用語解説〈安息香酸塩〉参照

エチルパラベンNa
◎機能：防腐剤。
◎起源：安息香酸塩系の合成物質。
◎注意及び副作用：安息香酸、安息香酸塩、パラベンは様々な健康問題に関係あり。☞用語解説〈安息香酸塩〉参照

エチルブラシレート ㊛
◎機能：添加剤。
◎起源：半合成または合成物質。
◎注意及び副作用：目下副作用未確認。

エチルヘキシルトリアゾン
◎機能：紫外線吸収剤。
◎起源：合成物質。
◎注意及び副作用：この物質の安全性は不確かで、欧州ではコスメティックス製品への使用は1998年6月30日まで条件付きでしか認可されていなかった。しかし同年9月3日、さらなる科学実験に基づき、条件を撤廃した上で、この成分のコスメティックス製品への使用を許可。他のコスメティックスやトイレタリー製品の成分を、太陽光の有害な影響から保護するために使用されることもある。

エチレンジアミン ㊛
（1,2-ジアミノエタン）
◎機能：pH調整剤。
◎起源：合成物質。
◎注意及び副作用：吸入及び肌吸着により毒性。肌及び目に重度の刺激。接触性皮膚炎及び接触性感作を引き起こすことがある。

エラスチン
◎機能：生物添加物／保湿結合剤。柔らかくはりのある肌を保てると考えられている。
◎起源：動物性たんぱく質。ほ乳類の皮膚層及び動脈壁から抽出。
◎注意及び副作用：目下副作用未確認。☞BSEの予防に関しては17章『動物由来成分と動物実験』参照

エラスチンアミノ酸
◎機能：生物添加物。
◎起源：ほ乳類の皮膚層及び動脈壁から抽出される柔軟性を有するたんぱく質エラスチンより生成されるアミノ酸。
◎注意及び副作用：目下副作用未確認。☞BSEの予防に関しては17章『動物由来成分と動物実験』参照

塩化亜鉛
◎機能：オーラルケア剤。
◎起源：合成物質。
◎注意及び副作用：溶性亜鉛塩は毒性。

塩化アンモニウム
◎機能：pH調整剤／粘度調整剤。
◎起源：合成物質。
◎注意及び副作用：人によって肌及び目に刺激性。

塩化ステアラルコニウム ㊛
◎機能：防腐剤。
◎起源：合成物質。
◎注意及び副作用：この物質の安全性は不確かで、欧州ではコスメティックス製品への使用は1998年6月30日まで条件付きでしか認可されていなかった。しかし同年9月3日、さらなる科学実験に基づき、1990年代に条件を撤廃した上で、この成分のコスメティックス

製品への使用を許可。ラベルに「目に入れないこと」と明記しなければならない。

塩化ストロンチウム 〔束〕
◎機能：オーラルケア剤。
◎起源：合成物質。
◎注意及び副作用：ストロンチウム化合物は毒性。

塩化セタルコニウム 〔束〕
◎機能：防腐剤。
◎起源：合成物質。
◎注意及び副作用：この物質の安全性は不確かで、欧州ではコスメティックス製品への使用は1998年6月30日まで条件付きでしか認可されていなかった。しかし同年9月3日、さらなる科学実験に基づき、条件を撤廃した上で、この成分のコスメティックス製品への使用を許可。ラベルに「目に入れないこと」と明記しなければならない。

塩化Na
（塩、海塩）
◎機能：粘度調整剤／収斂剤／等張化剤。幅広く利用されているコスメティックス成分。塩に洗浄、調色、清新、研磨といった効能があると信じられている。
◎起源：海塩または地中堆積塩から抽出。
◎注意及び副作用：目下副作用未確認。

塩化フェニル水銀 〔束〕
◎機能：防腐剤。
◎起源：合成物質。
◎注意及び副作用：水銀化合物は肌吸着により毒性。皮膚炎を引き起こし体内に蓄積する。水銀塩の使用は、欧州、米国ともアイメイク製品及びメイク落としにかぎって禁止されている。

塩化ベンゼトニウム 〔束〕
◎機能：防腐剤。
◎起源：合成物質。
◎注意及び副作用：この物質の安全性は不確かで、欧州ではコスメティックス製品への使用は1998年6月30日まで条件付きでしか認可されていなかった。しかしさらなる科学実験に基づき、条件を撤廃した上で、この保存料のコスメティックス製品への使用を許可。ただし肌への長時間接触が有害と思われることから、使用はリンスオフ製品にかぎられる。

塩化ミンクアミドプロパルコニウム 〔束〕
◎機能：帯電防止剤。
◎起源：ミンクの脂肪性皮下組織から抽出されるミンクオイルより得られる半合成物質。
◎注意及び副作用：目下副作用未確認。

塩化ラウルアルコニウム 〔束〕
◎機能：防腐剤。
◎起源：合成物質。
◎注意及び副作用：この物質の安全性は不確かで、欧州ではコスメティックス製品への使用は1998年6月30日まで条件付きでしか認可されていなかった。しかし同年9月3日、さらなる科学実験に基づき、条件を撤廃した上で、この成分のコスメティックス製品への使用を許可。ラベルに「目に入れないこと」と明記しなければならない。

塩素化フェノール 〔束〕
（TCP）
◎機能：殺菌剤。コスメティックス製品に使用されることはまれだが、殺菌クリーム、ローション、洗浄液、及び喉飴にはしばしばみることができる。
◎起源：合成物質。ブロモ及びヨードフェノールを含む混合物の場合がままある。
◎注意及び副作用：肌及び粘膜への刺激。

塩素酸カリウム 〔束〕
◎機能：酸化剤／漂白剤。
◎起源：合成物質。

塩素酸ナトリウム 〔束〕
◎機能：酸化剤。
◎起源：合成物質。

【お】

オイゲノール
◎機能：変性剤。
◎起源：合成物質。
◎注意及び副作用：目下副作用未確認。

オーク苔 🈲
◎**機能**：植物添加物。
◎**起源**：植物エキス。
◎**注意及び副作用**：肌に刺激性。人によって接触アレルギーを引き起こすことがある。

オキシ塩化ビスマス
（CI 77163、酸化塩化ビスマス）
◎**機能**：着色料。
◎**起源**：合成物質。
◎**注意及び副作用**：ビスマス化合物は毒性。知能障害、記憶喪失、意識混濁、調整不能（ぎこちない動き）、震え、痙攣、歩行困難を引き起こす。

オキシキノリン 🈲
◎**機能**：過酸化水素用安定剤。
◎**起源**：合成物質。
◎**注意及び副作用**：刺激性。有害。

オキシベンゾン
（オキシベンゾン-1, 2, 3, 4, 5, 6, 9）
◎**機能**：紫外線吸収剤。
◎**起源**：合成物質。
◎**注意及び副作用**：刺激性。人によって接触性皮膚炎及び感光性を引き起こすことがある。

オキシベンゾン-1
◎**機能**：紫外線吸収剤。
◎**起源**：合成物質。
◎**注意及び副作用**：人によって接触性皮膚炎及び感光性を引き起こすことあり。

オキシベンゾン-2
◎**機能**：紫外線吸収剤。
◎**起源**：合成物質。
◎**注意及び副作用**：人によって接触性皮膚炎及び感光性を引き起こすことあり。

オキシベンゾン-3
◎**機能**：紫外線吸収剤。
◎**起源**：合成物質。
◎**注意及び副作用**：刺激性。人によって接触性皮膚炎及び感光性を引き起こすことあり。

オキシベンゾン-4
（スルイソベンゾン）
◎**機能**：紫外線吸収剤。
◎**起源**：合成物質。
◎**注意及び副作用**：重度の接触性皮膚炎及び感光性を引き起こす可能性あり。この物質の安全性は不確かで、欧州ではサンスクリーンへの使用は1998年6月30日まで条件付きでしか認可されていなかった。しかし2000年2月29日、さらなる科学実験に基づき、条件を撤廃した上で、この成分のコスメティック製品への使用を許可。他のコスメティックスやトイレタリー製品の成分を、太陽光の有害な影響から保護するために使用されることもある。

オキシベンゾン-5
◎**機能**：紫外線吸収剤。
◎**起源**：合成物質。
◎**注意及び副作用**：重度の接触性皮膚炎及び感光性を引き起こす可能性あり。この物質の安全性は不確かで、欧州ではサンスクリーンへの使用は1998年6月30日まで条件付きでしか認可されていなかった。しかし2000年2月29日、さらなる科学実験に基づき、条件を撤廃した上で、この成分のコスメティック製品への使用を許可。他のコスメティックスやトイレタリー製品の成分を、太陽光の有害な影響から保護するために使用されることもある。

オキシベンゾン-6
◎**機能**：紫外線吸収剤。
◎**起源**：合成物質。
◎**注意及び副作用**：人によって接触性皮膚炎及び感光性を引き起こすことあり。

オキシベンゾン-7 🈲
◎**機能**：紫外線吸収剤。
◎**起源**：合成物質。
◎**注意及び副作用**：人によって接触性皮膚炎及び感光性を引き起こすことあり。

オキシベンゾン-8 🈲
（ジオキシベンゾン）
◎**機能**：紫外線吸収剤。
◎**起源**：合成物質。
◎**注意及び副作用**：人によって接触性皮膚炎及び感光性を引き起こすことあり。

オキシベンゾン-9
◎機能：紫外線吸収剤。
◎起源：合成物質。
◎注意及び副作用：人によって接触性皮膚炎及び感光性を引き起こすことあり。

オクラニルコハク酸デンプンAl
◎機能：吸収剤／粘度調整剤。
◎起源：合成物質。
◎注意及び副作用：目下副作用未確認。

オリーブ油（学名：*Olea europaeea*）
◎機能：軟化剤／保湿剤／溶剤。
◎起源：植物エキス。
◎注意及び副作用：面皰形成性(座瘡を助長)。
☞用語解説〈面皰形成性物質〉参照

オリバミドDEA 困
◎機能：界面活性剤／起泡剤。
◎起源：オリーブオイルから生成される半合成または合成物質。
◎注意及び副作用：目下調査中だがDEA残留物に癌誘発懸念あり。☞用語解説〈DEA〉参照

オレアミドDEA 困
◎機能：帯電防止剤／粘度調整剤／起泡剤。
◎起源：半合成または合成物質。
◎注意及び副作用：目下調査中だがDEA残留物に癌誘発懸念あり。☞用語解説〈DEA〉参照

オレアミドプロピルジメチルアミン 困
◎機能：帯電防止剤。
◎起源：合成物質。
◎注意及び副作用：人によって接触アレルギー及び接触性皮膚炎を引き起こすことがある。

オレアルコニウムクロリド
◎機能：防腐剤。
◎起源：合成物質。
◎注意及び副作用：この物質の安全性は不確かで、欧州ではコスメティックス製品への使用は1998年6月30日まで条件付きでしか認可されていなかった。しかし同年9月3日、さらなる科学実験に基づき、条件を撤廃した上で、この成分のコスメティックス製品への使用を許可。ラベルに「目に入れないこと」と明記しなければならない。

オレイン酸
◎機能：軟化剤／保湿剤／乳化剤。
◎起源：半合成または合成物質。
◎注意及び副作用：面皰形成性(座瘡を助長)。
☞用語解説〈面皰形成性物質〉参照

オレイン酸グリセリル
◎機能：軟化剤／保湿剤／乳化剤。
◎起源：半合成または合成物質。
◎注意及び副作用：グリセリルエステルは接触性皮膚炎に関係あり。人によって肌に刺激性。

オレイン酸ソルビタン
◎機能：乳化剤。
◎起源：半合成または合成物質。
◎注意及び副作用：人によって接触性蕁麻疹（発疹または皮疹）を引き起こすことがある。

オレイン酸デシル
◎機能：軟化剤／保湿剤。
◎起源：半合成または合成物質。
◎注意及び副作用：面皰形成性(座瘡を助長)。
☞用語解説〈面皰形成性物質〉参照

オレイン酸PEG-5DEDMヒダントイン 困
◎機能：抗菌剤。
◎起源：合成物質。
◎注意及び副作用：ヒダントインは接触性皮膚炎と関係あり。エチレンオキシド(オキシラン)を利用して生成されるエトキシル化成分は、製造過程の副産物として発癌物質の1,4-ジオキサンを形成することがある。☞用語解説〈ジオキサン〉参照

オレイン酸メチル 困
◎機能：軟化剤／保湿剤。
◎起源：半合成または合成物質。
◎注意及び副作用：面皰形成性(座瘡を助長)。
☞用語解説〈面皰形成性物質〉参照

オレス-3リン酸DEA
◎機能：乳化剤／界面活性剤。
◎起源：合成物質。
◎注意及び副作用：接触アレルギーを引き起

こす可能性あり。目下調査中だがDEA残留物に癌誘発懸念あり。エチレンオキシド（オキシラン）を利用して生成されるエトキシル化成分は、製造過程の副産物として発癌物質の1,4-ジオキサンを形成することがある。
☞用語解説〈ジオキサン〉〈DEA〉参照

オレス-5リン酸DEA
◎機能：乳化剤／界面活性剤。
◎起源：合成物質。
◎注意及び副作用：接触アレルギーを引き起こす可能性あり。目下調査中だがDEA残留物に癌誘発懸念あり。エチレンオキシド（オキシラン）を利用して生成されるエトキシル化成分は、製造過程の副産物として発癌物質の1,4-ジオキサンを形成することがある。
☞用語解説〈ジオキサン〉〈DEA〉参照

オレス-10リン酸DEA
◎機能：乳化剤／界面活性剤。
◎起源：合成物質。
◎注意及び副作用：接触アレルギーを引き起こす可能性あり。目下調査中だがDEA残留物に癌誘発懸念あり。エチレンオキシド（オキシラン）を利用して生成されるエトキシル化成分は、製造過程の副産物として発癌物質の1,4-ジオキサンを形成することがある。
☞用語解説〈ジオキサン〉〈DEA〉参照

オレス-20リン酸DEA
◎機能：乳化剤／界面活性剤。
◎起源：合成物質。
◎注意及び副作用：接触アレルギーを引き起こす可能性あり。目下調査中だがDEA残留物に癌誘発懸念あり。エチレンオキシド（オキシラン）を利用して生成されるエトキシル化成分は、製造過程の副産物として発癌物質の1,4-ジオキサンを形成することがある。
☞用語解説〈ジオキサン〉〈DEA〉参照

【か】

カカオ（学名：*Theobroma cacao*）
◎機能：植物添加物。
◎起源：天然植物エキス。
◎注意及び副作用：面皰形成性（座瘡を助長）。
☞用語解説〈面皰形成性物質〉参照

過酸化水素 困
◎機能：酸化剤。
◎起源：合成物質。
◎注意及び副作用：腐食性。肌及び目に有害。毛髪及び布の脱色を引き起こす。癌誘発懸念あり。

過酸化ストロンチウム 困
◎機能：抗菌剤／漂白剤。
◎起源：合成物質。
◎注意及び副作用：ストロンチウム化合物は毒性。肌への接触は有害。目に損傷を及ぼす。

過酸化ベンゾイル 困
◎機能：座瘡治療剤。
◎起源：安息香酸から生成する合成物質。
◎注意及び副作用：腐食性。有害。

加水分解エラスチン
◎機能：帯電防止剤／塗膜形成剤／湿潤剤。
◎起源：ほ乳類の皮膚層及び動脈壁から抽出される柔軟性を有するたんぱく質エラスチンより生成されるアミノ酸及びたんぱく断片。
◎注意及び副作用：目下副作用未確認。
☞BSEの予防に関しては17章『動物由来成分と動物実験』参照

加水分解レシチンDEA 困
◎機能：乳化剤。
◎起源：数種の天然源（特に大豆）から抽出するリン脂質（脂肪酸リン酸）、レシチンから生成する半合成物質。
◎注意及び副作用：米国産大豆の一部は遺伝子組み換え（GM）が行われており、それを天然大豆と混ぜることで、結果としてほぼ全ての大豆製品にGM成分が含まれることになる。こうしたGM成分が天然大豆成分に何らかの異なる影響を及ぼすとの科学的根拠はないものの、多くの消費者が様々な理由からGM製品を避ける傾向にある。目下調査中だがDEA残留物に癌誘発懸念あり。☞用語解説〈DEA〉参照

（カプサンチン）カプソルビン 困
（E160c）
◎機能：着色料・オレンジ。
◎起源：天然植物色素。
◎注意及び副作用：副作用未確認。

カプラミドDEA
- ◎機能：帯電防止剤／粘度調整剤。
- ◎起源：半合成または合成物質。
- ◎注意及び副作用：目下調査中だがDEA残留物に癌誘発懸念あり。☞用語解説〈DEA〉参照

カミツレエキス(学名：*Chamomilla recutita*)
(カモミールエキス。「ビサボロール」も参照)
- ◎機能：軟化剤／保湿剤／緩和剤。
- ◎起源：天然の抗炎症剤ビサボロールを含む植物エキス。
- ◎注意及び副作用：人によって接触アレルギー及び接触性皮膚炎を引き起こす可能性あり。

カラメル
(E150)
- ◎機能：着色料・茶。
- ◎起源：半天然着色料。
- ◎注意及び副作用：カラメルのあるタイプは、ラットのビタミンB6欠乏を引き起こすことが確認されている。

カリウムパラベン [未]
- ◎機能：防腐剤。
- ◎起源：安息香酸塩系の合成物質。
- ◎注意及び副作用：安息香酸、安息香酸塩、パラベンは様々な健康問題に関係あり。☞用語解説〈安息香酸塩〉参照

カリウムフェノキシド [未]
- ◎機能：抗菌剤。
- ◎起源：合成物質。
- ◎注意及び副作用：フェノールは有害。肌を腐食する。重度の刺激を有する。

カリウムブチルパラベン [未]
- ◎機能：防腐剤。
- ◎起源：安息香酸塩系の合成物質。
- ◎注意及び副作用：安息香酸、安息香酸塩、パラベンは様々な健康問題に関係あり。☞用語解説〈安息香酸塩〉参照

カリウムプロピルパラベン [未]
- ◎機能：防腐剤。
- ◎起源：安息香酸塩系の合成物質。
- ◎注意及び副作用：安息香酸、安息香酸塩、パラベンは様々な健康問題に関係あり。☞

用語解説〈安息香酸塩〉参照

過硫酸アンモニウム
(ペルオキソ二硫酸アンモニウム、ペルオキソ二硫酸ジアンモニウム)
- ◎機能：漂白剤。
- ◎起源：合成物質。
- ◎注意及び副作用：美容師の喘息に関係あり。

過硫酸カリウム [未]
(ペルオキソ二硫酸カリウム)
- ◎機能：酸化剤。
- ◎起源：合成物質。
- ◎注意及び副作用：美容師の喘息に関係あり。

過硫酸ナトリウム [未]
(ペルオキソ二硫酸ナトリウム)
- ◎機能：酸化剤。
- ◎起源：合成物質。
- ◎注意及び副作用：美容師の喘息に関係あり。

カルゴン [未]
(カルゴンS)
- ◎機能：硬水軟化剤。
- ◎起源：合成物質。
- ◎注意及び副作用：目下副作用未確認。

カルシウムパラベン
- ◎機能：保存料。
- ◎起源：安息香酸塩系の合成物質。
- ◎注意及び副作用：安息香酸、安息香酸塩、パラベンは様々な健康問題に関係あり。☞用語解説〈安息香酸塩〉参照

カルナウバロウ
(カルナバワックス、カルナウバロウ)
- ◎機能：軟化剤／保湿剤／塗膜形成剤。
- ◎起源：ブラジル産アンデスロウヤシの葉から抽出する天然ワックス。石油から精製されるカルナバの合成物質もある。
- ◎注意及び副作用：目下副作用未確認。

カルバ-ミックス [未]
- ◎機能：防腐剤。
- ◎起源：合成物質(ジフェニルグアニジン、ジブチルジチオカルバミン酸亜鉛、ジエチルジチオカルバミン酸亜鉛の混合物)。
- ◎注意及び副作用：人によって接触性皮膚炎

カルボマー
◎機能：乳化安定剤／粘度調整剤。
◎起源：合成物質。高分子量のアクリルアミドポリマー（プラスチック）重合体。
◎注意及び副作用：目下副作用未確認。

カルボマーTEA
◎機能：粘度調整剤。
◎起源：合成物質。
◎注意及び副作用：重度の顔面皮膚炎を引き起こす可能性あり。

カロチン
（プロビタミンA）
◎機能：添加剤。プロビタミンは体内でビタミンA（レチノール）にかわる。コスメティックスやトイレタリー製品に、黄からオレンジがかった赤までの色を付加する。
◎起源：主にニンジンにみられる。
◎注意及び副作用：赤血球の生成減少及び網膜への損傷を引き起こす可能性あり。過敏症の原因となることもある。米国では日焼け用ピルへの使用が禁止されており、英国ではそのピルは認可を受けていない。

カロメル 困
（塩化水銀（I）、塩化第一水銀）
◎機能：抗菌能力も有する白色色素。
◎起源：水銀及び塩素の合成物質。
◎注意及び副作用：高い毒性。

カンサキサンシン 困
（E161g、CI 75135）
◎機能：コスメティックス製品及び食品に使用されるオレンジの着色料。
◎起源：フラミンゴの羽根及び菌類から抽出される天然のオレンジ色素。
◎注意及び副作用：夜間視力の低下及び過敏症を引き起こす可能性あり。米国では日焼け用ピルへの使用を禁止。英国ではそのピルは認可されていない。

カンファベンザルコニウムメト硫酸
◎機能：紫外線吸収剤。
◎起源：合成物質。
◎注意及び副作用：人によって刺激性。

【き】

ギ酸 困
◎機能：防腐剤。
◎起源：合成物質。
◎注意及び副作用：肌及び目に刺激性。

キサンテン 困
（ジベンゾピラン）
◎機能：溶剤。
◎起源：合成物質。
◎注意及び副作用：面皰形成性（痤瘡を助長）。☞用語解説〈面皰形成性物質〉参照

ギ酸ナトリウム 困
◎機能：防腐剤／pH調整剤。
◎起源：合成物質。

キナルジン 困
（アルファメチルキノリン）
◎機能：着色料。
◎起源：合成物質。
◎注意及び副作用：粘膜（口、鼻、気道、性器、まぶた）に重度の刺激を引き起こす。

キニーネ 困
◎機能：添加剤／変性剤。
◎起源：植物エキス。微量濃度でも不快な苦味がある。本来はマラリアの治療薬だった。現在は硫酸塩としてトニック水の香りづけに利用されている。子どもの爪噛みをやめさせるためのネイルペイントとしても利用される。
◎注意及び副作用：有害。

キノリン-8-オール 困
◎機能：過酸化水素用安定剤。
◎起源：合成物質。
◎注意及び副作用：刺激性。有害。

牛脂肪酸K
◎機能：乳化剤／界面活性剤。
◎起源：動物性脂肪に対する水酸化カリウムの作用により生成される半合成物質。
◎注意及び副作用：面皰形成性（痤瘡を助長）が報告されている。☞用語解説〈面皰形成性物質〉参照。接触性湿疹を引き起こすことがある。☞BSEの予防に関しては17章『動

329

物由来成分と動物実験』参照

牛脂脂肪酸Na
◎機能：乳化剤／界面活性剤。
◎起源：半合成物質。
◎注意及び副作用：面皰形成性（痤瘡を助長）が報告されている。接触性湿疹を引き起こすことがある。☞用語解説〈面皰形成性物質〉、BSEの予防に関しては17章『動物由来成分と動物実験』参照

【く】

クエン酸
◎機能：pH調整剤／キレート剤／剥離剤。クエン酸は酸化防止剤の効果促進が可能であり、そのため同化学物質のコスメティックス製品への添加量を減らせる。
◎起源：柑橘系果実の天然エキス。
◎注意及び副作用：クエン酸はアルファヒドロキシ酸（AHA）であり、肌の剥離に利用される（肌細胞の外層を溶かして除去するピーリング剤）。AHAは太陽に対する過敏性を助長する場合がある。AHAを用いた処置後すぐに肌を太陽にさらさないこと。必ず目立たない部位で試してから使用する。肌に刺激や赤み、出血、痛みがあらわれた場合使用を中止する。子どもへの使用は避けた方がいい。剥離性皮膚炎を引き起こすことあり。

クエン酸亜鉛
◎機能：添加剤／防腐剤。
◎起源：合成物質。
◎注意及び副作用：溶性亜鉛塩は毒性。

クエン酸ビスマス　困
◎機能：pH調整剤／キレート剤／プログレッシブヘアダイ。
◎起源：果実エキスのクエン酸から生成される半合成物質。
◎注意及び副作用：ビスマス化合物は毒性。知能障害、記憶喪失、意識混濁、調整不能（ぎこちない動き）、震え、痙攣、歩行困難を引き起こす。

クオタニウム-15
（メタニン、メテナミン）
◎機能：防腐剤。
◎起源：合成物質。
◎注意及び副作用：接触性皮膚炎を引き起こす可能性あり。クオタニウム-n物質は、重度過敏症及びアナフィラキシーショックとまれに関係がある。

クオタニウム系
多種多様な陽イオン物質がコスメティックス製品、それも特にヘアコンディショナー及びシャンプーに広く利用されている。この系列に含まれるのはクオタニウム-1、クオタニウム-15、クオタニウム-85、（クオタニウム-18／ベンザルコニウム）ベントナイト、クオタニウム-18メトサルフェート、クオタニウム-79加水分解コラーゲンなどである。
◎機能：クオタニウム物質は様々に利用される。例：帯電防止剤、抗菌剤、保存料、界面活性剤、粘度調整剤など。
◎起源：合成物質。
◎注意及び副作用：クオタニウム-n物質は、重度過敏症及びアナフィラキシーショックとまれに関係がある。接触性皮膚炎を引き起こす可能性あり。

クマリン
（ベンゾピロン）
◎機能：添加剤。
◎起源：合成物質。
◎注意及び副作用：癌誘発懸念あり。摂取による毒性。米国では食品への使用を禁止。

グリオキサール
◎機能：抗菌剤。グリオキサールは廉価な保存料として、癌誘発懸念のあるホルムアルデヒドに徐々に取ってかわりつつある。
◎起源：合成物質。
◎注意及び副作用：人によって刺激性。

グリコール
（エチレングリコール、エタン-1,2-ジオール）
◎機能：溶剤。
◎起源：石油精製合成物質。主たる利用法は車のラジエーターの不凍剤。そのため大量に製造される。
◎注意及び副作用：摂取すれば毒性。接触ア

レルギー、接触性皮膚炎、接触性湿疹を引き起こすことがある。

グリコール酸
- ◎機能：pH調整剤／剥離剤。
- ◎起源：合成物質。
- ◎注意及び副作用：グリコール酸はアルファヒドロキシ酸（AHA）であり、肌の剥離に利用される。肌外層を溶かし、除去することからピーリング剤としても知られる。AHAは太陽に対する過敏性を助長する場合がある。AHAを用いた処置後すぐに肌を太陽にさらさないこと。必ず目立たない部位で試してから使用する。肌に刺激や赤み、出血、痛みがあらわれた場合使用を中止する。子どもへの使用は避けた方がいい。剥離性皮膚炎を引き起こすことあり。

グリコール酸アンモニウム
- ◎機能：剥離剤。
- ◎起源：合成または半合成のアルファヒドロキシ酸。
- ◎注意及び副作用：グリコールアンモニウムは肌の剥離に利用されるアルファヒドロキシ酸（AHA）。AHAは肌外層を溶かし、除去することからピーリング剤としても知られる。保護材である肌細胞の外層消失により、太陽に対して一段と過敏になる場合がある。AHAを用いた処置後すぐに肌を太陽にさらさないこと。必ず目立たない部位で試してから使用する。肌に刺激や赤み、出血、痛みがあらわれた場合使用を中止する。子どもへの使用は避けた方がいい。剥離性皮膚炎を引き起こすことあり。

（パルミチン酸ステアリン酸）グリセリル 困
- ◎機能：軟化剤／保湿剤。
- ◎起源：半合成または合成物質。
- ◎注意及び副作用：グリセリルエステル、パルミチン酸ともに接触性皮膚炎に関係あり。

グリセリル系
- ◎機能：グリセリルエステルは軟化剤、保湿剤、塗膜形成剤、乳化剤としてコスメティックス製品に広く利用されている。グリセリル系にはアジピン酸グリセリル、アルギン酸グリセリル、カプリル酸グリセリル、リノール酸グリセリル、水添ロジングリセリルなどがある。
- ◎起源：グリセリン及び様々な脂肪酸から抽出される半合成または合成物質。
- ◎注意及び副作用：グリセリルモノエステルは接触性皮膚炎と関係あり。

グリセリルPABA
- ◎機能：紫外線吸収剤。
- ◎起源：合成物質。
- ◎注意及び副作用：グリセリルエステルは接触性皮膚炎に関係あり。人によって感光性を引き起こすことがある。

グリセリン
（グリセロール、プロパン-1,2,3-トリオール）
- ◎機能：変性剤／湿潤剤／溶剤。油脂の加水分解から得られる、肌に優しい天然抽出湿潤剤。様々なコスメティックスやトイレタリー製品に広く利用されている。しかし多くの製剤で、より廉価なソルビトールが急速にグリセリンに取ってかわりつつある。
- ◎起源：動植物から抽出される天然の油脂から生成されることがある。石鹸製造過程の副産物。
- ◎注意及び副作用：人によって肌に刺激性。

グリセレス系
グリセレス-12、ステアリン酸グリセレス-20、リン酸グリセレス-26などを含む。
- ◎機能：主として乳化剤。
- ◎起源：グリセリン及びエチレンオキシドから生成される様々な合成物質。このようなエトキシル化化合物は、多様な他分子と結合して数多くのコスメティックス成分を生成することがある。数字が大きくなるにつれてエトキシル化度も高くなり（分子が大きくなる）、通常水溶度も高くなる。
- ◎注意及び副作用：エチレンオキシド（オキシラン）を利用して生成されるエトキシル化成分は、製造過程の副産物として発癌物質の1,4-ジオキサンを形成することがある。☞用語解説〈ジオキサン〉参照

クリンバゾール
- ◎機能：防腐剤。
- ◎起源：合成物質。

グルコン酸亜鉛
- ◎機能：制臭剤。

◎起源：合成物質。
◎注意及び副作用：溶性亜鉛塩は毒性。

グルコン酸クロルヘキシジン
◎機能：防腐剤。
◎起源：合成物質。

グルタミン酸亜鉛　　　　　　　困
◎機能：制臭剤。
◎起源：半合成または合成物質。
◎注意及び副作用：溶性亜鉛塩は毒性。

グルタラール　　　　　　　　　困
◎機能：防腐剤。
◎起源：合成物質。
◎注意及び副作用：吸入により有害。スプレータイプ製品への使用禁止。

(アクリレーツ／アクリル酸アルキル(c10-30))クロスポリマー
◎機能：塗膜形成剤。
◎起源：石油精製の合成物質。
◎注意及び副作用：目下副作用未確認。

クロラミン-T
(トシルクロラミドナトリウム)
◎機能：抗菌剤。
◎起源：合成物質。
◎注意及び副作用：有害。

クロラムフェニコール
◎機能：抗生剤。主として目の炎症の治療に使用される合成抗生剤。
◎起源：合成物質。
◎注意及び副作用：接触性皮膚炎を引き起こす可能性あり。有害な副作用を引き起こすこともあり、米国ではFDAにより規制されている。英国では購入の際処方箋が必要。

クロルクレゾール
(クロロクレゾール)
◎機能：防腐剤。
◎起源：合成物質。
◎注意及び副作用：毒性。肌吸着により有害。肌への腐食性。

クロルヒドロキシAl
◎機能：制汗剤／制臭剤。制汗製剤の原料として最もよく使用される。アルミニウム塩の中で最も低刺激性と考えられている。
◎起源：合成物質。
◎注意及び副作用：人によって刺激性。スプレータイプの場合気体吸入を避ける。

クロルフェネシン
◎機能：防腐剤。
◎起源：合成物質。

クロルヘキシジン
◎機能：防腐剤。
◎起源：合成物質。

クロルヘキシジン2HCl
◎機能：防腐剤。
◎起源：合成物質。

クロロアセトアミド　　　　　　困
◎機能：防腐剤。
◎起源：合成物質。
◎注意及び副作用：接触性皮膚炎及び接触アレルギーを引き起こす可能性あり。

クロロキシレノール　　　　　　困
◎機能：防腐剤。
◎起源：合成物質。

クロロフェン　　　　　　　　　困
◎機能：防腐剤。
◎起源：合成物質。

クロロブタノール
◎機能：防腐剤。
◎起源：合成物質。
◎注意及び副作用：吸入により有害。

【け】

ケイヒアルデヒド
(シンナムアルデヒド)
◎機能：変性剤。
◎起源：合成物質。
◎注意及び副作用：接触性皮膚炎を引き起こす可能性あり。

ケイヒ酸エチル
- ◎機能：紫外線吸収剤。
- ◎起源：合成物質。
- ◎注意及び副作用：桂皮酸は人によって刺すような刺激を引き起こすとの報告あり。

桂皮酸ベンジル 　　　　　　　　㊋
- ◎機能：添加物。紫外線吸収剤として、太陽光の有害な影響から製品を保護するために使用される。
- ◎起源：合成物質。
- ◎注意及び副作用：桂皮酸は人によって刺すような痛みが報告されている。

ゲッケイジュ葉，ゲッケイジュ葉エキス
(学名：*Laurus nobilis*)
- ◎機能：植物添加物。
- ◎起源：月桂樹を含む様々なローレル系植物から抽出される天然エキス。ハーブとして調理に使用。
- ◎注意及び副作用：重度のアレルギーを引き起こす可能性あり。

ゲラニオール
- ◎機能：添加剤。
- ◎起源：植物エキス。
- ◎注意及び副作用：接触性皮膚炎を引き起こす可能性あり。また患部にしばしば変色がみられる。

【こ】

酵母派生亜鉛
- ◎機能：生物添加物。
- ◎起源：合成物質。
- ◎注意及び副作用：溶性亜鉛塩は毒性。

香料
- ◎機能：香料。
- ◎起源：合成及び天然香料の混合物。エタノールまたはベンジルアルコールのような担体溶剤に溶解していることがままある。
- ◎注意及び副作用：接触性皮膚炎及び接触アレルギーを引き起こすことがある。

コールタール 　　　　　　　　㊋
- ◎機能：フケ防止剤。英国では免許を有する薬剤師からの購入可。
- ◎起源：石炭抽出物。
- ◎注意及び副作用：面皰形成性（☞用語解説〈面皰形成性物質〉参照）が報告されている。長期間、低レベルのコールタールにさらされることで癌との関係あり。そのため、コールタールシャンプー及びフケ防止治療薬の定期的使用は避けるべきである。

コーン油（学名：*Zea mays*）
- ◎機能：帯電防止剤／軟化剤／保湿剤／溶剤。
- ◎起源：トウモロコシまたはその仁から抽出されるコーンオイル。
- ◎注意及び副作用：面皰形成性（座瘡を助長）。☞用語解説〈面皰形成性物質〉参照。遺伝子組み換え作物（GM）から抽出されることがある。

コーンスターチ（学名：*Zea mays*）
- ◎機能：吸収剤／粘度調整剤。タルクフリーの粉末吸収剤の主要成分として使用され、他の粉末吸収剤にはしばしばタルクと混ぜ合わせて使用される。ベビーパウダーの中にも、トウモロコシデンプンと混ぜたタルクが含まれているものがある。
- ◎起源：トウモロコシ粉から抽出されるコーンスターチ（コーンフラワー）。
- ◎注意及び副作用：目下副作用未確認。遺伝子組み換え作物（GM）から抽出されることがある。

コカミドエチルベタイン 　　　　㊋
- ◎機能：界面活性剤／起泡剤。
- ◎起源：ヤシの仁から得るココナッツオイルから抽出する半合成物質。
- ◎注意及び副作用：人によって接触アレルギーを引き起こす可能性があり、まぶたへの接触性皮膚炎も報告されている。☞用語解説〈ニトロソアミン〉参照

コカミドMIPA
- ◎機能：乳化剤／乳化安定剤／界面活性剤／粘度調整剤。
- ◎起源：ヤシの仁から得るココナッツオイルから抽出する半合成物質。
- ◎注意及び副作用：人によって接触アレルギー及び接触性皮膚炎を引き起こす可能性あり。☞用語解説〈ニトロソアミン〉参照

コカミドMEA
- ◎機能：乳化剤／乳化安定剤／界面活性剤／粘度調整剤。
- ◎起源：ヤシの仁から得るココナッツオイルから抽出する半合成物質。
- ◎注意及び副作用：人によって接触アレルギー及び接触性皮膚炎を引き起こす可能性あり。☞用語解説〈ニトロソアミン〉参照

コカミドDEA
- ◎機能：乳化剤／乳化安定剤／界面活性剤／粘度調整剤／起泡剤。
- ◎起源：ヤシの仁から得るココナッツオイルから抽出する半合成物質。
- ◎注意及び副作用：人によって接触アレルギー及び接触性皮膚炎を引き起こす可能性あり。目下調査中だがDEA残留物に癌誘発懸念あり。☞用語解説〈DEA〉〈ニトロソアミン〉参照

コカミドプロピルエチルジモニウムエトサルフェート 困
- ◎機能：帯電防止剤。
- ◎起源：ヤシの仁から得るココナッツオイルから抽出する半合成物質。
- ◎注意及び副作用：☞用語解説〈ニトロソアミン〉参照

コカミドプロピルジメチルアミノヒドロキシプロピル加水分解コラーゲン
- ◎機能：帯電防止剤／界面活性剤。
- ◎起源：ヤシの仁から得るココナッツオイル及び動物から得るたんぱく質コラーゲンから抽出する半合成物質。
- ◎注意及び副作用：☞用語解説〈ニトロソアミン〉参照

コカミドプロピルジメチルアミン
- ◎機能：帯電防止剤／乳化剤／界面活性剤。
- ◎起源：ヤシの仁から得るココナッツオイルから抽出する半合成物質。
- ◎注意及び副作用：人によって接触アレルギー及び接触性皮膚炎を引き起こす可能性あり。☞用語解説〈ニトロソアミン〉参照

コカミドプロピルジメチルアミン加水分解コラーゲン 困
- ◎機能：帯電防止剤／界面活性剤。
- ◎起源：ヤシの仁から得るココナッツオイル及び動物から得るたんぱく質コラーゲンから抽出する半合成物質。
- ◎規制及び副作用：☞用語解説〈ニトロソアミン〉参照

コカミドプロピルジメチルアミンジヒドロキシメチルプロピオネート 困
- ◎機能：界面活性剤。
- ◎起源：ヤシの仁から得るココナッツオイルから抽出する半合成物質。
- ◎規制及び副作用：☞用語解説〈ニトロソアミン〉参照

コカミドプロピルジメチルアンモニウムイソアルキルサクシニル(C8-16)スルホン酸 困
- ◎機能：帯電防止剤／界面活性剤。
- ◎起源：ヤシの仁から得るココナッツオイル及び石油、乳たんぱく質から抽出する半合成物質。
- ◎規制及び副作用：☞用語解説〈ニトロソアミン〉参照

コカミドプロピルジモニウムヒドロシプロピル加水分解コラーゲン 困
- ◎機能：帯電防止剤／界面活性剤。
- ◎起源：ヤシの仁から得るココナッツオイル及び動物から得るたんぱく質コラーゲンから抽出する半合成物質。
- ◎規制及び副作用：☞用語解説〈ニトロソアミン〉参照

コカミドプロピルトリモニウムクロリド 困
- ◎機能：帯電防止剤。
- ◎起源：ヤシの仁から得るココナッツオイルから抽出する半合成物質。
- ◎規制及び副作用：☞用語解説〈ニトロソアミン〉参照

コカミドプロピルPGジモニウムクロリド
- ◎機能：帯電防止剤。
- ◎起源：ヤシの仁から得るココナッツオイルから抽出する半合成物質。
- ◎規制及び副作用：☞用語解説〈ニトロソアミン〉参照

コカミドプロピルPGジモニウムクロリドリン酸 ㊝
- ◎機能：帯電防止剤。
- ◎起源：ヤシの仁から得るココナッツオイルから抽出する半合成物質。
- ◎規制及び副作用：☞用語解説〈ニトロソアミン〉参照

コカミドプロピルヒドロキシスルタイン
- ◎機能：界面活性剤。
- ◎起源：ヤシの仁から得るココナッツオイルから抽出する半合成物質。
- ◎規制及び副作用：☞用語解説〈ニトロソアミン〉参照

コカミドプロピルベタイン
- ◎機能：界面活性剤／起泡剤。
- ◎起源：ヤシの仁から得るココナッツオイルから抽出する半合成物質。
- ◎規制及び副作用：人によって接触アレルギー及び接触性皮膚炎を引き起こす可能性あり。☞用語解説〈ニトロソアミン〉参照

コカミドプロピルモルホリン ㊝
- ◎機能：帯電防止剤。
- ◎起源：ヤシの仁から得るココナッツオイルから抽出する半合成物質。
- ◎規制及び副作用：☞用語解説〈ニトロソアミン〉参照

コカミドプロピルラウリルエーテル ㊝
- ◎機能：乳化剤／乳化安定剤／界面活性剤。
- ◎起源：ヤシの仁から得るココナッツオイル及びその他ベジタブルオイルから抽出する半合成物質。
- ◎規制及び副作用：☞用語解説〈ニトロソアミン〉参照

コカミノプロピオン酸 ㊝
- ◎機能：軟化剤／保湿剤／界面活性剤。
- ◎起源：ヤシの仁から得るココナッツオイルから抽出する半合成物質。
- ◎注意及び副作用：☞用語解説〈ニトロソアミン〉参照

コカミノ酪酸 ㊝
- ◎機能：軟化剤／保湿剤／界面活性剤。
- ◎起源：ヤシの仁から得るココナッツオイルから抽出する半合成物質。
- ◎注意及び副作用：☞用語解説〈ニトロソアミン〉参照

コカミン ㊝
- ◎機能：乳化剤。
- ◎起源：ヤシの仁から得るココナッツオイルから抽出する半合成物質。
- ◎注意及び副作用：☞用語解説〈ニトロソアミン〉参照

ココアンホジ酢酸2Na
- ◎機能：界面活性剤。
- ◎起源：半合成物質。
- ◎注意及び副作用：目下副作用未確認。

ココアンホジプロピオン酸2Na
- ◎機能：界面活性剤。
- ◎起源：半合成物質。
- ◎注意及び副作用：目下副作用未確認。

ココアンホジプロピオン酸DEA ㊝
- ◎機能：界面活性剤。
- ◎起源：ヤシの仁から得るココナッツオイルから抽出する半合成物質。
- ◎注意及び副作用：目下調査中だがDEA残留物に癌誘発懸念あり。☞用語解説〈DEA〉参照

ココイル加水分解コラーゲンTEA
- ◎機能：帯電防止剤／界面活性剤。
- ◎起源：動物性たんぱく質コラーゲンから抽出される半合成物質。
- ◎注意及び副作用：重度の顔面皮膚炎を引き起こす可能性あり。☞BSEの予防に関しては17章『動物由来成分と動物実験』参照

ココイル加水分解ダイズタンパクTEA ㊝
- ◎機能：帯電防止剤。
- ◎起源：大豆から抽出される半合成物質。
- ◎注意及び副作用：米国産大豆の一部は遺伝子組み換え（GM）が行われており、それを天然大豆と混ぜることで、結果としてほぼ全ての大豆製品にGM成分が含まれることになる。こうしたGM成分が天然大豆成分に何らかの異なる影響を及ぼすとの科学的根拠はないものの、多くの消費者が様々な理由からGM製品を避ける傾向にある。重度の顔

面皮膚炎を引き起こす可能性あり。

ココイルグルタミン酸TEA
◎機能：界面活性剤。
◎起源：合成物質。
◎注意及び副作用：重度の顔面皮膚炎を引き起こす可能性あり。

ココイルサルコシンアミドDEA 困
◎機能：界面活性剤。
◎起源：ヤシの仁から得るココナッツオイルから抽出する半合成物質。
◎注意及び副作用：目下調査中だがDEA残留物に癌誘発懸念あり。☞用語解説〈DEA〉参照

ココジエタノールイミド 困
◎機能：乳化剤。
◎起源：ヤシの仁から得るココナッツオイルから抽出する半合成物質。
◎注意及び副作用：目下副作用未確認。

ココベタイン
◎機能：界面活性剤。
◎起源：ヤシの仁から得るココナッツオイルから抽出する半合成物質。
◎注意及び副作用：☞用語解説〈ニトロソアミン〉参照

コバルト 困
◎機能：着色料。
◎起源：重金属。
◎注意及び副作用：人によって接触性皮膚炎を引き起こす可能性あり。

（安息香酸／無水フタル酸／ペンタエリスリトール／ネオペンチルグリコール／パルミチン酸）コポリマー 困
◎機能：塗膜形成剤。
◎起源：合成物質。
◎注意及び副作用：フタル酸及びフタル酸塩の残留物を含むことがある。これらは睾丸癌及び細胞の突然変異に関係あり。

（安息香酸スクロース／イソ酪酸酢酸スクロース／フタル酸ブチルベンジル）コポリマー 困
◎機能：塗膜形成剤／粘度調整剤。

◎起源：合成物質。
◎注意及び副作用：フタル酸及びフタル酸塩は睾丸癌及び細胞の突然変異に関係あり。

（安息香酸スクロース／イソ酪酸酢酸スクロース／フタル酸ブチルベンジル／メタクリル酸メチル）コポリマー 困
◎機能：塗膜形成剤／粘度調整剤。
◎起源：合成物質。
◎注意及び副作用：フタル酸及びフタル酸塩は睾丸癌及び細胞の突然変異に関係あり。

（安息香酸ブチル／無水フタル酸／トリメチロールエタン）コポリマー 困
◎機能：塗膜形成剤。
◎起源：合成物質。
◎注意及び副作用：フタル酸及びフタル酸塩の残留物を含むことがある。これらは睾丸癌及び細胞の突然変異に関係あり。

（エチレン／メタクリレート）コポリマー
◎機能：結合剤／塗膜形成剤。
◎起源：合成物質。
◎注意及び副作用：目下副作用未確認。

（スチレン／アクリル酸ブチル／アクリロニトリル）コポリマー
◎機能：塗膜形成剤／粘度調整剤。
◎起源：合成物質。
◎注意及び副作用：ニトリルはアレルギー反応及び接触性湿疹に関係あり。

（DEAスチレン／アクリレーツ／DVB）コポリマー 困
◎機能：乳白剤。
◎起源：合成物質。
◎注意及び副作用：目下調査中だがDEA残留物に癌誘発懸念あり。☞用語解説〈DEA〉参照

（ブタジエン／アクリロニトリル）コポリマー
◎機能：塗膜形成剤／粘度調整剤。
◎起源：合成物質。
◎注意及び副作用：ニトリルはアレルギー反応及び接触性湿疹と関係あり。

(フタル酸／トリメリト酸／グリコールズ)
コポリマー
- ◎**機能**：塗膜形成剤。
- ◎**起源**：合成物質。
- ◎**注意及び副作用**：フタル酸及びフタル酸塩の残留物を含むことがある。これらは睾丸癌及び細胞の突然変異に関係あり。

(無水フタル酸／アジピン酸／ヒマシ油／ネオペンチルグリコール／PEG-3／トリメチロールプロパン)
コポリマー 困
- ◎**機能**：塗膜形成剤。
- ◎**起源**：合成物質。
- ◎**注意及び副作用**：フタル酸及びフタル酸塩の残留物を含むことがある。これらは睾丸癌及び細胞の突然変異に関係あり。エチレンオキシド(オキシラン)を利用して生成されるエトキシル化成分は、製造過程の副産物として発癌物質の1,4-ジオキサンを形成することがある。☞用語解説〈ジオキサン〉参照

(無水フタル酸／安息香酸／トリメチロールプロパン)
コポリマー 困
- ◎**機能**：塗膜形成剤。
- ◎**起源**：合成物質。
- ◎**注意及び副作用**：フタル酸及びフタル酸塩の残留物を含むことがある。これらは睾丸癌及び細胞の突然変異に関係あり。

(無水フタル酸／安息香酸ブチル／プロピレングリコール)
コポリマー 困
- ◎**機能**：塗膜形成剤。
- ◎**起源**：合成物質。
- ◎**注意及び副作用**：フタル酸及びフタル酸塩の残留物を含むことがある。これらは睾丸癌及び細胞の突然変異に関係あり。

(無水フタル酸／グリセリン／デカン酸グリシジル)
コポリマー 困
- ◎**機能**：帯電防止剤／塗膜形成剤／粘度調整剤。
- ◎**起源**：合成物質。
- ◎**注意及び副作用**：フタル酸及びフタル酸塩の残留物を含むことがある。これらは睾丸癌及び細胞の突然変異に関係あり。

コラーゲン／エラスチン 困
- ◎**機能**：水分結合剤。柔らかくはりのある肌を維持できると信じられている。
- ◎**起源**：動物性たんぱく質。ほ乳類の皮膚層及び動脈壁から抽出。
- ◎**注意及び副作用**：目下副作用未確認。☞BSEの予防に関しては17章『動物由来成分と動物実験』参照

コラーゲン酸グリセリル 困
- ◎**機能**：添加剤。
- ◎**起源**：動物から抽出されるたんぱく質コラーゲンより生成される半合成物質。
- ◎**注意及び副作用**：グリセリルモノエステルは接触性皮膚炎に関係あり。

混合イソプロパノールアミン 困
- ◎**機能**：pH調整剤。
- ◎**起源**：合成混合物質。
- ◎**注意及び副作用**：有害。ニトロソアミン汚染の危険。☞用語解説〈ニトロソアミン〉参照

混合果実酸
(トリアルファヒドロキシ果実酸、トリプル果実酸)
- ◎**機能**：剥離剤。
- ◎**起源**：ほとんどが天然果実エキス。
- ◎**注意及び副作用**：アルファヒドロキシ酸(AHA)を含んでおり、肌の剥離に利用される。肌細胞の外層を溶かして除去することからピーリング剤としても知られる。AHAは太陽に対する過敏性を助長する場合がある。AHAを用いた処置後すぐに肌を太陽にさらさないこと。必ず目立たない部位で試してから使用する。肌に刺激や赤み、出血、痛みがあらわれた場合使用を中止する。子どもへの使用は避けた方がいい。剥離性皮膚炎を引き起こすことあり。

混合ミリスチン酸イソプロパノールアミン 困
- ◎**機能**：軟化剤／界面活性剤。
- ◎**起源**：合成混合物質。
- ◎**注意及び副作用**：ミリスチン酸は面皰形成性(痤瘡を助長)。☞用語解説〈面皰形成性物質〉参照

【さ】

酢酸亜鉛
- ◎機能：抗菌剤。
- ◎起源：合成物質。
- ◎注意及び副作用：溶性亜鉛塩は毒性。

酢酸エチル
- ◎機能：溶剤。
- ◎起源：合成物質。
- ◎注意及び副作用：目下副作用未確認。非常に可燃性の高い気体で、シンナー中毒者が吸入。

酢酸クロルヘキシジン 困
- ◎機能：防腐剤。
- ◎起源：合成物質。

酢酸ストロンチウム 困
- ◎機能：オーラルケア剤。
- ◎起源：合成物質。
- ◎注意及び副作用：ストロンチウム化合物は毒性。

酢酸セチル
- ◎機能：軟化剤／保湿剤。
- ◎起源：半合成または合成物質。
- ◎注意及び副作用：目下副作用未確認。

酢酸鉛
- ◎機能：髪色を徐々に変化させていくために使用されるプログレッシブヘアダイ。
- ◎起源：合成物質。
- ◎注意及び副作用：刺激性。鉛塩は毒性。

酢酸フェニル水銀 困
- ◎機能：防腐剤。
- ◎起源：合成物質。
- ◎注意及び副作用：水銀化合物は肌吸着により毒性。皮膚炎を引き起こし体内に蓄積する。水銀塩の使用は、欧州、米国ともアイメイク製品及びメイク落としにかぎって禁止されている。

酢酸ブチル
- ◎機能：溶剤。
- ◎起源：合成物質。
- ◎注意及び副作用：人によって肌への刺激。呼吸器を刺激。

酢酸ラノリル
- ◎機能：帯電防止剤／軟化剤／保湿剤／乳化剤。ラノリン派生物の低刺激性軟化剤で、ベルベットのような滑らかな肌触りを謳っている。アセチル化ラノリンが肌表面に保護膜を形成、水分の消失を防ぐ。
- ◎起源：ラノリン（羊毛から抽出）派生物。
- ◎注意及び副作用：目下副作用未確認。

サトウキビエキス
- ◎機能：剥離剤。
- ◎起源：サトウキビの天然エキス。
- ◎注意及び副作用：サトウキビエキスはアルファヒドロキシ酸（AHA）であり、肌の剥離に利用される。AHAは、肌の外層を溶かして除去することからピーリング剤としても知られている。また、保護材である肌細胞の外層を除去することで、太陽に対する過敏性を助長する場合がある。AHAを用いた処置後すぐに肌を太陽にさらないこと。必ず目立たない部位で試してから使用する。肌に刺激や赤み、出血、痛みがあらわれた場合使用を中止する。子どもへの使用は薦めない。剥離性皮膚炎を引き起こすことがある。

サリチル酸
- ◎機能：防腐剤／フケ防止剤／剥離剤。
- ◎起源：本来はヤナギから抽出する合成物質。
- ◎注意及び副作用：サリチル酸はベータヒドロキシ酸（BHA）であり、肌の剥離に利用される。BHAは、肌の外層を溶かして除去することからピーリング剤としても知られている。また、保護材である肌細胞の外層を除去することで、太陽に対する過敏性を助長する場合がある。BHAを用いた処置後すぐに肌を太陽にさらないこと。必ず目立たない部位で試してから使用する。肌に刺激や赤み、出血、痛みがあらわれた場合使用を中止する。剥離性皮膚炎を引き起こすことがある。

サリチル酸イソプロピルベンジル 困
- ◎機能：紫外線吸収剤。
- ◎起源：合成物質。
- ◎注意及び副作用：この物質の安全性は不確かで、欧州ではコスメティックス製品への

1998年6月30日まで条件付きでしか認可されていなかった。だがその後も依然として安全性が確認されていないため、いまだ条件付きは解除されていない。他のコスメティックスやトイレタリー製品の成分を、太陽光の有害な影響から保護するために使用されることもある。

サリチル酸エチルヘキシル　㊻
◎機能：紫外線吸収剤。
◎起源：半合成または合成物質。
◎注意及び副作用：この物質の安全性は不確かで、欧州ではコスメティックス製品への使用は1998年6月30日まで条件付きでしか認可されていなかった。しかし同年9月3日、さらなる科学実験に基づき、条件を撤廃した上で、この成分のコスメティックス製品への使用を許可。他のコスメティックスやトイレタリー製品の成分を、太陽光の有害な影響から保護するために使用されることもある。

サリチル酸カリウム　㊻
◎機能：防腐剤。
◎起源：合成物質。

サリチル酸カルシウム　㊻
◎機能：防腐剤。
◎起源：合成物質。

サリチル酸Na
◎機能：防腐剤。
◎起源：合成物質。

サリチル酸Mg
◎機能：防腐剤。
◎起源：合成物質。

酸化コカミドプロピルアミン　㊻
◎機能：界面活性剤。
◎起源：ヤシの仁から得るココナッツオイルから抽出する半合成物質。
◎注意及び副作用：☞用語解説〈ニトロソアミン〉参照

酸化コカミン　㊻
◎機能：帯電防止剤／界面活性剤。
◎起源：ヤシの仁から得るココナッツオイルから抽出する半合成物質。

◎注意及び副作用：☞用語解説〈ニトロソアミン〉参照

【し】

ジ(カプリル／カプリン酸)ネオペンチルグリコール
◎機能：軟化剤／保湿剤。
◎起源：半合成または合成物質。
◎注意及び副作用：目下副作用未確認。

ジ(カプリル／カプリン酸)ブチレングリコール　㊻
◎機能：軟化剤／保湿剤。
◎起源：半合成または合成物質。
◎注意及び副作用：目下副作用未確認。

ジ(カプリル／カプリン酸)PG
◎機能：軟化剤／保湿剤。
◎起源：半合成または合成物質。
◎注意及び副作用：目下副作用未確認。

次亜塩素酸ナトリウム　㊻
（塩素酸ナトリウム（Ⅰ））
◎機能：漂白剤／抗菌剤。
◎起源：食塩水の電解により生成。
◎注意及び副作用：肌及び目に腐食性。重度の刺激性。コスメティックスまたはトイレタリー製品の布地との接触により、次亜塩素酸ナトリウムは多くの色を漂白する。

ジアゾリジニルウレア　㊻
◎機能：防腐剤。
◎起源：半合成または合成物質。
◎注意及び副作用：皮膚炎を引き起こす可能性あり。

ジアミン　㊻
（ヒドラジン）
◎機能：防腐剤。
◎起源：合成物質。
◎注意及び副作用：摂取及び肌吸着により毒性。肌及び目に強烈な刺激。癌誘発懸念あり。

ジイセチオン酸ヘキサミジン
◎機能：保存料。

◎起源：合成物質。
◎注意及び副作用：接触性皮膚炎を引き起こす可能性あり。

ジイソパルミチン酸グリセリル　㊥
◎機能：軟化剤／保湿剤。
◎起源：半合成または合成物質。
◎注意及び副作用：グリセリルエステル、パルミチン酸ともに接触性皮膚炎に関係あり。

ジイソプロピルケイヒ酸エチル
◎機能：紫外線吸収剤。
◎起源：合成物質。
◎注意及び副作用：桂皮酸は人によって刺すような刺激を引き起こすとの報告あり。

ジイソプロピルケイヒ酸メチル
◎機能：紫外線吸収剤。
◎起源：合成物質。
◎注意及び副作用：桂皮酸は人によって刺すような刺激を引き起こすとの報告あり。

ジエタノールアミノオレアミドDEA　㊥
◎機能：界面活性剤。
◎起源：合成物質。
◎注意及び副作用：目下調査中だがDEA残留物に癌誘発懸念あり。☞用語解説〈DEA〉参照

ジエチルアミノメチルクマリン
◎機能：添加剤。
◎起源：合成物質。
◎注意及び副作用：光過敏症。

ジエチルジカシンアミド
◎機能：添加剤。
◎起源：半合成物質。
◎注意及び副作用：目下副作用未確認。

ジエチルシュウ酸塩　㊥
◎機能：キレート剤。
◎起源：合成物質。
◎注意及び副作用：シュウ酸は毒性。

ジエチルトルアミド（DEET）　㊥
◎機能：防虫剤。北米ではDEETとして知られている。
◎起源：合成物質。

◎注意及び副作用：飲み込むと有毒。目に有害。カメラやサングラス、合成繊維などプラスチック製品に損傷を及ぼすことがある。スプレー製品を使用する場合、気体吸入は避けること。このような警告はあるものの、DEETの防虫剤としての効果は高く、目下安全面での問題はみられない。

シクロカルボキシプロピルオリエートDEA
◎機能：界面活性剤。　㊥
◎起源：合成物質。
◎注意及び副作用：目下調査中だがDEA残留物に癌誘発懸念あり。☞用語解説〈DEA〉参照

シクロヘキシミド　㊥
◎機能：添加剤。
◎起源：合成物質。
◎注意及び副作用：毒性。肌細胞代謝を抑制。

シクロヘキシルアミン　㊥
（アミノシクロヘキサン）
◎機能：添加剤。
◎起源：合成物質。
◎注意及び副作用：腐食液が肌火傷を引き起こす。低濃度でも刺激性。肌吸着、摂取、吸入により不可逆効果を引き起こし有害。

シクロメチコン
◎機能：エモリエント剤／油性軟化剤／保湿剤／溶剤／粘度調整剤。揮発性シリコン合成物が、コスメティックス製品のべたつき減少に利用される。
◎起源：合成シリコンオイル。
◎注意及び副作用：目下副作用未確認。

ジクロロフェン　㊥
◎機能：抗菌剤／制臭剤。
◎起源：合成物質。
◎注意及び副作用：有害。アレルギー反応を引き起こす可能性あり。

ジクロロベンジルアルコール　㊥
◎機能：防腐剤。
◎起源：合成物質。

ジクロロメタン 困
（メチレンクロリド）
- ◎機能：溶剤。溶剤ベースの塗料剥離剤の主要構成成分。
- ◎起源：合成物質。
- ◎注意及び副作用：有害気体。肌吸着により有害。動物実験では癌誘発が確認されている。

次硝酸ビスマス 困
- ◎機能：吸収剤／乳白剤。
- ◎起源：合成物質。
- ◎注意及び副作用：ビスマス化合物は毒性。知能障害、記憶喪失、意識混濁、調整不能（ぎこちない動き）、震え、痙攣、歩行困難を引き起こす。

ジステアリン酸グリセリル
- ◎機能：帯電防止剤／軟化剤／保湿剤。
- ◎起源：半合成または合成物質。
- ◎注意及び副作用：グリセリルエステルは接触性皮膚炎に関係あり。

ジステアリン酸ステアラミドDEA 困
- ◎機能：乳白剤／粘度調整剤。
- ◎起源：半合成または合成物質。
- ◎注意及び副作用：目下調査中だがDEA残留物に癌誘発懸念あり。☞用語解説〈DEA〉参照

システイン
- ◎機能：酸化防止剤／帯電防止剤／還元剤。
- ◎起源：動植物性たんぱく質の加水分解により抽出されるアミノ酸。
- ◎注意及び副作用：目下副作用未確認。

ジチオグリコール酸ジアンモニウム
- ◎機能：還元剤。
- ◎起源：合成物質。
- ◎注意及び副作用：接触性湿疹及び接触性皮膚炎を引き起こす可能性あり。

ジ-t-ブチルハイドロキノン 困
- ◎機能：酸化防止剤。
- ◎起源：合成物質。
- ◎注意及び副作用：唇に接触性皮膚炎を引き起こす可能性あり。

シノキサート
（2-エトキシエチル-p-メトキシ桂皮酸）
- ◎機能：紫外線吸収剤。
- ◎起源：合成物質。
- ◎注意及び副作用：感光性を引き起こす可能性あり。桂皮酸は人によって刺すような刺激を引き起こすとの報告がある。

ジパルミチン酸アスコルビル
- ◎機能：酸化防止剤。
- ◎起源：アスコルビン酸（ビタミンC）から生成する半合成または合成物質。
- ◎注意及び副作用：パルミチン酸は接触性皮膚炎に関係あり。

ジパルミチン酸グリセリル 困
- ◎機能：軟化剤／保湿剤／乳化剤。
- ◎起源：半合成または合成物質。
- ◎注意及び副作用：グリセリルエステル、パルミチン酸ともに接触性皮膚炎に関係あり。

ジパルミチン酸PEG-3
- ◎機能：乳化剤。
- ◎起源：合成物質。
- ◎注意及び副作用：パルミチン酸は接触性皮膚炎と関係あり。エチレンオキシド（オキシラン）を利用して生成されるエトキシル化成分は、製造過程の副産物として発癌物質の1,4-ジオキサンを形成することがある。☞用語解説〈ジオキサン〉参照

ジパルミチン酸ピリドキシン
- ◎機能：帯電防止剤。
- ◎起源：半合成または合成物質。
- ◎注意及び副作用：パルミチン酸は接触性皮膚炎に関係あり。

ジヒドロキシアセトン
（DHA）
- ◎機能：日焼け促進剤。人工的な日焼けの効果をもたらすが、紫外線からの保護は望めない。
- ◎起源：合成物質。
- ◎注意及び副作用：人によって接触アレルギーを引き起こすことがある。

ジヒドロクマリン 困
- ◎機能：添加剤。
- ◎起源：合成物質。

◎注意及び副作用：肌感光性の可能性あり。

ジヒドロジェネイティッド牛脂脂肪酸フタル酸 困
◎機能：軟化剤／保湿剤／界面活性剤。
◎起源：動物性脂肪（牛脂）から抽出される半合成物質。
◎注意及び副作用：フタル酸及びフタル酸塩は睾丸癌及び細胞の突然変異に関係あり。☞BSEの予防に関しては17章『動物由来成分と動物実験』参照

ジヒドロジェネイティッド牛脂脂肪酸フタル酸アミド 困
◎機能：乳化剤。
◎起源：動物性脂肪（牛脂）から抽出される半合成物質。
◎注意及び副作用：フタル酸及びフタル酸塩は睾丸癌及び細胞の突然変異に関係あり。☞BSEの予防に関しては17章『動物由来成分と動物実験』参照

ジブチルフタレート 困
◎機能：塗膜形成剤／溶剤。
◎起源：合成物質。
◎注意及び副作用：フタル酸及びフタル酸塩は睾丸癌及び細胞の突然変異に関係あり。

ジプロプロピレングリコール 困
◎機能：溶剤。
◎起源：合成物質。
◎注意及び副作用：目下副作用未確認。

脂肪酸（C10-30）
（コレステリル／ラノステリル）
◎機能：乳化剤。
◎起源：半合成物質の混合物。
◎注意及び副作用：目下副作用未確認。

脂肪酸（C12-18）セチル
◎機能：軟化剤／保湿剤。
◎起源：半合成または合成物質の混合物。
◎注意及び副作用：パルミチン酸セチルを含む。パルミチン酸は接触性皮膚炎と関係あり。

脂肪酸（C18-36）グリコール
◎機能：軟化剤／保湿剤。

◎起源：合成物質の混合物。
◎注意及び副作用：目下副作用未確認。

脂肪酸アルファナトリウム重合体中のグリコマー 困
◎機能：剥離剤。
◎起源：半合成または合成物質。
◎注意及び副作用：この成分はアルファヒドロキシ酸（AHA）を含んでいる。AHAは肌の剥離に利用される。肌外層を溶かし、除去することからピーリング剤としても知られる。AHAは太陽に対する過敏性を助長する場合がある。AHAを用いた処置後すぐに肌を太陽にさらさないこと。必ず目立たない部位で試してから使用する。肌に刺激や赤み、出血、痛みがあらわれた場合使用を中止する。子どもへの使用は避けた方がいい。剥離性皮膚炎を引き起こすことあり。

ジミリスチン酸Al
◎機能：乳化安定剤／乳白剤／粘度調整剤。
◎起源：合成物質。
◎注意及び副作用：ミリスチン酸は面皰形成性。☞用語解説〈面皰形成性物質〉参照

ジミリスチン酸グリセリル 困
◎機能：軟化剤／保湿剤。
◎起源：半合成または合成物質。
◎注意及び副作用：グリセリルエステルは接触性皮膚炎に関係あり。ミリスチン酸は面皰形成性（座瘡を助長）。☞用語解説〈面皰形成性物質〉参照

ジメチコン
（ジメチルポリシロキサン、E900）
◎機能：消泡剤／軟化剤／保湿剤。
◎起源：合成シリコンポリマー。
◎注意及び副作用：癌誘発懸念あり。動物実験では腫瘍及び突然変異を引き起こしている。

ジメチコン2ナトリウム 困
◎機能：塗膜形成剤。
◎起源：半合成シリコンポリマー。
◎注意及び副作用：目下副作用未確認。

ジメチコンコポリオール
◎機能：消泡剤／軟化剤／保湿剤。

◎起源：合成シリコンポリマー。
◎注意及び副作用：目下副作用未確認。

ジメチルエーテル ㊼
（メトキシメタン）
◎機能：高圧ガス／溶剤。
◎起源：合成物質。
◎注意及び副作用：高可燃性ガス。

ジメチルオキサゾリジン ㊼
◎機能：防腐剤。
◎起源：合成物質。
◎注意及び副作用：この成分を含む製品とアルカリを含む製剤を混ぜるのは危険。

ジメチルPABAエチルヘキシル
（パディメイトO）
◎機能：紫外線吸収剤。
◎起源：合成物質。
◎注意及び副作用：この物質の安全性は不確かで、欧州ではコスメティックス製品への使用は1998年6月30日まで条件付きでしか認可されていなかった。だがその後も依然として安全性が確認されていないため、いまだ条件付きは解除されていない。他のコスメティックスやトイレタリー製品の成分を、太陽光の有害な影響から保護するために使用されることもある。

ジメチロールエチレンチオ尿素 ㊼
◎機能：添加剤。
◎起源：合成物質。
◎注意及び副作用：有害気体。

ジメトキシケイヒ酸エチルヘキサン酸グリセリル
◎機能：紫外線吸収剤。
◎起源：半合成または合成物質。
◎注意及び副作用：桂皮酸は人によって刺すような刺激を引き起こすとの報告あり。グリセリルエステルは接触性皮膚炎に関係あり。

シメン-5-オール
◎機能：防腐剤。殺菌剤。
◎起源：合成物質。

重亜硫酸アンモニウム ㊼
◎機能：防腐剤。

◎起源：合成物質。
◎注意及び副作用：刺激性。

臭化セテアラルコニウム ㊼
◎機能：防腐剤。
◎起源：合成物質。
◎注意及び副作用：この物質の安全性は不確かで、欧州ではコスメティックス製品への使用は1998年6月30日まで条件付きでしか認可されていなかった。しかし同年9月3日、さらなる科学実験に基づき、条件を撤廃した上で、この成分のコスメティックス製品への使用を許可。

臭化フェニル水銀 ㊼
◎機能：防腐剤。
◎起源：合成物質。
◎注意及び副作用：水銀化合物は肌吸着により毒性。皮膚炎を引き起こし体内に蓄積する。ラベルには適切な警告を掲載しなければならない。水銀塩の使用は、欧州、米国ともアイメイク製品及びメイク落としにかぎって禁止されている。

臭化プロパンテリン ㊼
◎機能：添加剤。
◎起源：合成物質。
◎注意及び副作用：瞳孔拡張を引き起こす可能性あり(左右不同散瞳)。

臭化ベンザルコニウム ㊼
◎機能：防腐剤。
◎起源：合成物質。
◎注意及び副作用：この物質の安全性は不確かで、欧州ではコスメティックス製品への使用は1998年6月30日まで条件付きでしか認可されていなかった。しかし同年9月3日、さらなる科学実験に基づき、条件を撤廃した上で、この成分のコスメティックス製品への使用を許可。ただし、ラベルに「目に入れないこと」と明記しなければならない。

臭化ラウルアルコニウム ㊼
◎機能：防腐剤。
◎起源：合成物質。
◎注意及び副作用：この物質の安全性は不確かで、欧州ではコスメティックス製品への使用は1998年6月30日まで条件付きでしか認可

されていなかった。しかし同年9月3日、さらなる科学実験に基づき、条件を撤廃した上で、この成分のコスメティックス製品への使用を許可。ただし、ラベルに「目に入れないこと」と明記しなければならない。

シュウ酸 困
- ◎機能：キレート剤。
- ◎起源：合成物質。シュウ酸は毒性。

シュウ酸ジイソブチル 困
- ◎機能：キレート剤。
- ◎起源：合成物質。
- ◎注意及び副作用：シュウ酸は毒性。

シュウ酸ジイソプロピル 困
- ◎機能：キレート剤。
- ◎起源：合成物質。
- ◎注意及び副作用：シュウ酸は毒性。

シュウ酸ジブチル 困
- ◎機能：キレート剤。
- ◎起源：合成物質。
- ◎注意及び副作用：シュウ酸は毒性。

シュウ酸ジプロピル 困
- ◎機能：キレート剤。
- ◎起源：合成物質。
- ◎注意及び副作用：シュウ酸は毒性。

シュウ酸ジメチル 困
- ◎機能：キレート剤。
- ◎起源：合成物質。
- ◎注意及び副作用：シュウ酸は毒性。

シュウ酸ジリチウム 困
- ◎機能：キレート剤。
- ◎起源：合成物質。
- ◎注意及び副作用：シュウ酸は毒性。

シュウ酸Na
- ◎機能：キレート剤。
- ◎起源：合成物質。
- ◎注意及び副作用：シュウ酸は毒性。

シュウ酸ニカリウム 困
- ◎機能：キレート剤。
- ◎起源：合成物質。
- ◎注意及び副作用：シュウ酸は毒性。

重フタル酸カリウム 困
（フタル酸水素カリウム）
- ◎機能：pH調整剤。
- ◎起源：合成物質。
- ◎注意及び副作用：フタル酸及びフタル酸塩は睾丸癌及び細胞の突然変異に関係あり。

重硫酸ジエタノールアミン 困
- ◎機能：pH調整剤。
- ◎起源：合成物質。
- ◎注意及び副作用：目下調査中だがDEA残留物に癌誘発懸念あり。☞用語解説〈DEA〉参照

硝酸銀
- ◎機能：ヘアダイ。
- ◎起源：合成物質。
- ◎注意及び副作用：硝酸銀は肌の色を一時的に濃くすることが可能。肌の過敏症を引き起こし、それによってアレルギーを誘発する可能性あり。

シリカ
- ◎機能：研磨剤／吸収剤／乳白剤／粘度調整剤。
- ◎起源：天然鉱物（二酸化珪素）。
- ◎注意及び副作用：吸入により有害。

シルクアミノ酸
- ◎機能：湿潤剤。
- ◎起源：天然のたんぱく繊維シルクの加水分解により抽出。
- ◎注意及び副作用：蕁麻疹（発疹または皮疹）を引き起こすことがある。

ジンクピリチオン
（ピリチオン亜鉛）
- ◎機能：防腐剤／抗菌剤／フケ防止剤。
- ◎起源：合成物質。

【す】

水酸化K
- ◎機能：pH調整剤／あま皮用溶剤。
- ◎起源：合成物質。

◎注意及び副作用：有害。刺激性。低濃度溶剤で肌に腐食性。

水酸化ストロンチウム　困
◎機能：pH調整剤／脱毛剤。
◎起源：合成物質。ストロンチウム化合物は毒性。

水酸化Na
◎機能：pH調整剤／変性剤／あま皮用溶剤。
◎起源：合成物質。
◎注意及び副作用：有害。刺激性。低濃度溶剤で肌に腐食性。

水添タロウアミドDEA
◎機能：界面活性剤。
◎起源：動物性脂肪（牛脂）から抽出される半合成物質。
◎注意及び副作用：目下調査中だがDEA残留物に癌誘発懸念あり。☞用語解説〈DEA〉、BSEの予防に関しては17章『動物由来成分と動物実験』参照

水添ミンクオイル
◎機能：軟化剤／保湿剤。
◎起源：ミンクの脂肪性皮下組織から抽出されるミンクオイルより生成される半合成物質。
◎注意及び副作用：目下副作用未確認。

スコパロン　困
◎機能：添加剤。
◎起源：合成物質。
◎注意及び副作用：肌の感作を引き起こす可能性あり。

ステアラミドエチルジエタノールアミン　困
◎機能：帯電防止剤。
◎起源：合成物質。
◎注意及び副作用：目下調査中だがDEA残留物に癌誘発懸念あり。☞用語解説〈DEA〉参照

ステアラミドDEA
◎機能：帯電防止剤／粘度調整剤。
◎起源：半合成または合成物質。
◎注意及び副作用：目下調査中だがDEA残留物に癌誘発懸念あり。☞用語解説〈DEA〉参照

ステアラミドプロピルジメチルアミン
◎機能：帯電防止剤／乳化剤／界面活性剤。
◎起源：合成物質。
◎注意及び副作用：癌誘発懸念あり。人によってアレルギー性皮膚炎を引き起こすことがある。

ステアリルアルコール
◎機能：軟化剤／保湿剤／乳化安定剤／乳白剤／粘度調整剤。
◎起源：半合成または合成物質。
◎注意及び副作用：人によって接触性皮膚炎及び接触アレルギーを引き起こすことがある。

ステアリルトリヒドロキシエチルプロピレンジアミンジヒドロフルオリド　困
◎機能：オーラルケア剤。
◎起源：合成物質。
◎注意及び副作用：フッ化物は毒性。歯の変色を引き起こすことあり（フッ素）。子どもは歯磨き粉の使用量を少量にとどめること。飲み込まないよう注意も必要。

ステアリン酸
(n-オクタデカン酸、オクタデカン酸)
◎機能：乳化剤／乳化安定剤。
◎起源：半合成または合成物質。
◎注意及び副作用：肌のアレルギーに関係あり。

ステアリン酸亜鉛
◎機能：着色料・白／乳白剤。
◎起源：半合成または合成物質。

ステアリン酸Al　困
(モノステアリン酸アルミニウム)
◎機能：着色料・白。
◎起源：合成物質。

ステアリン酸アンモニウム　困
◎機能：乳化剤／界面活性剤。
◎起源：動物または野菜の油脂から抽出される合成石鹸洗浄剤。
◎注意及び副作用：目下副作用未確認。

ステアリン酸イソセチル
◎機能：軟化剤／保湿剤。
◎起源：半合成または合成物質。

◎注意及び副作用：面皰形成性（痤瘡を助長）。
☞用語解説〈面皰形成性物質〉参照

ステアリン酸エチルヘキシル
◎機能：軟化剤／保湿剤。
◎起源：半合成または合成物質。
◎注意及び副作用：面皰形成性（痤瘡を助長）。
☞用語解説〈面皰形成性物質〉参照

ステアリン酸カリウム
◎機能：乳化剤／界面活性剤／粘度調整剤。ベビーソープ、シェービングソープ、皮膚科石鹸をはじめとする石鹸によくみられる成分。
◎起源：動植物オイルから生成される半合成物質。
◎注意及び副作用：目下副作用未確認。

ステアリン酸カルシウム
◎機能：シャンプーやコンディショナーのような液体製剤の乳白剤として、あるいは増粘剤の着色料としてしばしば利用される着色料（白）。
◎起源：半合成または合成物質。
◎注意及び副作用：副作用未確認。

ステアリン酸グリセリル
（モノステアリン酸グリセリル）
◎機能：軟化剤／保湿剤／乳化剤。
◎起源：半合成または合成物質。
◎注意及び副作用：グリセリルエステルは接触性皮膚炎に関係あり。人によって肌にアレルギーを引き起こすことがある。

ステアリン酸ソルビタン
◎機能：乳化剤。
◎起源：半合成または合成物質。
◎注意及び副作用：人によって接触性蕁麻疹（発疹または皮疹）を引き起こすことがある。

ステアリン酸TEA
◎機能：乳化剤／界面活性剤。
◎起源：半合成または合成物質。
◎注意及び副作用：重度の顔面皮膚炎を引き起こす可能性あり。

ステアリン酸ナトリウム
◎機能：乳化剤／界面活性剤／粘度調整剤。スティックタイプのデオドラントや、ベビーソープ、シェービングソープ、皮膚科石鹸をはじめとする石鹸によくみられる成分。
◎起源：動物または野菜のオイルに対する苛性ソーダ（水酸化ナトリウム）の作用により生成される半合成物質。
◎注意及び副作用：目下副作用未確認。
☞BSEの予防に関しては17章『動物由来成分と動物実験』参照

ステアリン酸PEG-15DEDMヒダントイン
◎機能：抗菌剤。　　　　　　　　　困
◎起源：合成物質。
◎注意及び副作用：ヒダントインは接触性皮膚炎と関係あり。エチレンオキシド（オキシラン）を利用して生成されるエトキシル化成分は、製造過程の副産物として発癌物質の1,4-ジオキサンを形成することがある。☞用語解説〈ジオキサン〉参照

ステアリン酸ブチル
◎機能：軟化剤／保湿剤。
◎起源：半合成または合成物質。
◎注意及び副作用：面皰形成性（痤瘡を助長）。
☞用語解説〈面皰形成性物質〉参照

ステアリン酸Mg
◎機能：着色料・白／乳白剤。
◎起源：半合成または合成物質。

ステアルトリモニウムクロリド
◎機能：防腐剤。
◎起源：合成物質。

ステアレス系
ステアレス-14、ステアレス-2リン酸などを含む。
◎機能：主として乳化剤及び界面活性剤。
◎起源：エチレンオキシドから生成される様々な合成物質。このようなエトキシル化合物は、多様な他分子と結合して数多くのコスメティックス成分を生成することがある。数字が大きくなるにつれてエトキシル化度も高くなり（分子が大きくなる）、通常水溶度も高くなる。
◎注意及び副作用：エチレンオキシド（オキシラン）を利用して生成されるエトキシル化成分は、製造過程の副産物として発癌物質の1,4-ジオキサンを形成することがある。☞用語解説〈ジオキサン〉参照

成分索引

【せ】

正ブチルアルコール
（ブタノール、ブタン-1-オール、ブチルアルコール）
◎機能：変性剤／溶剤。
◎起源：合成物質。
◎注意及び副作用：肌及び目に刺激性。炎症を引き起こすことがある。

セイヨウハッカ油（学名：*Mentha piperita*）
◎機能：植物添加物。
◎起源：植物エキス（ペパーミント）。
◎注意及び副作用：人によって刺激性。アレルギー性接触皮膚炎を引き起こすことがある。

セサミドDEA 囲
◎機能：界面活性剤。
◎起源：半合成物質。
◎注意及び副作用：目下調査中だがDEA残留物に癌誘発懸念あり。☞用語解説〈DEA〉参照

セスキオレイン酸ソルビタン
◎機能：乳化剤。
◎起源：半合成または合成物質。
◎注意及び副作用：人によって接触性皮膚炎を引き起こすことがある。

セスキステアリン酸メチルグルコース
◎機能：軟化剤／保湿剤／乳化剤。
◎起源：半合成物質。
◎注意及び副作用：人によって皮膚炎を引き起こすことがある。

セスキテルペンラクトン 囲
◎機能：添加剤。
◎起源：半合成物質。
◎注意及び副作用：重度のアレルギー反応を引き起こす可能性あり。

セタノール 囲
（ヘキサデカノール、パルミチルアルコール）
◎機能：軟化剤／保湿剤／乳化剤／乳白剤／粘度調整剤。
◎起源：半合成または合成物質。
◎注意及び副作用：人によって接触性皮膚炎を引き起こす可能性あり。

セチルアミンフッ化水素酸塩 囲
（ヘタフラー）
◎機能：オーラルケア剤。
◎起源：合成物質。
◎注意及び副作用：フッ化物は毒性。歯の変色を引き起こすことあり（フッ素）。子どもは歯磨き粉の使用量を少量にとどめること。飲み込まないよう注意も必要。

セチルジメチコンコポリオール
◎機能：乳化剤。
◎起源：シリコン関係の合成物質。
◎注意及び副作用：目下副作用未確認。

セチルベタイン
◎機能：帯電防止剤／界面活性剤。
◎起源：半合成または合成物質。
◎注意及び副作用：目下副作用未確認。

セチル硫酸DEA 囲
◎機能：界面活性剤。
◎起源：合成物質。
◎注意及び副作用：目下調査中だがDEA残留物に癌誘発懸念あり。☞用語解説〈DEA〉参照

セチルリン酸DEA
◎機能：界面活性剤。
◎起源：合成物質。
◎注意及び副作用：目下調査中だがDEA残留物に癌誘発懸念あり。☞用語解説〈DEA〉参照

セテアリルアルコール
◎機能：軟化剤／保湿剤／乳化剤／乳化安定剤／乳白剤／粘度調整剤。
◎起源：半合成または合成物質。
◎注意及び副作用：人により接触性皮膚炎及び接触過敏症を引き起こす可能性あり。

セテアレス-20
◎機能：乳化剤／界面活性剤／粘度調整剤。エチレンオキシドによるエトキシル化によりセテアリルアルコールから抽出。親アルコールまたはその他の脂肪酸アルコールとともに使用されることで、基礎的な乳化剤及び増粘

剤として機能する。
◎起源：合成物質。
◎注意及び副作用：目下副作用未確認。エチレンオキシド（オキシラン）によるエトキシル化成分は、製造過程の副産物として発癌物質の1,4-ジオキサンを形成することがある。
☞用語解説〈ジオキサン〉参照

セテアレス-2リン酸
◎機能：界面活性剤。
◎起源：エチレンオキシドによるエトキシル化によりセテアリルアルコールから抽出される合成物質。
◎注意及び副作用：目下副作用未確認。エチレンオキシド（オキシラン）によるエトキシル化成分は、製造過程の副産物として発癌物質の1,4-ジオキサンを形成することがある。
☞用語解説〈ジオキサン〉参照

セテアレス系
セテアレス-15、セテアレス-25カルボン酸などを含む。
◎機能：主として乳化剤及び界面活性剤。
◎起源：エチレンオキシドから生成される様々な合成成分。これらエトキシル化された物質は多様な他分子と結合して多岐にわたるコスメティックス素材を生成することがある。数字が大きいほどエトキシル化度も高くなり（分子が大きくなる）、結果、通常は水溶度も高くなる。
◎注意及び副作用：エチレンオキシド（オキシラン）によるエトキシル化成分は、製造過程の副産物として発癌物質の1,4-ジオキサンを形成することがある。☞用語解説〈ジオキサン〉参照

セテス-20
◎機能：乳化剤／界面活性剤。
◎起源：合成物質。
◎注意及び副作用：目下副作用未確認。エチレンオキシド（オキシラン）によるエトキシル化成分は、製造過程の副産物として発癌物質の1,4-ジオキサンを形成することがある。
☞用語解説〈ジオキサン〉参照

セトリモニウムクロリド
◎機能：防腐剤。
◎起源：合成物質。

セトリモニウムブロミド
◎機能：防腐剤。
◎起源：合成物質。

セバシン酸ジイソプロピル
◎機能：軟化剤／保湿剤。
◎起源：半合成または合成物質。
◎注意及び副作用：目下副作用未確認。

ゼラニウム
（ゼラニウムエキス）
◎機能：植物添加物。
◎起源：植物エキス。
◎注意及び副作用：接触性皮膚炎及び肌への刺激を引き起こす可能性あり。

セルロースガム
（カルボキシメチルセルロースナトリウム、カルメロース）
◎機能：結合剤／乳化安定剤／塗膜形成剤／粘度調整剤。
◎起源：半合成物質。
◎注意及び副作用：目下副作用未確認。

セレシン
◎機能：帯電防止剤／結合剤／乳化安定剤／乳白剤／粘度調整剤。
◎起源：臭蝋精製物から生成されるワックス状の炭化水素と石油精製されたワックス化合物に骨炭濾過した硫酸を加えた複合化合物。
◎注意及び副作用：目下副作用未確認。

【そ】

ソイアミドDEA ㊗
◎機能：乳化剤／乳化安定剤／界面活性剤／粘度調整剤。
◎起源：大豆油から抽出される半合成物質。
◎注意及び副作用：米国産大豆の一部は遺伝子組み換え（GM）が行われており、それを天然大豆と混ぜることで、結果としてほぼ全ての大豆製品にGM成分が含まれることになる。こうしたGM成分が天然大豆成分に何らかの異なる影響を及ぼすとの科学的根拠はないものの、多くの消費者が様々な理由からGM製品を避ける傾向にある。目下調査中だがDEA残留物に癌誘発懸念あり。☞用語

解説〈DEA〉参照

ソルビトール
（グルシトール、ヘキサン-1,2,3,4,5,6-ヘキソール）
◎機能：ベルベットのような感触の肌にできると信じられている湿潤剤。ソルビトールは天然生成されるグリセリンによく似ており、しかも廉価なことから、グリセリンにかわって、最もよく利用されるコスメティックス湿潤剤としての地位を急速に占めつつある。
◎起源：果実、海草、藻、または化学還元ブドウ糖からの抽出。
◎注意及び副作用：目下副作用未確認。

ソルビン酸
（2,4-ヘキサン二酸）
◎機能：防腐剤。
◎起源：半合成または合成物質。
◎注意及び副作用：蕁麻疹（発疹または皮疹）を引き起こす可能性あり。

ソルビン酸K
◎機能：防腐剤。
◎起源：合成物質。

ソルビン酸カルシウム 〔末〕
◎機能：防腐剤。
◎起源：合成物質。

ソルビン酸ナトリウム 〔末〕
◎機能：防腐剤。
◎起源：半合成または合成物質。

【た】

大動脈エキス 〔末〕
◎機能：生物添加物。
◎起源：動物組織から抽出。
◎注意及び副作用：☞BSEの予防に関しては17章『動物由来成分と動物実験』参照

タイム（学名：*Thymus vulgaris*）
（タイムエキス）
◎機能：植物添加物。
◎起源：植物エキス。
◎注意及び副作用：人によって接触アレルギーを引き起こすことがある。

ダイレクトブラック38 〔末〕
◎機能：着色料。
◎起源：合成物質。
◎注意及び副作用：癌誘発懸念あり。

ダイレクトブルー6 〔末〕
◎機能：着色料。
◎起源：合成物質。
◎注意及び副作用：癌誘発懸念あり。

タラミドDEA 〔末〕
◎機能：帯電防止剤／粘度調整剤。
◎起源：半合成物質。
◎注意及び副作用：目下調査中だがDEA残留物に癌誘発懸念あり。☞用語解説〈DEA〉参照

タルク
◎機能：吸収剤。
◎起源：天然鉱物（含水ケイ酸マグネシウム）。
◎注意及び副作用：タルク粉末の吸入は肺病を引き起こす可能性がある。ベビーパウダーには、幼児の鼻及び口に常時パウダーを近づけないよう警告を記載しなければならない。天然鉱物の粉末には、土壌内に生息する細菌の破傷風菌が混入しているとの懸念があるが、これは全く不当な懸念である。タルクのサンプルからはアスベスト繊維が検出されている。タルクは卵巣癌と関係あり（☞詳細は7章『デオドラントと制汗剤』参照）。人間及び動物の軟組織内に瘢痕組織を形成することが立証されている。

タロウアミドDEA 〔末〕
◎機能：帯電防止剤／乳化剤／乳化安定剤／粘度調整剤。
◎起源：獣脂（動物性脂肪）から抽出される半合成物質。
◎注意及び副作用：目下調査中だがDEA残留物に癌誘発懸念あり。☞用語解説〈DEA〉、BSEの予防に関しては17章『動物由来成分と動物実験』参照

タロウアミドプロピルジメチルアミン 〔末〕
◎機能：界面活性剤。
◎起源：獣脂（動物性脂肪）から抽出される半合成物質。
◎注意及び副作用：人によって接触アレルギー

を引き起こすことがある。☞BSEの予防に関しては17章『動物由来成分と動物実験』参照

【ち】

チオグリコール酸
◎機能：脱毛剤／還元剤。
◎起源：合成物質。
◎注意及び副作用：有害。高濃度のアルカリを含む可能性あり（刺激性及び腐食性）。

チオグリコール酸アンモニウム
◎機能：脱毛剤／還元剤。
◎起源：合成脱毛物質。
◎注意及び副作用：有害。高濃度のアルカリを含む可能性あり（刺激性及び腐食性）。

チオグリコール酸イソオクチル 困
◎機能：脱毛剤／還元剤。
◎起源：半合成または合成物質。
◎注意及び副作用：欧州では以下の必須警告記載が規定されている。「肌に接触した場合感作を引き起こすことがあります。目に入れないで下さい。万一入った場合は大量の水で洗浄し、医師の診察を受けて下さい。適切な手袋を着用して下さい。指示にしたがって下さい。お子様の手の届かない場所に保管して下さい」ラベルには「チオグリコール酸含有」と記す義務もある。

チオグリコール酸イソプロピル 困
◎機能：脱毛剤／還元剤。
◎起源：合成物質。
◎注意及び副作用：欧州では以下の必須警告記載が規定されている。「肌に接触した場合感作を引き起こすことがあります。目に入れないで下さい。万一入った場合は大量の水で洗浄し、医師の診察を受けて下さい。適切な手袋を着用して下さい。指示にしたがって下さい。お子様の手の届かない場所に保管して下さい」ラベルには「チオグリコール酸含有」と記す義務もある。

チオグリコール酸エチル 困
◎機能：脱毛剤／還元剤。
◎起源：半合成または合成物質。
◎注意及び副作用：欧州では以下の必須警告記載が規定されている。「肌に接触した場合感作を引き起こすことがあります。目に入れないで下さい。万一入った場合は大量の水で洗浄し、医師の診察を受けて下さい。適切な手袋を着用して下さい。指示にしたがって下さい。お子様の手の届かない場所に保管して下さい」ラベルには「チオグリコール酸含有」と記す義務もある。

チオグリコール酸MEA
◎機能：脱毛剤／還元剤。
◎起源：合成物質。
◎注意及び副作用：欧州では以下の必須警告記載が規定されている。「肌に接触した場合感作を引き起こすことがあります。目に入れないで下さい。万一入った場合は大量の水で洗浄し、医師の診察を受けて下さい。適切な手袋を着用して下さい。指示にしたがって下さい。お子様の手の届かない場所に保管して下さい」ラベルには「チオグリコール酸含有」と記す義務もある。

チオグリコール酸カリウム 困
◎機能：脱毛剤／還元剤。
◎起源：合成物質。
◎注意及び副作用：有害。高濃度のアルカリを含む可能性あり（刺激性及び腐食性）。

チオグリコール酸カルシウム
◎機能：脱毛剤／還元剤。
◎起源：合成物質。
◎注意及び副作用：有害。高濃度のアルカリを含む可能性あり（刺激性及び腐食性）。

チオグリコール酸グリセリル 困
◎機能：脱毛剤／還元剤。
◎起源：合成物質。
◎注意及び副作用：欧州では以下の必須警告記載が規定されている。「肌に接触した場合感作を引き起こすことがあります。目に入れないで下さい。万一入った場合は大量の水で洗浄し、医師の診察を受けて下さい。適切な手袋を着用して下さい。指示にしたがって下さい。お子様の手の届かない場所に保管して下さい」ラベルには「チオグリコール酸含有」と記す義務もある。

チオグリコール酸ストロンチウム 困
◎機能：脱毛剤／還元剤。
◎起源：合成物質。
◎注意及び副作用：有害。高濃度のアルカリを含む可能性あり（刺激性及び腐食性）。

チオグリコール酸ナトリウム 困
◎機能：脱毛剤／還元剤。
◎起源：合成物質。
◎注意及び副作用：有害。高濃度のアルカリを含む可能性あり（刺激性及び腐食性）。

チオグリコール酸フェニル 困
◎機能：酸化防止剤。
◎起源：合成物質。
◎注意及び副作用：肌接触により感作を引き起こす可能性あり。目に損傷を与え、治療を要することもある。

チオグリコール酸ブチル 困
◎機能：添加剤。
◎起源：合成物質。
◎注意及び副作用：欧州では以下の必須警告記載が規定されている。「肌に接触した場合感作を引き起こすことがあります。目に入れないで下さい。万一入った場合は大量の水で洗浄し、医師の診察を受けて下さい。指示にしたがって下さい。お子様の手の届かない場所に保管して下さい」ラベルには「チオグリコール酸含有」と記す義務もある。

チオグリコール酸メチル 困
◎機能：脱毛剤／還元剤。
◎起源：合成物質。
◎注意及び副作用：欧州では以下の必須警告記載が規定されている。「肌に接触した場合感作を引き起こすことがあります。目に入れないで下さい。万一入った場合は大量の水で洗浄し、医師の診察を受けて下さい。適切な手袋を着用して下さい。指示にしたがって下さい。お子様の手の届かない場所に保管して下さい」ラベルには「チオグリコール酸含有」と記す義務もある。

チオプロピオン酸グリセリル 困
◎機能：還元剤。
◎起源：半合成または合成物質。
◎注意及び副作用：グリセリルエステルは接触性皮膚炎に関係あり。

チメロサール 困
◎機能：防腐剤。本来は防腐剤として使用されていた。水銀、硫黄、サリチル酸から成る、非常に毒性の高い乳白色の化合物。
◎起源：合成物質。
◎注意及び副作用：水銀化合物は肌吸着により毒性。皮膚炎を引き起こし体内に蓄積する。水銀塩の使用は、欧州、米国ともアイメイク製品及びメイク落としにかぎって禁止されている。

【て】

デシルポリグルコース 困
◎機能：界面活性剤。
◎起源：グルコースから抽出される半合成物質。
◎注意及び副作用：目下副作用未確認。

テトラヒドロナフタレン 困
◎機能：添加剤。
◎起源：合成物質。
◎注意及び副作用：肌及び目に刺激性。

テトラミリスチン酸ペンタエリスリチル 困
◎機能：軟化剤／保湿剤。
◎起源：半合成または合成物質。
◎注意及び副作用：ミリスチン酸は面皰形成性（痤瘡を助長）。☞用語解説〈面皰形成性物質〉参照

デヒドロ酢酸 困
◎機能：防腐剤。
◎起源：合成物質。
◎注意及び副作用：吸入により有害。

デヒドロ酢酸Na 困
◎機能：防腐剤。
◎起源：合成物質。
◎注意及び副作用：吸入により有害。

テレビン油
◎機能：香料／溶剤。
◎起源：天然エキス。
◎注意及び副作用：接触性皮膚炎を引き起こ

す可能性あり。

テレフタリリデンジカンフルスルホン酸
◎機能：紫外線吸収剤。
◎起源：合成物質。
◎注意及び副作用：刺激性。

デンプングリセリル 休
◎機能：吸収剤／結合剤。
◎起源：合成物質。
◎注意及び副作用：グリセリルエステルは接触性皮膚炎に関係あり。

【と】

トウキンセンカ（学名：*Calendula officinalis*）
（キンセンカエキス）
◎機能：軟化剤／保湿剤。
◎起源：天然植物エキス。
◎注意及び副作用：肌への刺激及び接触性皮膚炎を引き起こす可能性あり。

動物組織エキス 休
◎機能：生物添加物。
◎起源：様々な動物の組織から抽出。
◎注意及び副作用：☞BSEの予防に関しては17章『動物由来成分と動物実験』参照

トコフェレス系 休
トコフェレス-10、トコフェレス-12、トコフェレス-18などを含む。
◎機能：主として界面活性剤。
◎起源：トコフェロール（ビタミンE）及びエチレンオキシドから生成される様々な合成物質。このようなエトキシル化化合物は、多様な他分子と結合して数多くのコスメティックス成分を生成することがある。数字が大きくなるにつれてエトキシル化度も高くなり（分子が大きくなる）、通常水溶度も高くなる。
◎注意及び副作用：エチレンオキシド（オキシラン）を利用して生成されるエトキシル化成分は、製造過程の副産物として発癌物質の1,4-ジオキサンを形成することがある。☞用語解説〈ジオキサン〉参照

トコフェロール
（ビタミンE）
◎機能：酸化防止剤。
◎起源：天然エキスの場合も合成調合される場合もある。
◎注意及び副作用：癌誘発懸念あり。人によって接触性皮膚炎を引き起こすことがある。

ドデシルベンゼンスルホン酸DEA 休
◎機能：界面活性剤。
◎起源：合成物質。
◎注意及び副作用：目下調査中だがDEA残留物に癌誘発懸念あり。☞用語解説〈DEA〉参照

トリ（カプリル酸／カプリン酸／ステアリン酸）グリセリル
◎機能：軟化剤／保湿剤／溶剤。
◎起源：半合成または合成物質の混合物。
◎注意及び副作用：目下副作用未確認。

トリアセチルヒドロキシステアリン酸グリセリル
◎機能：軟化剤／保湿剤／溶剤／粘度調整剤。
◎起源：半合成または合成物質。
◎注意及び副作用：グリセリルエステルは接触性皮膚炎に関係あり。

トリアセチルリシノレイン酸グリセリル
◎機能：軟化剤／保湿剤／溶剤／粘度調整剤。
◎起源：半合成または合成物質。
◎注意及び副作用：グリセリルエステルは接触性皮膚炎に関係あり。

トリイソプロパノールアミン 休
◎機能：pH調整剤。
◎起源：合成物質。
◎注意及び副作用：有害。ニトロソアミン汚染の危険あり。☞用語解説〈ニトロソアミン〉参照

TEA
（トリオラミン、トロラミン、TEA）
◎機能：pH調整剤。スキンローション、アイジェル、モイスチャークリーム、シェービングフォーム、（ベビーシャンプーを含む）シャンプー、皮膚科石鹸に広く利用されている成分。
◎起源：アンモニア及びエチレンオキシドから

生成される合成物質。
◎注意及び副作用：有害。重度顔面皮膚炎及び接触性皮膚炎を引き起こす可能性あり。ニトロソアミン汚染の危険あり。☞用語解説〈ニトロソアミン〉参照

トリオレイン酸ジガロイル　〔未〕
◎機能：酸化防止剤。
◎起源：半合成または合成物質。
◎注意及び副作用：人によって感光性を引き起こすことあり。

トリクロカルバン
◎機能：防腐剤。
◎起源：合成物質。
◎注意及び副作用：製造工程で極めて有害な2種の副産物が生成される。

トリクロサン
◎機能：防腐剤／制臭剤。広く利用されている制臭剤で、スティック、ジェル、ロールオンタイプのデオドラント製品の大半にみることができる。時に保存料として、他のコスメティックス製品に使用されることもある。
◎起源：合成物質。

トリクロロ酢酸　〔未〕
◎機能：剥離剤。一般に非常に強い腐食酸であり、美容整形外科医によってのみ剥離剤として使用される。
◎起源：合成物質。
◎注意及び副作用：強度の腐食性。肌及び目に重度の刺激性。

トリパルミチン
◎機能：軟化剤／保湿剤／溶剤／粘度調整剤。
◎起源：半合成または合成物質。
◎注意及び副作用：グリセリルエステル及びパルミチン酸はともに接触性皮膚炎に関係あり。

トリパルミチン酸ピリドキシン
◎機能：帯電防止剤。
◎起源：半合成または合成物質。
◎注意及び副作用：パルミチン酸は接触性皮膚炎に関係あり。

トリミリスチン
◎機能：軟化剤／保湿剤／溶剤／粘度調整剤。
◎起源：半合成または合成物質。
◎注意及び副作用：ミリスチン酸は面皰形成性（座瘡を助長）。☞用語解説〈面皰形成性物質〉参照

トリミリスチン酸PEG-5トリメチロールプロパン
◎機能：乳化剤。
◎起源：合成物質。
◎注意及び副作用：ミリスチン酸は面皰形成性（座瘡を助長）。エチレンオキシド（オキシラン）を利用して生成するエトキシル化成分は、製造過程の副産物として発癌物質の1,4-ジオキサンを形成することがある。☞用語解説〈面皰形成性物質〉〈ジオキサン〉参照

トルエン-2,5-ジアミン　〔未〕
（メチルフェニレン-2,5-ジアミン）
◎機能：ヘアダイ。
◎起源：合成物質。
◎注意及び副作用：人によって刺激性。

トルエン-2,5-硫酸ジアミン　〔未〕
（メチルフェニレン-2,5-硫酸ジアミン）
◎機能：ヘアダイ。
◎起源：合成物質。
◎注意及び副作用：人によって刺激性。

トルエンスルホンアミド-ホルムアルデヒド樹脂　〔未〕
◎機能：塗膜形成剤／粘度調整剤。
◎起源：合成物質。
◎注意及び副作用：人によって接触性皮膚炎を引き起こすことがある。ホルムアルデヒド残留物が混入していることがある。ホルムアルデヒドは癌誘発懸念物質。

トレソカニック酸　〔未〕
◎機能：剥離剤。
◎起源：天然酸の化学的変性。
◎注意及び副作用：ベータヒドロキシ酸（BHA）であり、肌の剥離に利用される。BHAは、肌の外層を溶かして除去することからピーリング剤としても知られている。また、保護材である肌細胞の外層を除去することで、太陽に対する過敏性を助長する場合がある。BHA

を用いた処置後すぐに肌を太陽にさらないこと。必ず目立たない部位で試してから使用する。肌に刺激や赤み、出血、痛みがあらわれた場合使用を中止する。子どもへの使用は薦めない。剥離性皮膚炎を引き起こすことがある。

トロパ酸 困
- ◎機能：剥離剤。
- ◎起源：天然エキスの化学的変性。
- ◎注意及び副作用：トロパ酸はベータヒドロキシ酸（BHA）であり、肌の剥離に利用される。BHAは、肌の外層を溶かして除去することからピーリング剤としても知られている。また、保護材である肌細胞の外層を除去することで、太陽に対する過敏性を助長する場合がある。BHAを用いた処置後すぐに肌を太陽にさらないこと。必ず目立たない部位で試してから使用する。肌に刺激や赤み、出血、痛みがあらわれた場合使用を中止する。子どもへの使用は薦めない。剥離性皮膚炎を引き起こすことがある。

ドロメトリゾールトリシロキサン
- ◎機能：紫外線吸収剤。
- ◎起源：合成物質。

【な】

ナトリウムパラベン 困
- ◎機能：防腐剤。
- ◎起源：安息香酸塩系の合成物質。
- ◎注意及び副作用：安息香酸、安息香酸塩、パラベンは様々な健康問題に関係あり。☞用語解説〈安息香酸塩〉参照

ナトリウムフェノキシド 困
- ◎機能：抗菌剤。
- ◎起源：合成物質。
- ◎注意及び副作用：フェノールは有害。肌を腐食する。重度の刺激性を有する。

ナトリウムモノフルオロフォスフェート 困
- ◎機能：オーラルケア剤。
- ◎起源：合成物質。
- ◎注意及び副作用：フッ化物は毒性。歯の変色を引き起こすことあり（フッ素）。子どもは歯磨き粉の使用量を少量にとどめること。飲み込まないよう注意も必要。

ナフタリン 困
（タールカンフル）
- ◎機能：殺虫剤。
- ◎起源：石油またはコールタールから抽出する多環芳香族炭化水素。
- ◎注意及び副作用：癌誘発懸念あり。吸入により毒性。

ナフトキノン 困
- ◎機能：酸化剤。
- ◎起源：合成物質。
- ◎注意及び副作用：刺激性。

【に】

ニコメタノルールフッ化水素酸塩 困
- ◎機能：オーラルケア剤。
- ◎起源：合成物質。
- ◎注意及び副作用：フッ化物は毒性。歯の変色を引き起こすことあり（フッ素）。子どもは歯磨き粉の使用量を少量にとどめること。飲み込まないよう注意も必要。

二酸化ストロンチウム 困
- ◎機能：漂白剤。
- ◎起源：合成物質。
- ◎注意及び副作用：ストロンチウム化合物は毒性。肌への接触は有害。目に損傷を及ぼす。

酸化チタン
（酸化チタン、酸化チタン(IV)）
- ◎機能：乳白剤／吸収剤／着色料・白。よく使用される天然の無機酸化物。輝くばかりの白色で、酸化亜鉛の何倍もの包括力を有する。白及び淡色塗料の主要色素。
- ◎起源：天然鉱物。
- ◎注意及び副作用：目下副作用未確認。

ニゾラールTM 困
（ケトコナゾール）
- ◎機能：フケ防止剤。
- ◎起源：合成物質。
- ◎注意及び副作用：目下副作用未確認。

ニトリロ三酢酸　㊧
- ◎機能：キレート剤。
- ◎起源：合成物質。
- ◎注意及び副作用：癌誘発懸念あり。

ニトリロ三酢酸3Na
- ◎機能：キレート剤。
- ◎起源：合成物質。
- ◎注意及び副作用：ニトリロ三酢酸3ナトリウムを形成している酸は癌誘発懸念あり。

ニトロメタン　㊧
- ◎機能：防食剤。
- ◎起源：合成物質。
- ◎注意及び副作用：有害。刺激性。使用量上限は完成品の3％。

乳酸
- ◎機能：pH調整剤／湿潤剤／剥離剤。
- ◎起源：乳汁乳糖の細菌性酸化により形成される天然エキス。
- ◎注意及び副作用：乳酸はアルファヒドロキシ酸（AHA）であり、肌の剥離に利用される（肌細胞の外層を溶かして除去するピーリング剤）。AHAは太陽に対する過敏性を助長する場合がある。AHAを用いた処置後すぐに肌を太陽にさらさないこと。必ず目立たない部位で試してから使用する。肌に刺激や赤み、出血、痛みがあらわれた場合使用を中止する。子どもへの使用は避けた方がいい。剥離性皮膚炎を引き起こすことあり。

乳酸コカミドプロピルジメチルアミン　㊧
- ◎機能：界面活性剤。
- ◎起源：ヤシの仁から得るココナッツオイルから抽出する半合成物質。
- ◎注意及び副作用：☞用語解説〈ニトロソアミン〉参照

乳酸コカミドプロピルモルホリン　㊧
- ◎機能：帯電防止剤。
- ◎起源：ヤシの仁から得るココナッツオイルから抽出する半合成物質。
- ◎注意及び副作用：☞用語解説〈ニトロソアミン〉参照

尿素
- ◎機能：帯電防止剤／湿潤剤。
- ◎起源：天然物質だが通常は合成調合される。
- ◎注意及び副作用：表皮を薄くする可能性があり、肌機能を損なうことがある。

【ね】

ネオペンタン酸イソステアリル
- ◎機能：軟化剤／保湿剤。
- ◎起源：合成物質。
- ◎注意及び副作用：面皰形成性（痤瘡を助長）。☞用語解説〈面皰形成性物質〉参照

ネオマイシン　㊧
- ◎機能：抗生剤。英国では処方箋なしの購入不可。
- ◎起源：半合成物質。
- ◎注意及び副作用：人によって接触性皮膚炎を引き起こす可能性あり。

【の】

ノニルフェノール　㊧
- ◎機能：界面活性剤／乳化剤。洗浄製品、コスメティックス及びトイレタリー製品、プラスチック、殺精子剤、殺虫剤に広く利用されている。
- ◎起源：合成物質。
- ◎注意及び副作用：肌に刺激性。人によって接触性皮膚炎を引き起こす可能性あり。外因性内分泌撹乱物質（EDC）として知られ、エストロゲン（雌性ホルモン）を模倣し、全ての種の雄の雌化を引き起こす。その結果精子数減少及び性器奇形がみられるようになる。環境内に宿存し、体内組織に堆積もできる。☞用語解説〈ジェンダーベンダー〉〈生分解性〉参照

ノボカイン　㊧
（塩酸プロカイン、プロカインHCl）
- ◎機能：局部麻酔剤／疼痛管理。
- ◎起源：合成物質。
- ◎注意及び副作用：人によって接触性皮膚炎を引き起こす可能性あり。

【は】

パーセリンオイル 困
- ◎機能：軟化剤／保湿剤。
- ◎起源：天然エキス。
- ◎注意及び副作用：肌に刺激性。人によって皮膚炎を引き起こす可能性あり。

パーム核脂肪酸アミドDEA
- ◎機能：乳化剤／乳化安定剤／界面活性剤／粘度調整剤／起泡剤。
- ◎起源：ヤシの仁から得るオイルから抽出する半合成物質。
- ◎注意及び副作用：目下調査中だがDEA残留物に癌誘発懸念あり。☞用語解説〈DEA〉参照

パーム核脂肪酸アミドDEA（1：2）
- ◎機能：乳化剤／乳化安定剤／界面活性剤／粘度調整剤／起泡剤。
- ◎起源：半合成物質。
- ◎注意及び副作用：目下調査中だがDEA残留物に癌誘発懸念あり。☞用語解説〈DEA〉参照

パーム核脂肪酸K
- ◎機能：界面活性剤。ベビーソープ、シェービングソープをはじめとする石鹸によくみられる成分。
- ◎起源：ヤシの仁から得るココナッツオイルから抽出する半合成物質。
- ◎注意及び副作用：目下副作用未確認。

パーム核脂肪酸Na
- ◎機能：界面活性剤。ベビーソープ、シェービングソープをはじめとする石鹸によくみられる成分。
- ◎起源：ヤシの仁から得るココナッツオイルから抽出する半合成物質。
- ◎注意及び副作用：目下副作用未確認。

バイオフラボノイド 困
- ◎機能：添加剤。
- ◎起源：レモンをはじめとする様々な植物から抽出される天然エキス。
- ◎注意及び副作用：レモン果汁エキスが皮膚炎を引き起こす可能性あり。

ハイドロキノン
- ◎機能：ヘアダイ／漂白剤／美白剤。
- ◎起源：合成物質。
- ◎注意及び副作用：有害。刺激性。摂取及び吸入により毒性。色素沈着過度（肌に茶色い斑点が現れる）を引き起こす可能性あり。2000年2月29日以前、使用量上限は完成品の2％に規制されていた。だがこの日以降、欧州では美白製品への使用を禁止。ヘアダイへの使用規制も厳しくなり、完成品の0.3％となる。ラベルには以下の警告記載が必要。「ヒドロキノン含有。まつ毛や眉の染色に使用しないで下さい。目に入った場合はすぐに目を洗って下さい」また、美白製品への使用が禁止される以前は以下の警告記載も求められていた。「目に入れないで下さい。広範囲にわたって使用しないこと。12歳以下のお子様には使用しないで下さい。刺激がみられたら、使用を中止して下さい」

麦芽アミドDEA 困
- ◎機能：界面活性剤。
- ◎起源：小麦から抽出される半合成物質。
- ◎注意及び副作用：目下調査中だがDEA残留物に癌誘発懸念あり。☞用語解説〈DEA〉参照

パセリ（学名：Carum petroselinum）
（パセリシードオイル、パセリエキス）
- ◎機能：植物添加物。
- ◎起源：植物エキス。
- ◎注意及び副作用：人によって刺激性。接触性皮膚炎を引き起こす可能性あり。

ババスアミドDEA 困
- ◎機能：界面活性剤。
- ◎起源：半合成または合成物質。
- ◎注意及び副作用：目下調査中だがDEA残留物に癌誘発懸念あり。☞用語解説〈DEA〉参照

パルミタミドDEA 困
- ◎機能：帯電防止剤／粘度調整剤。
- ◎起源：半合成物質。
- ◎注意及び副作用：目下調査中だがDEA残留物に癌誘発懸念あり。☞用語解説〈DEA〉参照

パルミチル酸セチル
◎機能：軟化剤／保湿剤。
◎起源：半合成または合成物質。
◎注意及び副作用：パルミチン酸は接触性皮膚炎と関係あり。

パルミチルトリヒドロキシエチルプロピレンジアミンジヒドロフルオリド　囲
◎機能：オーラルケア剤。
◎起源：半合成または合成物質。
◎注意及び副作用：フッ化物は毒性。歯の変色を引き起こすことあり（フッ素）。子どもは歯磨き粉の使用量を少量にとどめること。飲み込まないよう注意も必要。

パルミチン酸
（セチル酸）
◎機能：軟化剤／保湿剤／乳化剤。
◎起源：半合成または合成物質。
◎注意及び副作用：人によって接触性皮膚炎を引き起こすことがある。

パルミチン酸亜鉛
◎機能：制臭剤。
◎起源：半合成または合成物質。
◎注意及び副作用：パルミチン酸は接触性皮膚炎と関係あり。

パルミチン酸アスコルビル
◎機能：酸化防止剤。
◎起源：アスコルビン酸（ビタミンC）から生成する半合成または合成物質。
◎注意及び副作用：パルミチン酸は接触性皮膚炎と関係あり。

パルミチン酸アンモニウム　囲
◎機能：界面活性剤。
◎起源：合成洗浄剤。
◎注意及び副作用：目下副作用未確認。

パルミチン酸イソステアリル
◎機能：軟化剤／保湿剤。
◎起源：半合成または合成物質。
◎注意及び副作用：パルミチン酸は接触性皮膚炎に関係あり。

パルミチン酸イソセチル　囲
◎機能：軟化剤／保湿剤。
◎起源：半合成または合成物質。
◎注意及び副作用：パルミチン酸は接触性皮膚炎に関係あり。

パルミチン酸イソデシル　囲
◎機能：軟化剤／保湿剤。
◎起源：半合成または合成物質。
◎注意及び副作用：パルミチン酸は接触性皮膚炎に関係あり。

パルミチン酸イソブチル　囲
◎機能：軟化剤／保湿剤。
◎起源：半合成または合成物質。
◎注意及び副作用：パルミチン酸は接触性皮膚炎に関係あり。

パルミチン酸イソプロピル　囲
◎機能：帯電防止剤／結合剤／軟化剤／保湿剤／溶剤。
◎起源：半合成または合成物質。
◎注意及び副作用：面皰形成性（座瘡を助長）。☞用語解説〈面皰形成性物質〉参照。パルミチン酸は接触性皮膚炎に関係あり。

パルミチン酸イソヘキシル　囲
◎機能：軟化剤／保湿剤。
◎起源：半合成または合成物質。
◎注意及び副作用：パルミチン酸は接触性皮膚炎に関係あり。

パルミチン酸エチル
◎機能：軟化剤／保湿剤。
◎起源：半合成または合成物質。
◎注意及び副作用：パルミチン酸は接触性皮膚炎に関係あり。

パルミチン酸エチルヘキシル
◎機能：軟化剤／保湿剤。
◎起源：半合成または合成物質。
◎注意及び副作用：面皰形成性（座瘡を助長）。パルミチン酸は接触性皮膚炎に関係あり。☞用語解説〈面皰形成性物質〉参照

パルミチン酸オクトキシグリセリル　囲
◎機能：乳化剤。
◎起源：半合成または合成物質。
◎注意及び副作用：パルミチン酸は接触性皮膚炎に関係あり。

パルミチン酸K
◎機能：乳化剤／界面活性剤。
◎起源：半合成または合成物質。
◎注意及び副作用：パルミチン酸は接触性皮膚炎に関係あり。

パルミチン酸グリコール
◎機能：乳化剤。
◎起源：半合成または合成物質。
◎注意及び副作用：パルミチン酸は接触性皮膚炎に関係あり。

パルミチン酸グリコール（C14-16） 困
◎機能：乳化剤。
◎起源：半合成または合成物質の混合物。
◎注意及び副作用：パルミチン酸は接触性皮膚炎に関係あり。

パルミチン酸グリセリル
◎機能：軟化剤／保湿剤。
◎起源：半合成または合成物質。
◎注意及び副作用：グリセリルエステル、パルミチン酸ともに接触性皮膚炎に関係あり。

パルミチン酸スクロース
◎機能：乳化剤／界面活性剤。
◎起源：糖から生成される半合成物質。
◎注意及び副作用：パルミチン酸は接触性皮膚炎と関係あり。

パルミチン酸セテアリル 困
◎機能：機能：軟化剤／保湿剤。
◎起源：半合成または合成物質。
◎注意及び副作用：パルミチン酸は接触性皮膚炎に関係あり。

パルミチン酸ソルビタン
◎機能：乳化剤。
◎起源：半合成または合成物質。
◎注意及び副作用：人によって接触性皮膚炎を引き起こすことがある。

パルミチン酸TEA
◎機能：乳化剤／界面活性剤。
◎起源：半合成または合成物質。
◎注意及び副作用：パルミチン酸は接触性皮膚炎に関係あり。

パルミチン酸デキストリン
◎機能：乳化剤。
◎起源：半合成物質。
◎注意及び副作用：パルミチン酸は接触性皮膚炎に関係あり。

パルミチン酸Na
◎機能：乳化剤／界面活性剤／粘度調整剤。
◎起源：半合成または合成物質。
◎注意及び副作用：パルミチン酸は接触性皮膚炎に関係あり。

パルミチン酸乳酸グリセリル 困
◎機能：軟化剤／保湿剤／乳化剤。
◎起源：半合成または合成物質。
◎注意及び副作用：グリセリルエステル、パルミチン酸ともに接触性皮膚炎に関係あり。

パルミチン酸PEG-6
◎機能：乳化剤／界面活性剤。
◎起源：合成物質。
◎注意及び副作用：パルミチン酸は接触性皮膚炎に関係あり。エチレンオキシド（オキシラン）を利用して生成されるエトキシル化成分は、製造過程の副産物として発癌物質の1,4-ジオキサンを形成することがある。☞用語解説〈ジオキサン〉参照

パルミチン酸PEG-18
◎機能：乳化剤。
◎起源：合成物質。
◎注意及び副作用：パルミチン酸は接触性皮膚炎に関係あり。エチレンオキシド（オキシラン）を利用して生成されるエトキシル化成分は、製造過程の副産物として発癌物質の1,4-ジオキサンを形成することがある。☞用語解説〈ジオキサン〉参照

パルミチン酸PEG-20
◎機能：乳化剤／界面活性剤。
◎起源：合成物質。
◎注意及び副作用：パルミチン酸は接触性皮膚炎に関係あり。エチレンオキシド（オキシラン）を利用して生成されるエトキシル化成分は、製造過程の副産物として発癌物質の1,4-ジオキサンを形成することがある。☞用語解説〈ジオキサン〉参照

パルミチン酸PEG-80ソルビタン 〔未〕
- ◎機能：乳化剤／界面活性剤。
- ◎起源：合成物質。
- ◎注意及び副作用：パルミチン酸は接触性皮膚炎に関係あり。エチレンオキシド（オキシラン）を利用して生成されるエトキシル化成分は、製造過程の副産物として発癌物質の1,4-ジオキサンを形成することがある。☞用語解説〈ジオキサン〉参照

パルミチン酸マグネシウム 〔未〕
- ◎機能：乳白剤／粘度調整剤。
- ◎起源：半合成または合成物質。
- ◎注意及び副作用：パルミチン酸は接触性皮膚炎に関係あり。

パルミチン酸ミレス-3 〔未〕
- ◎機能：軟化剤／保湿剤。
- ◎起源：半合成または合成物質。
- ◎注意及び副作用：パルミチン酸は接触性皮膚炎に関係あり。エチレンオキシド（オキシラン）を利用して生成されるエトキシル化成分は、製造過程の副産物として発癌物質の1,4-ジオキサンを形成することがある。☞用語解説〈ジオキサン〉参照

パルミチン酸メチル
- ◎機能：軟化剤／保湿剤。
- ◎起源：半合成または合成物質。
- ◎注意及び副作用：パルミチン酸は接触性皮膚炎に関係あり。

パルミチン酸ラウリル
- ◎機能：帯電防止剤／軟化剤／保湿剤。
- ◎起源：半合成または合成物質。
- ◎注意及び副作用：パルミチン酸は接触性皮膚炎に関係あり。

パルミチン酸レチノール
- ◎機能：添加剤。
- ◎起源：半合成または合成物質。
- ◎注意及び副作用：パルミチン酸は接触性皮膚炎に関係あり。

パンテノール
（プロビタミンB5、デクスパンテノール）
- ◎機能：帯電防止剤／湿潤剤。生物活性物質。肌にビタミンB5を代謝。髪及び肌を活性化し、コンディションを整える効果があるといわれている。潤い成分の吸収を促進する湿潤剤状の機能を有する。
- ◎起源：天然製品。
- ◎注意及び副作用：目下副作用未確認。

【ひ】

ビートルート（ビート根）（学名：*Beta vulgaris*）
（E162、ビートルートレッド）
- ◎機能：着色料・赤。
- ◎起源：天然植物色。

ビオチン
（ビタミンB複合体）
- ◎機能：生物添加剤。ビオチンはビタミンB複合体の一部。
- ◎起源：天然エキス。
- ◎注意及び副作用：目下副作用未確認。

ビサボロール
- ◎機能：緩和剤／抗炎症剤。
- ◎起源：合成物質も存在するが、カモミール（学名：*Chamomilla recutita*）のエッセンシャルオイルである。カモミールは主に中欧、東欧、エジプト、アルゼンチンに生育。カモミールオイルは藍色または青みがかった緑色の液体だが、光と空気にさらされると緑を経て茶色へとかわっていく。ビサボロールはカモミールオイルの抗炎症力を付与、ベビーシャンプーを含むシャンプーやモイスチャークリーム、スキンケアローションに使用される。
- ◎注意及び副作用：接触アレルギー及び接触性皮膚炎を引き起こす可能性あり。

ビス-(8-ヒドロキシ-キノリニウム)硫酸 〔未〕
- ◎機能：過酸化水素用安定剤。
- ◎起源：合成物質。
- ◎注意及び副作用：刺激性。有害。

（カプリル酸／カプリン酸／イソステアリン酸／ステアリン酸／アジピン酸ヒドロキシステアレート）
ビスジグリセル 〔未〕
- ◎機能：軟化剤／保湿剤。
- ◎起源：半合成または合成混合物質。
- ◎注意及び副作用：目下副作用未確認。

ビタミンB
(イノシトール、ヘキサヒドロキシオシクロヘキサン)
◎機能：軟化剤。イノシトールは8種の異なる形態として存在可能。ヘキサリン酸として植物にみることができ、フィチンとして知られる。こうした形態の1種がビタミンB複合体の一部となっている。幼鳥の成長促進及びネズミに対する非脱毛効果がみられる。
◎起源：天然植物エキス。
◎注意及び副作用：目下副作用未確認。

ヒドロキシシトロネラ 困
(シトロネラール水和物、3,7-ジメチル-7-ヒドロキシオクテナール)
◎機能：添加剤。
◎起源：半合成または合成物質。
◎注意及び副作用：人によって接触性皮膚炎、リール黒皮症、接触アレルギーを引き起こす可能性あり。

ヒドロキシシトロネラール
◎機能：添加剤。
◎起源：合成物質。
◎注意及び副作用：顔面乾癬に関係あり。

ヒドロキシプロピルメチルセルロース
◎機能：結合剤／乳化安定剤／塗膜形成剤／粘度調整剤。
◎起源：合成物質。
◎注意及び副作用：目及び肌に低刺激性。

ヒドロキシメチルグリシンNa
◎機能：防腐剤。
◎起源：合成物質。
◎注意及び副作用：この物質の安全性は不確かで、欧州ではコスメティックス製品への使用は1998年6月30日まで条件付きでしか認可されていなかった。しかし同年9月3日、さらなる科学実験に基づき、1990年代に条件を撤廃した上で、この成分のコスメティックス製品への使用を許可。

ヒマ油(学名：*Ricinus communis*)
(キャスターオイル、ヒマシ油)
◎機能：軟化剤／保湿剤。
◎起源：植物エキス。
◎注意及び副作用：唇の炎症、ひび割れ、乾燥を引き起こす可能性あり(アレルギー性口唇炎)。

ヒメフウロ(学名：*Geranium robertianum*)
◎機能：植物添加物。
◎起源：植物エキス。
◎注意及び副作用：接触性皮膚炎及び肌への刺激を引き起こす可能性あり。

ピロクトンオラミン
◎機能：防腐剤。
◎起源：合成物質。

【ふ】

フェナセチン 困
(アセトフェネチジン、p-アセチルフェネチジン、アセトフェネチジド、エトキシアセトアニリド)
◎機能：添加剤。
◎起源：合成物質。
◎注意及び副作用：癌及び奇形誘発懸念あり。摂取により毒性。

フェニルパラベン 困
◎機能：防腐剤。
◎起源：安息香酸塩系の合成物質。
◎注意及び副作用：安息香酸、安息香酸塩、パラベンは様々な健康問題に関係あり。☞ 用語解説〈安息香酸塩〉参照

フェニルフェノール
◎機能：防腐剤。
◎起源：合成物質。

フェニルフェノールNa
◎機能：防腐剤。
◎起源：合成物質。

フェニルベンズイミダゾールスルホン酸
◎機能：紫外線吸収剤。
◎起源：合成物質。
◎注意及び副作用：刺激性。

フェニルベンズイミダゾールスルホン酸カリウム 困
◎機能：紫外線吸収剤。
◎起源：合成物質。
◎注意及び副作用：人によって刺激性。

フェニルベンズイミダゾールスルホン酸TEA 〔未〕
◎機能：紫外線吸収剤。
◎起源：合成物質。
◎注意及び副作用：人によって刺激性。

フェニルベンズイミダゾールスルホン酸ナトリウム 〔未〕
◎機能：紫外線吸収剤。
◎起源：合成物質。
◎注意及び副作用：刺激性。

フェノール
◎機能：抗菌剤／変性剤／制臭剤。
◎起源：合成物質。コールタールから抽出されることがある。
◎注意及び副作用：フェノールは有害。肌を腐食する。重度の刺激性。

フェノールスルホン酸亜鉛
◎機能：抗菌剤／制臭剤。
◎起源：合成物質。
◎注意及び副作用：溶性亜鉛塩は毒性。目に有害。

フェノキシイソプロパノール
◎機能：防腐剤／溶剤。
◎起源：合成物質。
◎注意及び副作用：有害。刺激性。

フェノキシエタノール
（2-フェノキシエタノール）
◎機能：防腐剤。
◎起源：合成物質。
◎注意及び副作用：接触アレルギー及び接触性皮膚炎を引き起こす可能性あり。

フタル酸ジエチル
◎機能：変性剤／塗膜形成剤／溶剤。
◎起源：合成物質。
◎注意及び副作用：フタル酸及びフタル酸塩は睾丸癌及び細胞の突然変異に関係あり。

フタル酸ジエチルヘキシル
◎機能：塗膜形成剤。
◎起源：合成物質。
◎注意及び副作用：フタル酸及びフタル酸塩は睾丸癌及び細胞の突然変異に関係あり。

フタル酸ジメチコンコポリオール 〔未〕
◎機能：軟化剤／保湿剤。
◎起源：合成シリコンポリマー。
◎注意及び副作用：フタル酸及びフタル酸塩は睾丸癌及び細胞の突然変異に関係あり。

フタル酸ジメチル
◎機能：塗膜形成剤／溶剤。
◎起源：合成物質。
◎注意及び副作用：フタル酸及びフタル酸塩は睾丸癌及び細胞の突然変異に関係あり。

フタル酸ステアリルアミドNa
◎機能：乳化剤。
◎起源：半合成または合成物質。
◎注意及び副作用：フタル酸及びフタル酸塩は睾丸癌及び細胞の突然変異に関係あり。

フタル酸ブチルベンジル 〔未〕
◎機能：塗膜形成剤。
◎起源：合成物質。
◎注意及び副作用：フタル酸及びフタル酸塩は睾丸癌及び細胞の突然変異に関係あり。

ブタン
◎機能：スプレー用高圧ガス（しばしばプロパン及びイソブタンとの組み合わせで使用される）。
◎起源：石油製品。
◎注意及び副作用：オゾン層破壊で知られるCFCの代替として利用される可燃性の炭化水素ガス。強力な温室ガス（地球温暖化を助長）で、シンナー中毒者が吸入。低濃度の吸入なら無害。火気近くでの使用は火災、爆発の危険あり。

ブチルカルバミン酸ヨウ化プロピニル
◎機能：防腐剤。
◎起源：合成物質。
◎注意及び副作用：この物質の安全性は不確かで、欧州ではコスメティックス製品への使用は1998年6月30日まで条件付きでしか認可されていなかった。だがその後も依然として安全性が確認されていないため、いまだ条件付きは解除されていない。

ブチルパラベン
◎機能：防腐剤。
◎起源：安息香酸塩系の合成物質。

◎注意及び副作用：安息香酸、安息香酸塩、パラベンは様々な健康問題に関係している。☞用語解説〈安息香酸塩〉参照

ブチルパラベンNa
◎機能：防腐剤。
◎起源：安息香酸塩系の合成物質。
◎注意及び副作用：安息香酸、安息香酸塩、パラベンは様々な健康問題に関係あり。☞用語解説〈安息香酸塩〉参照

ブチルフタリルグリコール酸ブチル　困
◎機能：塗膜形成剤。
◎起源：半合成または合成物質。
◎注意及び副作用：フタル酸及びフタル酸塩は睾丸癌及び細胞の突然変異に関係あり。

ブチレングリコール　困
◎機能：湿潤剤／溶剤。
◎起源：合成物質。
◎注意及び副作用：目下副作用未確認。

フッ化アルミニウム　困
◎機能：オーラルケア剤。
◎起源：合成物質。
◎注意及び副作用：フッ化物は毒性。歯の変色を引き起こすことあり（フッ素）。子どもは歯磨き粉の使用量を少量にとどめること。飲み込まないよう注意も必要。

フッ化アンモニウム　困
◎機能：オーラルケア剤。
◎起源：合成物質。
◎注意及び副作用：フッ化物は毒性。歯の変色を引き起こすことあり（フッ素）。子どもは歯磨き粉の使用量を少量にとどめること。飲み込まないよう注意も必要。

フッ化オクタデセニルアルコール　困
◎機能：オーラルケア剤。
◎起源：半合成または合成物質。
◎注意及び副作用：フッ化物は毒性。歯の変色を引き起こすことあり（フッ素）。子どもは歯磨き粉の使用量を少量にとどめること。飲み込まないよう注意も必要。

フッ化カリウム　困
◎機能：オーラルケア剤。

◎起源：合成物質。
◎注意及び副作用：フッ化物は毒性。歯の変色を引き起こすことあり（フッ素）。子どもは歯磨き粉の使用量を少量にとどめること。飲み込まないよう注意も必要。

フッ化カルシウム　困
◎機能：オーラルケア剤。
◎起源：合成物質。
◎注意及び副作用：フッ化物は毒性。歯の変色を引き起こすことあり（フッ素）。子どもは歯磨き粉の使用量を少量にとどめること。飲み込まないよう注意も必要。

フッ化スズ(II)　困
◎機能：オーラルケア剤。
◎起源：合成物質。
◎注意及び副作用：フッ化物は毒性。歯の変色を引き起こすことあり（フッ素）。子どもは歯磨き粉の使用量を少量にとどめること。飲み込まないよう注意も必要。

フッ化ナトリウム　困
◎機能：オーラルケア剤。
◎起源：合成物質。
◎注意及び副作用：フッ化物は毒性。歯の変色を引き起こすことあり（フッ素）。子どもは歯磨き粉の使用量を少量にとどめること。飲み込まないよう注意も必要。

フッ化マグネシウム　困
◎機能：オーラルケア剤。
◎起源：合成物質。
◎注意及び副作用：フッ化物は毒性。歯の変色を引き起こすことあり（フッ素）。子どもは歯磨き粉の使用量を少量にとどめること。飲み込まないよう注意も必要。

ブリリアントブラック1　困
◎機能：ヘアダイ。
◎起源：合成アゾ染料。
◎注意及び副作用：☞用語解説〈アゾ染料〉参照

フルオロケイ酸アンモニウム　困
◎機能：オーラルケア剤。
◎起源：合成物質。
◎注意及び副作用：フッ化物は毒性。歯の変

色を引き起こすことあり（フッ素）。子どもは歯磨き粉の使用量を少量にとどめること。飲み込まないよう注意も必要。

フルオロケイ酸カリウム　［未］
◎機能：オーラルケア剤。
◎起源：合成物質。
◎注意及び副作用：フッ化物は毒性。歯の変色を引き起こすことあり（フッ素）。子どもは歯磨き粉の使用量を少量にとどめること。飲み込まないよう注意も必要。

フルオロケイ酸ナトリウム　［未］
◎機能：オーラルケア剤。
◎起源：合成物質。
◎注意及び副作用：フッ化物は毒性。歯の変色を引き起こすことあり（フッ素）。子どもは歯磨き粉の使用量を少量にとどめること。飲み込まないよう注意も必要。

フルオロケイ酸マグネシウム　［未］
◎機能：オーラルケア剤。
◎起源：合成物質。
◎注意及び副作用：フッ化物は毒性。歯の変色を引き起こすことあり（フッ素）。子どもは歯磨き粉の使用量を少量にとどめること。飲み込まないよう注意も必要。

プロパン
◎機能：スプレー用高圧ガス（しばしばブタン及びイソブタンと組みあわせて使用される）。
◎起源：石油製品。
◎注意及び副作用：オゾン層破壊で知られるCFCの代替として利用される可燃性の炭化水素ガス。強力な温室ガス（地球温暖化を助長）で、シンナー中毒者が吸入。低濃度の吸入なら無害。火気近くでの使用は火災、爆発の危険あり。

プロピオン酸
◎機能：防腐剤。
◎起源：合成物質。

プロピオン酸アンモニウム　［未］
◎機能：防腐剤。
◎起源：中和したプロパン酸とアンモニアから生成される合成物質。

プロピオン酸カリウム　［未］
◎機能：防腐剤。
◎起源：合成物質。

プロピオン酸Ca
◎機能：防腐剤。
◎起源：合成物質。

プロピオン酸コカミドプロピルジメチルアミン
◎機能：帯電防止剤／界面活性剤。
◎起源：ヤシの仁から得るココナッツオイルから抽出する半合成物質。
◎注意及び副作用：☞用語解説〈ニトロソアミン〉参照

プロピオン酸Na　［未］
◎機能：防腐剤。
◎起源：合成物質。

プロピオン酸マグネシウム　［未］
◎機能：防腐剤。
◎起源：合成物質。

プロピオン酸ミリスチル
◎機能：軟化剤／保湿剤。
◎起源：半合成または合成物質。
◎注意及び副作用：面皰形成性（座瘡を助長）。☞用語解説〈面皰形成性物質〉参照

プロピルパラベン
（プロピル-4-ヒドロキシベンゾアート）
◎機能：防腐剤。抗カビ、抗菌効果でよく知られるコスメティックス成分。メチルパラベンに比して水溶度は低く、製剤内の油性成分を保護する。
◎起源：安息香酸塩系の合成物質。
◎注意及び副作用：安息香酸、安息香酸塩、パラベンは様々な健康問題に関係あり。☞用語解説〈安息香酸塩〉参照

プロピルパラベンNa
◎機能：防腐剤。
◎起源：安息香酸塩系の合成物質。
◎注意及び副作用：安息香酸、安息香酸塩、パラベンは様々な健康問題に関係あり。用語解説〈安息香酸塩〉参照

PG
(PG、プロパン-1,2-ジオール、プロピレングリコラム)
◎機能：湿潤剤／溶剤。プロピレングリコールは肌細胞の最外層に浸透できるため、表皮の奥の層まで他成分搬入が可能。その性質ゆえに普及率も非常に高く、様々なコスメティックス製品の成分として利用されている。肌用製品の湿潤剤として、また保存料やエッセンシャルオイル、香料の溶剤としても使用される。ハーブエキス製剤にも使われている。
◎起源：石油から精製される合成物質。
◎注意及び副作用：人によって肌に刺激性。同じく人によって皮膚炎及び遅効性の接触アレルギーを引き起こすことがある。

プロピオン酸PPG-2ミリスチル
◎機能：軟化剤／保湿剤／乳化剤。
◎起源：半合成または合成物質。
◎注意及び副作用：ミリスチン酸は面皰形成性（痤瘡を助長）。☞用語解説〈面皰形成性物質〉参照

ブロモクレゾールグリーン 困
◎機能：着色料・緑。
起源：合成コールタール染料。
◎注意及び副作用：肌への長期付着は有害または刺激性。利用後すぐに洗い流す製品にのみ使用可。

ブロモクロロフェン 困
◎機能：防腐剤。
◎起源：合成物質。

ブロモチモールブルー 困
◎機能：着色料・青。
◎起源：合成コールタール染料。
◎注意及び副作用：肌への長期付着は有害または刺激性。利用後すぐに洗い流す製品にのみ使用可。

【ヘ】

ベーシックイエロー57 困
(CI 12719)
◎機能：ヘアダイ。
◎起源：合成アゾ染料。
◎注意及び副作用：☞用語解説〈アゾ染料〉参照

ベーシックバイオレット14 困
(CI 42510)
◎機能：ヘアダイ。
◎起源：合成コールタール染料。
◎注意及び副作用：まぶた、口、鼻、気道、性器の粘膜への接触は有害もしくは刺激を有する。

ベーシックブラウン4 困
(CI 21010)
◎機能：ヘアダイ。
◎起源：合成アゾ染料。
◎注意及び副作用：☞用語解説〈アゾ染料〉参照

ベーシックブラウン16 困
(CI 12250)
◎機能：ヘアダイ。
◎起源：合成アゾ染料。
◎注意及び副作用：☞用語解説〈アゾ染料〉参照

ベーシックブラウン17 困
(CI 12251)
◎機能：ヘアダイ。
◎起源：合成アゾ染料。
◎注意及び副作用：☞用語解説〈アゾ染料〉参照

ベーシックブルー26 困
(CI 44045)
◎機能：ヘアダイ。
◎起源：合成コールタール染料。
◎注意及び副作用：まぶた、口、鼻、気道、性器の粘膜への接触は有害もしくは刺激を有する。

ベーシックブルー41 困
(CI 11154)
◎機能：ヘアダイ。
◎起源：合成アゾ染料。
◎注意及び副作用：☞用語解説〈アゾ染料〉参照

ベーシックレッド22

- ◎機能：ヘアダイ。
- ◎起源：合成アゾ染料。
- ◎注意及び副作用：☞用語解説〈アゾ染料〉参照

ベーシックレッド76

(CI 12245)
- ◎機能：ヘアダイ。
- ◎起源：合成アゾ染料。
- ◎注意及び副作用：☞用語解説〈アゾ染料〉参照

ベータヒドロキシ化合物

- ◎機能：剥離剤。
- ◎起源：化学変性した天然エキス、合成及び半合成物質を含む混合物。
- ◎注意及び副作用：ベータヒドロキシ酸（BHA）は肌の剥離に利用される。BHAは肌外層を溶かし、除去することからピーリング剤としても知られる。保護材である肌細胞の外層消失により、太陽に対して一段と過敏になる場合がある。BHAを用いた処置後すぐに肌を太陽にさらさないこと。必ず目立たない部位で試してから使用する。肌に刺激や赤み、出血、痛みがあらわれた場合使用を中止する。子どもへの使用は避けた方がいい。剥離性皮膚炎を引き起こすことあり。

ベータヒドロキシブタン酸

(2-ヒドロキシブタン酸)
- ◎機能：剥離剤。
- ◎起源：合成物質。
- ◎注意及び副作用：この成分はベータヒドロキシ酸（BHA）であり、肌の剥離に利用される。BHAは肌外層を溶かし、除去することからピーリング剤としても知られる。保護材である肌細胞の外層消失により、太陽に対して一段と過敏になる場合がある。BHAを用いた処置後すぐに肌を太陽にさらさないこと。必ず目立たない部位で試してから使用する。肌に刺激や赤み、出血、痛みがあらわれた場合使用を中止する。子どもへの使用は避けた方がいい。剥離性皮膚炎を引き起こすことあり。

ヘキサクロロフェン

- ◎機能：防腐剤。
- ◎起源：合成物質。
- ◎注意及び副作用：ヘキサクロロフェンは肌に浸透し、神経毒症状を引き起こす可能性がある。欧州、米国ともに通常はコスメティックス製品への使用を禁止しているが、FDAでは、代替保存料以上の効果を有することが示されればその使用を認めている。その場合使用量上限は完成品の0.1％。ただし粘膜に接触する製品への使用は禁じている。

ヘキサミジン

- ◎機能：防腐剤。
- ◎起源：合成物質。

ヘキサミジンパラベン

- ◎機能：防腐剤。
- ◎起源：安息香酸塩系の合成物質。
- ◎注意及び副作用：安息香酸、安息香酸塩、パラベンは様々な健康問題に関係あり。☞用語解説〈安息香酸塩〉参照

ヘキシレングリコール

- ◎機能：溶剤。
- ◎起源：合成物質。
- ◎注意及び副作用：吸入及び摂取により毒性。接触性皮膚炎及び、肌、目、粘膜への刺激を引き起こす可能性あり。

ヘキセチジン

- ◎機能：防腐剤。
- ◎起源：合成物質。

ヘドラヘリックス

(セイヨウキヅタエキス)
- ◎機能：興奮剤／調色剤。低刺激性。付着部位の血液循環を促進すると信じられており、調色及び引き締め機能でも知られる。
- ◎起源：セイヨウキヅタエキス。
- ◎注意及び副作用：刺激性。人によって接触性皮膚炎を引き起こすことがある。

ベヘニン酸アミドDEA

- ◎機能：界面活性剤。
- ◎起源：合成物質。
- ◎注意及び副作用：目下調査中だがDEA残留物に癌誘発懸念あり。☞用語解説〈DEA〉参照

ベヘン酸アラキル
- ◎機能：軟化剤／保湿剤。
- ◎起源：合成物質。
- ◎注意及び副作用：目下副作用未確認。

ベヘントリモニウムクロリド
- ◎機能：防腐剤。
- ◎起源：合成物質。

ベルガモットオイル (学名：Citrus bergamia)
- ◎機能：植物添加物／アロマセラピーオイル。
- ◎起源：植物エキス。
- ◎注意及び副作用：人によって接触性皮膚炎を引き起こす可能性あり。

ベンザルコニウムクロリド
- ◎機能：防腐剤。
- ◎起源：合成物質。
- ◎注意及び副作用：この物質の安全性は不確かで、欧州ではコスメティックス製品への使用は1998年6月30日まで条件付きでしか認可されていなかった。しかし同年9月3日、さらなる科学実験に基づき、条件を撤廃した上で、この成分のコスメティックス製品への使用を許可。ただし、ラベルに「目に入れないこと」と明記しなければならない。

ベンザルコニウムサッカリン 困
- ◎機能：防腐剤。
- ◎起源：合成物質。
- ◎注意及び副作用：この物質の安全性は不確かで、欧州ではコスメティックス製品への使用は1998年6月30日まで条件付きでしか認可されていなかった。しかし同年9月3日、さらなる科学実験に基づき、条件を撤廃した上で、この成分のコスメティックス製品への使用を許可。ただし、ラベルに「目に入れないこと」と明記しなければならない。

ベンジリデンカンファスルホン酸 困
- ◎機能：紫外線吸収剤。
- ◎起源：合成物質。
- ◎注意及び副作用：刺激性。使用量上限は完成品の6％。

ベンジルアルコール
- ◎機能：保存料／溶剤／香料。ベンジルアルコールはかすかに甘い香りを有する溶剤で、多くの香水に香料及び担体他の香料の溶剤）として使用される。エタノール（アルコール）を変性、不快な風味を付与し、飲料不能にするために使用されることもある。
- ◎起源：石油またはコールタールから精製される合成アルコール。
- ◎注意及び副作用：毒性。接触性皮膚炎を引き起こす可能性あり。

ベンジルヘミフォーマル 困
- ◎機能：防腐剤。
- ◎起源：合成物質。
- ◎注意及び副作用：この物質の安全性は不確かで、欧州ではコスメティックス製品への使用は1998年6月30日まで条件付きでしか認可されていなかった。だがその日以降も依然として安全性が確認されていないため、いまだ条件付きは解除されていない。肌への長期接触は有害と思われるため、使用はリンスオフ製品にかぎられる。

変性アルコール
（エタノール、アルコール）
- ◎機能：溶剤／香料担体。
- ◎起源：炭水化物の発酵から調合、もしくは石油から精製。ベンジルアルコールのような添加物を含み、不快な味を付加、非飲用としている。
- ◎注意及び副作用：湿疹状の接触性皮膚炎を全身に引き起こす可能性あり。

ベンゾイン 困
（ベンゾイルフェニルカルビノール、フェニルベンゾイルカルビノール、2-ヒドロキシ-2-フェニルアセトフェノン）
- ◎機能：紫外線吸収剤。
- ◎起源：合成物質。
- ◎注意及び副作用：毒性。接触性皮膚炎を引き起こす可能性あり。

ベンゾカイン 困
（エチル-p-アミノ安息香酸）
- ◎機能：局部麻酔剤／疼痛管理。この鎮痛剤は主に薬用軟膏やクリームに使用されるが、他成分の刺激緩和を目的に他のコスメティックスやトイレタリー製品使用されることも時にある。
- ◎起源：合成物質。

◎**注意及び副作用**：摂食による毒性。接触性皮膚炎を引き起こす可能性あり。

ベンゾフェノン　　　　　　　　　囲
◎**機能**：紫外線吸収剤。
◎**起源**：合成物質。
◎**注意及び副作用**：人によって接触性皮膚炎及び感光性を引き起こすことあり。

ベンゾフェノン-10　　　　　　　　囲
（メキセノン）
◎**機能**：紫外線吸収剤。
◎**起源**：合成物質。
◎**注意及び副作用**：人によって接触性皮膚炎及び感光性を引き起こすことあり。

ベンゾフェノン-11　　　　　　　　囲
◎**機能**：紫外線吸収剤。
◎**起源**：合成物質。
◎**注意及び副作用**：人によって接触性皮膚炎及び感光性を引き起こすことあり。

ベンゾフェノン-12　　　　　　　　囲
（オクタベンゾン）
◎**機能**：紫外線吸収剤。
◎**起源**：合成物質。
◎**注意及び副作用**：人によって接触性皮膚炎及び感光性を引き起こすことあり。

ペンタデセントリカルボン酸亜鉛　　囲
◎**機能**：界面活性剤。
◎**起源**：合成物質。
◎**注意及び副作用**：溶性亜鉛塩は毒性。

【ほ】

ホウ酸　　　　　　　　　　　　　囲
◎**機能**：抗菌剤／オーラルケア剤。
◎**起源**：合成物質。
◎**注意及び副作用**：毒性。刺激性。ホウ酸及びホウ酸塩は胎児奇形に関係あり。

ホウ酸亜鉛　　　　　　　　　　　囲
◎**機能**：抗菌剤。
◎**起源**：合成物質。
◎**注意及び副作用**：ホウ酸は毒性。胎児の奇形と関係あり。

ホウ酸カリウム　　　　　　　　　囲
◎**機能**：pH調整剤。
◎**起源**：合成物質。
◎**注意及び副作用**：ホウ酸は毒性。胎児の奇形と関係あり。

ホウ酸トリオクチルドデシル　　　囲
◎**機能**：添加剤。
◎**起源**：合成物質。
◎**注意及び副作用**：ホウ酸は毒性。胎児の奇形と関係あり。

ホウ酸Na
◎**機能**：pH調整剤。
◎**起源**：合成物質。
◎**注意及び副作用**：ホウ酸は毒性。胎児の奇形と関係あり。

ホウ酸フェニル水銀　　　　　　　囲
◎**機能**：防腐剤。
◎**起源**：合成物質。
◎**注意及び副作用**：水銀化合物は肌吸着により毒性。皮膚炎を引き起こし体内に蓄積する。ホウ酸は毒性。胎児の奇形と関係あり。

ボービス脂肪　　　　　　　　　　囲
◎**機能**：軟化剤／保湿剤。
◎**起源**：動物性脂肪。
◎**注意及び副作用**：目下副作用未確認。☞BSEの予防に関しては17章『動物由来成分と動物実験』参照

ホクベイフウロウソウエキス
◎**機能**：植物添加物。
◎**起源**：植物エキス。
◎**注意及び副作用**：接触性皮膚炎及び肌への刺激を引き起こす可能性あり。

没食子酸プロピル
◎**機能**：酸化防止剤。
◎**起源**：合成物質。
◎**注意及び副作用**：人によって接触アレルギーを引き起こすことがある。

ホモサレート
（サリチル酸ホモメンチル）
◎**機能**：紫外線吸収剤。
◎**起源**：半合成または合成物質。

367

◎注意及び副作用：刺激性。濾胞性皮疹（毛嚢内の発疹または小膿疱）を引き起こす可能性あり。

ポリアクリルアミドメチルベンジリデンカンファ　困
◎機能：紫外線吸収剤。
◎起源：合成物質。
◎注意及び副作用：この物質の安全性は不確かで、欧州ではコスメティックス製品への使用は条件付きでしか認可されていなかった。しかしさらなる科学実験に基づき、1990年代に条件を撤廃した上で、この成分のコスメティックス製品への使用を許可。他のコスメティックスやトイレタリー製品の成分を、太陽光の有害な影響から保護するために使用されることもある。

ポリアミノプロピルビグアニド
◎機能：防腐剤。
◎起源：合成物質。

ポリエチレンテレフタレート　困
◎機能：塗膜形成剤。
◎起源：合成物質。
◎注意及び副作用：フタル酸及びフタル酸塩は睾丸癌及び細胞の突然変異に関係あり。

ポリソルベート系
（ポリソルベート-20、ポリソルベート-60、酢酸ポリソルベート-80などを含む。）
◎機能：ポリソルベートは乳化剤及び／または界面活性剤として使用される。
◎起源：半合成または合成物質。
◎注意及び副作用：ポリソルベートは刺激及び感作と関係あり。

ポリブチレンテレフタレート
◎機能：帯電防止剤／塗膜形成剤／粘度調整剤。
◎起源：合成物質。
◎注意及び副作用：フタル酸及びフタル酸塩は睾丸癌及び細胞の突然変異に関係あり。

ポリメタクリル酸グリセリル
◎機能：粘度調整剤。
◎起源：半合成または合成物質。
◎注意及び副作用：グリセリルエステルは接触性皮膚炎に関係あり。

ボルネロン　困
◎機能：紫外線吸収剤。
◎起源：合成物質。
◎注意及び副作用：人によって接触アレルギーを起こすことがある。

ホルムアルデヒド　困
◎機能：防腐剤／爪用硬化剤。
◎起源：合成物質。
◎注意及び副作用：刺激性。有害。癌誘発懸念あり。

【ま】

マイクロクリスタリンワックス
◎機能：結合剤／乳化安定剤／乳白剤／粘度調整剤。
◎起源：石油から精製されるワックス状の炭化水素の混合物。
◎注意及び副作用：目下副作用未確認。

【み】

水
◎機能：溶剤。
◎起源：精製（蒸留または脱イオン）水は多くのコスメティックス及びトイレタリー製品の主成分として利用される。時に地下や鉱泉、海、死海からの水が使用されることもある。
◎注意及び副作用：なし。ただし完成品は細菌汚染の基準に準拠していなければならない。

ミツロウ
（ビーズワックス、黄蝋）
◎機能：軟化剤／保湿剤／乳化剤／塗膜形成剤。
◎起源：蜂の巣から採取する天然のビーズワックス。
◎注意及び副作用：ビーズワックスに含まれるパルミチン酸は接触性皮膚炎に関係あり。

ミネラルオイル
（鉱油、流動パラフィン）
- ◎機能：帯電防止剤／軟化剤／保湿剤／溶剤。
- ◎起源：石油から精製する液化炭化水素。
- ◎注意及び副作用：肌の変色を引き起こすことがある。発癌性及び変異原性の多環式芳香族炭化水素が不純物として混入していることがある。

ミリスタミドDEA
- ◎機能：帯電防止剤／粘度調整剤／起泡剤。
- ◎起源：半合成または合成物質。
- ◎注意及び副作用：目下調査中だがDEA残留物に癌誘発懸念あり。☞用語解説〈DEA〉参照

ミリスタミドプロピルジメチルアミン 困
- ◎機能：帯電防止剤。
- ◎起源：半合成または合成物質。
- ◎注意及び副作用：人によって接触アレルギーを引き起こすことがある。

ミリスタルコニウムクロリド
- ◎機能：防腐剤。
- ◎起源：半合成または合成物質。
- ◎注意及び副作用：この物質の安全性は不確かで、欧州ではコスメティックス製品への使用は1998年6月30日まで条件付きでしか認可されていなかった。しかし同年9月3日、さらなる科学実験に基づき、条件を撤廃した上で、この成分のコスメティックス製品への使用を許可。

ミリスタルコニウムサッカリン 困
- ◎機能：防腐剤。
- ◎起源：半合成または合成物質。
- ◎注意及び副作用：この物質の安全性は不確かで、欧州ではコスメティックス製品への使用は1998年6月30日まで条件付きでしか認可されていなかった。しかし同年9月3日、さらなる科学実験に基づき、条件を撤廃した上で、この成分のコスメティックス製品への使用を許可。

ミリスチルアルコール
- ◎機能：軟化剤／保湿剤／乳化安定剤／粘度調整剤。
- ◎起源：半合成または合成物質。
- ◎注意及び副作用：人によって接触アレルギーを引き起こすことがある。

ミリスチル硫酸DEA 困
- ◎機能：界面活性剤。
- ◎起源：半合成または合成物質。
- ◎注意及び副作用：目下調査中だがDEA残留物に癌誘発懸念あり。☞用語解説〈DEA〉参照

ミリスチン酸亜鉛
- ◎機能：乳白剤／粘度調整剤。
- ◎起源：半合成または合成物質。
- ◎注意及び副作用：ミリスチン酸は面皰形成性（座瘡を助長）。☞用語解説〈面皰形成性物質〉参照

ミリスチン酸イソステアリル
- ◎機能：軟化剤／保湿剤。
- ◎起源：半合成または合成物質。
- ◎注意及び副作用：ミリスチン酸は面皰形成性（座瘡を助長）。☞用語解説〈面皰形成性物質〉参照

ミリスチン酸イソセチル
- ◎機能：軟化剤／保湿剤。
- ◎起源：半合成または合成物質。
- ◎注意及び副作用：ミリスチン酸は面皰形成性（座瘡を助長）。☞用語解説〈面皰形成性物質〉参照

ミリスチン酸イソデシル 困
- ◎機能：軟化剤／保湿剤。
- ◎起源：半合成または合成物質。
- ◎注意及び副作用：ミリスチン酸は面皰形成性（座瘡を助長）。☞用語解説〈面皰形成性物質〉参照

ミリスチン酸イソトリデシル
- ◎機能：軟化剤／保湿剤。
- ◎起源：半合成または合成物質。
- ◎注意及び副作用：ミリスチン酸は面皰形成性（座瘡を助長）。☞用語解説〈面皰形成性物質〉参照

ミリスチン酸イソブチル 困
- ◎機能：軟化剤／保湿剤。
- ◎起源：半合成または合成物質。
- ◎注意及び副作用：ミリスチン酸は面皰形成性

（痤瘡を助長）。☞用語解説〈面皰形成性物質〉参照

ミリスチン酸イソプロピル
◎機能：結合剤／軟化剤／保湿剤／溶剤。
◎起源：半合成または合成物質。
◎注意及び副作用：ミリスチン酸は面皰形成性（痤瘡を助長）。☞用語解説〈面皰形成性物質〉参照

ミリスチン酸エチル　　　　　　　［困］
◎機能：軟化剤／保湿剤。
◎起源：半合成または合成物質。
◎注意及び副作用：ミリスチン酸は面皰形成性（痤瘡を助長）。☞用語解説〈面皰形成性物質〉参照

ミリスチン酸オクチル　　　　　　［困］
◎機能：軟化剤／保湿剤。
◎起源：半合成または合成物質。
◎注意及び副作用：ミリスチン酸は面皰形成性（痤瘡を助長）。☞用語解説〈面皰形成性物質〉参照

ミリスチン酸オクチルドデシル
◎機能：軟化剤／保湿剤。
◎起源：半合成または合成物質。
◎注意及び副作用：ミリスチン酸は面皰形成性（痤瘡を助長）。☞用語解説〈面皰形成性物質〉参照

ミリスチン酸オレイル　　　　　　［困］
◎機能：軟化剤／保湿剤。
◎起源：半合成または合成物質。
◎注意及び副作用：ミリスチン酸は面皰形成性（痤瘡を助長）。☞用語解説〈面皰形成性物質〉参照

ミリスチン酸K
◎機能：乳化剤／界面活性剤。
◎起源：半合成または合成物質。
◎注意及び副作用：ミリスチン酸は面皰形成性（痤瘡を助長）。☞用語解説〈面皰形成性物質〉参照

ミリスチン酸Ca
◎機能：界面活性剤。
◎起源：半合成または合成物質。

ミリスチン酸グリセリル
◎機能：軟化剤／保湿剤／乳化剤。
◎起源：半合成または合成物質。
◎注意及び副作用：グリセリルエステルは接触性皮膚炎に関係あり。ミリスチン酸は面皰形成性（痤瘡を助長）。☞用語解説〈面皰形成性物質〉参照

ミリスチン酸スクロース
◎機能：乳化剤。
◎起源：半合成物質。
◎注意及び副作用：ミリスチン酸は面皰形成性（痤瘡を助長）。☞用語解説〈面皰形成性物質〉参照

ミリスチン酸セチル
◎機能：軟化剤／保湿剤。
◎起源：半合成または合成物質。
◎注意及び副作用：ミリスチン酸は面皰形成性（痤瘡を助長）。☞用語解説〈面皰形成性物質〉参照

ミリスチン酸TEA
◎機能：乳化剤／界面活性剤。
◎起源：半合成または合成物質。
◎注意及び副作用：ミリスチン酸は面皰形成性（痤瘡を助長）。☞用語解説〈面皰形成性物質〉参照

ミリスチン酸DEA　　　　　　　［困］
◎機能：界面活性剤。
◎起源：半合成または合成物質。
◎注意及び副作用：ミリスチン酸は面皰形成性（痤瘡を助長）。目下調査中だがDEA残留物に癌誘発懸念あり。☞用語解説〈DEA〉〈面皰形成性物質〉参照

ミリスチン酸デキストリン　　　　［困］
◎機能：乳化剤。
◎起源：半合成物質。
◎注意及び副作用：ミリスチン酸は面皰形成性（痤瘡を助長）。☞用語解説〈面皰形成性物質〉参照

ミリスチン酸デシル
◎機能：軟化剤／保湿剤。
◎起源：半合成または合成物質。
◎注意及び副作用：ミリスチン酸は面皰形成性（座瘡を助長）。☞用語解説〈面皰形成性物質〉参照

ミリスチン酸トリデシル
◎機能：軟化剤／保湿剤。
◎起源：半合成または合成物質。
◎注意及び副作用：ミリスチン酸は面皰形成性（座瘡を助長）。☞用語解説〈面皰形成性物質〉参照

ミリスチン酸Na
◎機能：乳化剤／界面活性剤。
◎起源：半合成または合成物質。
◎注意及び副作用：ミリスチン酸は面皰形成性（座瘡を助長）。☞用語解説〈面皰形成性物質〉参照

ミリスチン酸PEG-8
◎機能：乳化剤。
◎起源：合成物質。
◎注意及び副作用：ミリスチン酸は面皰形成性（座瘡を助長）。エチレンオキシド（オキシラン）を利用して生成されるエトキシル化成分は、製造過程の副産物として発癌物質の1,4-ジオキサンを形成することがある。☞用語解説〈面皰形成性物質〉〈ジオキサン〉参照

ミリスチン酸PEG-20
◎機能：乳化剤／界面活性剤。
◎起源：合成物質。
◎注意及び副作用：ミリスチン酸は面皰形成性（座瘡を助長）。エチレンオキシド（オキシラン）を利用して生成されるエトキシル化成分は、製造過程の副産物として発癌物質の1,4-ジオキサンを形成することがある。☞用語解説〈面皰形成性物質〉〈ジオキサン〉参照

ミリスチン酸ブチル
◎機能：軟化剤／保湿剤。
◎起源：半合成物質。
◎注意及び副作用：ミリスチン酸は面皰形成性（座瘡を助長）。☞用語解説〈面皰形成性物質〉参照

ミリスチン酸PG
◎機能：軟化剤／保湿剤／乳化剤。
◎起源：半合成または合成物質。
◎注意及び副作用：ミリスチン酸は面皰形成性（座瘡を助長）。☞用語解説〈面皰形成性物質〉参照

ミリスチン酸ポリグリセリル-3
◎機能：乳化剤。
◎起源：合成物質。
◎注意及び副作用：ミリスチン酸は面皰形成性（座瘡を助長）。☞用語解説〈面皰形成性物質〉参照

ミリスチン酸ポリグリセリル-10
◎機能：乳化剤。
◎起源：合成物質。
◎注意及び副作用：ミリスチン酸は面皰形成性（座瘡を助長）。☞用語解説〈面皰形成性物質〉参照

ミリスチン酸ミリスチル
◎機能：軟化剤／保湿剤／乳白剤。
◎起源：半合成または合成物質。
◎注意及び副作用：ミリスチン酸は面皰形成性（座瘡を助長）。☞用語解説〈面皰形成性物質〉参照

ミリスチン酸ミレス-2　�末
◎機能：軟化剤／保湿剤／界面活性剤。
◎起源：半合成または合成物質。
◎注意及び副作用：ミリスチン酸は面皰形成性（座瘡を助長）。エチレンオキシド（オキシラン）を利用して生成されるエトキシル化成分は、製造過程の副産物として発癌物質の1,4-ジオキサンを形成することがある。☞用語解説〈面皰形成性物質〉〈ジオキサン〉参照

ミリスチン酸ミレス-3
◎機能：軟化剤／保湿剤／界面活性剤。
◎起源：半合成または合成物質。
◎注意及び副作用：ミリスチン酸は面皰形成性（座瘡を助長）。エチレンオキシド（オキシラン）を利用して生成されるエトキシル化成分は、製造過程の副産物として発癌物質の1,4-ジオキサンを形成することがある。☞用語解説〈面皰形成性物質〉〈ジオキサン〉参照

ミリスチン酸Mg
- ◎機能：乳白剤／粘度調整剤。
- ◎起源：半合成または合成物質。
- ◎注意及び副作用：ミリスチン酸は面皰形成性（座瘡を助長）。☞用語解説〈面皰形成性物質〉参照

ミリスチン酸メチル　　　　　　　　㊗
- ◎機能：軟化剤／保湿剤。
- ◎起源：半合成または合成物質。
- ◎注意及び副作用：ミリスチン酸は面皰形成性（座瘡を助長）。☞用語解説〈面皰形成性物質〉参照

ミリスチン酸メチルスルホン酸DEA　㊗
- ◎機能：界面活性剤。
- ◎起源：合成物質。
- ◎注意及び副作用：ミリスチン酸は面皰形成性（座瘡を助長）。目下調査中だがDEA残留物に癌誘発懸念あり。☞用語解説〈DEA〉〈面皰形成性物質〉参照

ミリスチン酸ラウリル　　　　　　　㊗
- ◎機能：帯電防止剤／軟化剤／保湿剤。
- ◎起源：半合成または合成物質。
- ◎注意及び副作用：ミリスチン酸は面皰形成性（座瘡を助長）。☞用語解説〈面皰形成性物質〉参照

ミルトリモニウムブロミド
- ◎機能：防腐剤。
- ◎起源：半合成または合成物質。

ミレス系
ミレス-10、ミレス-3カプリン酸、ミレス-5カルボン酸などを含む。
- ◎機能：主として乳化剤、軟化剤、保湿剤、界面活性剤。
- ◎起源：エチレンオキシドから生成される様々な合成物質。このようなエトキシル化合物は、多様な他分子と結合して数多くのコスメティックス成分を生成することがある。数字が大きくなるにつれてエトキシル化度も高くなり（分子が大きくなる）、通常水溶度も高くなる。
- ◎注意及び副作用：エチレンオキシド（オキシラン）を利用して生成されるエトキシル化成分は、製造過程の副産物として発癌物質の1,4-ジオキサンを形成することがある。☞用語解説〈ジオキサン〉参照

ミレス硫酸DEA　　　　　　　　　　㊗
- ◎機能：界面活性剤。
- ◎起源：合成物質。
- ◎注意及び副作用：目下調査中だがDEA残留物に癌誘発懸念あり。エチレンオキシド（オキシラン）を利用して生成されるエトキシル化成分は、製造過程の副産物として発癌物質の1,4-ジオキサンを形成することがある。☞用語解説〈ジオキサン〉〈DEA〉参照

ミンクアミドDEA　　　　　　　　　㊗
- ◎機能：界面活性剤／起泡剤。
- ◎起源：ミンクの脂肪性皮下組織から抽出されるミンクオイルより得られる半合成物質。
- ◎注意及び副作用：目下調査中だがDEA残留物に癌誘発懸念あり。☞用語解説〈DEA〉参照

ミンクアミドプロピルアミンオキシド　㊗
- ◎機能：界面活性剤。
- ◎起源：ミンクの脂肪性皮下組織から抽出されるミンクオイルより得られる半合成物質。
- ◎注意及び副作用：目下副作用未確認。

ミンクアミドプロピルジメチルアミン　㊗
- ◎機能：帯電防止剤／乳化剤／界面活性剤。
- ◎起源：ミンクの脂肪性皮下組織から抽出されるミンクオイルより得られる半合成物質。
- ◎注意及び副作用：目下副作用未確認。

ミンクアミドプロピルベタイン　　　　㊗
- ◎機能：界面活性剤。
- ◎起源：ミンクの脂肪性皮下組織から抽出されるミンクオイルより得られる半合成物質。
- ◎注意及び副作用：目下副作用未確認。

ミンク油
- ◎機能：軟化剤／保湿剤。
- ◎起源：ミンクの脂肪性皮下組織から抽出されるオイル。
- ◎注意及び副作用：目下副作用未確認。

ミンクオイルPEG-13　　　　　　　㊗
- ◎機能：軟化剤／保湿剤。
- ◎起源：ミンクの脂肪性皮下組織から抽出され

るミンクオイルより得られる半合成物質。
◎**注意及び副作用**：目下副作用未確認。エチレンオキシド（オキシラン）を利用して生成されるエトキシル化成分は、製造過程の副産物として発癌物質の1,4-ジオキサンを形成することがある。☞用語解説〈ジオキサン〉参照

ミンクグリセリルPEG-13　　要

◎**機能**：乳化剤。
◎**起源**：ミンクの脂肪性皮下組織から抽出されるミンクオイルより精製される半合成物質。
◎**注意及び副作用**：目下副作用未確認。エチレンオキシド（オキシラン）を利用して生成されるエトキシル化成分は、製造過程の副産物として発癌物質の1,4-ジオキサンを形成することがある。☞用語解説の〈ジオキサン〉参照

ミンク脂肪酸エチル

◎**機能**：軟化剤／保湿剤。
◎**起源**：ミンクの脂肪性皮下組織から抽出されるミンクオイルより生成される半合成物質。
◎**注意及び副作用**：目下副作用未確認。

ミンクプロピルエチルジモニウムエトサルフェート　　要

◎**機能**：帯電防止剤。
◎**起源**：ミンクの脂肪性皮下組織から抽出されるミンクオイルより得られる半合成物質。
◎**注意及び副作用**：目下副作用未確認。

【む】

ムスクアンブレット　　要

◎**機能**：香料（合成ニトロムスク）。
◎**起源**：石油派生物硝化から生成される合成物質。
◎**注意及び副作用**：色素性の光線アレルギー性接触皮膚炎及び神経毒症状を引き起こす可能性あり。国際香料機構は、肌に直接接触するコスメティックス製品、それも特に太陽光にさらされる身体の部位に使用される製品に対しては、ムスクアンブレットを添加すべきではないと勧告している。

【め】

メセナミン　　要

◎**機能**：防腐剤。
◎**起源**：合成物質。
◎**注意及び副作用**：肌に刺激性。

メタクリル酸メチル　　要

◎**機能**：溶剤。
◎**起源**：合成物質。
◎**注意及び副作用**：高い可燃性。空気と混ざることで爆発の危険。

メタ重亜硫酸カリウム　　要

◎**機能**：防腐剤。
◎**起源**：合成物質。
◎**注意及び副作用**：刺激性。

メタ重亜硫酸ナトリウム　　要

◎**機能**：防腐剤。
◎**起源**：合成物質。
◎**注意及び副作用**：刺激性。

メチルアルコール　　要

（メタノール）
◎**機能**：変性剤／溶剤。
◎**起源**：合成物質。
◎**注意及び副作用**：毒性。接触性湿疹を引き起こす可能性あり。

メチルイソチアゾリノン

◎**機能**：防腐剤。
◎**起源**：合成物質。
◎**注意及び副作用**：アレルギー反応を引き起こす可能性あり。メチルイソチアゾリノンはメチルクロロイソチアゾリノンと1:3の割合で組みあわせて使用される。そこに塩化マグネシウム及び硝酸マグネシウムを添加、この保存料の効能を高める。

メチルエタノールアミン　　要

◎**機能**：pH調整剤。
◎**起源**：合成物質。
◎**注意及び副作用**：有害。ニトロソアミン汚染の危険。☞用語解説〈ニトロソアミン〉参照

メチルグルコシド 囲
（メチル-アルファ-グリコピラノサイド）
◎機能：添加剤。
◎起源：半合成物質。
◎注意及び副作用：人によって接触性皮膚炎を引き起こすことがある。

メチルクロロイソチアゾリノン
◎機能：防腐剤。
◎起源：合成物質。
◎注意及び副作用：接触性皮膚炎及び接触アレルギーを引き起こす可能性あり。メチルクロロイソチアゾリノンはメチルイソチアゾリノンと3：1の割合で組みあわせて使用される。そこに塩化マグネシウム及び硝酸マグネシウムを添加、この保存料の効能を高める。

メチルジブロモグルタロニトリル
（テクタマー38）
◎機能：防腐剤。
◎起源：合成物質。
◎注意及び副作用：アレルギー性接触性皮膚炎及び接触性湿疹を引き起こす可能性あり。この物質は太陽光により活性化し、肌細胞に損傷を与え、サンタンローション内の紫外線吸収物質を破壊し、サンスクリーンとしての機能を無にしてしまう可能性があるためである。

メチルシラノールエラスチネート
◎機能：帯電防止剤。
◎起源：ほ乳類の皮膚層及び動脈壁から抽出される柔軟性を有するたんぱく質エラスチンより生成される半合成物質。
◎注意及び副作用：目下副作用未確認。☞BSEの予防に関しては17章『動物由来成分と動物実験』参照

メチルパラベン
◎機能：防腐剤。
◎起源：安息香酸塩系の合成物質。
◎注意及び副作用：安息香酸、安息香酸塩、パラベンは様々な健康問題に関係あり。☞用語解説〈安息香酸塩〉参照

メチルパラベンカリウム 囲
◎機能：防腐剤。
◎起源：安息香酸塩系の合成物質。
◎注意及び副作用：安息香酸、安息香酸塩、パラベンは様々な健康問題に関係あり。☞用語解説〈安息香酸塩〉参照

メチルパラベンNa
◎機能：防腐剤。
◎起源：安息香酸塩系の合成物質。
◎注意及び副作用：安息香酸、安息香酸塩、パラベンは様々な健康問題に関係あり。☞用語解説〈安息香酸塩〉参照

メチルベンジリデンカンファ
◎機能：紫外線吸収剤。
◎起源：合成物質。
◎注意及び副作用：この物質の安全性は不確かで、欧州ではコスメティックス製品への使用は1998年6月30日まで条件付きでしか認可されていなかった。しかし同年9月3日、さらなる科学実験に基づき、条件を撤廃した上で、この成分のコスメティックス製品への使用を許可。他のコスメティックスやトイレタリー製品の成分を、太陽光の有害な影響から保護するために使用されることもある。

メトキシ桂皮酸イソプロピル 囲
◎機能：紫外線吸収剤。
◎起源：合成物質。
◎注意及び副作用：桂皮酸は人によって刺すような刺激を引き起こすとの報告あり。

メトキシ桂皮酸DEA 囲
◎機能：紫外線吸収剤。
◎起源：合成物質。
◎注意及び副作用：桂皮酸は人によって刺すような刺激を引き起こすとの報告がある。太陽光下で発癌物質ニトロソアミンを形成する可能性あり。目下調査中だがDEA残留物に癌誘発懸念あり。☞用語解説〈DEA〉〈ニトロソアミン〉参照

メトキシ桂皮酸エチル 囲
◎機能：紫外線吸収剤。
起源：合成物質。
◎注意及び副作用：桂皮酸は人によって刺すような刺激を引き起こすとの報告あり。

メトキシケイヒ酸エチルヘキシル
◎機能：紫外線吸収剤。

◎起源：合成物質。
◎注意及び副作用：桂皮酸は人によって刺すような刺激を引き起こすとの報告あり。この物質の安全性は不確かで、欧州ではコスメティックス製品への使用は1998年6月30日まで条件付きでしか認可されていなかった。しかし同年9月3日、さらなる科学実験に基づき、条件を撤廃した上で、この成分のコスメティックス製品への使用を許可。他のコスメティックスやトイレタリー製品の成分を、太陽光の有害な影響から保護するために使用されることもある。

メトキシ桂皮酸カリウム　㊅
◎機能：紫外線吸収剤。
◎起源：合成物質。
◎注意及び副作用：桂皮酸は人によって刺すような刺激を引き起こすとの報告あり。

メトキシケイヒ酸ジエチルヘキシル　㊅
◎機能：紫外線吸収剤。
◎起源：合成物質。
◎注意及び副作用：桂皮酸は人によって刺すような刺激を引き起こすとの報告あり。

【も】

モスケン　㊅
（ムスクモスケン）
◎機能：香料（合成ニトロムスク）。
◎起源：石油派生物硝化から生成される合成物質。
◎注意及び副作用：リール黒皮症及び色素沈着過度（肌の過剰着色）を引き起こす可能性あり。1998年9月3日以降、欧州内で販売されているコスメティックス製品への使用禁止。

モデュラン　㊅
◎機能：添加剤。
◎起源：合成物質。
◎注意及び副作用：肌に刺激性。実験動物の皮膚細胞に変化を引き起こしている。

モノフルオロリン酸アルミニウム　㊅
◎機能：オーラルケア剤。
◎起源：合成物質。

◎注意及び副作用：フッ化物は毒性。歯の変色を引き起こすことあり（フッ素）。子どもは歯磨き粉の使用量を少量にとどめること。飲み込まないよう注意も必要。

モノフルオロリン酸カリウム　㊅
◎機能：オーラルケア剤。
◎起源：合成物質。
◎注意及び副作用：フッ化物は毒性。歯の変色を引き起こすことあり（フッ素）。子どもは歯磨き粉の使用量を少量にとどめること。飲み込まないよう注意も必要。

モノフルオロリン酸カルシウム　㊅
◎機能：オーラルケア剤。
◎起源：合成物質。
◎注意及び副作用：フッ化物は毒性。歯の変色を引き起こすことあり（フッ素）。子どもは歯磨き粉の使用量を少量にとどめること。飲み込まないよう注意も必要。

【や】

ヤグルマギク花エキス
（ヤグルマギク蒸留液）
◎機能：植物添加物。
◎起源：ヤグルマギク（学名：$Centaurea\ cyanus$）の天然エキス（英名の発音が似ているトウモロコシやコーンスターチと混同しないこと。
◎注意及び副作用：アレルギー反応及び感光性を引き起こす可能性あり。

ヤシ脂肪酸
◎機能：軟化剤／保湿剤／乳化剤／界面活性剤。
◎起源：ヤシの仁から得るココナッツオイルの天然エキス。
◎注意及び副作用：人によって肌に刺激性。敏感な人はパッチテストを行うか、少なくとも目立たない部位で試してから使用する。

ヤシ脂肪酸グリセリル
◎機能：軟化剤／保湿剤／乳化剤。
◎起源：ヤシの仁から得るココナッツオイルから抽出する半合成物質。
◎注意及び副作用：グリセリルモノエステルは

接触性皮膚炎に関係あり。

ヤシ油（学名：Cocos nucifera）
◎機能：軟化剤／保湿剤／溶剤。
◎起源：ヤシの仁の天然エキス。
◎注意及び副作用：人によって肌に刺激性。

【よ】

ヨウ素酸ナトリウム 困
◎機能：防腐剤。
◎起源：合成物質。

【ら】

ラウラミドDEA
◎機能：帯電防止剤／粘度調整剤／起泡剤／界面活性剤。
◎起源：半合成または合成物質。
◎注意及び副作用：目下調査中だがDEA残留物に癌誘発懸念あり。☞用語解説〈DEA〉参照

ラウラミドプロピルジメチルアミン 困
◎機能：帯電防止剤。
◎起源：半合成または合成物質。
◎注意及び副作用：人によって接触アレルギーを引き起こすことがある。

ラウラミノプロピオン酸DEA
◎機能：帯電防止剤。
◎起源：半合成または合成物質。
◎注意及び副作用：目下調査中だがDEA残留物に癌誘発懸念あり。☞用語解説〈DEA〉参照

ラウリルアルコール
◎機能：軟化剤／保湿剤／乳化安定剤／粘度調整剤。
◎起源：半合成または合成物質。
◎注意及び副作用：面皰形成性（座瘡を助長）。☞用語解説〈面皰形成性物質〉参照

ラウリル硫酸アンモニウム
◎機能：界面活性剤。多くのシャンプーに主要界面活性剤として利用される。刺激性を有してはいるが、ラウリル硫酸ナトリウム（SLS）をはじめとする他の合成洗浄剤ほど強くはないと考えられている。
◎起源：合成物質。
◎注意及び副作用：人によって肌及び目に刺激性。

ラウリル硫酸DEA
◎機能：界面活性剤。
◎起源：半合成または合成物質。
◎注意及び副作用：目下調査中だがDEA残留物に癌誘発懸念あり。☞用語解説〈DEA〉参照

ラウリル硫酸Na
（ドデシル硫酸ナトリウム、SLS）
◎機能：変性剤／乳化剤／界面活性剤。SLSは最も広く利用されている界面活性剤の一種であり、シャンプーやクレンジングローション、バスオイル、歯磨き粉、リキッドソープなど様々な製品にみることができる。
◎起源：ココナッツオイルから抽出される合成洗浄剤。
◎注意及び副作用：人によって接触性湿疹を引き起こす可能性あり。目に刺激性。長期接触により肌への刺激を引き起こすこともある。バスオイルに利用されている際、長期接触することで性器粘膜の刺激を引き起こし、結果、尿路及び膣の炎症、感染症を誘発する可能性がある。1983年『米国大学毒物学』誌に掲載された報告によれば、SLSを付着させた動物は目に損傷を受け、視力が低下、呼吸も苦しくなり、下痢が始まり、肌への重度の刺激及び腐食がみられ、やがて死に至ったという。様々な研究も、SLSが子どもの目の適切な成長を妨げていると示唆している。おそらくは目のたんぱく質が変性され、適切な構造形成が阻害されるためと思われる。このような損傷は生涯治癒することはない。また、特に幼児や子どもが目に何らかの損傷を受けた場合、SLSのせいでその治癒が遅れるという確たる証拠もある。SLSの有するこうしたたんぱく質変性は、肌内部の免疫システム欠陥とも関係がある。

ラウリン酸グリセリル
◎機能：軟化剤／保湿剤／乳化剤。
◎起源：半合成または合成物質。

◎注意及び副作用：グリセリルエステルは接触性皮膚炎に関係あり。人によって肌に刺激性。

ラウリン酸ソルビタン
◎機能：乳化剤。
◎起源：半合成または合成物質。
◎注意及び副作用：人によって接触性蕁麻疹（発疹または皮疹）を引き起こすことがある。

ラウルトリモニウムブロミド
◎機能：帯電防止剤／防腐剤。
◎起源：合成物質。

ラウレス-2硫酸アンモニウム
◎機能：界面活性剤。しばしば他の洗浄剤とともに、多くのシャンプーに界面活性剤として利用される。他の合成洗浄剤に比して低刺激と考えられている。
◎起源：合成洗浄剤。
◎注意及び副作用：目下副作用未確認。エチレンオキシド（オキシラン）を利用して生成されるエトキシル化成分は、製造過程の副産物として発癌物質の1,4-ジオキサンを形成することがある。☞用語解説〈ジオキサン〉参照

ラウレス-5硫酸Na
◎機能：界面活性剤。
◎起源：ココナッツオイルから抽出される合成洗浄剤。
◎注意及び副作用：目に刺激性。肌への刺激及び皮膚炎を引き起こすことがある。エチレンオキシド（オキシラン）を利用して生成されるエトキシル化成分は、製造過程の副産物として発癌物質の1,4-ジオキサンを形成することがある。☞用語解説〈ジオキサン〉参照

ラウレス-7硫酸Na
◎機能：界面活性剤。
◎起源：ココナッツオイルから抽出される合成洗浄剤。
◎注意及び副作用：目に刺激性。肌への刺激及び皮膚炎を引き起こすことがある。エチレンオキシド（オキシラン）を利用して生成されるエトキシル化成分は、製造過程の副産物として発癌物質の1,4-ジオキサンを形成することがある。☞用語解説〈ジオキサン〉参照

ラウレス-12硫酸Na
◎機能：界面活性剤。
◎起源：ココナッツオイルから抽出される合成洗浄剤。
◎注意及び副作用：目に刺激性。肌への刺激及び皮膚炎を引き起こすことがある。エチレンオキシド（オキシラン）を利用して生成されるエトキシル化成分は、製造過程の副産物として発癌物質の1,4-ジオキサンを形成することがある。☞用語解説〈ジオキサン〉参照

ラウレス系
ラウレス-2、ラウレス-2安息香酸、ラウレス-10酢酸などを含む。
◎機能：主として乳化剤、軟化剤、保湿剤、界面活性剤。
◎起源：エチレンオキシドから生成される様々な合成物質。このようなエトキシル化合物は、多様な他分子と結合して数多くのコスメティックス成分を生成することがある。数字が大きくなるにつれてエトキシル化度も高くなり（分子が大きくなる）、通常水溶度も高くなる。
◎注意及び副作用：エチレンオキシド（オキシラン）を利用して生成されるエトキシル化成分は、製造過程の副産物として発癌物質の1,4-ジオキサンを形成することがある。☞用語解説〈ジオキサン〉参照

ラウレス硫酸DEA 困
◎機能：界面活性剤。
◎起源：半合成または合成物質。
◎注意及び副作用：目下調査中だがDEA残留物に癌誘発懸念あり。エチレンオキシド（オキシラン）を利用して生成されるエトキシル化成分は、製造過程の副産物として発癌物質の1,4-ジオキサンを形成することがある。☞用語解説〈ジオキサン〉〈DEA〉参照

ラウレス硫酸Na
◎機能：界面活性剤。高い起泡性を有する界面活性剤。ラウリル硫酸ナトリウム（SLS）よりも刺激性が低いと考えられている。
◎起源：ココナッツオイルから抽出される合成洗浄剤。
◎注意及び副作用：目に刺激性。肌への刺激及び皮膚炎を引き起こすことがある。エチレンオキシド（オキシラン）を利用して生成され

るエトキシル化成分は、製造過程の副産物として発癌物質の1,4-ジオキサンを形成することがある。☞用語解説〈ジオキサン〉参照

ラウロアンホジ酢酸2Na
◎機能：帯電防止剤／界面活性剤／粘度調整剤。
◎起源：半合成または合成物質。
◎注意及び副作用：目下副作用未確認。

ラクトイルメチルシラノールエラスチネート
◎機能：帯電防止剤。
◎起源：ほ乳類の皮膚層及び動脈壁から抽出される柔軟性を有するたんぱく質エラスチンより生成される半合成物質。
◎注意及び副作用：目下副作用未確認。☞BSEの予防に関しては17章『動物由来成分と動物実験』参照

ラクトフラビン 困
（E101）
◎機能：着色料・黄。
◎起源：天然植物エキス。

ラネス系
ラネス-10、ラネス-15、酢酸ラネス-10、リン酸ラネス-4などを含む。
◎機能：主として乳化剤、粘度調整剤、軟化剤、界面活性剤。
◎起源：ラノリン及びエチレンオキシドから生成される様々な合成物質。数字が大きくなるにつれてエトキシル化度も高くなり（分子が大きくなる）、通常水溶度も高くなる。
◎注意及び副作用：ラネス系は面皰形成性（座瘡を助長）を有する。またラネス成分は人によって接触性皮膚炎を引き起こす可能性あり。エチレンオキシド（オキシラン）を利用して生成されるエトキシル化成分は、製造過程の副産物として発癌物質の1,4-ジオキサンを形成することがある。☞用語解説〈面皰形成性物質〉〈ジオキサン〉参照

ラノリン
（羊毛脂）
◎機能：帯電防止剤／軟化剤／潤滑剤／保湿剤。
◎起源：羊毛から抽出。脂腺から分泌され、その防水性で羊毛を保護する。コスメティクス用に品質改良されたラノリンは、高分子量の脂肪族化合物、ステロイドまたはトリテルペノイドアルコールのエステルと脂肪酸の非常に複雑な混合物から成る。軟化剤、肌の滑剤及び保護クリームとして優れ、自重量の最大50％まで水分吸収が可能。コレステロールをはじめ、肌に馴染みやすいステロールが豊富。
◎注意及び副作用：面皰形成性（座瘡を助長）。人によって接触性皮膚炎を引き起こすことがある。☞用語解説〈面皰形成性物質〉参照

ラノリンアルコール
◎機能：帯電防止剤／軟化剤／保湿剤／乳化剤。
◎起源：羊毛から抽出するラノリンのエキス。
◎注意及び副作用：面皰形成性（座瘡を助長）。

ラノリン脂肪酸アミドDEA
◎機能：乳化剤／乳化安定剤／界面活性剤／粘度調整剤／起泡剤。
◎起源：ラノリンから抽出される半合成物質。
◎注意及び副作用：目下調査中だがDEA残留物に癌誘発懸念あり。☞用語解説〈DEA〉参照

ラノリン脂肪酸グリセリル
◎機能：帯電防止剤／軟化剤／保湿剤／乳化剤。
◎起源：半合成または合成物質。
◎注意及び副作用：グリセリルエステルは接触性皮膚炎に関係あり。

ラベンダー，ラベンダーエキス，ラベンダー花エキス，ラベンダー花水，ラベンダー油
（学名：*Lavandula angustifolia*）
◎機能：植物添加物／アロマセラピーオイル。
◎起源：ラベンダー系の植物から抽出されるエキス（香油）。
◎注意及び副作用：人によって接触アレルギー及び感光性を引き起こす可能性あり。

【り】

リシノレアミドDEA 困
◎機能：帯電防止剤／粘度調整剤。
◎起源：半合成または合成物質。

◎**注意及び副作用**：目下調査中だがDEA残留物に癌誘発懸念あり。☞用語解説〈DEA〉参照

リシノレアミドプロピルジメチルアミン
◎**機能**：帯電防止剤。
◎**起源**：半合成または合成物質。
◎**注意及び副作用**：人によって接触アレルギーを引き起こすことがある。

リシノレイン酸又はリシノール酸 困
◎**機能**：軟化剤／保湿剤／乳化剤。
◎**起源**：半合成または合成物質。
◎**注意及び副作用**：皮膚炎を引き起こすことがある。

リナロール
◎**機能**：制臭剤／香料。
◎**起源**：ラベンダー、ベルガモット、コリアンダーから得られる様々なエッセンシャルオイルより抽出される天然の香料液。
◎**注意及び副作用**：人によって顔面乾癬を引き起こす可能性あり。

リノール酸DEA 困
◎**機能**：帯電防止剤／粘度調整剤。
◎**起源**：半合成または合成物質。
◎**注意及び副作用**：目下調査中だがDEA残留物に癌誘発懸念あり。☞用語解説〈DEA〉参照

リノール酸トコフェロール
◎**機能**：酸化防止剤。紫外線にさらされることによりおこる肌のこわばりや老化を防ぐ一助となるといわれている物質。主要必須脂肪酸の1つリノール酸を肌に付与すると考えられている。
◎**起源**：ビタミンEの化学的変性。
◎**注意及び副作用**：目下副作用未確認。

リノレアミドDEA
◎**機能**：帯電防止剤／粘度調整剤／起泡剤。
◎**起源**：半合成または合成物質。
◎**注意及び副作用**：目下調査中だがDEA残留物に癌誘発懸念あり。☞用語解説〈DEA〉参照

リボフラビン
（E101a）
◎**機能**：着色料・黄。
◎**起源**：天然植物エキス。
◎**注意及び副作用**：副作用未確認。

硫化亜鉛
◎**機能**：脱毛剤。
◎**起源**：合成物質。
◎**注意及び副作用**：溶性亜鉛塩は毒性。

硫化カリウム
◎**機能**：脱毛剤。
◎**起源**：合成物質。
◎**注意及び副作用**：硫化物は毒性。刺激性。高濃度のアルカリを含む可能性あり（刺激性及び腐食性）。

硫化カルシウム
◎**機能**：脱毛剤。
◎**起源**：合成物質。
◎**注意及び副作用**：硫化物は毒性。刺激性。高濃度のアルカリを含む可能性あり（刺激性及び腐食性）。

硫化ストロンチウム 困
◎**機能**：脱毛剤。
◎**起源**：合成物質。
◎**注意及び副作用**：硫化物は毒性。刺激性。高濃度のアルカリを含む可能性あり（刺激性及び腐食性）。

硫化セレン 困
◎**機能**：フケ防止剤。
◎**起源**：合成物質。
◎**注意及び副作用**：有害。

硫化ナトリウム 困
◎**機能**：脱毛剤。
◎**起源**：合成物質。
◎**注意及び副作用**：硫化物は毒性。刺激性。高濃度のアルカリを含む可能性あり（刺激性及び腐食性）。

硫化バリウム 困
◎**機能**：脱毛剤。
◎**起源**：合成物質。
◎**注意及び副作用**：硫化物は毒性。高濃度の

アルカリを含む可能性あり（刺激性及び腐食性）。

硫化マグネシウム　　㊤
- ◎機能：脱毛剤。
- ◎起源：合成物質。
- ◎注意及び副作用：硫化物は毒性。刺激性。高濃度のアルカリを含む可能性あり（刺激性及び腐食性）。

硫化リチウム　　㊤
- ◎機能：脱毛剤。
- ◎起源：合成物質。
- ◎注意及び副作用：硫化物は毒性。刺激性。高濃度のアルカリを含む可能性あり（刺激性及び腐食性）。

硫酸亜鉛
- ◎機能：抗菌剤／オーラルケア剤。
- ◎起源：合成物質。
- ◎注意及び副作用：溶性亜鉛塩は毒性。

硫酸オキシキノリン　　㊤
- ◎機能：抗菌剤／過酸化水素用安定剤。
- ◎起源：合成物質。
- ◎注意及び副作用：刺激性。有害。

硫酸ニッケル　　㊤
- ◎機能：添加剤。
- ◎起源：合成物質。
- ◎注意及び副作用：接触性皮膚炎を引き起こす。

リンゴ酸
- ◎機能：pH調整剤／剥離剤。
- ◎起源：天然果実エキス。
- ◎注意及び副作用：リンゴ酸はアルファヒドロキシ酸（AHA）であり、肌の剥離に利用される。肌細胞の外層を溶かして除去することからピーリング剤としても知られる。AHAは太陽に対する過敏性を助長する場合がある。AHAを用いた処置後すぐに肌を太陽にさらさないこと。必ず目立たない部位で試してから使用する。肌に刺激や赤み、出血、痛みがあらわれた場合使用を中止する。子どもへの使用は避けた方がいい。剥離性皮膚炎を引き起こすことあり。

リン酸2Na
（リン酸ナトリウム、二塩基）
- ◎機能：pH調整剤。
- ◎起源：合成物質。
- ◎注意及び副作用：目下副作用未確認。

リン酸ステアラミドエチルジエチルアミン　　㊤
- ◎機能：帯電防止剤。
- ◎起源：合成物質。
- ◎注意及び副作用：人によってアレルギー性の接触皮膚炎を引き起こすことがある。

【れ】

レシチンアミドDEA　　㊤
- ◎機能：帯電防止剤／粘度調整剤。
- ◎起源：数種の天然源（特に大豆）から抽出するリン脂質（脂肪酸リン酸）、レシチンから生成する半合成または合成物質。
- ◎注意及び副作用：米国産大豆の一部は遺伝子組み換え（GM）が行われており、それを天然大豆と混ぜることで、結果としてほぼ全ての大豆製品にGM成分が含まれることになる。こうしたGM成分が天然大豆成分に何らかの異なる影響を及ぼすとの科学的根拠はないものの、多くの消費者が様々な理由からGM製品を避ける傾向にある。目下調査中だがDEA残留物に癌誘発懸念あり。☞用語解説〈DEA〉参照

レソルシノール　　㊤
- ◎機能：ヘアダイ。
- ◎起源：合成物質。
- ◎注意及び副作用：肌接触により有害。

レチノール
（ビタミンA）
- ◎機能：添加剤。マーケティング上の理由からコスメティックス製品に添加される天然ビタミン。
- ◎起源：天然エキス。
- ◎注意及び副作用：目下副作用未確認。

レッドワセリン　　㊤
- ◎機能：軟化剤／保湿剤／紫外線吸収剤。
- ◎起源：石油精製物。
- ◎注意及び副作用：肌の変色を引き起こすこ

とがある。

レモン果皮油，レモン果実油，レモン葉油，レモンエキス（学名：*Citrus limonum*）
◎機能：植物添加物。
◎起源：植物エキス。
◎注意及び副作用：皮膚炎、光毒症、リール黒皮症を引き起こす可能性あり。

【ろ】

ローズマリー油，ローズマリーエキス，ローズマリー葉水，ローズマリー花ロウ
（学名：*Rosmarinus officinalis*）
（ローズマリーエキス）
◎機能：植物添加物。ローズマリーオイルはアロマセラピーで使用される。
◎起源：植物エキス。
◎注意及び副作用：刺激性。人によってアレルギー性皮膚炎及び感光性を引き起こす可能性あり。

ローダミンB 米
◎機能：着色料。
◎起源：合成物質。
◎注意及び副作用：肌細胞の代謝阻害の可能性あり。唇組織の適切な成長を害し、唇の繊維芽細胞層内のコラーゲン含有量を減少させる可能性あり。

ロジン
（コロホニウム、コロフォニー）
◎機能：粘度調整剤。
◎起源：ターペンタインオレオレジンから抽出される天然エキス。
◎注意及び副作用：人によって眼瞼皮膚炎及び接触アレルギーを引き起こすことがある。

【わ】

ワセリン
◎機能：帯電防止剤／軟化剤／保湿剤。
◎起源：石油から精製される重油。
◎注意及び副作用：肌の変色を引き起こすことがある。

about this book

著　者： **ステファン・アントザク博士**（Dr. Stephen Antczak）
科学研究者であり科学の教師。研究室にあった科学薬品、それも「有害」や「刺激性」「腐食剤」といったラベルを貼られた薬品が、普段使っている製品に含まれることがあると気づき本書執筆のきっかけとなった研究を始める。博士の集大成である本書は一読の価値がある。

ジーナ・アントザク（Gina Antczak）
ライター。自身の感癬及び敏感肌に適した製品の追究に日夜情熱を傾けている。

編集協力： **小澤 王春**（おざわ たかはる）
慶応義塾大学工学部修士課程卒業。東京美容科学研究所所長。化粧品に対する女性の正しい知識向上を目指し、正しい美容科学の普及と基礎化粧品料の開発に従事する。主な著書として、『それでも毒性化粧品を使いますか?』(メタモル出版)、『化粧品成分事典』(コモンズ)、翻訳協力で『髪で決める』(産調出版)など多数がある。

翻訳者： **岩田 佳代子**（いわた かよこ）
清泉女子大学文学部英文学科卒業。訳書に、『アロマレメディー』『健康ダイエットのためのカロリーブック』『ヘアスタイリング百科』(いずれも産調出版)など。

コスメティックス安全度事典

発　　　行	2007年4月20日
本 体 価 格	3,300円
発 行 者	平野　陽三
発 行 所	産調出版株式会社
	〒169-0074 東京都新宿区北新宿3-14-8
	TEL.03(3363)9221　FAX.03(3366)3503
	http://www.gaiajapan.co.jp
印 刷 所	株式会社シナノ

Copyright SUNCHOH SHUPPAN INC. JAPAN2007
ISBN978-4-88282-616-3 C0077

落丁本・乱丁本はお取り替えいたします。
本書を許可なく複製することは、かたくお断わりします。

Thorsons
An Imprint of HarperCollins*Publishers*
77-85 Fulham Palace Road
Hammersmith, London W6 8JB

© 2001 Stephen Antczak and Gina Antczak

Stephen Antczak and Gina Antczak assert the moral right to be
identified as the authors of this work

産調出版の関連書籍

美肌の本質
美しく見える肌の内側にある真実を
明らかにしたスキンケアの秘訣

ニコラス・ロウ／
ポリー・セラー 共著
梅澤 文彦 監修

最新のスキンケア製品と最近の美容医学的事実をわかりやすく紹介。肌、髪、爪の手入れ法、トラブル解決法、アンチエイジング治療について専門的かつ実用的なアドバイスが満載。

本体価格2,600円

リンクル・ケア教本
皮膚科医の第一人者による、
肌の老化を防ぐ秘訣

ニック・ロウ 著
大川 浩 監修

他に例がないほど客観的で理解しやすい、顔の若返りに関する1冊。ドクター・ロウは25年間の科学的研究、イギリスおよびアメリカにおける臨床経験、美容産業に関する広範囲にわたる知識を集大成し、美しい肌を得るための究極のガイドブックを作り上げた。

本体価格2,200円

ナチュラルビューティブック
家庭で簡単に作れる
素敵な100の自然美容法とレシピ

ジョゼフィーン・フェアリー 著

著者の100％ナチュラルな化粧品のレシピは簡単で、まさに理想的。神々しい香り、入浴剤や美容に効果的なお茶をぜひ試して下さい。21世紀の賢い女性版"カルペパー"による一冊。

本体価格2,500円

オーガニック美容法
ボディも心も潤うナチュラル美容法

ジョゼフィーン・フェアリー 著

化学物質無添加の化粧品の紹介やオーガニックなジュースのレシピから、心と体を癒すフットマッサージやアロマ・バスオイルに至るまで、オーガニックに関するあらゆるアドバイスが満載。楽しく続けられるナチュラル美容法を暮らしに取り入れるための、パーフェクトなガイドブック。

本体価格2,600円

顔の若さを保つ
(コンパクト新装版)
美しいカラー写真そのままのコンパクト普及版

テッサ・トーマス 著

1日わずか10分間、自然な方法でお金もかけず加齢に立ち向かい、輝く肌を手に入れる事ができる。顔のマッサージやエクササイズ、食生活改善のアドバイス、簡単にできるナチュラルオイルやパック、スクラブ等のレシピも豊富。

本体価格1,400円

エッセンシャルオイル効能と療法
科学的効能の最新情報を
カラーイラストで見やすくわかり易く紹介

E・ジョイ・ボウルズ 著

57種の厳選されたオイルの効能を調べ、健康維持に役立つ手段となることを化学的に説明し、その特徴や利用法を紹介。オイルを用いた美容法やマッサージ、不調への対処法を解説。

本体価格2,800円